科学出版社"十四五"普通高等教育本科规划教材

高等数学
（下册）

罗来珍　汪海蓉　张　健　主编

科学出版社
北京

内 容 简 介

本书是根据教育部高等学校大学数学课程教学指导委员会制定的非数学专业"高等数学"课程教学基本要求,参考了全国大学生数学竞赛非数学类竞赛大纲和全国硕士研究生入学考试数学考试大纲的内容和要求,并结合了作者的"高等数学"慕课,精心制作完成的数字化新形态教材,读者可以扫描二维码学习相关资源.

本书层次清晰,结构严谨,内容充实,选材精心. 全书分上、下两册. 下册共 5 章,内容包括向量代数与空间解析几何、多元函数的微分法及其应用、重积分、曲线积分与曲面积分、无穷级数等内容. 本书精选了大量的例题、习题和慕课资源,题型丰富全面,题量适中,每章末配备思维导图助力回顾全章内容,书末附有习题参考答案与提示.

本书可作为高等学校理工类、经管类、农林类等相关专业的教材和教学参考书. 特别适合理工科大学生在学习和复习高等数学课程中使用,也可作为理工科大学生参加全国大学生数学竞赛和考研复习的参考用书.

图书在版编目(CIP)数据

高等数学. 下册/罗来珍, 汪海蓉, 张健主编. —北京: 科学出版社, 2023.9
科学出版社"十四五"普通高等教育本科规划教材
ISBN 978-7-03-076267-2

Ⅰ. ①高… Ⅱ. ①罗… ②汪… ③张… Ⅲ. ①高等数学-高等学校-教材
Ⅳ. ①O13

中国版本图书馆 CIP 数据核字(2023) 第 158404 号

责任编辑: 王 静 李香叶 / 责任校对: 樊雅琼
责任印制: 师艳茹 / 封面设计: 陈 敬

斜 学 出 版 社 出版
北京东黄城根北街 16 号
邮政编码: 100717
http://www.sciencep.com
天津文林印务有限公司 印刷
科学出版社发行 各地新华书店经销
*
2023 年 9 月第 一 版 开本: 720 × 1000 1/16
2023 年 9 月第一次印刷 印张: 22 1/4
字数: 449 000
定价: 69.00 元
(如有印装质量问题, 我社负责调换)

前　　言

在"互联网 + 教育"时代, 随着大数据、云计算和人工智能的迅猛发展, 新的教育形势对高等数学这门课程提出了全新要求, 传统的教材已经不能适应新时期高等教育改革的需要, 尤其是在"双一流"建设背景下, 新工科、新文科、新农科、新医科的发展如火如荼, 高等数学课程的教材改革应运而生.

本书作者在高等数学教学上, 经验丰富、成果丰硕. 赵辉曾获评国家级课程思政教学名师, 主讲课程高等数学获评首批国家级一流本科课程和国家级课程思政示范课程, 其所在的教学团队是国家级课程思政教学团队, 所在的教研室为省级虚拟教研室. 在本书的编写过程中, 作者融入了多年来在高等数学课程教学中积累的实际教学工作经验, 并吸取了国内外许多教材的精华, 力求教材的体系和内容符合一流本科教育背景下课程改革的总体目标, 并兼顾许多学生参加大学生数学竞赛和报考硕士研究生的需求. 同时注意信息化时代的特点, 充分利用慕课等优秀教学资源, 在传统纸本教材的基础之上, 全新设计打造立体化新形态高等数学教材.

本书以落实立德树人为根本任务, 遵循"以学生为中心、问题导向 (成果导向)、持续改进"的教学理念, 以"理论—实践—应用"为编写路径, 按照"两性一度"的标准, 对高等数学内容重新梳理并进行创新设计. 本书重视高等数学知识结构的完整性, 增设了第 0 章, 其内容主要为高等数学必需的中学数学知识, 但在中学数学中选修的教学内容, 借以搭建中学数学和大学数学衔接的桥梁. 在每一章的开头增设了教学基本要求、教学重点、教学难点, 以备读者了解本章各节内容的知识关联度、教学设计意图以及核心内容等. 在每一节的开头增设了教学目标、教学重点、教学难点、教学背景、思政元素, 使读者能以正确的价值观认识微积分的发展历史和科学发现, 有针对性地学习、有效地学习, 起到事半功倍、触类旁通的效果. 本书以鲜活的工程案例和课程思政案例为背景切入知识内容, 对客观现象进行深入的分析, 并给出解决问题的高等数学方案. 在每个章节中增加了 MATLAB 软件的学习内容, 帮助学生尽快熟悉微积分数学模型的建立及相应数学软件的使用, 明晰科学计算和程序设计的方法, 为今后进行有效数值计算的科学研究和工程设计提供了解决方案. 线上慕课强调教学中的实时互动, 注重启发式、引导式等多种教学方法的使用, 充分调动学生的学习兴趣, 提升学生学习积极性. 创新的设计有利于激发学生的学习动能, 教会学生学以致用, 培养学生的应用意识和综合运用数学方法解决实际问题的能力, 并通过课程思政元素的有效融入, 实现价值引领, 知识、能力、素质协调发展, 最终实现学生学习成效的有效达成.

高等数学是理工科大学生进入大学接触到的第一门数学课程, 以微积分为主要学习内容, 具有高度的抽象性、严密的逻辑性和广泛的应用性. 学生在学习的过程中要有效运用逻辑规则, 遵循思维规律, 重视总结有关概念和表述、判断和推理、定理和方法. 教师可以充分利用习题课、实际案例和相关慕课资源增强学生的认知能力、数学思维能力和解决问题的能力. 同时学生也可以通过扫描二维码进入作者在 "学银在线" 平台开设的 "高等数学" 慕课课程, 进行线上学习, 与线下教学内容有机融合, 实现该课程学习的二次升华. 为方便读者查找相应慕课资源, 二维码的标号为慕课章节的序号.

本书内容分为一元微积分 (第 0 章 ~ 第 6 章)、微分方程 (第 7 章)、空间解析几何 (第 8 章)、多元微积分 (第 9 章 ~ 第 11 章)、级数 (第 12 章) 五个部分, 可根据专业的需要选用. 本书全部内容所需学时为 170~210 学时, 对于要求不同的专业 (例如某些专业不需要讲级数内容、空间解析几何内容或多元积分学内容), 可适当删减部分内容和略去某些定理的证明过程, 因此本书也适用于学时为 110~150 学时的高等数学课程.

全书分上、下两册, 均由赵辉设计和统稿. 上册由赵辉、李莎莎 (第 0 章 ~ 第 3 章)、付作娴 (第 4 章 ~ 第 7 章) 共同完成编写工作, 下册由罗来珍 (第 8 章, 第 12 章的 12.4~12.6 节)、汪海蓉 (第 9 章, 第 10 章)、张健 (第 11 章, 第 12 章 12.1~12.3 节) 共同完成编写工作. 在本书的编写过程中得到了哈尔滨理工大学教务处和工科数学教学中心的大力支持, 作者在此一并深表感谢.

本书层次清晰、结构严谨、内容充实、选材精心, 并充分利用 "互联网 + 教育" 的教学优势, 将线上慕课与线下教学内容有机融合, 同时在编写难度上注重循序渐进, 结合考研的实际情况, 精选了大量的例题、习题和慕课资源, 充分体现了高等数学教学的高阶性、创新性和挑战度, 能有效提高学生的抽象思维能力、空间想象能力和知识迁移能力, 有效提升学生科学计算和解决复杂工程问题能力. 本书适合理工科大学生在学习和复习高等数学课程中使用, 也可作为理工科大学生参加全国大学生数学竞赛和考研复习的参考用书.

由于作者水平所限, 书中不妥之处在所难免, 殷切地希望广大读者批评指正、不吝赐教, 以便不断改进和完善.

作　者

2023 年 7 月于哈尔滨

目　　录

第 8 章　向量代数与空间解析几何

空间解析几何是多元函数微积分的基础, 通过建立空间直角坐标系使几何中的点与代数的有序数之间建立一一对应关系. 在此基础上, 引入运动的观点, 使平面曲线和方程对应, 从而使我们能够运用代数方法去研究几何问题.

本章在空间直角坐标系中引入有广泛应用的向量代数, 以向量代数为工具, 讨论空间的平面和直线, 以及空间曲面和空间曲线的重要性质.

一、教学基本要求

1. 理解空间直角坐标系, 理解向量的概念及其表示.

2. 掌握向量的线性运算、数量积、向量积、混合积的运算, 掌握两个向量垂直和平行的条件.

3. 掌握方向数与方向余弦、向量的坐标表达式等概念, 熟练掌握用坐标表达式进行向量运算的方法.

4. 掌握平面方程和直线方程及其求法.

5. 会求平面与平面、平面与直线、直线与直线之间的夹角, 并会利用平面、直线的相互关系解决具体问题.

6. 会求点到直线以及点到平面的距离.

7. 理解曲面方程的概念, 了解常用二次曲面的方程及其图形, 会求以坐标轴为旋转轴的旋转曲面及母线平行于坐标轴的柱面方程.

8. 了解空间曲线的参数方程和一般方程, 以及空间曲线在坐标平面上的投影方程.

二、教学重点

1. 向量的线性运算、数量积、向量积的概念, 向量运算及坐标运算.

2. 两个向量垂直和平行的条件.

3. 平面方程和直线方程, 平面与平面、平面与直线、直线与直线之间的相互位置关系的判定条件.

4. 常用二次曲面的方程及其图形.

5. 旋转曲面及母线平行于坐标轴的柱面方程.

6. 空间曲线的参数方程和一般方程.

三、教学难点

1. 向量积的向量运算及坐标运算.
2. 平面方程和直线方程及其求法.
3. 点到直线的距离.
4. 二次曲面图形.
5. 旋转曲面的方程.

8.1　向量及其线性运算

教学目标: 了解空间直角坐标系的相关概念, 理解向量的概念、向量的线性运算及其性质, 掌握向量的坐标及其运算, 了解向量的投影.

教学重点: 向量的线性运算; 向量的坐标及其向量的代数运算.

教学难点: 向量的分解及坐标表达式; 向量的投影函数的性质.

教学背景: 力、速度、平面的法向量, 直线的方向向量等.

思政元素: 中国微分几何学派创始人苏步青先生在几何方面的成就.

本节引入向量的概念, 根据向量的线性运算建立空间直角坐标系, 然后利用坐标讨论向量的相关运算, 并介绍空间解析几何的内容.

8.1.1　向量概念

客观世界中的量有两种: 一种是只有大小的量, 叫做数量, 如时间、温度、距离、质量等; 另一种是不仅有大小而且还有方向的量, 叫做向量或矢量, 如速度、加速度、力等.

慕课8.1.1

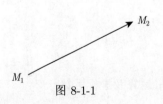

图 8-1-1

在数学上, 往往用一条有向线段来表示向量, 有向线段的长度表示向量的大小, 有向线段的方向表示向量的方向. 如图 8-1-1 所示, 以 M_1 为始点、M_2 为终点的有向线段所表示的向量, 用记号 $\overrightarrow{M_1M_2}$ 表示. 有时也用一个黑体字母或上面加箭头的字母来表示向量. 例如, 向量 $\boldsymbol{a}, \boldsymbol{b}, \boldsymbol{i}, \boldsymbol{u}$ 或 $\vec{a}, \vec{b}, \vec{i}, \vec{u}$ 等.

与始点位置无关的向量称为**自由向量**. 我们研究的向量均为自由向量, 即只考虑向量的大小与方向, 而不考虑向量的起点, 自由向量简称为向量.

向量的大小叫做向量的**模**, 向量 $\overrightarrow{M_1M_2}, \boldsymbol{a}$ 的模分别记为 $|\overrightarrow{M_1M_2}|, |\boldsymbol{a}|$.

在研究向量的运算时, 将会用到以下几个特殊向量. 模等于 1 的向量称为**单位向量**. 与向量 a 的模相等而方向相反的向量称为 a 的**负向量**, 记为 $-a$. 模等于 0 的向量称为**零向量**, 记作 $\mathbf{0}$, 零向量没有确定的方向, 也可以说它的方向是任意的.

由于只讨论自由向量, 因此可以定义两个向量相等. 如果两个向量 a 与 b, 大小相等、方向相同, 就说这两个**向量相等**, 记作 $a = b$.

设有两个非零向量 a, b, 任取空间一点 O, 记作 $\overrightarrow{OA} = a$, $\overrightarrow{OB} = b$, 规定不超过 π 的 $\angle AOB$ (设 $\theta = \angle AOB$, $0 \leqslant \theta \leqslant \pi$)称为**向量 a 与 b 的夹角** (图 8-1-2), 记作 $\widehat{(a,b)}$ 或 $\widehat{(b,a)}$, 即 $\widehat{(a,b)} = \theta$. 如果向量 a 与 b 中有一个是零向量, 规定它们的夹角可以在 0 到 π 之间任意取值.

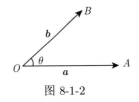

图 8-1-2

特别地, 当 a 与 b 同向时, $\theta = 0$; 当 a 与 b 反向时, $\theta = \pi$.

如果 $\widehat{(a,b)} = 0$ 或 π (两个非零向量的方向相同或相反), 就称**向量 a 与 b 平行**, 记作 $a /\!/ b$. 如果 $\widehat{(a,b)} = \dfrac{\pi}{2}$, 就称**向量 a 与 b 垂直**, 记作 $a \perp b$. 由于零向量与另一向量的夹角可以在 0 到 π 之间任意取值, 因此可以认为零向量与任何向量都平行, 也可以认为零向量与任何向量都垂直.

当两个平行向量的起点放在同一点时, 它们的终点和公共起点应在一条直线上. 因此, 两向量平行又称两向量**共线**.

类似还有共面的概念. 设有 $k\,(k \geqslant 3)$ 个向量, 当把它们的起点放在同一点时, 如果 k 个终点和公共起点在同一个平面上, 就称这 k 个向量**共面**.

8.1.2 向量的线性运算

1. 向量的加 (减) 法

设 a, b 为两个 (非零) 向量, 把 a, b 平行移动使它们的起点重合于 M, 并以 a, b 为邻边作平行四边形, 把以点 M 为一端的对角线向量 $\overrightarrow{MN}$ 定义为 a, b 的和, 记为 $a + b$ (图 8-1-3). 这样用平行四边形的对角线来定义两个向量的和的方法叫做平行四边形法则.

由于平行四边形的对边平行且相等, 所以从图 8-1-3 可以看出, $a + b$ 也可以按下列方法得出: 把 b 平行移动, 使它的起点与 a 的终点重合, 这时, 从 a 的起点到 b 的终点的有向线段 $\overrightarrow{MN}$ 就表示向量 a 与 b 的和 $a + b$ (图 8-1-4). 这个方法叫做三角形法则.

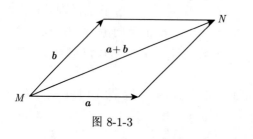

图 8-1-3

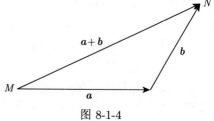

图 8-1-4

向量的加法满足下列性质.

(1) 交换律: $a + b = b + a$.

(2) 结合律: $(a + b) + c = a + (b + c)$, 如图 8-1-5.

向量 a 与 b 的差规定为 a 与 b 的负向量 $(-b)$ 的和

$$a - b = a + (-b).$$

从而有 $a + 0 = a$; $a + (-a) = 0$.

作图法得到向量 a 与 b 的差. 把向量 a 与 b 的起点放在一起, 则由 b 的终点到 a 的终点的向量就是 a 与 b 的差 $a - b$ (图 8-1-6).

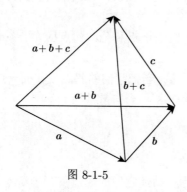

图 8-1-5

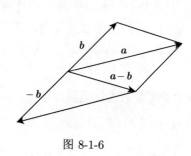

图 8-1-6

由三角不等式, 即对任意向量 a, b, 有

$$|a + b| \leqslant |a| + |b|, \quad |a - b| \leqslant |a| + |b|,$$

其中当向量 a, b 同向或者反向时等号成立.

2. 向量与数的乘法

设 λ 是一实数, 向量 a 与 λ 的乘积 λa 是一个这样的向量:

当 $\lambda > 0$ 时, λa 的方向与 a 的方向相同, 它的模等于 $|a|$ 的 λ 倍, 即 $|\lambda a| = \lambda |a|$.

当 $\lambda < 0$ 时, λa 的方向与 a 的方向相反, 它的模等于 $|a|$ 的 $|\lambda|$ 倍, 即 $|\lambda a| = |\lambda|\,|a|$.

当 $\lambda = 0$ 时, λa 是零向量, 即 $\lambda a = \mathbf{0}$.

向量与数的乘法满足下列性质 (λ, μ 为实数).

(1) 结合律: $\lambda(\mu a) = (\lambda\mu)a$.

(2) 分配律: $(\lambda + \mu)a = \lambda a + \mu a$; $\lambda(a + b) = \lambda a + \lambda b$.

设 e_a 是方向与 a 相同的单位向量, 则根据向量与数量乘法的定义, 可以将 a 写成

$$a = |a|e_a,$$

这样就把一个向量的大小和方向都明显地表示出来. 由此也有

$$e_a = \frac{a}{|a|},$$

就是说把一个非零向量除以它的模就得到与它同方向的单位向量.

我们规定, 当 $\lambda \neq 0$ 时, $\dfrac{a}{\lambda} = \dfrac{1}{\lambda}a$. 由此上式又可写成 $\dfrac{a}{|a|} = e_a$.

这表示一个非零向量除以它的模的结果是一个与原向量同方向的单位向量.

由于向量 λa 与 a 平行, 因此我们常用向量与数的乘法来说明两个向量的平行关系, 即有如下的定理.

定理 8.1.1 设向量 $a \neq \mathbf{0}$, 那么向量 b 平行于 a 的充分必要条件是存在唯一的实数 λ, 使 $b = \lambda a$.

证明 条件的充分性是显然的, 下面证明必要性.

设 $b//a$, 取 $|\lambda| = \dfrac{|b|}{|a|}$, 当 b 与 a 同向时 λ 取正值, 当 b 与 a 反向时 λ 取负值, 即有 $b = \lambda a$.

再证 λ 的唯一性. 若有 $b = \lambda a$, $b = \mu a$ 成立, 则有

$$(\lambda - \mu)a = \mathbf{0},$$

从而有 $|\lambda - \mu||a| = 0$, 又向量 $a \neq \mathbf{0}$, 故有 $|\lambda - \mu| = 0$, 即 $\lambda = \mu$.

定理 8.1.1 是建立数轴的理论依据. 我们知道, 给定一个点、一个方向及单位长度, 就确定了一条数轴. 由于一个单位向量既确定了方向, 又确定了单位长度, 因此, 给定一个点及一个单位向量就确定了一条数轴. 设点 O 及单位向量 i 确定了数轴 Ox, 对于轴上任一点 P, 对应一个向量 $\overrightarrow{OP}$, 由 $\overrightarrow{OP}//i$, 根据定理 8.1.1, 必有唯一的实数 x, 使 $\overrightarrow{OP} = xi$ (实数 x 叫做**轴上有向线段 $\overrightarrow{OP}$ 的值**), 并知 $\overrightarrow{OP}$ 与实数 x 一一对应. 于是

$$\text{点 } P \leftrightarrow \text{向量 } \overrightarrow{OP} = x\boldsymbol{i} \leftrightarrow \text{实数 } x,$$

从而轴上的点 P 与实数 x 有一一对应的关系. 据此, 定义实数 x 为轴上点 P 的坐标 (图 8-1-7).

图 8-1-7

由此可知, 轴上点 P 的坐标为 x 的充分必要条件是 $\overrightarrow{OP} = x\boldsymbol{i}$.

8.1.3 空间直角坐标系

1. 空间直角坐标系

慕课8.1.2

空间直角坐标系是平面直角坐标系的推广. 在空间取定一点 O 和三个两两垂直的单位向量 $\boldsymbol{i}, \boldsymbol{j}, \boldsymbol{k}$, 就确定了三条都以 O 为原点的两两垂直的数轴, 依次记为 x 轴 (横轴)、y 轴 (纵轴)、z 轴 (竖轴), 统称为坐标轴. 它们构成一个空间直角坐标系, 称为 $Oxyz$ 坐标系或 $[O; \boldsymbol{i}, \boldsymbol{j}, \boldsymbol{k}]$ 坐标系 (图 8-1-8).

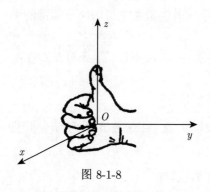

通常把 x 轴和 y 轴配置在水平面上, 而 z 轴则是铅垂线; 它们的正向通常符合右手规则, 即以右手握住 z 轴, 当右手的四个手指从正向 x 轴以 $\dfrac{\pi}{2}$ 角度转向正向 y 轴时, 大拇指的指向就是 z 轴的正向. 通常三个数轴应具有相同的长度单位.

在空间直角坐标系中, 三条坐标轴中的任意两条可以确定一个平面, 这样确定出的三个平面统称为坐标面.

图 8-1-8

x 轴及 y 轴所确定的坐标面叫做 xOy 面, 另两个由 y 轴及 z 轴和 z 轴及 x 轴所确定的坐标面, 分别叫做 yOz 面和 zOx 面. 三个坐标面把空间分成八个部分, 每一部分叫做一个卦限, 含有 x 轴、y 轴与 z 轴正半轴的卦限叫做第一卦限, 它位于 xOy 面的上方. 在 xOy 面的上方, 按逆时针方向排列着第二卦限、第三卦限和第四卦限. 在 xOy 面的下方, 与第一卦限对应的是第五卦限, 按逆时针方向还排列着第六卦限、第七卦限和第八卦限. 八个卦限分别用字母 I, II, III, IV, V, VI, VII, VIII 表示 (图 8-1-9).

2. 向量的坐标分解式

确定了空间直角坐标系后, 就可以建立向量与有序数之间的对应关系, 以打通数与向量的研究.

任给向量 r, 有对应点 M, 使 $\overrightarrow{OM} = r$. 以 OM 为对角线、三条坐标轴为棱作长方体 $RCMB\text{-}OPAQ$, 有 $r = \overrightarrow{OM} = \overrightarrow{OP} + \overrightarrow{PA} + \overrightarrow{AM} = \overrightarrow{OP} + \overrightarrow{OQ} + \overrightarrow{OR}$, 设 $\overrightarrow{OP} = x\boldsymbol{i}, \overrightarrow{OQ} = y\boldsymbol{j}, \overrightarrow{OR} = z\boldsymbol{k}$, 则 $r = \overrightarrow{OM} = x\boldsymbol{i} + y\boldsymbol{j} + z\boldsymbol{k}$. 上式称为向量 r 的**坐标分解式**, $x\boldsymbol{i}, y\boldsymbol{j}, z\boldsymbol{k}$ 称为向量 r 沿三个坐标轴方向的**分向量** (图 8-1-10).

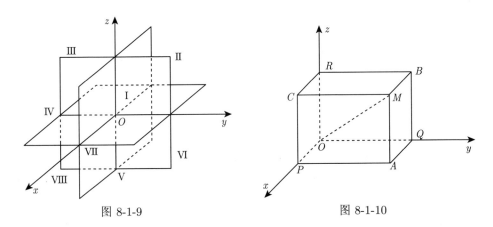

图 8-1-9   图 8-1-10

显然, 给定向量 r, 就确定了点 M 及 $\overrightarrow{OP}, \overrightarrow{OQ}, \overrightarrow{OR}$ 三个分向量, 进而确定了 x, y, z 三个有序数; 反之, 给定三个有序数 x, y, z 也就确定了向量 r 与点 M. 于是点 M、向量 r 与三个有序数 x, y, z 之间有一一对应的关系

$$M \leftrightarrow r = \overrightarrow{OM} = x\boldsymbol{i} + y\boldsymbol{j} + z\boldsymbol{k} \leftrightarrow (x, \ y, \ z).$$

据此定义, 有序数 x, y, z 称为向量 r (在坐标系 $Oxyz$) 中的**坐标**, 记作 $r = (x, y, z)$; 有序数 x, y, z 也称为点 M(在坐标系 $Oxyz$) 的坐标, 记作 $M(x, y, z)$.

向量 $r = \overrightarrow{OM}$ 称为点 M 关于原点 O 的**向径**. 上述定义表明, 一个点与该点的向径有相同的坐标. 记号 (x, y, z) 既表示点 M, 又表示向量 $\overrightarrow{OM}$.

特别地, 坐标面上和坐标轴上的点, 其坐标各有一定的特征.

坐标轴上点的坐标的特点 坐标轴上点的坐标至少两个分量为零.

x 轴上的点的坐标中 $y = z = 0$, 即 x 轴上的点的坐标 $(x, 0, 0)$. 因 P 点在 x 轴上, 故过 P 点所作垂直于 y 轴与 z 轴的平面分别交 y 轴与 z 轴于原点. y 轴上的点的坐标中 $x = z = 0$, 即 y 轴上的点的坐标 $(0, y, 0)$. z 轴上的点的坐标中 $x = y = 0$, 即 z 轴上的点的坐标 $(0, 0, z)$. **原点的坐标**中 $x = y = z = 0$.

坐标平面上点的坐标的特点 坐标平面上点的坐标至少一个分量为零.

比如, xOy 面上的点的坐标中 $z = 0$. yOz 面上的点的坐标中 $x = 0$. zOx 面上的点的坐标中 $y = 0$.

8.1.4　利用坐标作向量的线性运算

慕课8.1.3

利用向量的坐标, 可得向量的加法、减法以及向量与数的乘法的运算如下: 设 $a = (a_x, a_y, a_z)$, $b = (b_x, b_y, b_z)$, 即 $a = a_x i + a_y j + a_z k$, $b = b_x i + b_y j + b_z k$. 利用向量加法的交换律与结合律以及向量与数的乘法的结合律与分配律, 有

$$a + b = (a_x + b_x)i + (a_y + b_y)j + (a_z + b_z)k,$$

$$a - b = (a_x - b_x)i + (a_y - b_y)j + (a_z - b_z)k,$$

$$\lambda a = (\lambda a_x)i + (\lambda a_y)j + (\lambda a_z)k \quad (\lambda 为实数),$$

即

$$a + b = (a_x + b_x, a_y + b_y, a_z + b_z),$$

$$a - b = (a_x - b_x, a_y - b_y, a_z - b_z), \quad \lambda a = (\lambda a_x, \lambda a_y, \lambda a_z).$$

由此可见, 对向量进行加法、减法及与数乘运算, 只需对向量的各个坐标分别进行相应的数量运算就行了.

定理 8.1.1 指出, 当 $a \neq 0$ 时, 向量 $b // a$ 相当于 $b = \lambda a$, 坐标表示式为 $(b_x, b_y, b_z) = \lambda(a_x, a_y, a_z)$, 这也就相当于 b 与 a 对应的坐标成比例

$$\frac{b_x}{a_x} = \frac{b_y}{a_y} = \frac{b_z}{a_z}.$$

例 1　已知 $a = 2i - j + 2k$, $b = 3i + 4j - 5k$, 求与 $3a - b$ 同向的单位向量.

解　因为

$$c = 3a - b = 3 \times (2i - j + 2k) - (3i + 4j - 5k)$$

$$= 3i - 7j + 11k,$$

所以

$$|c| = \sqrt{3^2 + (-7)^2 + 11^2} = \sqrt{179},$$

因此

$$e_c = \frac{c}{|c|} = \frac{3a - b}{|3a - b|} = \frac{1}{\sqrt{179}}(3i - 7j + 11k).$$

例 2　已知两点 $A(x_1, y_1, z_1)$ 和 $B(x_2, y_2, z_2)$ 以及实数 $\lambda \neq -1$, 在直线 AB 上求一点 M, 使 $\overrightarrow{AM} = \lambda \overrightarrow{MB}$.

解法一 由于 $\overrightarrow{AM} = \overrightarrow{OM} - \overrightarrow{OA}$, $\overrightarrow{MB} = \overrightarrow{OB} - \overrightarrow{OM}$, 因此 $\overrightarrow{OM} - \overrightarrow{OA} = \lambda(\overrightarrow{OB} - \overrightarrow{OM})$, 从而

$$\overrightarrow{OM} = \frac{1}{1+\lambda}(\overrightarrow{OA} + \lambda\overrightarrow{OB}) = \left(\frac{x_1 + \lambda x_2}{1+\lambda}, \ \frac{y_1 + \lambda y_2}{1+\lambda}, \ \frac{z_1 + \lambda z_2}{1+\lambda} \right),$$

这就是点 M 的坐标.

解法二 设所求点为 $M(x,y,z)$, 则 $\overrightarrow{AM} = (x-x_1, \ y-y_1, \ z-z_1)$, $\overrightarrow{MB} = (x_2-x, \ y_2-y, \ z_2-z)$. 依题意有 $\overrightarrow{AM} = \lambda\overrightarrow{MB}$, 即

$$(x-x_1, \ y-y_1, \ z-z_1) = \lambda(x_2-x, \ y_2-y, \ z_2-z),$$

$$(x,y,z) - (x_1, \ y_1, \ z_1) = \lambda(x_2, \ y_2, \ z_2) - \lambda(x,y,z),$$

$$(x,y,z) = \frac{1}{1+\lambda}(x_1 + \lambda x_2, \ y_1 + \lambda y_2, \ z_1 + \lambda z_2),$$

$$x = \frac{x_1 + \lambda x_2}{1+\lambda}, \quad y = \frac{y_1 + \lambda y_2}{1+\lambda}, \quad z = \frac{z_1 + \lambda z_2}{1+\lambda}.$$

点 M 叫做有向线段 $\overrightarrow{AB}$ 的 λ 分点. 特别地, 当 $\lambda = -1$ 时, 得线段 AB 的中点, 其坐标为

$$M\left(\frac{x_1 + x_2}{2}, \frac{y_1 + y_2}{2}, \frac{z_1 + z_2}{2} \right).$$

通过本例, 我们应注意以下两点:

(1) 由于点 M 与向量 $\overrightarrow{OM}$ 有相同的坐标, 因此, 求点 M 的坐标, 就是求点 $\overrightarrow{OM}$ 的坐标;

(2) 记号 (x,y,z) 既可表示点 M, 又可表示向量 $\overrightarrow{OM}$, 在几何中点与向量是两个不同的概念, 不可混淆. 因此在看到记号 (x,y,z) 时, 需从上下文来认清它究竟表示点还是表示向量.

8.1.5 向量的模、方向角、投影

有了空间直角坐标系, 我们就可以着手用代数的方法来研究几何问题. 最简单而且最基本的问题是确定空间两点之间的距离.

慕课8.1.4

1. 向量的模与两点间的距离公式

设向量 $\boldsymbol{r} = (x,y,z)$, 作 $\overrightarrow{OM} = \boldsymbol{r}$, 则 $\boldsymbol{r} = \overrightarrow{OM} = \overrightarrow{OP} + \overrightarrow{OQ} + \overrightarrow{OR}$, 按勾股定理可得 $|\boldsymbol{r}| = |\overrightarrow{OM}| = \sqrt{|\overrightarrow{OP}|^2 + |\overrightarrow{OQ}|^2 + |\overrightarrow{OR}|^2}$, 由 $\overrightarrow{OP} = x\boldsymbol{i}$, $\overrightarrow{OQ} = y\boldsymbol{j}$, $\overrightarrow{OR} = z\boldsymbol{k}$, 有 $\left|\overrightarrow{OP}\right| = |x|$, $\left|\overrightarrow{OQ}\right| = |y|$, $\left|\overrightarrow{OR}\right| = |z|$, 于是得向量模的坐标表示式 $|\boldsymbol{r}| = \sqrt{x^2 + y^2 + z^2}$.

设有点 $A(x_1, y_1, z_1)$, $B(x_2, y_2, z_2)$, 则点 A 与点 B 间的距离 $|AB|$ 就是向量 $\overrightarrow{AB}$ 的模. 由 $\overrightarrow{AB} = \overrightarrow{OB} - \overrightarrow{OA} = (x_2, y_2, z_2) - (x_1, y_1, z_1) = (x_2 - x_1, y_2 - y_1, z_2 - z_1)$, 即得 A, B 两点间的距离 $|AB| = |\overrightarrow{AB}| = \sqrt{(x_2 - x_1)^2 + (y_2 - y_1)^2 + (z_2 - z_1)^2}$.

例 3　在 z 轴上求与两点 $A(-4, 1, 7)$ 和 $B(3, 5, -2)$ 等距离的点.

解　因为所求的点 M 在 z 轴上, 所以设该点为 $M(0, 0, z)$, 由题意, $|MA| = |MB|$, 即

$$\sqrt{(0+4)^2 + (0-1)^2 + (z-7)^2} = \sqrt{(3-0)^2 + (5-0)^2 + (-2-z)^2},$$

解得 $z = \dfrac{14}{9}$, 因此所求的点为 $\left(0, 0, \dfrac{14}{9}\right)$.

2. 方向角与方向余弦

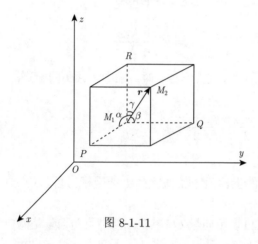

图 8-1-11

向量 $\boldsymbol{r} = \overrightarrow{M_1 M_2}$ 与三条坐标轴 (正向) 的夹角 α, β, γ 来表示此向量的方向, 并规定 $0 \leqslant \alpha \leqslant \pi, 0 \leqslant \beta \leqslant \pi, 0 \leqslant \gamma \leqslant \pi$ (图 8-1-11), α, β, γ 叫做向量 $\boldsymbol{a}$ 的方向角.

过点 M_1, M_2 各作垂直于三条坐标轴的平面, 如图 8-1-11 所示, 可以看出由于 $\angle PM_1M_2 = \alpha$, 又 $M_2P \perp M_1P$, 所以

$$a_x = M_1P = |\overrightarrow{M_1M_2}| \cos\alpha = |\boldsymbol{a}| \cos\alpha,$$

同理

$$a_y = M_1Q = |\overrightarrow{M_1M_2}| \cos\beta = |\boldsymbol{a}| \cos\beta,$$
$$a_z = M_1R = |\overrightarrow{M_1M_2}| \cos\gamma = |\boldsymbol{a}| \cos\gamma.$$

公式中出现的不是方向角 α, β, γ 本身而是它们的余弦, 因而, 通常也用数组 $\cos\alpha, \cos\beta, \cos\gamma$ 来表示向量 $\boldsymbol{a}$ 的方向, 叫做向量 $\boldsymbol{a}$ 的方向余弦.

因此, 可以用向量的模及方向余弦来表示向量:

$$\boldsymbol{a} = |\boldsymbol{a}|(\cos\alpha \boldsymbol{i} + \cos\beta \boldsymbol{j} + \cos\gamma \boldsymbol{k}),$$

而向量 $\boldsymbol{a}$ 的模为

$$|\boldsymbol{a}| = |\overrightarrow{M_1M_2}| = \sqrt{|M_1P|^2 + |M_1Q|^2 + |M_1R|^2},$$

由此得向量 $\boldsymbol{a}$ 的模的坐标表示式

$$|\boldsymbol{a}| = \sqrt{a_x^2 + a_y^2 + a_z^2},$$

从而可得向量 $\boldsymbol{a}$ 的方向余弦的坐标表示式

$$\cos\alpha = \frac{a_x}{\sqrt{a_x^2 + a_y^2 + a_z^2}},$$

$$\cos\beta = \frac{a_y}{\sqrt{a_x^2 + a_y^2 + a_z^2}},$$

$$\cos\gamma = \frac{a_z}{\sqrt{a_x^2 + a_y^2 + a_z^2}}.$$

把三个等式两边分别平方后相加, 便得到

$$\cos^2\alpha + \cos^2\beta + \cos^2\gamma = 1,$$

即任一向量的方向余弦的平方和等于 1. 由此可见, 由任一向量 $\boldsymbol{a}$ 的方向余弦所组成的向量 $(\cos\alpha, \cos\beta, \cos\gamma)$ 是单位向量, 即

$$\boldsymbol{e_a} = \cos\alpha\boldsymbol{i} + \cos\beta\boldsymbol{j} + \cos\gamma\boldsymbol{k}.$$

例 4　已知两点 $P_1(2, -2, 5)$ 及 $P_2(-1, 6, 7)$, 试求:

(1) $\overrightarrow{P_1P_2}$ 在三个坐标轴上的投影及分解表达式;

(2) $\overrightarrow{P_1P_2}$ 的模;

(3) $\overrightarrow{P_1P_2}$ 的方向余弦;

(4) $\overrightarrow{P_1P_2}$ 上的单位向量 $\boldsymbol{e}_{\overrightarrow{P_1P_2}}$.

解　(1) 设 $\overrightarrow{P_1P_2} = (a_x, a_y, a_z)$, 则 $\overrightarrow{P_1P_2}$ 在三个坐标轴上的投影分别为

$$a_x = -1 - 2 = -3,$$

$$a_y = 6 - (-2) = 8,$$

$$a_z = 7 - 5 = 2,$$

于是 $\overrightarrow{P_1P_2}$ 的分解表达式为

$$\overrightarrow{P_1P_2} = -3\boldsymbol{i} + 8\boldsymbol{j} + 2\boldsymbol{k}.$$

(2) $|\overrightarrow{P_1P_2}| = \sqrt{a_x^2 + a_y^2 + a_z^2} = \sqrt{(-3)^2 + 8^2 + 2^2} = \sqrt{77}.$

(3) 方向余弦为

$$\cos\alpha = \frac{a_x}{\left|\overrightarrow{P_1P_2}\right|} = \frac{-3}{\sqrt{77}},$$

$$\cos\beta = \frac{a_y}{\left|\overrightarrow{p_1p_2}\right|} = \frac{8}{\sqrt{77}},$$

$$\cos\gamma = \frac{a_z}{\left|\overrightarrow{p_1p_2}\right|} = \frac{2}{\sqrt{77}}.$$

(4) $\boldsymbol{e}_{\overrightarrow{P_1P_2}} = \dfrac{1}{\sqrt{77}}(-3\boldsymbol{i} + 8\boldsymbol{j} + 2\boldsymbol{k})$.

8.1.6　向量在轴上的投影

为了用分析方法来研究向量, 需要引进向量在轴上的投影的概念.

(1) 点 A 在轴 u 上的投影.

过点 A 作与轴 u 垂直的平面, 交轴 u 于点 A', 则点 A' 称为点 A 在轴 u 上的投影 (图 8-1-12).

(2) 向量 $\overrightarrow{AB}$ 在轴 u 上的投影.

首先我们引进轴上的有向线段的值的概念.

设有一轴 u, $\overrightarrow{AB}$ 是轴 u 上的有向线段. 如果数 λ 满足 $|\lambda| = |\overrightarrow{AB}|$, 且当 $\overrightarrow{AB}$ 与 u 轴同向时 λ 是正的, 当 $\overrightarrow{AB}$ 与 u 轴反向时 λ 是负的, 那么数 λ 叫做轴 u 上有向线段 $\overrightarrow{AB}$ 的值, 记作 AB, 即 $\lambda = AB$.

设 A, B 两点在轴 u 上的投影分别为 A', B'(图 8-1-13), 则有向线段 $\overrightarrow{A'B'}$ 的值 $A'B'$ 称为向量 $\overrightarrow{AB}$ 在轴 u 上的投影, 记作 $\mathrm{Prj}_u\overrightarrow{AB} = A'B'$, 它是一个数量轴, u 叫做投影轴.

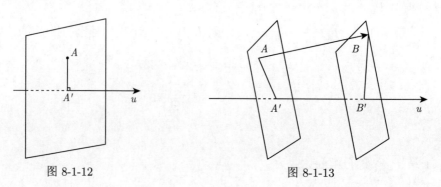

图 8-1-12　　　　　　　　　　　　　　　图 8-1-13

这里应特别指出的是投影不是向量, 也不是长度, 而是数量, 它可正, 可负, 也可以是零.

关于向量的投影有下面几个性质.

性质 1 向量 $\overrightarrow{AB}$ 在轴 u 上的投影等于向量 $\overrightarrow{AB}$ 的模乘以 $\boldsymbol{u}$ 与向量 $\overrightarrow{AB}$ 的夹角 α 的余弦, 即

$$\mathrm{Prj}_u\overrightarrow{AB} = |\overrightarrow{AB}|\cos\alpha.$$

证明 过 A 作与轴 u 平行且有相同正向的轴 u', 则轴 u 与向量 $\overrightarrow{AB}$ 间的夹角 α 等于轴 u' 与向量 $\overrightarrow{AB}$ 间的夹角 (图 8-1-14). 从而有

$$\mathrm{Prj}_u\overrightarrow{AB} = \mathrm{Prj}_{u'}\overrightarrow{AB} = AB''$$
$$= |\overrightarrow{AB}|\cos\alpha.$$

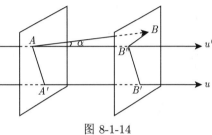

图 8-1-14

显然, 当 α 是锐角时, 投影为正值; 当 α 是钝角时, 投影为负值; 当 α 是直角时, 投影为 0.

性质 2 两个向量的和在某轴上的投影等于这两个向量在该轴上投影的和, 即

$$\mathrm{Prj}_u(\boldsymbol{a}_1 + \boldsymbol{a}_2) = \mathrm{Prj}_u\boldsymbol{a}_1 + \mathrm{Prj}_u\boldsymbol{a}_2.$$

证明 设有两个向量 $\boldsymbol{a}_1$, $\boldsymbol{a}_2$ 及某轴 u, 由图 8-1-15 可以看到

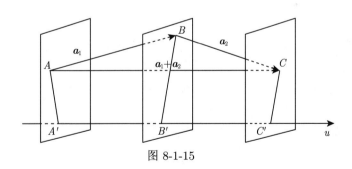

图 8-1-15

$$\mathrm{Prj}_u(\boldsymbol{a}_1 + \boldsymbol{a}_2) = \mathrm{Prj}_u(\overrightarrow{AB} + \overrightarrow{BC}) = \mathrm{Prj}_u\overrightarrow{AC} = A'C',$$

而

$$\mathrm{Prj}_u\boldsymbol{a}_1 + \mathrm{Prj}_u\boldsymbol{a}_2 = \mathrm{Prj}_u\overrightarrow{AB} + \mathrm{Prj}_u\overrightarrow{BC} = A'B' + B'C' = A'C',$$

所以

$$\mathrm{Prj}_u(\boldsymbol{a}_1 + \boldsymbol{a}_2) = \mathrm{Prj}_u\boldsymbol{a}_1 + \mathrm{Prj}_u\boldsymbol{a}_2.$$

显然, 性质 2 可推广到有限个向量的情形, 即

$$\text{Prj}_u(\boldsymbol{a}_1 + \boldsymbol{a}_2 + \cdots + \boldsymbol{a}_n) = \text{Prj}_u\boldsymbol{a}_1 + \text{Prj}_u\boldsymbol{a}_2 + \cdots + \text{Prj}_u\boldsymbol{a}_n.$$

同理, 可以证明下面的性质, 留给读者自行证明.

性质 3　向量与数的乘法在轴上的投影等于向量在轴上的投影与数的乘法.

$$(\lambda\boldsymbol{a})_u = \lambda(\boldsymbol{a})_u \quad (\text{即}\text{Prj}_u(\lambda\boldsymbol{a}) = \lambda\text{Prj}_u\boldsymbol{a}).$$

例 5　设立方体的一条对角线为 OM, 一条棱为 OA, 且 $|OA| = a$, 求 $\overrightarrow{OA}$ 在 $\overrightarrow{OM}$ 方向上的投影 $\text{Prj}_{\overrightarrow{OM}}\overrightarrow{OA}$.

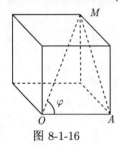

图 8-1-16

解　如图 8-1-16 所示, 记 $\angle MOA = \varphi$, 有

$$\cos\varphi = \frac{|OA|}{|OM|} = \frac{1}{\sqrt{3}}, \text{于是}$$

$$\text{Prj}_{\overrightarrow{OM}}\overrightarrow{OA} = |\overrightarrow{OA}|\cos\varphi = \frac{a}{\sqrt{3}}.$$

小结与思考

1. 小结

空间解析几何研究的两个基本问题是

(1) 已知一曲面作为点的几何轨迹时, 建立这个曲面的方程;

(2) 已知一个方程时, 研究这个方程所表示的曲面的形状.

通过建立空间直角坐标系, 使空间的点与三元有序实数组之间建立起一一对应的关系并将空间图形与三元方程联系在一起, 从而可以用代数方法研究空间几何. 因此, 空间解析几何也是学习多元函数微积分的重要基础.

2. 思考

向量的概念及其运算法则与数量运算法则有什么区别?

数学文化

苏步青, 中国科学院院士, 中国著名的数学家、教育家, 中国微分几何学派创始人.

苏步青主要从事微分几何学和计算几何学等方面的研究, 在仿射微分几何学和射影微分几何学研究方面取得出色成果, 在一般空间微分几何学、高维空间共轭理论、几何外形设计、计算机辅助几何设计等方面取得突出成就.

习　题　8-1

1. 在坐标面上和在坐标轴上的点的坐标各有什么特征? 指出下列各点的位置:

$$P(-2,3,0), \quad Q(3,0,-2), \quad R(-2,0,0), \quad S(0,3,0).$$

2. 求点 (a,b,c), 关于: (1) 各坐标面; (2) 各坐标轴; (3) 坐标原点 O 的对称点的坐标.

3. 从点 $A(2,-1,7)$ 沿向量 $\boldsymbol{a}=8\boldsymbol{i}+9\boldsymbol{j}-12\boldsymbol{k}$ 的方向取线段 AB, 使 $|\overrightarrow{AB}|=34$, 求点 B 的坐标.

4. 过点 $P_0(x_0,y_0,z_0)$ 分别作平行于 z 轴的直线和平行于 xOy 面的平面, 问在它们上面的点的坐标各有什么特点?

5. 证明: 以点 $A(4,1,9),B(10,-1,6),C(2,4,3)$ 为顶点的三角形是等腰直角三角形.

8.2　数量积、向量积、混合积

教学目标:

1. 掌握向量的数量积的定义及数量积的性质;

2. 掌握向量的向量积的定义及向量积的性质;

3. 掌握向量的数量积与向量积的计算方法.

教学重点: 数量积、向量积的概念及其等价的表示形式; 向量平行、垂直的应用.

教学难点: 数量积、向量积的各种形式的应用; 向量平行与垂直的描述; 数量积、向量积、混合积的定义以及运算律.

教学背景: 向量的定义和代数运算.

思政元素: 欧几里得被称为 "几何之父", 他最著名的著作《几何原本》是欧洲数学的基础.

8.2.1　向量的数量积

在物理学中, 我们知道当物体在力 $\boldsymbol{F}$ 的作用下 (图 8-2-1) 产生位移 $\boldsymbol{s}$ 时, 力 $\boldsymbol{F}$ 所做的功

慕课8.2.1

$$W = |\boldsymbol{F}|\cos(\widehat{\boldsymbol{F},\boldsymbol{s}}) \cdot |\boldsymbol{s}|$$
$$= |\boldsymbol{F}||\boldsymbol{s}|\cos(\widehat{\boldsymbol{F},\boldsymbol{s}}).$$

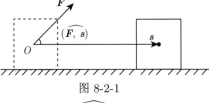

图 8-2-1

这样, 由两个向量 $\boldsymbol{F}$ 和 $\boldsymbol{s}$ 决定了一个数量 $|\boldsymbol{F}||\boldsymbol{s}|\cos(\widehat{\boldsymbol{F},\boldsymbol{s}})$. 根据这一实际背景, 我们把由两个向量 $\boldsymbol{F}$ 和 $\boldsymbol{s}$ 所确定的数量 $|\boldsymbol{F}||\boldsymbol{s}|\cos(\widehat{\boldsymbol{F},\boldsymbol{s}})$ 定义为两个向量 $\boldsymbol{F}$ 与 $\boldsymbol{s}$ 的数量积.

两个向量 $\boldsymbol{a}$ 与 $\boldsymbol{b}$ 的模与它们的夹角余弦的乘积, 叫做 $\boldsymbol{a}$ 与 $\boldsymbol{b}$ 的**数量积**, 记为 $\boldsymbol{a} \cdot \boldsymbol{b}$, 即

$$\boldsymbol{a} \cdot \boldsymbol{b} = |\boldsymbol{a}||\boldsymbol{b}| \cos(\widehat{\boldsymbol{a}, \boldsymbol{b}}),$$

因其中的 $|\boldsymbol{b}| \cos(\widehat{\boldsymbol{a}, \boldsymbol{b}})$ 是向量 $\boldsymbol{b}$ 在向量 $\boldsymbol{a}$ 的方向上的投影, 故数量积又可表示为

$$\boldsymbol{a} \cdot \boldsymbol{b} = |\boldsymbol{a}|\mathrm{Prj}_{\boldsymbol{a}}\boldsymbol{b},$$

同样

$$\boldsymbol{a} \cdot \boldsymbol{b} = |\boldsymbol{b}|\mathrm{Prj}_{\boldsymbol{b}}\boldsymbol{a}.$$

数量积的性质:

(1) $\boldsymbol{a} \cdot \boldsymbol{a} = |\boldsymbol{a}|^2$.

这是因为夹角 $\theta = 0$, 所以 $\boldsymbol{a} \cdot \boldsymbol{a} = |\boldsymbol{a}|^2 \cos 0 = |\boldsymbol{a}|^2$, $|\boldsymbol{a}| = \sqrt{\boldsymbol{a} \cdot \boldsymbol{a}}$.

(2) 对于两个非零向量 $\boldsymbol{a}, \boldsymbol{b}$, 如果 $\boldsymbol{a} \cdot \boldsymbol{b} = 0$, 则 $\boldsymbol{a} \perp \boldsymbol{b}$. 反之, 如果 $\boldsymbol{a} \perp \boldsymbol{b}$, 则 $\boldsymbol{a} \cdot \boldsymbol{b} = 0$.

这是因为如果 $\boldsymbol{a} \cdot \boldsymbol{b} = 0$, 由于 $|\boldsymbol{a}| \neq 0$, $|\boldsymbol{b}| \neq 0$, 所以 $\cos \theta = 0$, 从而 $\theta = \dfrac{\pi}{2}$, 即 $\boldsymbol{a} \perp \boldsymbol{b}$; 反之, 如果 $\boldsymbol{a} \perp \boldsymbol{b}$, 那么 $\theta = \dfrac{\pi}{2}$, $\cos \theta = 0$, 于是 $\boldsymbol{a} \cdot \boldsymbol{b} = |\boldsymbol{a}| |\boldsymbol{b}| \cos \theta = 0$.

由于可以认为零向量与任何向量都垂直, 因此上述结论可叙述为: 向量 $\boldsymbol{a} \perp \boldsymbol{b}$ 的充分必要条件为 $\boldsymbol{a} \cdot \boldsymbol{b} = 0$.

1. 数量积满足的运算律

(1) 交换律: $\boldsymbol{a} \cdot \boldsymbol{b} = \boldsymbol{b} \cdot \boldsymbol{a}$.

(2) 分配律: $(\boldsymbol{a} + \boldsymbol{b}) \cdot \boldsymbol{c} = \boldsymbol{a} \cdot \boldsymbol{c} + \boldsymbol{b} \cdot \boldsymbol{c}$.

(3) 结合律: $(\lambda\boldsymbol{a}) \cdot \boldsymbol{b} = \lambda(\boldsymbol{a} \cdot \boldsymbol{b})$, λ 为数.

由上述结合律, 利用交换律, 容易推得 $\boldsymbol{a} \cdot (\lambda\boldsymbol{b}) = \lambda(\boldsymbol{a} \cdot \boldsymbol{b})$ 及 $(\lambda\boldsymbol{a}) \cdot (\mu\boldsymbol{b}) = \lambda\mu(\boldsymbol{a} \cdot \boldsymbol{b})$.

这是因为

$$\boldsymbol{a} \cdot (\lambda\boldsymbol{b}) = (\lambda\boldsymbol{b}) \cdot \boldsymbol{a} = \lambda(\boldsymbol{b} \cdot \boldsymbol{a}) = \lambda(\boldsymbol{a} \cdot \boldsymbol{b});$$

$$(\lambda\boldsymbol{a}) \cdot (\mu\boldsymbol{b}) = \lambda[\boldsymbol{a} \cdot (\mu\boldsymbol{b})] = \lambda[\mu(\boldsymbol{a} \cdot \boldsymbol{b})] = \lambda\mu(\boldsymbol{a} \cdot \boldsymbol{b}).$$

2. 数量积的坐标表示式

设 $\boldsymbol{a} = a_x\boldsymbol{i} + a_y\boldsymbol{j} + a_z\boldsymbol{k}$, $\boldsymbol{b} = b_x\boldsymbol{i} + b_y\boldsymbol{j} + b_z\boldsymbol{k}$, 按数量积的运算规律可得

$$\boldsymbol{a} \cdot \boldsymbol{b} = (a_x\boldsymbol{i} + a_y\boldsymbol{j} + a_z\boldsymbol{k}) \cdot (b_x\boldsymbol{i} + b_y\boldsymbol{j} + b_z\boldsymbol{k})$$

$$= a_x\boldsymbol{i} \cdot (b_x\boldsymbol{i} + b_y\boldsymbol{j} + b_z\boldsymbol{k}) + a_y\boldsymbol{j} \cdot (b_x\boldsymbol{i} + b_y\boldsymbol{j} + b_z\boldsymbol{k}) + a_z\boldsymbol{k} \cdot (b_x\boldsymbol{i} + b_y\boldsymbol{j} + b_z\boldsymbol{k})$$

$$= a_x b_x \boldsymbol{i} \cdot \boldsymbol{i} + a_x b_y \boldsymbol{i} \cdot \boldsymbol{j} + a_x b_z \boldsymbol{i} \cdot \boldsymbol{k} + a_y b_x \boldsymbol{j} \cdot \boldsymbol{i} + a_y b_y \boldsymbol{j} \cdot \boldsymbol{j} + a_y b_z \boldsymbol{j} \cdot \boldsymbol{k}$$

$$+ a_z b_x \boldsymbol{k} \cdot \boldsymbol{i} + a_z b_y \boldsymbol{k} \cdot \boldsymbol{j} + a_z b_z \boldsymbol{k} \cdot \boldsymbol{k}.$$

由于 $\boldsymbol{i}, \boldsymbol{j}, \boldsymbol{k}$ 互相垂直, 所以 $\boldsymbol{i} \cdot \boldsymbol{j} = \boldsymbol{j} \cdot \boldsymbol{k} = \boldsymbol{k} \cdot \boldsymbol{i} = 0$, $\boldsymbol{k} \cdot \boldsymbol{j} = \boldsymbol{i} \cdot \boldsymbol{k} = \boldsymbol{j} \cdot \boldsymbol{i} = 0$. 又由于 $\boldsymbol{i}, \boldsymbol{j}, \boldsymbol{k}$ 的模均为 1, 所以 $\boldsymbol{i} \cdot \boldsymbol{i} = \boldsymbol{j} \cdot \boldsymbol{j} = \boldsymbol{k} \cdot \boldsymbol{k} = 1$, 因而得 $\boldsymbol{a} \cdot \boldsymbol{b} = a_x b_x + a_y b_y + a_z b_z$. 这就是两个向量的数量积的坐标表示式.

3. 两个向量夹角的余弦的坐标表示

由于 $\boldsymbol{a} \cdot \boldsymbol{b} = |\boldsymbol{a}| |\boldsymbol{b}| \cos\theta$, 所以当 $\boldsymbol{a} \neq \boldsymbol{0}, \boldsymbol{b} \neq \boldsymbol{0}$ 时, 有

$$\cos\theta = \frac{\boldsymbol{a} \cdot \boldsymbol{b}}{|\boldsymbol{a}||\boldsymbol{b}|} = \frac{a_x b_x + a_y b_y + a_z b_z}{\sqrt{a_x^2 + a_y^2 + a_z^2}\sqrt{b_x^2 + b_y^2 + b_z^2}}.$$

上式又可理解为两个单位向量 $\dfrac{\boldsymbol{a}}{|\boldsymbol{a}|}$ $\dfrac{\boldsymbol{b}}{|\boldsymbol{b}|}$ 的数量积, 即 $\cos\theta = \dfrac{\boldsymbol{a}}{|\boldsymbol{a}|} \cdot \dfrac{\boldsymbol{b}}{|\boldsymbol{b}|} = \boldsymbol{e}_a \cdot \boldsymbol{e}_b$.

$\mathrm{Prj}_b \boldsymbol{a} = |\boldsymbol{a}| \cdot \cos\theta = \dfrac{\boldsymbol{a} \cdot \boldsymbol{b}}{|\boldsymbol{b}|} = \boldsymbol{a} \cdot \boldsymbol{e}_b$, 即 $\boldsymbol{a}$ 与单位向量 $\boldsymbol{e}_b$ 的数量积表示 $\boldsymbol{a}$ 在 $\boldsymbol{e}_b$ 方向的投影.

例 1 求向量 $\boldsymbol{a} = (3, -2, 2\sqrt{3})$ 和 $\boldsymbol{b} = (3, 0, 0)$ 的夹角.

解 因为 $\boldsymbol{a} \cdot \boldsymbol{b} = 3 \cdot 3 + (-2) \cdot 0 + 2\sqrt{3} \cdot 0 = 9$, 且

$$|\boldsymbol{a}| = \sqrt{3^2 + (-2)^2 + (2\sqrt{3})^2} = 5, \quad |\boldsymbol{b}| = 3,$$

所以

$$\cos(\widehat{\boldsymbol{a}, \boldsymbol{b}}) = \frac{\boldsymbol{a} \cdot \boldsymbol{b}}{|\boldsymbol{a}| |\boldsymbol{b}|} = \frac{9}{5 \times 3} = \frac{3}{5}.$$

故其夹角

$$(\widehat{\boldsymbol{a}, \boldsymbol{b}}) = \arccos\frac{3}{5} \approx 53°8'.$$

例 2 求向量 $\boldsymbol{a} = (4, -1, 2)$ 在 $\boldsymbol{b} = (3, 1, 0)$ 上的投影.

解 因为

$$\boldsymbol{a} \cdot \boldsymbol{b} = 4 \cdot 3 + (-1) \cdot 1 + 2 \cdot 0 = 11, \quad |\boldsymbol{b}| = \sqrt{3^2 + 1^2 + 0^2} = \sqrt{10},$$

所以

$$\mathrm{Prj}_b \boldsymbol{a} = \frac{\boldsymbol{a} \cdot \boldsymbol{b}}{|\boldsymbol{b}|} = \frac{11}{\sqrt{10}} = \frac{11\sqrt{10}}{10}.$$

例 3　设液体流过平面 S 上面积为 A 的一个区域, 液体在这区域上各点处的流速均为 (常向量) $\boldsymbol{v}$. 设 $\boldsymbol{n}$ 为垂直于 S 的单位向量 (图 8-2-2(a)), 计算单位时间内经过这区域流向 $\boldsymbol{n}$ 所指一方的液体的质量 m (液体的密度为 ρ).

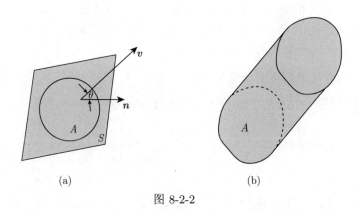

(a)　　　　　　　　　　　(b)

图 8-2-2

解　单位时间内流过这区域的液体组成一个底面积为 A, 斜高为 $|\boldsymbol{v}|$ 的斜柱体 (图 8-2-2(b)). 这柱体的斜高与底面的垂线的夹角就是 $\boldsymbol{v}$ 与 $\boldsymbol{n}$ 的夹角 θ, 所以这柱体的高为 $|\boldsymbol{v}|\cos\theta$, 体积为 $A|\boldsymbol{v}| = A\boldsymbol{v} \cdot \boldsymbol{n}$, 从而, 单位时间内经过这区域流向 $\boldsymbol{n}$ 所指一侧的液体的质量为 $m = \rho A\boldsymbol{v} \cdot \boldsymbol{n}$.

8.2.2　向量的向量积

1. 两个向量的向量积

在研究物体转动问题时, 不但要考虑此物体所受的力, 还要分析这些力所产生的力矩. 下面举例说明表示力矩的方法.

慕课8.2.2

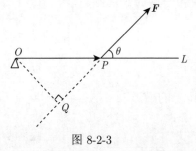

图 8-2-3

设 O 为杠杆 L 的支点, 有一个力 $\boldsymbol{F}$ 作用于这杠杆上 P 点处, $\boldsymbol{F}$ 与 $\overrightarrow{OP}$ 的夹角为 θ (图 8-2-3). 由物理学知道, 力 $\boldsymbol{F}$ 对支点 O 的力矩是一向量 $\boldsymbol{M}$, 它的模

$$|\boldsymbol{M}| = |OQ||\boldsymbol{F}| = |\overrightarrow{OP}||\boldsymbol{F}|\sin\theta.$$

而 $\boldsymbol{M}$ 的方向垂直于 $\overrightarrow{OP}$ 与 $\boldsymbol{F}$ 所确定的平面 (即 $\boldsymbol{M}$ 既垂直于 $\overrightarrow{OP}$, 又垂直于 $\boldsymbol{F}$), $\boldsymbol{M}$ 的指向按右手规则, 即当右手的四个手指从 $\overrightarrow{OP}$ 以不超过 π 的角转向 $\boldsymbol{F}$ 握拳时, 大拇指的指向就是 $\boldsymbol{M}$ 的指向.

由两个已知向量按上述规则来确定另一向量, 在其他物理问题中也会遇到, 抽象出来, 就是两个向量的向量积的概念.

定义 8.2.1 两个向量 a 与 b 的向量积是一个向量 c, 记为 $c = a \times b$, 它的大小与方向规定如下:

(1) $|a \times b| = |a||b|\sin(\widehat{a, b})$, 即等于以 a, b 为邻边的平行四边形的面积;

(2) $a \times b$ 垂直于 a, b 所确定的平面, 并且按顺序 $a, b, a \times b$ 符合右手法则 (图 8-2-4).

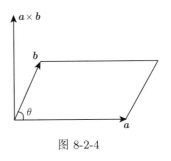

图 8-2-4

2. 向量积的性质

由向量积的定义可以推得

(1) $a \times a = 0$.

这是因为夹角 $\theta = 0$, 所以 $|a \times a| = |a|^2 \sin 0 = 0$.

(2) 对于两个非零向量 a, b, 如果 $a \times b = 0$, 则 $a // b$; 反之, 如果 $a // b$, 则 $a \times b = 0$.

这是因为如果 $a \times b = 0$, 由于 $|a| \neq 0$, $|b| \neq 0$, 故必有 $\sin\theta = 0$, 于是 $\theta = 0$ 或 π, 即 $a // b$; 反之, 如果 $a // b$, 那么 $\theta = 0$ 或 π, 于是 $\sin\theta = 0$, 从而 $|a \times b| = 0$, 即 $a \times b = 0$.

由于可以认为零向量与任何向量都平行, 因此上述结论可叙述为向量 $a // b$ 的充分必要条件是 $a \times b = 0$.

3. 向量积满足的运算律

(1) $a \times b = -b \times a$.

这是因为按右手规则从 b 转向 a 定出的方向恰好与按右手规则从 a 转向 b 定出的方向相反. 它表明交换律对向量积不成立. 这同通常的乘法运算有很大区别, 不能照搬常用的乘法公式. 如

$$(a + b) \times (a + b) = a \times a + a \times b + b \times a + b \times b = 0,$$

$$(a + b) \times (a - b) = a \times a - a \times b + b \times a - b \times b = 2b \times a.$$

(2) 分配律: $(a + b) \times c = a \times c + b \times c$.

(3) 结合律: $(\lambda a) \times c = a \times (\lambda c) = \lambda(a \times c)(\lambda$ 为数$)$.

4. 向量积的坐标表示式

设 $a = a_x i + a_y j + a_z k$, $b = b_x i + b_y j + b_z k$, 按向量积的运算规律可得

$$a \times b = (a_x i + a_y j + a_z k) \times (b_x i + b_y j + b_z k)$$

$$= a_x i \times (b_x i + b_y j + b_z k) + a_y j \times (b_x i + b_y j + b_z k)$$

$$+ a_z \boldsymbol{k} \times (b_x \boldsymbol{i} + b_y \boldsymbol{j} + b_z \boldsymbol{k})$$

$$= a_x b_x (\boldsymbol{i} \times \boldsymbol{i}) + a_x b_y (\boldsymbol{i} \times \boldsymbol{j}) + a_x b_z (\boldsymbol{i} \times \boldsymbol{k})$$

$$+ a_y b_x (\boldsymbol{j} \times \boldsymbol{i}) + a_y b_y (\boldsymbol{j} \times \boldsymbol{j}) + a_y b_z (\boldsymbol{j} \times \boldsymbol{k})$$

$$+ a_z b_x (\boldsymbol{k} \times \boldsymbol{i}) + a_z b_y (\boldsymbol{k} \times \boldsymbol{j}) + a_z b_z (\boldsymbol{k} \times \boldsymbol{k}).$$

由于 $\boldsymbol{i} \times \boldsymbol{i} = \boldsymbol{j} \times \boldsymbol{j} = \boldsymbol{k} \times \boldsymbol{k} = \boldsymbol{0}$, $\boldsymbol{i} \times \boldsymbol{j} = \boldsymbol{k}$, $\boldsymbol{j} \times \boldsymbol{k} = \boldsymbol{i}$, $\boldsymbol{k} \times \boldsymbol{i} = \boldsymbol{j}$, $\boldsymbol{j} \times \boldsymbol{i} = -\boldsymbol{k}$, $\boldsymbol{k} \times \boldsymbol{j} = -\boldsymbol{i}$, $\boldsymbol{i} \times \boldsymbol{k} = -\boldsymbol{j}$, 所以 $\boldsymbol{a} \times \boldsymbol{b} = (a_y b_z - a_z b_y)\boldsymbol{i} + (a_z b_x - a_x b_z)\boldsymbol{j} + (a_x b_y - a_y b_x)\boldsymbol{k}$. 这就是两个向量的向量积的坐标表示式.

为了帮助记忆, 利用三阶行列式符号, 上式可写成 $\boldsymbol{a} \times \boldsymbol{b} = \begin{vmatrix} \boldsymbol{i} & \boldsymbol{j} & \boldsymbol{k} \\ a_x & a_y & a_z \\ b_x & b_y & b_z \end{vmatrix}$.

从这个公式可以看出, 两个非零向量 $\boldsymbol{a}$ 和 $\boldsymbol{b}$ 互相平行的条件为

$$a_y b_z - a_z b_y = 0, \quad a_z b_x - a_x b_z = 0, \quad a_x b_y - a_y b_x = 0,$$

或

$$\frac{a_x}{b_x} = \frac{a_y}{b_y} = \frac{a_z}{b_z}.$$

例 4　设 $\boldsymbol{a} = 2\boldsymbol{i} + \boldsymbol{j} - \boldsymbol{k}$, $\boldsymbol{b} = \boldsymbol{i} - \boldsymbol{j} + 2\boldsymbol{k}$, 计算 $\boldsymbol{a} \times \boldsymbol{b}$.

解　$\boldsymbol{a} \times \boldsymbol{b} = \begin{vmatrix} \boldsymbol{i} & \boldsymbol{j} & \boldsymbol{k} \\ 2 & 1 & -1 \\ 1 & -1 & 2 \end{vmatrix}$

$$= [1 \cdot 2 - (-1)^2]\boldsymbol{i} + [(-1) \cdot 1 - 2 \cdot 2]\boldsymbol{j} + [2 \cdot (-1) - 1 \cdot 1]\boldsymbol{k}$$

$$= \boldsymbol{i} - 5\boldsymbol{j} - 3\boldsymbol{k}.$$

例 5　求以 $A(1,2,3)$, $B(3,4,5)$, $C(2,4,7)$ 为顶点的三角形的面积 S.

解　根据向量积的定义, 可知所求三角形的面积 S 等于

$$\frac{1}{2}|\overrightarrow{AB} \times \overrightarrow{AC}|.$$

因为

$$\overrightarrow{AB} = 2\boldsymbol{i} + 2\boldsymbol{j} + 2\boldsymbol{k}, \quad \overrightarrow{AC} = \boldsymbol{i} + 2\boldsymbol{j} + 4\boldsymbol{k},$$

$$\overrightarrow{AB} \times \overrightarrow{AC} = \begin{vmatrix} \boldsymbol{i} & \boldsymbol{j} & \boldsymbol{k} \\ 2 & 2 & 2 \\ 1 & 2 & 4 \end{vmatrix}$$

$$= 4\boldsymbol{i} - 6\boldsymbol{j} + 2\boldsymbol{k},$$

所以

$$S = \frac{1}{2}|\overrightarrow{AB} \times \overrightarrow{AC}|$$

$$= \frac{1}{2}\sqrt{4^2 + (-6)^2 + 2^2}$$

$$= \sqrt{14}.$$

例 6 已知 $\boldsymbol{a} = (2,1,1), \boldsymbol{b} = (1,-1,1)$, 求与 $\boldsymbol{a}$ 和 $\boldsymbol{b}$ 都垂直的单位向量.

解 设 $\boldsymbol{c} = \boldsymbol{a} \times \boldsymbol{b}$, 则 $\boldsymbol{c}$ 同时垂直于 $\boldsymbol{a}$ 和 $\boldsymbol{b}$, 于是, $\boldsymbol{c}$ 上的单位向量是所求的单位向量. 因为

$$\boldsymbol{c} = \boldsymbol{a} \times \boldsymbol{b} = 2\boldsymbol{i} - \boldsymbol{j} - 3\boldsymbol{k},$$

$$|\boldsymbol{c}| = \sqrt{2^2 + (-1)^2 + (-3)^2} = \sqrt{14},$$

所以

$$\boldsymbol{e}_c = \frac{\boldsymbol{c}}{|\boldsymbol{c}|} = \left(\frac{2}{\sqrt{14}}, \frac{-1}{\sqrt{14}}, \frac{-3}{\sqrt{14}}\right)$$

及

$$-\boldsymbol{e}_c = \left(-\frac{2}{\sqrt{14}}, \frac{1}{\sqrt{14}}, \frac{3}{\sqrt{14}}\right)$$

都是所求的单位向量.

8.2.3 向量的混合积

1. 向量的混合积的概念

设已知三个向量 $\boldsymbol{a}, \boldsymbol{b}$ 和 $\boldsymbol{c}$, 如果先作两个向量 $\boldsymbol{a}$ 和 $\boldsymbol{b}$ 的向量积 $\boldsymbol{a} \times \boldsymbol{b}$, 把所得到的向量与第三个向量 $\boldsymbol{c}$ 再作数量积 $(\boldsymbol{a} \times \boldsymbol{b}) \cdot \boldsymbol{c}$, 这样得到的数量叫做三个向量 $\boldsymbol{a}, \boldsymbol{b}, \boldsymbol{c}$ 的混合积, 记作 $[\boldsymbol{a}\ \boldsymbol{b}\ \boldsymbol{c}]$.

慕课8.2.3

2. 向量的混合积的坐标表示式

设 $\boldsymbol{a} = (a_x, a_y, a_z), \boldsymbol{b} = (b_x, b_y, b_z), \boldsymbol{c} = (c_x, c_y, c_z)$, 因为

$$\boldsymbol{a} \times \boldsymbol{b} = \begin{vmatrix} \boldsymbol{i} & \boldsymbol{j} & \boldsymbol{k} \\ a_x & a_y & a_z \\ b_x & b_y & b_z \end{vmatrix} = \begin{vmatrix} a_y & a_z \\ b_y & b_z \end{vmatrix} \boldsymbol{i} - \begin{vmatrix} a_x & a_z \\ b_x & b_z \end{vmatrix} \boldsymbol{j} + \begin{vmatrix} a_x & a_y \\ b_x & b_y \end{vmatrix} \boldsymbol{k},$$

再按两个向量的数量积的坐标表示式, 便得

$$[\boldsymbol{a}\ \boldsymbol{b}\ \boldsymbol{c}] = (\boldsymbol{a}\times\boldsymbol{b})\cdot\boldsymbol{c} = c_x\begin{vmatrix} a_y & a_z \\ b_y & b_z \end{vmatrix} - c_y\begin{vmatrix} a_x & a_z \\ b_x & b_z \end{vmatrix} + c_z\begin{vmatrix} a_x & a_y \\ b_x & b_y \end{vmatrix} = \begin{vmatrix} a_x & a_y & a_z \\ b_x & b_y & b_z \\ c_x & c_y & c_z \end{vmatrix},$$

3. 向量的混合积的几何意义

向量的混合积的 $[\boldsymbol{a}\ \boldsymbol{b}\ \boldsymbol{c}] = (\boldsymbol{a}\times\boldsymbol{b})\cdot\boldsymbol{c}$ 是这样一个数, 它的绝对值表示以向量 $\boldsymbol{a}, \boldsymbol{b}, \boldsymbol{c}$ 为棱的平行六面体的体积 $V = |[\boldsymbol{a}\ \boldsymbol{b}\ \boldsymbol{c}]|$. 如果向量 $\boldsymbol{a}, \boldsymbol{b}, \boldsymbol{c}$ 组成右手系 (即 $\boldsymbol{c}$ 的指向按右手规则从 $\boldsymbol{a}$ 转向 $\boldsymbol{b}$ 来确定), 那么混合积的符号是正的; 如果向量 $\boldsymbol{a}$, $\boldsymbol{b}, \boldsymbol{c}$ 组成左手系 (即 $\boldsymbol{c}$ 的指向按左手规则从 $\boldsymbol{a}$ 转向 $\boldsymbol{b}$ 来确定), 那么混合积的符号是负的.

对于任意给定的三个向量 $\boldsymbol{a}, \boldsymbol{b}, \boldsymbol{c}$, 它们的混合积为 $[\boldsymbol{a}\ \boldsymbol{b}\ \boldsymbol{c}] = (\boldsymbol{a}\times\boldsymbol{b})\cdot\boldsymbol{c}$. 设 $\boldsymbol{a}\times\boldsymbol{b}$ 与 $\boldsymbol{c}$ 的夹角为 θ, 则

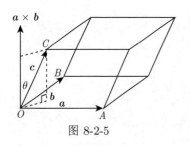

图 8-2-5

$$|\boldsymbol{a}\times\boldsymbol{b}|\,|\boldsymbol{c}|\cos\theta.$$

这个实数是以向量 $\boldsymbol{a}, \boldsymbol{b}$ 为邻边的平行四边形的面积 $|\boldsymbol{a}\times\boldsymbol{b}|$ 乘以向量 $\boldsymbol{c}$ 在向量 $\boldsymbol{a}\times\boldsymbol{b}$ 上的投影 $|\boldsymbol{c}|\cos\langle\boldsymbol{a}\times\boldsymbol{b}, \boldsymbol{c}\rangle$, 而此投影的绝对值就是以 $\boldsymbol{a}, \boldsymbol{b}, \boldsymbol{c}$ 为邻边的平行六面体的高, 即 $|(\boldsymbol{a}\times\boldsymbol{b})\cdot\boldsymbol{c}|$ 是该六面体的体积 (图 8-2-5).

下面给出向量混合积的坐标表达式.

对任意向量 $\boldsymbol{a} = (a_1, a_2, a_3), \boldsymbol{b} = (b_1, b_2, b_3), \boldsymbol{c} = (c_1, c_2, c_3)$, 因为

$$\boldsymbol{a}\times\boldsymbol{b} = \begin{vmatrix} \boldsymbol{i} & \boldsymbol{j} & \boldsymbol{k} \\ a_1 & a_2 & a_3 \\ b_1 & b_2 & b_3 \end{vmatrix}$$

$$= \begin{vmatrix} a_2 & a_3 \\ b_2 & b_3 \end{vmatrix}\boldsymbol{i} - \begin{vmatrix} a_1 & a_3 \\ b_1 & b_3 \end{vmatrix}\boldsymbol{j} + \begin{vmatrix} a_1 & a_2 \\ b_1 & b_2 \end{vmatrix}\boldsymbol{k},$$

于是

$$(\boldsymbol{a}\times\boldsymbol{b})\cdot\boldsymbol{c} = \begin{vmatrix} a_2 & a_3 \\ b_2 & b_3 \end{vmatrix}c_1 - \begin{vmatrix} a_1 & a_3 \\ b_1 & b_3 \end{vmatrix}c_2 + \begin{vmatrix} a_1 & a_2 \\ b_1 & b_2 \end{vmatrix}c_3$$

$$= \begin{vmatrix} c_1 & c_2 & c_3 \\ a_1 & a_2 & a_3 \\ b_1 & b_2 & b_3 \end{vmatrix} = \begin{vmatrix} a_1 & a_2 & a_3 \\ b_1 & b_2 & b_3 \\ c_1 & c_2 & c_3 \end{vmatrix}.$$

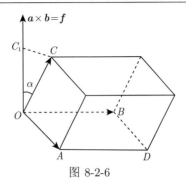

图 8-2-6

由上述混合积的几何意义可知, 若混合积 $[a\ b\ c] \neq 0$, 则能以 a, b, c 三个向量为棱构成平行六面体 (图 8-2-6), 从而 a, b, c 三个向量不共面; 反之, 若 a, b, c 三个向量不共面, 则必能以 a, b, c 为棱构成平行六面体, 从而 $[a\ b\ c] \neq 0$. 于是有下述结论.

(1) 三个非零向量 a, b, c 共面的充分必要条件是它们的混合积 $[a\ b\ c] = 0$, 即

$$\begin{vmatrix} a_x & a_y & a_z \\ b_x & b_y & b_z \\ c_x & c_y & c_z \end{vmatrix} = 0.$$

根据行列式的运算性质, 得到混合积的交换法则.

(2) 轮换对称性 $[a\ b\ c] = [b\ c\ a] = [c\ a\ b]$.

例 7 已知一个四面体 $ABCD$ 的四个顶点分别为 $A(1,2,0)$, $B(1,3,2)$, $C(1,3,0)$, $D(3,2,1)$, 求四面体 $ABCD$ 的体积 V.

解 因为 $\overrightarrow{AB} = (0,1,2)$, $\overrightarrow{AC} = (0,1,0)$, $\overrightarrow{AD} = (2,0,1)$, 所以

$$\left(\overrightarrow{AB} \times \overrightarrow{AC}\right) \cdot \overrightarrow{AD} = \begin{vmatrix} 0 & 1 & 2 \\ 0 & 1 & 0 \\ 2 & 0 & 1 \end{vmatrix} = -4.$$

从而由混合积的几何意义可知, 四面体 $ABCD$ 的体积为

$$V = \frac{1}{6}\left|\left(\overrightarrow{AB} \times \overrightarrow{AC}\right) \cdot \overrightarrow{AD}\right| = \frac{2}{3}.$$

小结与思考

1. 小结

数量积与向量积是本节的重点, 在讨论夹角与垂直性问题中常用数量积的特点来解答. 在求向量, 特别是具有垂直问题的向量时一般用向量积求解, 而涉及共面问题时主要会讨论混合积.

2. 思考

向量的数量积和向量积是否可以用坐标形式来定义?

数学文化

　　向量及其运算对应着明显的几何直观, 并且相应的结果也具有某种几何意义, 在解题过程中应当借鉴这种思路帮助我们思考, 以构造向量的证明与计算方法. 我们还可以根据具体问题, 选择合适的坐标系, 利用向量在坐标系下的表示, 结合代数的方法解答问题.

　　欧几里得被称为 "几何之父", 他最著名的著作《几何原本》是欧洲数学的基础, 提出五大公设 (任意一点到另外任意一点可以画直线, 以任意点为心及任意的距离可以画圆等). 欧几里得也写了一些关于透视、圆锥曲线、球面几何学及数论的作品. 欧几里得反对在做学问时投机取巧、急功近利的作风. 尽管欧几里得简化了他的几何学, 国王还是不理解, 希望找一条学习几何的捷径. 欧几里得说: "在几何学里, 大家只能走一条路, 没有专为国王铺设的大道."(求知无坦途) 这句话成为千古传诵的学习箴言.

习　题　8-2

　　1. 设 $a = 2i - 3j + k$, $b = i - j + 2k$, 求:

(1) $(3a) \cdot (-2b)$;　　　　　　　　　　　(2) $a \times b$;

(3) $\mathrm{Prj}_b a$;　　　　　　　　　　　　　(4) $\cos(\widehat{a, b})$.

　　2. 设 $a = 3i - j - 4k$, $b = i + 3j - k$, $c = i - 2j$, 求:

(1) $(a \cdot b)c - (a \cdot c)b$;　　　　　　　(2) $(a + b) \times (b + c)$;

(3) $(a \times b) \cdot c$;　　　　　　　　　　(4) $(a \times b) \times c$.

　　3. 已知三角形 ABC 的顶点分别是 $A(1, 2, 3)$, $B(3, 4, 5)$, $C(2, 4, 7)$, 求三角形 ABC 的面积.

　　4. 已知 $A(1, -1, 2)$, $B(5, -6, 2)$, $C(1, 3, -1)$, 求:

(1) 与 $\overrightarrow{AB}, \overrightarrow{AC}$ 同时垂直的单位向量;

(2) $\triangle ABC$ 的面积;

(3) 点 B 到过 A, C 两点的直线的距离.

　　5. 设 $|a| = 1$, $|b| = 2$, $(\widehat{a, b}) = \dfrac{\pi}{3}$, 计算 $a + b$ 与 $a - b$ 之间的夹角.

8.3　平面及其方程

　　教学目标: 掌握平面方程的各种表示方法, 会求两平面的夹角、两直线的夹角及直线与平面的夹角, 掌握点到平面的距离公式.

教学重点： 平面的点法式方程; 直线的对称式方程; 两平面的夹角.

教学难点： 平面的几种表示及其应用直线与平面的综合问题的解法.

教学背景： 向量的数量积、向量积、混合积.

思政元素： 平面方程是对现实世界的抽象和建模, 可以用来描述物理现象、工程设计、艺术创作等多个领域中的问题.

8.3.1 曲面方程的概念

慕课8.3.1

平面解析几何把曲线看作动点的轨迹, 类似地, 空间解析几何可把曲面当作一个动点或一条动曲线按一定规律而运动产生的轨迹.

一般地, 如果曲面 S 与三元方程 $F(x, y, z) = 0$ 之间存在如下关系:

(1) 曲面 S 上任一点的坐标都满足方程 $F(x, y, z) = 0$;

(2) 不在曲面 S 上的点的坐标都不满足这个方程, 满足方程的点都在曲面上. 那么称 $F(x, y, z) = 0$ 为**曲面 S 的方程**, 而曲面 S 称为**方程的图形**.

空间曲线可以看作两个曲面的交线. 设 $F(x, y, z) = 0$ 和 $G(x, y, z) = 0$ 是两个曲面的方程, 它们的交线为 C. 因为曲线 C 上的任何点的坐标应同时满足这两个曲面的方程, 所以应满足方程组

$$\begin{cases} F(x, y, z) = 0, \\ G(x, y, z) = 0. \end{cases} \tag{8-3-1}$$

反过来, 如果点 M 不在曲线 C 上, 那么它不可能同时在两个曲面上, 所以它的坐标不满足方程组 (8-3-1). 因此, 曲线 C 可以用方程组 (8-3-1) 来表示. 方程组 (8-3-1) 叫做**空间曲线 C 的一般方程**.

平面是一种特殊的曲面, 本节将以向量为工具, 在空间直角坐标系中讨论最简单的空间图形特殊的曲面——平面, 本节研究平面的表示方法和性质.

8.3.2 平面的一般方程

1. 平面的点法式方程

慕课8.3.2

垂直于平面的非零向量叫做该平面的法向量. 容易看出, 平面上的任一向量都与该平面的法向量垂直.

我们知道, 过空间一点可以作而且只能作一平面垂直于一已知直线, 所以当平面 Π 上的一点 $M_0(x_0, y_0, z_0)$ 和它的法向量 $\boldsymbol{n} = (A, B, C)$ 为已知时, 平面 Π 的位置就完全确定了.

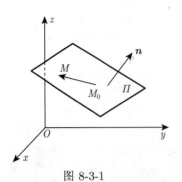

图 8-3-1

设 $M_0(x_0, y_0, z_0)$ 是平面 Π 上一已知点, $\boldsymbol{n} = (A, B, C)$ 是它的法向量 (图 8-3-1), $M(x, y, z)$ 是平面 Π 上的任一点, 那么向量 $\overrightarrow{M_0M}$ 必与平面 Π 的法向量 $\boldsymbol{n}$ 垂直, 即它们的数量积等于零: $\boldsymbol{n} \cdot \overrightarrow{M_0M} = 0$.

由于 $\boldsymbol{n} = (A, B, C), \overrightarrow{M_0M} = (x - x_0, y - y_0, z - z_0)$, 所以有

$$A(x - x_0) + B(y - y_0) + C(z - z_0) = 0. \quad (8\text{-}3\text{-}2)$$

平面 Π 上任一点的坐标都满足方程 (8-3-2), 不在平面 Π 上的点的坐标都不满足方程 (8-3-2). 所以方程 (8-3-2) 就是所求平面的方程. 因为所给的条件是已知一定点 $M_0(x_0, y_0, z_0)$ 和一个法向量 $\boldsymbol{n} = (A, B, C)$, 方程 (8-3-2) 叫做平面的点法式方程.

例 1　求过点 $(2, -3, 0)$ 及法向量 $\boldsymbol{n} = (1, -2, 3)$ 的平面方程.

解　根据平面的点法式方程 (8-3-2), 得所求平面的方程为

$$(x - 2) - 2(y + 3) + 3z = 0 \quad \text{或} \quad x - 2y + 3z - 8 = 0.$$

将方程 (8-3-2) 化简, 得

$$Ax + By + Cz + D = 0,$$

其中 $D = -Ax_0 - By_0 - Cz_0$, 由于方程 (8-3-2) 是 x, y, z 的一次方程, 所以任何平面都可以用三元一次方程来表示.

反过来, 对于任给的一个三元一次方程

$$Ax + By + Cz + D = 0, \quad (8\text{-}3\text{-}3)$$

我们取满足该方程的一组解 x_0, y_0, z_0, 则

$$Ax_0 + By_0 + Cz_0 + D = 0. \quad (8\text{-}3\text{-}4)$$

由方程 (8-3-3) 减去方程 (8-3-4), 得

$$A(x - x_0) + B(y - y_0) + C(z - z_0) = 0. \quad (8\text{-}3\text{-}5)$$

把它与方程 (8-3-2) 相比, 便知方程 (8-3-5) 是通过点 $M_0(x_0, y_0, z_0)$ 且以 $\boldsymbol{n} = (A, B, C)$ 为法向量的平面方程. 因为方程 (8-3-3) 与 (8-3-5) 同解, 所以任意一个三元一次方程 (8-3-3) 的图形是一个平面. 方程 (8-3-3) 为平面的一般方程. 其中 x, y, z 的系数就是该平面的法向量 $\boldsymbol{n}$ 的坐标, 即 $\boldsymbol{n} = (A, B, C)$ (图 8-3-2).

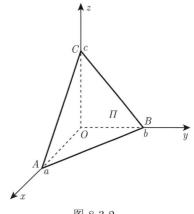

图 8-3-2

例 2 已知平面 $\varPi$ 在三个坐标轴上的截距分别为 a, b, c, 求此平面的方程 (设 $a \neq 0, b \neq 0, c \neq 0$).

解 因为 a, b, c 分别表示平面 $\varPi$ 在 x 轴、y 轴、z 轴上的截距, 所以平面 $\varPi$ 通过三点 $A(a, 0, 0), B(0, b, 0), C(0, 0, c)$, 且这三点不在一直线上.

先找出这平面的法向量 $\boldsymbol{n}$, 由于法向量 $\boldsymbol{n}$ 与向量 $\overrightarrow{AB}, \overrightarrow{AC}$ 都垂直, 可取 $\boldsymbol{n} = \overrightarrow{AB} \times \overrightarrow{AC}$, 而 $\overrightarrow{AB} = (-a, b, 0), \overrightarrow{AC} = (-a, 0, c)$, 所以得

$$\boldsymbol{n} = \overrightarrow{AB} \times \overrightarrow{AC} = \begin{vmatrix} \boldsymbol{i} & \boldsymbol{j} & \boldsymbol{k} \\ -a & b & 0 \\ -a & 0 & c \end{vmatrix} = bc\boldsymbol{i} + ac\boldsymbol{j} + ab\boldsymbol{k}.$$

再根据平面的点法式方程 (8-3-2), 得此平面的方程为

$$bc(x - a) + ac(y - 0) + ab(z - 0) = 0.$$

由于 $a \neq 0, b \neq 0, c \neq 0$, 上式可改写成

$$\frac{x}{a} + \frac{y}{b} + \frac{z}{c} = 1. \tag{8-3-6}$$

(8-3-6) 式叫做平面的截距式方程.

2. 特殊位置的平面方程

(1) 过原点的平面方程.

因为平面通过原点, 所以将 $x = y = z = 0$ 代入方程 (8-3-3), 得 $D = 0$. 故过原点的平面方程为

$$xA + By + Cz = 0. \tag{8-3-7}$$

其特点是常数项 $D = 0$.

(2) 平行于坐标轴的平面方程.

如果平面平行于 x 轴, 则平面的法向量 $\boldsymbol{n} = (A, B, C)$ 与 x 轴的单位向量 $\boldsymbol{i} = (1, 0, 0)$ 垂直, 故

$$\boldsymbol{n} \cdot \boldsymbol{i} = 0,$$

即

$$A \cdot 1 + B \cdot 0 + C \cdot 0 = 0.$$

由此, 有

$$A = 0.$$

从而得到平行于 x 轴的平面方程为

$$By + Cz + D = 0.$$

其方程中不含 x.

类似地, 平行于 y 轴的平面方程为

$$Ax + Cz + D = 0.$$

平行于 z 轴的平面方程为

$$Ax + By + D = 0.$$

(3) 过坐标轴的平面方程.

因为过坐标轴的平面必过原点, 且与该坐标轴平行, 根据上面讨论的结果, 可得过 x 轴的平面方程为

$$By + Cz = 0;$$

过 y 轴的平面方程为

$$Ax + Cz = 0;$$

过 z 轴的平面方程为

$$Ax + By = 0.$$

(4) 垂直于坐标轴的平面方程.

如果平面垂直于 z 轴, 则该平面的法向量 $\boldsymbol{n}$ 可取与 z 轴平行的任一非零向量 $(0, 0, C)$, 故平面方程为 $Cz + D = 0$.

类似地, 垂直于 x 轴的平面方程为 $Ax + D = 0$; 垂直于 y 轴的平面方程为 $By + D = 0$; 而 $z = 0$ 表示 xOy 坐标面; $x = 0$ 表示 yOz 坐标面; $y = 0$ 表示 zOx 坐标面.

总结为表 8-3-1.

表 8-3-1

方程特点			图像特点
$D=0$		$Ax+By+Cz=0$	过原点 $(0,0,0)$
$D \neq 0$	$A=0$	$By+Cz+D=0$	平行于 x 轴
	$B=0$	$Ax+Cz+D=0$	平行于 y 轴
	$C=0$	$Ax+By+D=0$	平行于 z 轴
$D=0$	$A=0$	$By+Cz=0$	过 x 轴
	$B=0$	$Ax+Cz=0$	过 y 轴
	$C=0$	$Ax+By=0$	过 z 轴
$D \neq 0$	$A=B=0$	$Cz+D=0$	平行于 xOy 坐标面
	$B=C=0$	$Ax+D=0$	平行于 yOz 坐标面
	$C=A=0$	$By+D=0$	平行于 zOx 坐标面

例 3 指出下列平面位置的特点, 并作出其图形:

(1) $x+y=4$;   (2) $z=2$.

解 (1) $x+y=4$, 由于方程中不含 z 的项, 因此平面平行于 z 轴 (图 8-3-3).

(2) $z=2$, 表示过点 $(0,0,2)$ 且垂直于 z 轴的平面 (图 8-3-4).

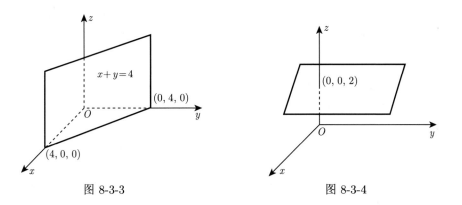

图 8-3-3   图 8-3-4

例 4 求通过直线 $\begin{cases} x-2y-z+3=0, \\ x+y-z-1=0 \end{cases}$ 且与平面 $x-2y-z=0$ 垂直的平面方程.

解 由于直线 $\begin{cases} x-2y-z+3=0, \\ x+y-z-1=0 \end{cases}$ 是平面 $x-2y-z+3=0$ 与平面 $x+y-z-1=0$ 的交线, 因此该直线的方向向量与这两个平面的法向量都垂直. 故可以将方向向量取作

$$s = (1,-2,-1) \times (1,1,-1) = (3,0,3) = 3(1,0,1).$$

平面 $x-2y-z=0$ 的法向量为 $(1,-2,-1)$.

可知, 所求的平面的法向量与 $(1,0,1)$ 和 $(1,-2,-1)$ 都垂直, 故可以将法向量取作 $(1,0,1) \times (1,-2,-1) = (2,2,-2) = 2(1,1,-1)$, 又由于所求的平面过直线
$$\begin{cases} x-2y-z+3=0, \\ x+y-z-1=0, \end{cases}$$ 因此该直线上的点 $\left(0, \dfrac{4}{3}, 0\right)$ 也在平面上, 故平面方程为 $x+y-z=\dfrac{4}{3}$.

8.3.3　两个平面的夹角及平行、垂直的条件

慕课8.3.3

两个平面的法线向量的夹角 (通常指锐角) 称为**两个平面的夹角**.

设平面 $\varPi_1$ 与 $\varPi_2$ 的方程分别为 $A_1x + B_1y + C_1z + D_1 = 0$ 和 $A_2x + B_2y + C_2z + D_2 = 0$, 它们的法向量分别为 $\boldsymbol{n}_1 = (A_1, B_1, C_1)$ 和 $\boldsymbol{n}_2 = (A_2, B_2, C_2)$. 如果这两个平面相交, 它们之间有两个互补的二面角 (图 8-3-5), 其中一个二面角与向量 $\boldsymbol{n}_1$ 与 $\boldsymbol{n}_2$ 的夹角相等. 所以我们把两个平面的法平面的法向量的夹角中的锐角称为两个平面的夹角. 根据两个向量夹角余弦的公式, 有

$$\cos\theta = |\cos(\widehat{\boldsymbol{n}_1, \boldsymbol{n}_2})|$$

$$= \frac{|A_1A_2 + B_1B_2 + C_1C_2|}{\sqrt{A_1^2 + B_1^2 + C_1^2}\sqrt{A_2^2 + B_2^2 + C_2^2}}. \tag{8-3-8}$$

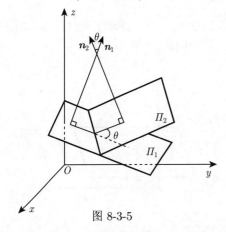

图 8-3-5

从两个向量垂直、平行的充分必要条件立即推得下列结论:

平面 $\varPi_1$ 和 $\varPi_2$ 垂直相当于 $A_1A_2 + B_1B_2 + C_1C_2 = 0$; (法向量垂直)

平面 $\varPi_1$ 和 $\varPi_2$ 平行或重合相当于 $\dfrac{A_1}{A_2} = \dfrac{B_1}{B_2} = \dfrac{C_1}{C_2}$. (法向量平行)

例 5　设平面 $\varPi_1$ 与 $\varPi_2$ 的方程分别为 $x-y+2z+6=0$ 及 $2x+y+z+5=0$, 求它们的夹角.

解　根据公式 (8-3-8) 得

$$\cos\theta = \frac{|1\times2+(-1)\times1+2\times1|}{\sqrt{1^2+(-1)^2+2^2}\cdot\sqrt{2^2+1^2+1^2}} = \frac{1}{2},$$

所以平面 $\varPi_1$ 与 $\varPi_2$ 的夹角为 $\theta = \dfrac{\pi}{3}$.

例 6　一平面通过点 $P_1(1,1,1)$ 和 $P_2(0,1,-1)$, 且垂直于平面 $x+y+z=0$, 求这平面的方程.

解 平面 $x+y+z=0$ 的法向量为 $\boldsymbol{n}_1=(1,1,1)$, 又向量 $\overrightarrow{P_1P_2}=(-1,0,-2)$ 在所求平面上, 设所求平面的法向量为 $\boldsymbol{n}$, 则 $\boldsymbol{n}$ 同时垂直于向量 $\overrightarrow{P_1P_2}$ 及 $\boldsymbol{n}_1$, 所以可取

$$\boldsymbol{n}=\boldsymbol{n}_1\times\overrightarrow{P_1P_2}=(1,1,1)\times(-1,0,-2)=(-2,1,1),$$

故所求平面方程为

$$-2(x-1)+(y-1)+(z-1)=0,$$

或

$$2x-y-z=0.$$

小结与思考

1. 小结

给出求平面方程常用的方法.

(1) 点法式: 用点法式求解平面方程是这类问题的基础和重点. 在求解过程中关键是确定平面的法向量. 根据所给条件如线面的垂直关系、平行关系等运用向量代数的方法即可求得平面的法向量.

(2) 一般式: 在利用一般式求平面方程时, 只要将题目中所给的条件代入待定的一般方程中, 解方程组就可将各系数确定下来, 从而得到所求平面的方程.

(3) 截距式: 知道平面在 x,y,z 轴上的截距即可确定平面方程.

(4) 三点式: 不共线的三个点可以确定平面方程.

掌握点法式方程是求解平面问题的基础, 其中求出平面的法向量是非常关键的, 线面的垂直、平行等条件, 或求经过不共线三点的平面都可转化为对平面法向量的求解.

2. 思考

三元一次方程 $Ax+By+Cz+D=0$, 当系数 A,B,C 满足什么条件时, 方程表示且仅表示一个平面.

数学文化

平面方程在工程学中有着广泛的应用, 是工程设计和制造中不可或缺的重要部分. 在土木工程中, 需要计算道路、桥梁、隧道等结构物的形状和位置, 通常使用平面方程来描述结构物的表面; 在机械工程中, 需要计算零件的形状和位置, 通常使用平面方程来描述零件的表面; 在电子工程中, 需要计算电路板、芯片等设备的形状和位置, 通常使用平面方程来描述设备的表面; 在制造工程中, 需要计算零件的形状和位置, 通常使用平面方程来描述零件的表面, 判断零件是否符合要求.

习　题　8-3

1. 求过点 $(0, 1, 6)$ 且与平面 $3x - 7y + 5z - 12 = 0$ 平行的平面方程.
2. 求过点 $(-4, 4, 2)$ 且与两个向量 $\boldsymbol{a} = 2\boldsymbol{i} + \boldsymbol{j} + \boldsymbol{k}$ 和 $\boldsymbol{b} = \boldsymbol{i} - \boldsymbol{j}$ 平行的平面方程.
3. 求过两点 $(1, 1, 1)$ 和 $(0, 1, -1)$ 且与平面 $2x + 3y - z + 5 = 0$ 垂直的平面方程.
4. 求过三点 $(1, 1, -1)$, $(-2, -2, 2)$ 和 $(1, 3, 2)$ 的平面方程.
5. 求过 x 轴和点 $(2, -3, 4)$ 的平面方程.
6. 求平行于 y 轴且过 $(4, 0, -2)$ 和 $(5, 1, 7)$ 两点的平面方程.

8.4　空间直线及其方程

教学目标:

1. 掌握直线方程及其求法;

2. 会求平面与直线、直线与直线之间的夹角.

教学重点: 会利用平面、直线的相互位置关系 (平行、垂直、相交等) 解决有关问题.

教学难点: 直线方程; 平面与直线、直线与直线之间的相互位置关系的判定条件, 掌握平面束方程及其应用.

教学背景: 曲面方程和平面方程.

思政元素: 由一簇直线构成的曲面叫直纹面, 其中的直线叫直纹面的母线, 直纹面在建筑学有重要应用.

8.4.1　空间直线对称式方程与参数方程

1. 一般方程

慕课8.4.1

空间直线 L 可以看作是两个平面 $\varPi_1$ 和 $\varPi_2$ 的交线 (8-4-1). 如果两个相交的平面 $\varPi_1$ 和 $\varPi_2$ 的方程分别为 $A_1x + B_1y + C_1z + D_1 = 0$ 和 $A_2x + B_2y + C_2z + D_2 = 0$, 那么直线 L 上的任一点的坐标应同时满足这两个平面的方程, 即应满足方程组 (图 8-4-1)

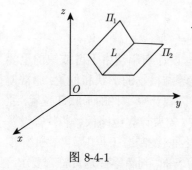

$$\begin{cases} A_1x + B_1y + C_1z + D_1 = 0, \\ A_2x + B_2y + C_2z + D_2 = 0. \end{cases} \tag{8-4-1}$$

反过来, 如果点 M 不在直线 L 上, 那么它不可能同时在平面 $\varPi_1$ 和 $\varPi_2$ 上, 所以它的坐标不满足方程组 (8-4-1). 因此, 直线 L 可以用方程组 (8-4-1) 来表示. 方程组 (8-4-1) 叫做空间直线的**一般方程**. 直线的方向向量为

图 8-4-1

$$\boldsymbol{s} = \boldsymbol{n}_1 \times \boldsymbol{n}_2 = (A_1, B_1, C_1) \times (A_2, B_2, C_2).$$

通过空间一直线 L 的平面有无限多个, 只要在这无限多个平面中任意选取两个, 把它们的方程联立起来, 所得的方程组就表示空间直线 L.

2. 空间直线的对称式方程

为了建立直线的标准方程, 我们先引入直线的方向向量的概念.

与已知直线平行的非零向量称为该直线的方向向量. 显然, 直线上任一向量都平行于该直线的方向向量.

我们知道, 过空间一点可作且只可作一条直线平行于一已知直线, 所以当直线 L 上一点 $M_0(x_0, y_0, z_0)$ 和它的方向向量 $\boldsymbol{s} = (\boldsymbol{m}, \boldsymbol{n}, \boldsymbol{p})$ 为已知时, 直线 L 的位置就完全确定了 (图 8-4-2). 下面我们来建立此直线的方程.

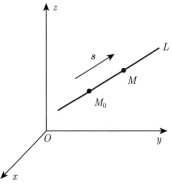

图 8-4-2

由于过空间一点可作而且只能作一条直线平行于已知直线, 所以当直线 L 上一点 $M_0(x_0, y_0, z_0)$ 和它的一方向向量 $\boldsymbol{s} = (m, n, p)$ 为已知时, 直线 L 的位置就完全确定了. 下面我们来建立该直线的方程.

设点 $M(x, y, z)$ 是直线 L 上的任一点, 那么向量 $\overrightarrow{M_0M}$ 与 L 的方向向量 $\boldsymbol{s}$ 平行. 所以两个向量的对应坐标成比例, 由于 $\overrightarrow{M_0M} = (x - x_0, y - y_0, z - z_0)$, $\boldsymbol{s} = (m, n, p)$, 从而有

$$\frac{x - x_0}{m} = \frac{y - y_0}{n} = \frac{z - z_0}{p} \quad (m^2 + n^2 + p^2 \neq 0). \tag{8-4-2}$$

当 m, n, p 中有一个为零时, 例如 $m = 0$, 这时方程组应理解为

$$\begin{cases} x - x_0 = 0, \\ \dfrac{y - y_0}{n} = \dfrac{z - z_0}{p}; \end{cases}$$

当 m, n, p 中有两个为零时, 例如 $m = n = 0$, 应理解为

$$\begin{cases} x - x_0 = 0, \\ y - y_0 = 0. \end{cases}$$

反过来, 如果点 M 不在直线 L 上, 那么由于 $\overrightarrow{M_0M}$ 与 $\boldsymbol{s}$ 不平行, 这两个向量的对应坐标不成比例. 因此方程组 (8-4-2) 就是直线 L 的方程, 叫做直线的**对称式方程**或**点向式方程**.

直线的任一方向向量 $\boldsymbol{s}$ 的坐标 m, n, p 叫做这直线的一组**方向数**, 而向量 $\boldsymbol{s}$ 的方向余弦叫做该直线的**方向余弦**. 点向式方程可表示为向量形式

$$\overrightarrow{M_0M} = \lambda \boldsymbol{s}, \quad \lambda \in \mathbf{R}.$$

方程的一般式与对称式可以互相转化. 把直线的一般方程化为对称式方程的一般步骤:

(1) 先在直线上任意取定一点 (x_0, y_0, z_0);

(2) 求出在直线一般方程中两个平面的法线的方向数;

(3) 设直线的方向数为 m, n, p. 利用直线分别与两个平面的法线垂直的条件, 确定出方向数为 m, n, p;

(4) 利用点 (x_0, y_0, z_0) 与方向数为 m, n, p 写出直线的对称式方程.

3. 参数方程

直线 L 上点的坐标 x, y, z 还可以用另一变量 t (称为参数) 的函数来表达. 如设

$$\frac{x - x_0}{m} = \frac{y - y_0}{n} = \frac{z - z_0}{p} = t,$$

那么

$$\begin{cases} x - x_0 = mt, \\ y - y_0 = nt, \\ z - z_0 = pt, \end{cases}$$

即

$$\begin{cases} x = x_0 + mt, \\ y = y_0 + nt, \\ z = z_0 + pt \end{cases} \tag{8-4-3}$$

称为直线的参数方程.

例 1　求过两点 $M_1(x_1, y_1, z_1), M_2(x_2, y_2, z_2)$ 的直线的方程.

解　可以取方向向量

$$\boldsymbol{s} = \overrightarrow{M_1 M_2} = (x_2 - x_1, y_2 - y_1, z_2 - z_1).$$

由直线的参数方程 (8-4-3) 可知, 过两点 M_1, M_2 的直线方程为

$$\frac{x - x_1}{x_2 - x_1} = \frac{y - y_1}{y_2 - y_1} = \frac{z - z_1}{z_2 - z_1}. \tag{8-4-4}$$

(8-4-4) 称为直线的两点式方程.

例 2　用标准方程及参数方程表示直线

$$\begin{cases} x + y + z + 1 = 0, \\ 2x + y + 3z + 4 = 0. \end{cases}$$

解 先找出此直线上的一点 (x_0, y_0, z_0). 例如, 可以取 $x_0 = 1$, 代入题中的方程组, 得

$$\begin{cases} y_0 + z_0 = -2, \\ y_0 + 3z_0 = -6. \end{cases}$$

解此二元一次方程组, 得

$$y_0 = 0, \quad z_0 = -2.$$

即 $(1, 0, -2)$ 是此直线上的一点.

为寻找该直线的方向向量 $\boldsymbol{s}$, 注意到两个平面的交线与这两个平面的法向量 $\boldsymbol{n}_1 = (1, 1, 1), \boldsymbol{n}_2 = (2, 1, 3)$ 都垂直, 所以有

$$\boldsymbol{s} = \boldsymbol{n}_1 \times \boldsymbol{n}_2 = \begin{vmatrix} \boldsymbol{i} & \boldsymbol{j} & \boldsymbol{k} \\ 1 & 1 & 1 \\ 2 & 1 & 3 \end{vmatrix} = 2\boldsymbol{i} - \boldsymbol{j} - \boldsymbol{k},$$

即

$$\boldsymbol{s} = (2, -1, -1).$$

因此, 所给直线的标准方程为

$$\frac{x-1}{2} = \frac{y}{-1} = \frac{z+2}{-1}.$$

令比值等于 t, 又可得所给直线的参数方程为

$$\begin{cases} x = 1 + 2t, \\ y = -t, \\ z = -2 - t. \end{cases}$$

注 本例提供了化直线的一般方程为标准方程和参数方程的方法.

8.4.2 两直线的夹角, 直线与平面的夹角

两直线的方向向量的夹角 (通常指锐角) 叫做**两直线的夹角**.

设两直线 L_1 和 L_2 的标准方程分别为

$$\frac{x - x_1}{m_1} = \frac{y - y_1}{n_1} = \frac{z - z_1}{p_1}$$

和

$$\frac{x - x_2}{m_2} = \frac{y - y_2}{n_2} = \frac{z - z_2}{p_2}.$$

慕课8.4.2

直线 L_1 和 L_2 的方向向量分别为 $\boldsymbol{s}_1 = (m_1, n_1, p_1)$ 和 $\boldsymbol{s}_2 = (m_2, n_2, p_2)$, 那么 L_1 和 L_2 的夹角就是 $(\widehat{\boldsymbol{s}_1, \boldsymbol{s}_2})$ 和 $(\widehat{-\boldsymbol{s}_1, \boldsymbol{s}_2}) = \pi - (\widehat{\boldsymbol{s}_1, \boldsymbol{s}_2})$ 两者中的锐角或直角, 因此 $\cos\varphi = |\cos(\widehat{\boldsymbol{s}_1, \boldsymbol{s}_2})|$. 根据两个向量的夹角的余弦公式, 直线 L_1 和 L_2 的夹角可由

$$\cos\varphi = |\cos(\widehat{\boldsymbol{s}_1, \boldsymbol{s}_2})| = \frac{|m_1 m_2 + n_1 n_2 + p_1 p_2|}{\sqrt{m_1^2 + n_1^2 + p_1^2} \cdot \sqrt{m_2^2 + n_2^2 + p_2^2}} \tag{8-4-5}$$

来确定.

从两个向量垂直、平行的充分必要条件立即推得下列结论.

设有两个直线 L_1: $\dfrac{x - x_1}{m_1} = \dfrac{y - y_1}{n_1} = \dfrac{z - z_1}{p_1}$ 和 L_2: $\dfrac{x - x_2}{m_2} = \dfrac{y - y_2}{n_2} = \dfrac{z - z_2}{p_2}$, 则

两个直线 L_1, L_2 互相垂直相当于 $m_1 m_2 + n_1 n_2 + p_1 p_2 = 0$;

两个直线 L_1, L_2 互相平行或重合相当于 $\dfrac{m_1}{m_2} = \dfrac{n_1}{n_2} = \dfrac{p_1}{p_2}$

$$\left(L_1 \perp L_2 \Leftrightarrow m_1 m_2 + n_1 n_2 + p_1 p_2 = 0, L_1 /\!/ L_2 \Leftrightarrow \frac{m_1}{m_2} = \frac{n_1}{n_2} = \frac{p_1}{p_2}\right).$$

若 P_1, P_2 分别为 L_1, L_2 的两点, 则 L_1, L_2 共面 $\Leftrightarrow \overrightarrow{P_1 P_2} \cdot (\boldsymbol{s}_1 \times \boldsymbol{s}_2) = 0$; L_1, L_2 异面 $\Leftrightarrow \overrightarrow{P_1 P_2} \cdot (\boldsymbol{s}_1 \times \boldsymbol{s}_2) \neq 0$.

例 3　求直线 L_1: $\dfrac{x - 1}{1} = \dfrac{y}{-4} = \dfrac{z + 3}{1}$ 和直线 L_2: $\dfrac{x}{2} = \dfrac{y + 2}{-2} = \dfrac{z}{-1}$ 的夹角.

解　直线 L_1 的方向向量为 $\boldsymbol{s}_1 = (1, -4, 1)$; 直线 L_2 的方向向量为 $\boldsymbol{s}_2 = (2, -2, -1)$, 故直线 L_1 与 L_2 的夹角 θ 的余弦为

$$\cos\theta = \frac{|1 \times 2 + (-4) \times (-2) + 1 \times (-1)|}{\sqrt{1^2 + (-4)^2 + 1^2}\sqrt{2^2 + (-2)^2 + (-1)^2}}$$

$$= \frac{1}{\sqrt{2}} = \frac{\sqrt{2}}{2}.$$

所以

$$\theta = \frac{\pi}{4}.$$

例 4　求经过点 $(2, 0, -1)$ 且与直线

$$\begin{cases} 2x - 3y + z - 6 = 0, \\ 4x - 2y + 3z + 9 = 0 \end{cases}$$

平行的直线方程.

解 所求直线与已知直线平行, 其方向向量可取为

$$s = n_1 \times n_2 = (2, -3, 1) \times (4, -2, 3) = (-7, -2, 8).$$

根据直线的标准方程, 得所求直线的方程为

$$\frac{x-2}{-7} = \frac{y}{-2} = \frac{z+1}{8}.$$

例 5 求过点 $(2, 1, 3)$ 且与直线 $\dfrac{x+1}{3} = \dfrac{y-1}{2} = \dfrac{z}{-1}$ 垂直相交的直线方程.

解 先作一平面过点 $(2, 1, 3)$ 且垂直于已知直线, 那么此平面的方程应为

$$3(x-2) + 2(y-1) - (z-3) = 0.$$

再求已知直线与此平面的交点. 把已知直线的参数方程

$$\begin{cases} x = -1 + 3t, \\ y = 1 + 2t, \\ z = -t \end{cases}$$

代入平面方程, 解之得 $t = \dfrac{3}{7}$, 再将求得的 t 值代入直线参数方程中, 即得

$$x = \frac{2}{7}, \quad y = \frac{13}{7}, \quad z = -\frac{3}{7}.$$

所以交点的坐标是 $\left(\dfrac{2}{7}, \dfrac{13}{7}, -\dfrac{3}{7} \right)$.

于是, 向量 $\left(\dfrac{2}{7} - 2, \dfrac{13}{7} - 1, -\dfrac{3}{7} - 3 \right)$ 是所求直线的一个方向向量, 故所求直线的方程为

$$\frac{x-2}{\dfrac{2}{7} - 2} = \frac{y-1}{\dfrac{13}{7} - 1} = \frac{z-3}{-\dfrac{3}{7} - 3},$$

即

$$\frac{x-2}{2} = \frac{y-1}{-1} = \frac{z-3}{4}.$$

直线与平面的夹角及平行、垂直的条件

直线 L 与它在平面 Π 上的投影所成的角称为直线 L 与平面 Π 的夹角, 一般取锐角 (图 8-4-3).

设直线 L 的方程为

$$\frac{x - x_0}{m} = \frac{y - y_0}{n} = \frac{z - z_0}{p},$$

其方向向量 $\boldsymbol{s} = (m, n, p)$;

平面 Π 的方程为 $Ax + By + Cz + D = 0$, 其法向量 $\boldsymbol{n} = (A, B, C)$, 则

$$\cos\left(\frac{\pi}{2} - \theta\right) = \frac{|\boldsymbol{n} \cdot \boldsymbol{s}|}{|\boldsymbol{n}| \cdot |\boldsymbol{s}|},$$

即

$$\sin\theta = \frac{|Am + Bn + Cp|}{\sqrt{A^2 + B^2 + C^2}\sqrt{m^2 + n^2 + p^2}}. \tag{8-4-6}$$

从而得直线 L 与平面 Π 平行的充要条件是

$$Am + Bn + Cp = 0; \tag{8-4-7}$$

直线 L 与平面 Π 垂直的充要条件是

$$\frac{A}{m} = \frac{B}{n} = \frac{C}{p}. \tag{8-4-8}$$

例 6　设平面 Π 的方程为 $Ax + By + Cz + D = 0, M_1(x_1, y_1, z_1)$ 是平面外的一点, 试求 M_1 到平面 Π 的距离.

解　在平面 Π 上取一点 $M_0(x_0, y_0, z_0)$ (图 8-4-4), 则点 M_1 到平面 Π 的距离

$$d = |\mathrm{Prj}_{\boldsymbol{n}} \overrightarrow{M_0 M_1}| = \frac{|\boldsymbol{n} \cdot \overrightarrow{M_0 M_1}|}{|\boldsymbol{n}|},$$

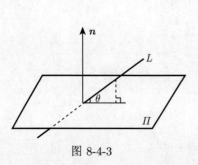

图 8-4-3

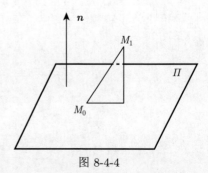

图 8-4-4

而

$$|\boldsymbol{n} \cdot \overrightarrow{M_0M_1}| = |A(x_1 - x_0) + B(y_1 - y_0) + C(z_1 - z_0)|$$
$$= |Ax_1 + By_1 + Cz_1 - Ax_0 - By_0 - Cz_0|.$$

由于点 (x_0, y_0, z_0) 在平面 Π 上, 有

$$Ax_0 + By_0 + Cz_0 + D = 0,$$

即

$$Ax_0 + By_0 + Cz_0 = -D,$$

得

$$|\boldsymbol{n} \cdot \overrightarrow{M_0M_1}| = |Ax_1 + By_1 + Cz_1 + D|,$$

所以

$$d = \frac{|Ax_1 + By_1 + Cz_1 + D|}{\sqrt{A^2 + B^2 + C^2}}, \tag{8-4-9}$$

公式 (8-4-9) 称为点到平面的距离公式.

为了简化一些问题, 我们介绍平面束.

设直线 L 由方程组

$$\begin{cases} A_1x + B_1y + C_1z + D_1 = 0, & (8\text{-}4\text{-}10) \\ A_2x + B_2y + C_2z + D_2 = 0 & (8\text{-}4\text{-}11) \end{cases}$$

所确定, 其中系数 A_1, B_1, C_1 与 A_2, B_2, C_2 不成比例. 我们建立三元一次方程

$$A_1x + B_1y + C_1z + D_1 + \lambda(A_2x + B_2y + C_2z + D_2) = 0, \tag{8-4-12}$$

其中 λ 为任意常数. 因为 A_1, B_1, C_1 与 A_2, B_2, C_2 不成比例, 所以对于任何一个 λ 值, 方程 (8-4-12) 的系数: $A_1 + \lambda A_2, B_1 + \lambda B_2, C_1 + \lambda C_2$ 不全为零, 从而方程 (8-4-10) 和方程 (8-4-11) 表示一个平面, 若一点在直线 L 上, 则点的坐标必同时满足方程 (8-4-10) 和方程 (8-4-11), 因而也满足方程 (8-4-12), 故方程 (8-4-12) 表示通过直线 L 的平面, 且对应于不同的 λ 值, 方程 (8-4-12) 表示通过直线 L 的不同的平面. 反之, 通过直线 L 的任何平面 (除平面 (8-4-10) 外) 都包含在方程 (8-4-12) 所表示的一族平面内. 通过定直线的所有平面的全体称为**平面束**, 而方程 (8-4-12) 就作为通过直线 L 的**平面束的方程** (实际上, 方程 (8-4-12) 表示缺少平面 (8-4-10) 的平面束).

例 7　求过直线 $L:\begin{cases} x - z = 0, \\ x + y + z = 1 \end{cases}$ 且平行于 x 轴的平面.

解　设平面方程为 $\pi : x - z + \lambda(x + y + z - 1) = 0$, 此平面的法向量为 $\boldsymbol{n} = (1 + \lambda, \lambda, -1 + \lambda)$. 所求平面平行于 x 轴, 所以法向量 $\boldsymbol{n} \perp \boldsymbol{i}$,

$$1 + \lambda = 0, \quad \lambda = -1.$$

故平面方程为 $y + 2z - 1 = 0$.

小结与思考

1. 小结

本节介绍了空间直线的一般方程、对称式方程与参数方程, 两个直线的夹角, 直线与平面的夹角.

空间任一直线都可以看成是过此直线的两个平面的交线. 所以两个平面方程的联立就是其相交直线的方程, 即直线方程的一般式. 一般式的缺点是未能明确显示此直线的方位和位置, 对称式的优点就在于它明确地给出了直线的方位和所通过的点.

在空间直线与平面都可以由一个点与一个方向唯一确定, 所以对比较具有几何特点的直线与平面问题, 可以采用对称式 (点向式) 与点法式来求解, 而方向的获得主要依赖于向量的运算, 在平面与直线的问题解答中, 向量运算起到了非常关键的作用.

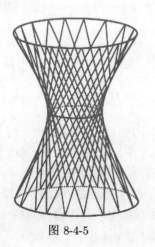

图 8-4-5

2. 思考

直线的一般方程唯一吗? 平面束能表示过某直线的所有平面吗?

数学文化

直纹面在建筑学上有意义, 由一簇直线构成的曲面叫直纹面, 其中的直线叫直纹面的母线. 单叶双曲面是直纹面, 生活中还有很多实例, 比如冷却塔、电视塔等建筑都有用这种结构的 (图 8-4-5).

习　题　8-4

1. 写出下列直线的对称式方程和参数方程:

(1) $\begin{cases} x - y + z = 1, \\ 2x + y + z = 4; \end{cases}$

(2) $\begin{cases} 2x + 5z + 3 = 0, \\ x - 3y + z + 2 = 0. \end{cases}$

2. 求过点 $(4, -1, 3)$ 且与直线 $\dfrac{x-3}{-2} = \dfrac{y}{1} = \dfrac{z-1}{5}$ 平行的直线方程.

3. 求过点 $(2, -3, 1)$ 且与平面 $2x + 3y - z + 1 = 0$ 垂直的直线方程.

4. 求过两点 $(3, -3, 2)$ 和 $(0, -1, 5)$ 的直线方程.

5. 求过点 $(-5, 2, 0)$ 且与两个平面 $x + 2z = 1$ 和 $y - 3z = 2$ 平行的直线方程.

8.5 曲面及其方程

教学目标:

1. 理解曲面方程的概念, 了解常用二次曲面的方程及其图形;

2. 会求以坐标轴为旋转轴的旋转曲面及母线平行于坐标轴的柱面方程.

教学重点: 常用二次曲面的方程及其图形; 旋转曲面及母线平行于坐标轴的柱面方程.

教学难点: 旋转曲面的方程; 截痕法; 对空间想象能力的培养.

教学背景: 平面及其方程.

思政元素: 国家级建筑设计金奖——广州塔; 世界最大的 500 米口径的球面射电望远镜 (FAST)——"中国天眼".

8.5.1 曲面及其方程

慕课8.5.1

在空间解析几何中关于曲面的研究, 有下列两个基本问题:

(1) 已知一曲面作为点的几何轨迹时, 建立该曲面的方程;

(2) 已知坐标 x, y 和 z 间的一个方程时, 研究这方程所表示的曲面的形状.

8.4 节我们考察了最简单的曲面——平面, 以及最简单的空间曲线——直线, 建立了它们的一些常见形式的方程. 在本节里, 我们将介绍几种类型的常见曲面.

到空间一定点 M_0 之间的距离恒定的动点的轨迹为球面.

例 1 建立球心在点 $M_0(x_0, y_0, z_0)$, 半径为 R 的球面的方程.

解 将球面看作空间中与定点等距离的点的轨迹. 设 $M(x, y, z)$ 是球面上的任一点, 则

$$|M_0M| = R.$$

由于

$$|M_0M| = \sqrt{(x - x_0)^2 + (y - y_0)^2 + (z - z_0)^2},$$

所以

$$\sqrt{(x - x_0)^2 + (y - y_0)^2 + (z - z_0)^2} = R.$$

两边平方, 得

$$(x - x_0)^2 + (y - y_0)^2 + (z - z_0)^2 = R^2. \tag{8-5-1}$$

显然, 球面上的点的坐标满足这个方程; 而不在球面上的点的坐标不满足这个方程, 所以方程 (8-5-1) 就是以 $M_0(x_0, y_0, z_0)$ 为球心, 以 R 为半径的球面方程.

如果 M_0 为原点, 即 $x_0 = y_0 = z_0 = 0$, 这时球面方程为

$$x^2 + y^2 + z^2 = R^2. \tag{8-5-2}$$

一般地, 设有三元二次方程 $Ax^2 + Ay^2 + Az^2 + Dx + Ey + Fz + G = 0$, 这个方程的特点是缺 xy, yz, zx 各项, 而且平方项系数相同, 只要将方程经过配方就可以化成方程 (8-5-1) 的形式, 那么它的图形就是一个球面.

例 2　方程 $x^2 + y^2 + z^2 - 2x + 4y = 0$ 表示怎样的曲面?

解　通过配方, 原方程可以改写为

$$(x - 1)^2 + (y + 2)^2 + z^2 = 5.$$

与 (8-5-1) 式比较, 可知原方程表示球心在点 $M_0(1, -2, 0)$、半径 $R = \sqrt{5}$ 的球面.

8.5.2　柱面

设有动直线 L 沿一给定的曲线 C 移动, 移动时始终与给定的直线 l 平行, 这样由动直线 L 所形成的曲面称为**柱面**. 动直线 L 称为柱面的**母线**, 定曲线 C 称为柱面的**准线** (图 8-5-1).

慕课8.5.3

如果柱面的准线是 xOy 面上的曲线 C, 其方程为

$$f(x, y) = 0. \tag{8-5-3}$$

柱面的母线平行于 z 轴, 则方程 $f(x, y) = 0$. 就是这柱面的方程 (图 8-5-2). 因为在此柱面上任取一点 $M(x, y, z)$, 过点 M 作直线平行于 z 轴, 此直线与 xOy 面相交于点 $M_0(x, y, 0)$, 点 M_0 就是点 M 在 xOy 面上的投影, 于是点 M_0 必落在准线上, 它在 xOy 面上的坐标 (x, y) 必满足方程 $f(x, y) = 0$, 这个方程不含 z 的项, 所以点 M 的坐标 (x, y, z) 也满足方程 $f(x, y) = 0$.

因此, 在空间直角坐标系中, 方程 $f(x, y) = 0$. 所表示的图形就是母线平行于 z 轴的柱面.

同理可知, 只含 y, z 而不含 x 的方程 $f(y, z) = 0$ 和只含 x, z 而不含 y 的方程 $f(x, z) = 0$ 分别表示母线平行于 x 轴和 y 轴的柱面.

注意到在上述三个柱面方程中都缺少一个变量, 缺少哪一个变量, 该柱面的母线就平行于哪一个坐标轴.

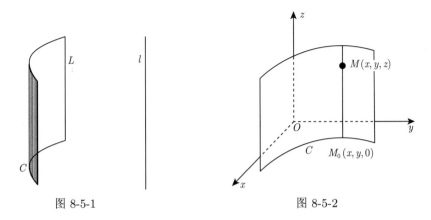

图 8-5-1   图 8-5-2

例如, 方程 $x^2 + y^2 = a^2, \dfrac{x^2}{a^2} + \dfrac{y^2}{b^2} = 1, \dfrac{x^2}{a^2} - \dfrac{y^2}{b^2} = 1, x^2 = 2py$ 分别表示母线平行于 z 轴的圆柱面、椭圆柱面、双曲柱面和抛物柱面 (图 8-5-3), 因为它们的方程都是二次的, 所以统称为二次柱面.

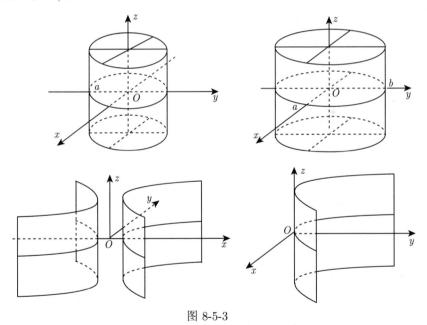

图 8-5-3

8.5.3 旋转曲面

    一平面曲线 C 绕着该平面内一定直线 l 旋转一周所形成的曲面叫做旋转曲面. 曲线 C 叫做旋转曲面的**母线**, 直线 l 叫做旋转曲面的**轴**.

慕课8.5.2

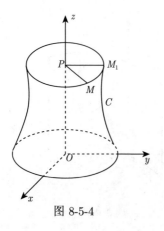

图 8-5-4

设在 yOz 面上有一已知曲线 C, 它的方程为 $f(y, z) = 0$, 将该曲线绕 z 轴旋转一周, 就得到一个以 z 轴为轴的旋转曲面. 现在来求这个旋转曲面的方程 (图 8-5-4).

在旋转曲面上任取一点 $M(x, y, z)$, 设该点是母线 C 上的点 $M_1(0, y_1, z_1)$ 绕 z 轴旋转而得到的. 可知点 M 与 M_1 的 z 坐标相同, 且它们到 z 轴的距离相等, 所以

$$\begin{cases} z = z_1, \\ \sqrt{x^2 + y^2} = |y_1|. \end{cases}$$

因为点 M_1 在曲线 C 上, 所以

$$f(y_1, z_1) = 0.$$

将上述关系代入方程中, 得

$$f(\pm\sqrt{x^2 + y^2}, z) = 0. \tag{8-5-4}$$

因此, 旋转曲面上任何点 M 的坐标 x, y, z 都满足方程 (8-5-4). 如果点 $M(x, y, z)$ 不在旋转曲面上, 它的坐标就不满足方程 (8-5-4). 所以方程 (8-5-4) 就是所求旋转曲面的方程.

在上述推导过程中可以发现: 只要在曲线 C 的方程 $f(x, y) = 0$ 中, 将变量 y 换成 $\pm\sqrt{x^2 + y^2}$, 便可得曲线 C 绕 z 轴旋转而形成的旋转曲面方程

$$f(\pm\sqrt{x^2 + y^2}, z) = 0.$$

同理, 如果曲线 C 绕 y 轴旋转一周, 所得旋转曲面方程为

$$f(y, \pm\sqrt{x^2 + z^2}) = 0. \tag{8-5-5}$$

对于其他坐标面上的曲线, 绕该坐标面内任一坐标轴旋转所得到的旋转曲面的方程可用类似的方法求得.

求旋转曲面方程　平面曲线绕哪个轴旋转, 该变量不变, 另外的变量将缺的变量补上改成正负二者的完全平方根的形式. 例如, 一条位于坐标平面 xOy 中的曲线 $f(x, y) = 0, z = 0$ 绕同平面中的 x 轴或 y 轴旋转所形成的旋转面方程, 只要把方程 $f(x, y) = 0$ 中表示旋转轴的变量 x 或 y 保持不变, 将另一变量换成 $\sqrt{y^2 + z^2}$ 或 $\sqrt{x^2 + z^2}$ 即可得到.

特别地, 一直线绕与它相交的一条定直线旋转一周就得到圆锥面, 动直线与定直线的交点叫做圆锥面的顶点 (图 8-5-5).

例 3 求 yOz 面上的直线 $z = ky$ 绕 z 轴旋转一周所形成的旋转曲面的方程.

解 因为旋转轴为 z 轴, 所以只要将方程 $z = ky$ 中的 y 改成 $\pm\sqrt{x^2 + y^2}$, 便得到旋转曲面——圆锥面的方程

$$z = \pm k\sqrt{x^2 + y^2}$$

或

$$z^2 = k^2(x^2 + y^2).$$

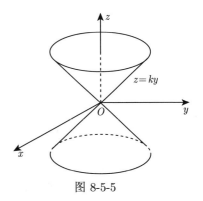

图 8-5-5

例 4 将 zOx 坐标面上的双曲线 $\dfrac{x^2}{a^2} - \dfrac{z^2}{c^2} = 1$ 分别绕 x 轴和 z 轴旋转一周, 求所生成的旋转曲面的方程.

解 绕 x 轴旋转所成的旋转曲面叫做**双叶旋转双曲面**, 它的方程为 $\dfrac{x^2}{a^2} - \dfrac{y^2 + z^2}{c^2} = 1$; 绕 z 轴旋转所成的旋转曲面叫做**单叶旋转双曲面**, 它的方程为 $\dfrac{x^2 + y^2}{a^2} - \dfrac{z^2}{c^2} = 1$.

8.5.4 二次曲面

在空间直角坐标系中, 方程 $F(x, y, z) = 0$ 一般代表曲面, 若 $F(x, y, z) = 0$ 为一次方程, 则它代表一次曲面, 即平面; 若 $F(x, y, z) = 0$ 为二次方程, 则它所表示的曲面称为二次曲面. 我们把三元二次方程 $F(x, y, z) = 0$ 即

慕课8.5.4

$$Ax^2 + By^2 + Cz^2 + Dxy + Eyz + Fxz + Gx + Hy + Iz + J = 0 \quad \text{(二次项系数不全为 0)}$$

所表示的曲面 (的图形) 叫做**二次曲面**. 把平面叫做**一次曲面**.

怎样了解三元方程 $F(x, y, z) = 0$ 所表示的曲面的形状呢? 一般说来, 三元方程 $F(x, y, z) = 0$ 所表示的曲面形状已难以用描点法得到. 方法之一是用坐标面和平行于坐标面的平面与曲面相截, 考察其交线的形状, 然后加以综合, 从而了解曲面的立体形状. 平面 $z = t$ 与曲面 $F(x, y, z) = 0$ 的交线称为**截痕**. 通过综合截痕的变化来了解曲面形状的方法称为**截痕法**.

1. 椭球面

方程:

$$\frac{x^2}{a^2} + \frac{y^2}{b^2} + \frac{z^2}{c^2} = 1 \tag{8-5-6}$$

所表示的曲面叫做椭球面.

由方程 (8-5-6) 可知:

$$\frac{x^2}{a^2} \leqslant 1, \quad \frac{y^2}{b^2} \leqslant 1, \quad \frac{z^2}{c^2} \leqslant 1,$$

即

$$|x| \leqslant a, \quad |y| \leqslant b, \quad |z| \leqslant c.$$

这说明椭球面 (8-5-6) 完全包含在 $x = \pm a, y = \pm b, z = \pm c$ 这 6 个平面所围成的长方体内. a, b, c 叫做椭球面的半轴.

用三个坐标面截该椭球面所得的截痕都是椭圆:

$$\begin{cases} \dfrac{x^2}{a^2} + \dfrac{y^2}{b^2} = 1, \\ z = 0, \end{cases} \qquad \begin{cases} \dfrac{y^2}{b^2} + \dfrac{z^2}{c^2} = 1, \\ x = 0, \end{cases} \qquad \begin{cases} \dfrac{x^2}{a^2} + \dfrac{z^2}{c^2} = 1, \\ y = 0. \end{cases}$$

用平行于 xOy 坐标面的平面 $z = h \ (|h| \leqslant c)$ 截该椭球面所得交线为椭圆:

$$\begin{cases} \dfrac{x^2}{a^2} + \dfrac{y^2}{b^2} = 1 - \dfrac{h^2}{c^2}, \\ z = h. \end{cases}$$

该椭圆的半轴为 $\dfrac{a}{c}\sqrt{c^2 - h^2}$ 与 $\dfrac{b}{c}\sqrt{c^2 - h^2}$. 当 $|h|$ 由 0 逐渐增大到 c 时, 椭圆由大变小, 最后 (当 $|h| = c$ 时) 缩成一个点 (即顶点: $(0, 0, c), (0, 0, -c)$). 如果 $|h| > c$, 平面 $z = h$ 不与椭球面相交.

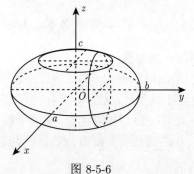

图 8-5-6

用平行于 yOz 面或 zOx 面的平面去截椭球面, 可得到类似的结果.

容易看出, 椭球面关于各坐标面、各坐标轴和坐标原点都是对称的. 综合以上讨论可知椭球面的图形如图 8-5-6 所示.

2. 椭圆锥面 $\dfrac{x^2}{a^2} + \dfrac{y^2}{b^2} = z^2$

我们可以用伸缩变形的方法来得出椭圆锥面 (8-5-6) 的形状.

先说明 xOy 平面上的图形伸缩变形的方法. 在 xOy 平面上, 把点 $M(x, y)$ 变为点 $M'(x, \lambda y)$, 从而把点 $M(x, y)$ 的轨迹 C 变为点 M' 的轨迹 C', 称为把图形 C 沿 y 轴方向伸缩 λ 倍变成图形 C'. 假如 C 为曲线 $F(x, y) = 0$, 点 $M(x_1, y_1) \in C$,

点 M 变为点 $M'(x_2,y_2)$, 其中 $x_2=x_1,y_2=\lambda y_1$, 即 $x_1=x_2,y_1=\dfrac{1}{\lambda}y_2$, 因 $M\in C$, 有 $F(x_1,y_1)=0$, 故 $F\left(x_2,\dfrac{1}{\lambda}y_2\right)=0$, 因此点 $M'(x_2,y_2)$ 的轨迹 C'

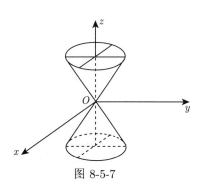

图 8-5-7

为 $F\left(x,\dfrac{1}{\lambda}y\right)=0$. 例如把圆 $x^2+y^2=a^2$ 沿 y 轴方向伸缩 $\dfrac{b}{a}$ 倍, 就变为椭圆 $\dfrac{x^2}{a^2}+\dfrac{y^2}{b^2}=1$.

类似地, 把空间图形沿 y 轴方向伸缩 $\dfrac{b}{a}$ 倍, 那么圆锥面 $\dfrac{x^2+y^2}{a^2}=z^2$ 即变为椭圆锥 面 $x^2+\left(\dfrac{a}{b}y\right)^2=a^2z^2$, 即 $\dfrac{x^2}{a^2}+\dfrac{y^2}{b^2}=z^2$ (图 8-5-7).

利用圆锥面 (旋转曲面) 的伸缩变形来得出椭圆锥面的形状, 这种方法是研究曲面形状的一种较方便的方法.

实际上, 椭球面 $\dfrac{x^2}{a^2}+\dfrac{y^2}{b^2}+\dfrac{z^2}{c^2}=1$ 还可以通过伸缩法得到. 把 xOz 面上的椭圆 $\dfrac{x^2}{a^2}+\dfrac{z^2}{c^2}=1$ 绕 z 轴旋转, 所得曲面称为**旋转椭球面**, 其方程为 $\dfrac{x^2+y^2}{a^2}+\dfrac{z^2}{c^2}=1$. 再把旋转椭球面沿 y 轴方向伸缩 $\dfrac{b}{a}$ 倍, 便得椭球面的形状 (图 8-5-8).

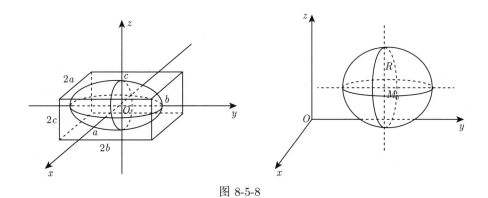

图 8-5-8

当 $a=b=c$ 时, 椭球面成为 $x^2+y^2+z^2=a^2$, 这是球心在原点、半径为 a 的球面.

世界最大的 500 米口径的球面射电望远镜 (FAST)——"中国天眼", 是一个球面方程. "中国天眼"的建立, 让中国在该领域站在了世界的前列. 南仁东院士用 22 年的坚持与奋斗, 建设了世界最大口径的射电望远镜, 执着建造国之重器, 体现其胸怀祖国、服务人民的爱国情怀以及淡泊名利、忘我奉献的高尚情操 (图 8-5-9).

图 8-5-9

3. 单叶、双叶双曲面

慕课8.5.4.1

(1) 单叶双曲面

$$\frac{x^2}{a^2} + \frac{y^2}{b^2} - \frac{z^2}{c^2} = 1. \tag{8-5-7}$$

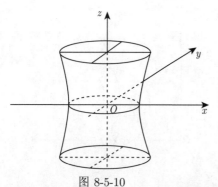

图 8-5-10

把 xOz 面上的双曲线 $\dfrac{x^2}{a^2} - \dfrac{z^2}{c^2} = 1$ 绕 z 轴旋转, 得旋转单叶双曲面 $\dfrac{x^2+y^2}{a^2} - \dfrac{z^2}{c^2} = 1$; 把此旋转曲面沿 y 轴方向伸缩 $\dfrac{b}{a}$ 倍, 即得单叶双曲面 (图 8-5-10).

单叶双曲面的代表有广州塔 (图 8-5-11).

(2) 双叶双曲面

$$\frac{x^2}{a^2} - \frac{y^2}{b^2} - \frac{z^2}{c^2} = 1. \tag{8-5-8}$$

把 xOz 面上的双曲线 $\dfrac{x^2}{a^2} - \dfrac{z^2}{c^2} = 1$ 绕 x 轴旋转, 得旋转双叶双曲面 $\dfrac{x^2}{a^2} - \dfrac{z^2+y^2}{c^2} = 1$; 再沿 y 轴方向伸缩 $\dfrac{b}{c}$ 倍, 即得双叶双曲面 (图 8-5-12).

图 8-5-11

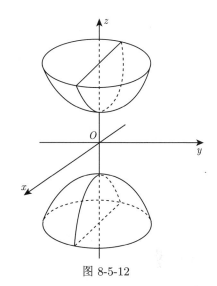

图 8-5-12

4. 抛物面

(1) 椭圆抛物面. 方程

慕课8.5.4.2

$$\frac{x^2}{p} + \frac{y^2}{q} = 2z \tag{8-5-9}$$

所表示的曲面叫做椭圆抛物面 (见图 8-5-13, 其中 $p > 0, q > 0$).

(2) 双曲抛物面. 方程

$$\frac{x^2}{a^2} - \frac{y^2}{b^2} = z \tag{8-5-10}$$

所表示的曲面叫做双曲抛物面或鞍形曲面 (见图 8-5-14, 其中 $a > 0, b > 0$).

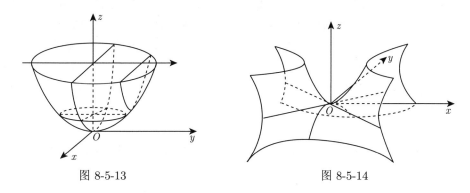

图 8-5-13

图 8-5-14

用平面 $x = t$ 截此曲面, 所得截痕 l 为平面 $x = t$ 上的抛物线 $-\dfrac{y^2}{b^2} = z - \dfrac{t^2}{a^2}$,

此抛物线开口朝下, 其顶点坐标为 $x = t, y = 0, z = \dfrac{t^2}{a^2}$. 当 t 变化时, l 的形状不变, 位置只做平移, 而 l 的顶点的轨迹 L 为平面 $y = 0$ 上的抛物线 $z = \dfrac{x^2}{a^2}$. 因此, 以 l 为母线, L 为准线, 母线 l 的顶点在准线 L 上滑动, 且母线做平行移动, 这样得到的曲面便是双曲抛物面.

作曲面所围立体的图形: 在建立空间直角坐标系后, 可按下列方法作图.

(1) 先作出立体的各表面 (曲面) 及它们与各坐标面的交线;

(2) 再作各曲面的交线.

小结与思考

1. 小结

在平面解析几何中, 二元二次方程可以通过坐标轴的平移与旋转简化为标准方程. 常见的几种标准方程所表示的曲线是椭圆、双曲线与抛物线. 在空间解析几何中, 一般三元二次方程同样可以通过坐标轴的平移、旋转简化为标准方程. 常见的几类标准方程所表示的曲面是: 球面、椭球面、单叶和双叶双曲面、椭圆抛物面和双曲抛物面, 以及几种二次柱面.

2. 思考

旋转曲面 $(z - 1)^2 = x^2 + y^2$ 是如何形成的?

数学文化

广州塔位于广东省广州市, 是中国第一高塔. 塔身主体高 454 米, 天线桅杆高 146 米, 总高度 600 米, 由于塔身中部扭转形成 "纤纤细腰" 的椭圆形, 因此获昵称 "小蛮腰". 广州塔结构超高、造型奇特、形体复杂, 其外部钢结构由 24 根钢管混凝土斜柱、46 组钢环梁交叉构成, 形成镂空、开放的独特形态, 仿佛在三维空间中扭转变换. 底部椭圆直径 60 米 × 80 米, 中部最细处椭圆直径约 30 米, 上部椭圆直径尺寸约 40.5 米 × 54 米. 作为世界上腰身最细的建筑 (最小处直径 30 米)、施工难度最大的建筑, 广州塔获得国家级建筑设计金奖、中国建筑工程鲁班奖、中国建筑钢结构金奖.

习 题 8-5

1. 指出下列方程在平面解析几何中与在空间解析几何中分别表示什么图形:

(1) $x - 2y = 1$;　　　　　　　　　　　　　(2) $x^2 - 3y^2 = 1$;

(3) $3x^2 - y = 1$;　　　　　　　　　　　　(4) $3x^2 + y^2 = 1$.

2. 求下列曲线绕指定轴旋转所生成的旋转曲面的方程:

(1) zOx 平面上的抛物线 $z^2 = 2 - x$ 绕 x 轴旋转;

(2) xOy 平面上的圆 $(x-2)^2 + y^2 = 1$ 绕 y 轴旋转;

(3) yOz 平面上的直线 $5y - 3z - 1 = 0$ 绕 z 轴旋转.

3. 指出下列方程所表示的旋转曲面是怎么形成的:

(1) $x + y^2 + z^2 = 1$; (2) $x^2 - y^2 + z^2 = 1$.

4. 分别按下列条件求动点的轨迹方程, 并指出它们各表示什么曲面:

(1) 动点到坐标原点的距离等于它到点 $(1,2,3)$ 的距离的一半;

(2) 动点到坐标原点的距离等于它到平面 $z + 5 = 0$ 的距离;

(3) 动点到点 $(0,0,1)$ 的距离等于它到 x 轴的距离;

(4) 动点到 y 轴的距离等于它到 zOx 面的距离的 2 倍.

5. 求过点 $A(1,0,0)$ 和 $B(2,2,3)$ 的直线绕 z 轴旋转所生成的旋转曲面的方程.

8.6 空间曲线及其方程

教学目标: 了解空间曲线的参数方程和一般方程; 了解空间曲线在坐标平面上的投影, 并会求其方程.

教学重点: 空间曲线的参数方程和一般方程; 空间曲线在坐标平面上的投影.

教学难点: 空间曲线在坐标平面上的投影.

教学背景: 直线及其方程.

思政元素: 号称 "新世界七大奇迹" 之首的北京大兴国际机场, 是世界上最大的单体航站楼.

8.6.1 空间曲线的一般方程与参数方程

1. 空间曲线的一般方程

慕课8.6.1

空间曲线可以看作两个曲面的交线. 设两曲面方程分别为 $F_1(x,y,z) = 0$ 和 $F_2(x,y,z) = 0$, 则它们的交线 C 上的点同时在这两个曲面上, 其坐标必同时满足这两个方程. 反之, 坐标同时满足这两个方程的点也一定在这两个曲面的交线 C 上. 因此, 联立方程组

$$\begin{cases} F_1(x,y,z) = 0, \\ F_2(x,y,z) = 0, \end{cases} \tag{8-6-1}$$

即为空间曲线 C 的方程, 称为空间曲线的一般方程.

例如方程

$$\begin{cases} x^2 + y^2 + z^2 = 2, \\ z = 1 \end{cases}$$

表示平面 $z=1$ 与以原点为球心、$\sqrt{2}$ 为半径的球面的交线, 如果将 $z = 1$ 代入第一个方程中, 得 $x^2 + y^2 = 1$, 所以这曲线是平面 $z = 1$ 上以 $(0,0,1)$ 为圆心的单位圆 (图 8-6-1).

方程

$$\begin{cases} x^2 + y^2 - ax = 0, \\ z = \sqrt{a^2 - x^2 - y^2} \end{cases} \qquad (a > 0)$$

表示球心为原点、半径为 a 的上半球面与圆柱面 $x^2 + y^2 - ax = 0$, 即 $\left(x - \dfrac{a}{2}\right)^2 + y^2 = \left(\dfrac{a}{2}\right)^2$ 的交线 (图 8-6-2 画出了 $z \geqslant 0$ 的部分).

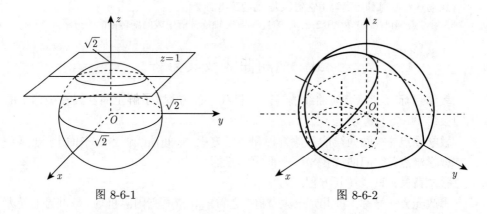

图 8-6-1　　　　　　　　　　　　　　图 8-6-2

2. 空间曲线的参数方程

在上一节中, 我们介绍了空间直线的参数方程. 对于空间曲线, 除了上面的一般方程外, 也可以用参数方程表示, 即将空间曲线 C 上的点的坐标 x, y, z 用同一参变量 t 的函数

$$\begin{cases} x = x(t), \\ y = y(t), \qquad (t_1 \leqslant t \leqslant t_2) \\ z = z(t) \end{cases} \qquad (8\text{-}6\text{-}2)$$

表示. 当给定 t 的一个值时, 由 (8-6-2) 式得到曲线 C 上的一个点的坐标, 当 t 在区间 $[t_1, t_2]$ 上变动时, 就可得到曲线 C 上的所有点. 方程组 (8-4-13) 叫做空间曲线的参数方程.

例 1　设空间一动点 M 在圆柱面 $x^2 + y^2 = a^2$ 上以角速度 ω 绕 z 轴旋转, 同时又以线速度 v 沿平行于 z 轴的正方向上升 (其中 ω, v 都是常数), 则动点 M 的轨迹叫做螺旋线. 试求螺旋线的参数方程.

解 取时间 t 为参数, 设运动开始时 $(t=0)$ 动点的位置在 $M_0(a,0,0)$, 经过时间 t, 动点的位置在 $M(x,y,z)$(图 8-6-3), 点 M 在 xOy 面上的投影为 $P(x,y,0)$. 由于 $\angle M_0OP = \omega t$, 于是有

$$\begin{cases} x = a\cos\omega t, \\ y = a\sin\omega t. \end{cases}$$

因动点同时以线速度 v 沿平行于 z 轴的正方向上升, 有

$$z = PM = vt,$$

因此, 螺旋线的参数方程为

$$\begin{cases} x = a\cos\omega t, \\ y = a\sin\omega t, \\ z = vt. \end{cases}$$

如果令 $\theta = \omega t$, 以 θ 为参数, 则螺旋线的参数方程为

$$\begin{cases} x = a\cos\theta, \\ y = a\sin\theta, \\ z = b\theta, \end{cases}$$

其中

$$b = \frac{v}{\omega}.$$

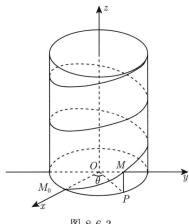

图 8-6-3

螺旋线是实践中常用的曲线. 例如, 平头螺丝钉的外缘曲线就是螺旋线. 当我们拧紧平头螺丝钉时, 它的外缘曲线上的任一点 M, 一方面绕螺丝钉的轴旋转, 另一方面又沿平行于轴线的方向前进, 点 M 就走出一段螺旋线.

螺旋线有一个重要性质: 当 θ 从 θ_0 变到 $\theta_0+\alpha$ 时, z 由 $b\theta_0$ 变到 $b\theta_0+b\alpha$. 这说明当 OM' 转过角 α 时, M 点沿螺旋线上升了高度 $b\alpha$, 即上升的高度与 OM' 转过的角度成正比. 特别是当 OM' 转过一周, 即 $\alpha = 2\pi$ 时, M 点就上升固定的高度 $h = 2\pi b$. 这个高度 $h = 2\pi b$ 在工程技术上叫做螺距.

8.6.2 空间曲线在坐标面上的投影

设空间曲线 C 的方程为

慕课8.6.2

$$\begin{cases} F_1(x,y,z) = 0, \\ F_2(x,y,z) = 0, \end{cases} \tag{8-6-3}$$

现在要求它在 xOy 坐标面上的投影曲线方程.

作曲线 C 在 xOy 面上的投影时, 要通过曲线 C 上每一点作 xOy 面上的垂线, 这相当于作一个母线平行于 z 轴且通过曲线 C 的柱面, 这柱面与 xOy 面的交线就是曲线 C 在 xOy 面上的投影曲线. 所以关键在于求这个柱面的方程. 从方程 (8-6-3) 中消去变量 z, 得到

$$F(x,y) = 0. \tag{8-6-4}$$

方程 (8-6-4) 表示一个母线平行于 z 轴的柱面, 此柱面必定包含曲线 C, 所以它是一个以曲线 C 为准线、母线平行于 z 轴的柱面, 叫做曲线 C 关于 xOy 面的投影柱面. 它与 xOy 面的交线就是空间曲线 C 在 xOy 面上的投影曲线, 简称投影, 曲线 C 在 xOy 面上的投影曲线方程为

$$\begin{cases} F(x,y) = 0, \\ z = 0, \end{cases} \tag{8-6-5}$$

其中 $F(x,y) = 0$ 可从方程 (8-6-4) 消去 z 而得到.

同理, 分别从方程 (8-6-3) 消去 x 与 y 得到 $G(y,z) = 0$ 和 $H(x,z) = 0$, 则曲线 C 在 yOz 和 zOx 坐标面上的投影曲线方程分别为

$$\begin{cases} G(y,z) = 0, \\ x = 0 \end{cases} \tag{8-6-6}$$

和

$$\begin{cases} H(x,z) = 0, \\ y = 0. \end{cases} \tag{8-6-7}$$

例 2　已知两个球面的方程为

$$x^2 + y^2 + z^2 = 1 \tag{8-6-8}$$

和

$$x^2 + (y-1)^2 + (z-1)^2 = 1, \tag{8-6-9}$$

求它们的交线在 xOy 面上的投影方程.

解 先求包含两个球面的交线而母线平行于 z 轴的柱面方程. 要由方程 (8-6-8)、方程 (8-6-9) 消去 z, 为此可从方程 (8-6-8) 减去方程 (8-6-9) 并化简, 得到

$$y + z = 1.$$

再以 $z = 1 - y$ 代入方程 (8-6-8) 或 (8-6-9) 即得所求的柱面方程为

$$x^2 + 2y^2 - 2y = 0.$$

于是两个球面的交线在 xOy 面上的投影方程是

$$\begin{cases} x^2 + 2y^2 - 2y = 0, \\ z = 0. \end{cases}$$

小结与思考

1. 小结

空间曲线方程的一种常见形式是两个曲面的联立方程组: $\begin{cases} F(x, y, z) = 0, \\ G(x, y, z) = 0. \end{cases}$

它表示两个曲面 $F(x, y, z) = 0$ 和 $G(x, y, z) = 0$ 的交线 L. 在建立空间曲面与曲线方程的过程中, 一般将点 (x, y, z) 所应该满足的条件建立代数方程, 或者按照曲面上的点所具有的空间几何特点, 建立 x, y, z 所满足的方程.

2. 思考

(1) 空间曲线用一般方程表示表达式形式是否唯一?

(2) 如何求空间曲线在坐标面上的投影曲线方程? 应注意什么?

数学文化

北京大兴国际机场 (图 8-6-4) 航站楼屋顶的钢架结构, 被两簇彼此垂直的曲线结构剖分, 和谐优雅, 流畅灵动. 如此优美的形态在几何学中对应着一个非常深刻的数学几何概念——黎曼叶状结构. 叶状结构就是将曲面分解成一族曲线, 每根曲线被称为一片叶子, 叶子层叠在一起构成原来曲面.

新华网评论: 北京大兴国际机场工程建设难度世界少有, 创造了 40 余项国际、国内第一技术专利 103 项 (数据源自新华网报道), 新工法 65 项, 国产化率达 98% 以上.

图 8-6-4

习　题　8-6

1. 将下列曲线的一般方程化为参数方程:

(1) $\begin{cases} x^2+y^2+z^2=4, \\ x+y=0; \end{cases}$　　　(2) $\begin{cases} z=1-x^2-y^2, \\ (x-1)^2+y^2=1. \end{cases}$

2. 求曲线 $\begin{cases} z=\sqrt{4a-x^2-y^2}, \\ x^2+y^2=2x \end{cases}$ 的参数方程.

3. 设曲线方程为 $\begin{cases} 2x^2+4y+z^2=4z, \\ x^2-8y+3z^2=12z, \end{cases}$ 求它在三个坐标面上的投影.

4. 求下列曲线在 xOy 面上的投影曲线的方程:

(1) $\begin{cases} x^2+y^2+z^2=1, \\ y+z=1; \end{cases}$　　　(2) $\begin{cases} z=x^2+y^2, \\ x+y+z=2. \end{cases}$

5. 求抛物面 $y^2+z^2=x$ 与平面 $x+2y-z=0$ 的截线在三个坐标面上的投影曲线方程.

6. 设曲线方程为 $\begin{cases} 2x^2+4y+z^2=4z, \\ x^2-8y+3z^2=12z, \end{cases}$ 求它在三个坐标面上的投影.

8.7　MATLAB 绘制二元函数

慕课案例二

教学目标:

1. 了解二元函数图形的绘制;

2. 学习、掌握 MATLAB 软件有关的命令.

教学重点: MATLAB 求极限的命令语句.

教学难点: 使用 MATLAB 求极限.

教学背景: MATLAB 软件是工科学习的有力工具.

思政元素: 通过计算机软件的发展, 增强学生们投身专业研究的使命感.

8.7.1 利用 MATLAB 作图

曲线绘图的 MATLAB 命令

MATLAB 中主要用 mesh 和 surf 命令绘制二元函数图形. 主要命令:

mesh(x, y, z) 画网格曲面, 这里 x, y, z 是数据矩阵, 分别表示数据点的横坐标、纵坐标和函数值, 该命令将数据点在空间中描出, 并连成网格.

surf(x, y, z) 画完整曲面, 这里 x, y, z 是数据矩阵, 分别表示数据点的横坐标、纵坐标和函数值, 该命令将数据点所表示的曲面画出.

例 1 画出函数 $z = \sqrt{x^2 + y^2}$ 的图形, 其中 $(x, y) \in [-3, 3] \times [-3, 3]$. 用 MATLAB 作图的程序代码为

```
>>x=-3:0.1:3; %x 的范围为 [-3, 3]
>>y=-3:0.1:3; %y 的范围为 [-3, 3]
>>[X, Y]=meshgrid(x, y); %将向量 x, y 指定的区域转化为矩阵 X, Y
>>Z=sqrt(X.^2+Y.^2); %产生函数值 Z
>>mesh(X, Y, Z)
```

运行结果为图 8-7-1.

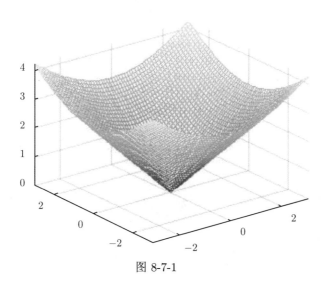

图 8-7-1

例 2 在同一坐标系下描绘出下面两条圆柱螺线 (要求两条曲线用不同的颜色表示):

$$(1) \begin{cases} x = \cos t, \\ y = \sin t, \\ z = t; \end{cases} \qquad (2) \begin{cases} x = \cos 2t, \\ y = \sin 2t, \\ z = t. \end{cases}$$

绘制图形的 MATLAB 代码为

```
t=-10:0.01:10;
x1=cos(t);
y1=sin(t);
z1=t;
plot3(x1, y1, z1);
hold on
x2=cos(2*t);
y2=sin(2*t);
z2=t;
plot3(x2, y2, z2, 'm');%曲线颜色的表示方法
grid on
```

运行结果为图 8-7-2.

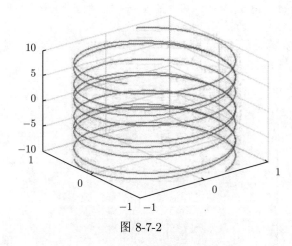

图 8-7-2

例 3　椭球面标准方程为 $\dfrac{x^2}{a^2} + \dfrac{y^2}{b^2} + \dfrac{z^2}{c^2} = 1 \ (a, b, c > 0)$, 参数方程为

$$\begin{cases} x = a \cdot \sin\varphi \cdot \cos\theta, \\ y = b \cdot \sin\varphi \cdot \sin\theta, \\ z = c \cdot \cos\varphi, \end{cases}$$

其中

$$0 \leqslant \theta < 2\pi, \quad 0 \leqslant \varphi \leqslant \pi.$$

例如: 取 $a = 3, b = 5, c = 2$, 则代码为

```
>>ezsurf('3*sin(u)*cos(v)','5*sin(u)*sin(v)','2*cos(u)',[0,pi,0,2*pi]);
>>axis auto %自动截取坐标轴显示范围
```

运行结果为图 8-7-3.

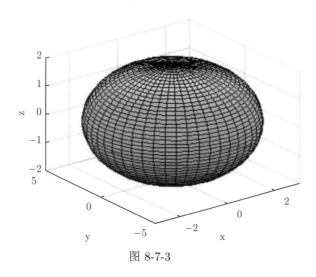

图 8-7-3

例 4 单叶双曲面标准方程为

$$\frac{x^2}{a^2} + \frac{y^2}{b^2} - \frac{z^2}{c^2} = 1 \quad (a, b, c > 0);$$

参数方程为

$$\begin{cases} x = a \cdot \sec\varphi \cdot \cos\theta, \\ y = b \cdot \sec\varphi \cdot \sin\theta, \\ z = c \cdot \tan\varphi, \end{cases}$$

其中

$$0 \leqslant \theta < 2\pi, \quad -\pi/2 < \varphi < \pi/2.$$

例如：取 $a = 3, b = 3, c = 5$, 则代码为

```
>> ezsurf('3*sec(u)*cos(v)','3*sec(u)*sin(v)','5*tan(u)',
   [-pi/2,pi/2,0,2*pi]);
>>axis auto %自动截取坐标轴显示范围
```

运行结果为图 8-7-4.

例 5 双叶双曲面标准方程

$$\frac{x^2}{a^2} + \frac{y^2}{b^2} - \frac{z^2}{c^2} = -1 \quad (a, b, c > 0).$$

```
>> ezsurf('3*tan(u)*cos(v)', '3*tan(u)*sin(v)','5*sec(u)',
   [-pi/2,3*pi/2,0,2*pi]);
>> axis auto
```

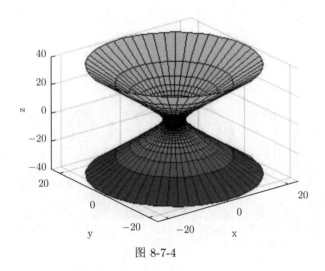

图 8-7-4

运行结果为图 8-7-5.

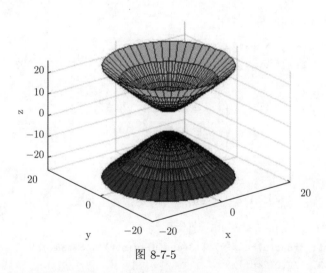

图 8-7-5

例 6　椭圆锥面

$$\frac{x^2}{a^2} + \frac{y^2}{b^2} = z^2 \quad (a, b > 0).$$

例如：取 $a = 3, b = 5$, 则代码为

```
>> ezsurf('3*cos(u)*v', '5*sin(u)*v','v', [0,2*pi,0,3]);
>> axis auto
```

运行结果为图 8-7-6.

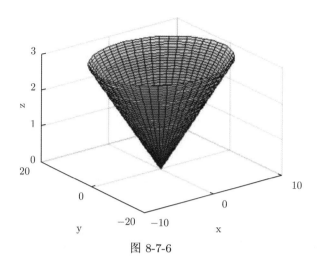

图 8-7-6

例 7 双曲抛物面

$$z = \frac{x^2}{a^2} - \frac{y^2}{b^2} \quad (a > 0, b > 0).$$

例如：取 $a = 9, b = 6$, 则代码为

```
>> ezsurfc('x.^2/9-y.^2/6')
>> axis auto
```

运行结果为图 8-7-7.

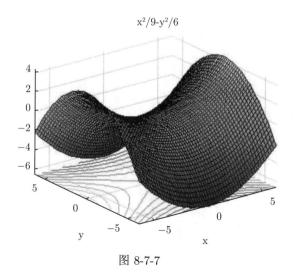

图 8-7-7

总 习 题 8

1. 设 $(a \times b) \cdot c = 2$, 则 $[(a+b) \times (b+c)] \cdot (c+a) =$ _____.

2. 设一平面经过原点及点 $(6, -3, 2)$, 且与平面 $4x - y + 2z = 8$ 垂直, 则此平面方程为 _____.

3. 点 $(2, 1, 0)$ 到平面 $3x + 4y + 5z = 0$ 的距离 $z =$ _____.

4. 设有直线 $L_1 : \dfrac{x-1}{1} = \dfrac{y-5}{-2} = \dfrac{z+8}{1}$ 与 $L_2 : \begin{cases} x - y = 6, \\ 2y + z = 3, \end{cases}$ 则 L_1 与 L_2 的夹角为 (　　).

(A) $\dfrac{\pi}{6}$　　　　　　(B) $\dfrac{\pi}{4}$　　　　　　(C) $\dfrac{\pi}{3}$　　　　　　(D) $\dfrac{\pi}{2}$

5. 设有直线 $L : \begin{cases} x + 3y + 2z + 1 = 0, \\ 2x - y - 10z + 3 = 0 \end{cases}$ 及平面 $\pi : 4x - 2y + z - 2 = 0$, 则直线 L(　　).

(A) 平行于 π　　　　(B) 在 π 上　　　　(C) 垂直于 π　　　　(D) 与 π 斜交

6. 过点 $(1, 0, 0)$, $(0, 1, 0)$ 且与曲面 $z = x^2 + y^2$ 相切的平面为 (　　).

(A) $z = 0$ 与 $x + y - z = 1$　　　　　　(B) $z = 0$ 与 $2x + 2y - z = 2$

(C) $x = y$ 与 $x + y - z = 1$　　　　　　(D) $x = y$ 与 $2x + 2y - z = 2$

7. 曲面 $x^2 + \cos(x, y) + yz + x = 0$ 在点 $(0, 1, -1)$ 处的切平面方程为 (　　).

(A) $x - y + z = -2$　　　　　　(B) $x + y + z = 0$

(C) $x - 2y + z = -3$　　　　　　(D) $x - y - z = 0$

8. 求直线 $l : \dfrac{x-1}{1} = \dfrac{y}{1} = \dfrac{z-1}{-1}$ 在平面 $\pi : x - y + 2z - 1 = 0$ 上的投影直线 l_0 的方程, 并求 l_0 绕 y 轴旋转一周所围成的曲面的方程.

9. 求过点 $(-1, 0, 4)$ 且平行于平面 $3x - 4y + z - 10 = 0$, 又与直线 $x + 1 = y - 3 = \dfrac{z}{2}$ 相交的直线的方程.

10. 求下列直线 L 的方程:

(1) 直线 L 过点 $P(2, -3, 4)$ 且平行于 z 轴;

(2) 直线 L 过点 $P(0, 2, 4)$ 且与两平面 $x - 4z = 3$ 和 $2x - y - 5z = 1$ 的交线平行;

(3) 直线 L 过点 $P(-1, 0, 4)$, 且平行于平面 $\Pi; 3x - 4y + z = 10$, 又与直线 $L_0: x + 1 = y - 3 = \dfrac{z}{2}$ 相交.

11. 求过点 $(2, -1, 2)$ 且与两直线 $\dfrac{x-1}{1} = \dfrac{y-1}{0} = \dfrac{z-1}{1}$, $\dfrac{x-2}{1} = \dfrac{y-1}{1} = \dfrac{z+3}{-3}$ 都相

交的直线方程.

12. 求满足下列条件的平面方程:

(1) 平行 y 轴, 且过点 $P(1, -5, 1)$ 和 $Q(3, 2, -1)$;

(2) 平行于平面 $2x + y + 2z + 5 = 0$, 且与三个坐标面构成的四面体的体积为 1;

(3) 过点 $O(0, 0, 0)$, $A(0, 1, 1)$, $B(2, 1, 0)$.

13. 平面 Π 垂直平面 $z = 0$, 且过从 $P(1, -1, 1)$ 到 $L: \begin{cases} y - z + 1 = 0, \\ x = 0 \end{cases}$ 的垂线, 求平

面 Π 的方程.

14. 已知平面方程 $\Pi_1: x - 2y - 2z + 1 = 0$, $\Pi_2: 3x - 4y + 5 = 0$, 求平分 Π_1 与 Π_2 夹角的平面方程.

15. 已知直线 $L_1: \dfrac{x - 9}{4} = \dfrac{y + 2}{-3} = \dfrac{z}{1}$ 及直线 $L_2: \dfrac{x}{-2} = \dfrac{y + 7}{9} = \dfrac{z - 2}{2}$, 求 L_1 与 L_2 的公垂线方程, 并求 L_1 与 L_2 的最短距离.

16. 求柱面 $z^2 = 2y$ 与锥面 $z = \sqrt{x^2 + y^2}$ 所围立体在三个坐标面上的投影.

17 求过点 $A(1, 0, 0)$ 和 $B(2, 2, 3)$ 的直线绕 z 轴旋转所生成的旋转曲面的方程.

18. 曲线 $s: \begin{cases} x^2 + y^2 + z^2 = 1, \\ x + y + z = 1, \end{cases}$ 求以 s 为准线, 顶点在原点的锥面方程.

第 8 章思维导图

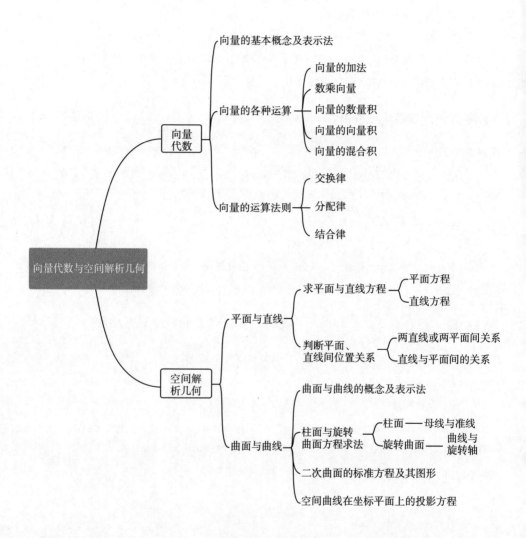

第 9 章　多元函数的微分法及其应用

高等数学中的许多概念有很强的实际背景, 解决了初等数学无法解决的问题. 但是实际问题往往比较复杂, 反映到数学上不仅仅是一个变量依赖于一个变量, 而是一个变量依赖于多个变量. 因此, 本章在上册一元函数微分学基础上, 讨论多元函数的微分学及其应用.

一、教学基本要求

1. 理解多元函数的概念, 会求多元函数的定义域.

2. 了解二元函数的极限和连续函数的概念以及有界闭区域上连续函数的性质.

3. 理解偏导数与全微分的概念, 了解全微分存在的必要条件和充分条件, 会求多元函数的偏导数与全微分, 了解全微分形式的不变性.

4. 掌握求多元复合函数偏导数的方法, 会求隐函数的偏导数.

5. 理解方向导数与梯度的概念, 并掌握其计算方法.

6. 了解曲线的切线和法平面, 理解曲面的切平面和法线的概念, 会求它们的方程.

7. 理解二元函数极值和条件极值的概念, 掌握二元函数极值存在的必要条件和充分条件, 会求二元函数的极值, 会用拉格朗日乘数法求条件极值及有关应用问题.

二、教学重点

1. 偏导数的概念及计算.

2. 复合函数与隐函数的微分法.

3. 全微分的概念及计算.

4. 偏导数在几何上的应用.

5. 函数极值与最大值、最小值的计算.

三、教学难点

1. 复合函数的微分法, 特别是抽象形式的复合函数的高阶偏导数的计算.

2. 隐函数的求导公式.

3. 全微分存在的条件.

4. 条件极值与最大值、最小值问题的实际应用.

9.1　多元函数的基本概念

多元函数的微积分是一元函数微积分的推广和发展, 从一元函数的情形推广到二元函数时会出现一些新的问题, 而从二元函数的情形推广到三元及三元以上的多元函数却没有本质的区别. 本节主要介绍平面区域的相关知识和多元函数的基本概念.

教学目标:

1. 理解多元函数的概念和二元函数的几何意义;

2. 了解二元函数的极限与连续性的概念;

3. 掌握有界闭区域上的连续函数的性质.

教学重点: 二元函数的极限与连续性的概念.

教学难点: 二元函数的极限与连续性的应用.

教学背景: 工程多变量问题.

思政元素: 从一维空间到多维空间的数学思维建立与扩展, 学习和生活中要开阔眼界.

9.1.1　平面区域

在上册讨论一元函数的性质时, 我们用到一维空间 $\mathbf{R}$ 中的邻域和区间的概念. 接下来针对多元函数, 这里以二元函数为例讨论二维空间中邻域和区域的概念.

慕课9.1.1

1. 邻域

设 P_0 是 xOy 平面上的一定点, δ 是某一正数, 与点 $P_0\,(x_0,y_0)$ 的距离小于 δ 的点 $P\,(x,y)$ 的全体, 称为点 $P_0\,(x_0,y_0)$ 的 δ 邻域, 记为 $U\,(P_0,\delta)$, 即 $U\,(P_0,\delta)=\{P\mid\,|P_0P|<\delta\}$, 亦可以写为

$$U\,(P_0,\delta)=\left\{(x,y)\,\middle|\,\sqrt{(x-x_0)^2+(y-y_0)^2}<\delta\right\}.$$

在几何上, $U\,(P_0,\delta)$ 表示以 $P_0\,(x_0,y_0)$ 为中心, δ 为半径的圆的内部 (不含圆周), 如图 9-1-1 所示.

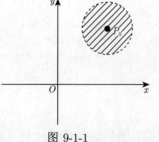

图 9-1-1

上述邻域 $U(P_0, \delta)$ 去掉中心 $P_0(x_0, y_0)$ 后, 称为 $P_0(x_0, y_0)$ 的去心邻域, 记作 $\mathring{U}(P_0, \delta)$, 即

$$\mathring{U}(P_0, \delta) = \left\{ (x,y) \,\middle|\, 0 < \sqrt{(x-x_0)^2 + (y-y_0)^2} < \delta \right\}.$$

如果不需要强调邻域的半径 δ, 则用 $U(P_0)$ 表示点 $P_0(x_0, y_0)$ 的邻域, 用 $\mathring{U}(P_0)$ 表示点 $P_0(x_0, y_0)$ 的去心邻域.

2. 区域

设 E 是 xOy 平面上的一个点集, P 是 xOy 平面上的一点, 则 P 与 E 的关系有如下情形.

(1) 内点: 如果存在 P 的某个邻域 $U(P)$, 使得 $U(P) \subset E$, 则称点 P 为 E 的内点, 如图 9-1-2 所示.

(2) 边界点: 如果存在 P 的任何邻域内, 既有属于 E 的点, 又有不属于 E 的点, 则称点 P 为 E 的边界点. E 的边界点的集合称为 E 的边界, 如图 9-1-3 所示.

(3) 开集: 如果点集 E 的每个点都是 E 的内点, 则称 E 为开集.

(4) 连通集: 设 E 是平面点集, 如果对于 E 中的任何两点, 都可用完全含于 E 的折线连接起来, 则称 E 是连通集.

(5) 开区域: 连通的开集称为开区域, 也称区域.

(6) 闭区域: 开区域连同它的边界称为闭区域 (闭域).

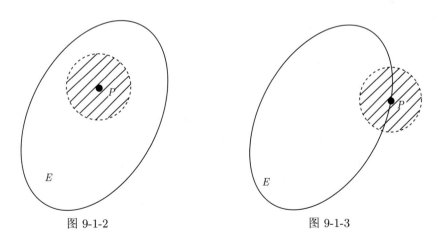

图 9-1-2   图 9-1-3

例如, 点集 $E_1 = \left\{ (x,y) \,\middle|\, 1 < x^2 + y^2 < 4 \right\}$ 是开区域, 如图 9-1-4 所示.
点集 $E_2 = \left\{ (x,y) \,\middle|\, 1 \leqslant x^2 + y^2 \leqslant 4 \right\}$ 是闭区域, 如图 9-1-5 所示.

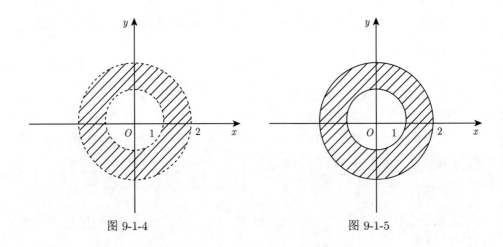

图 9-1-4   图 9-1-5

又如, 点集 $E_3 = \{(x,y) \mid x + y > 0\}$ 是开区域, 如图 9-1-6 所示. 点集 $E_4 = \{(x,y) \mid x + y \geqslant 0\}$ 是闭区域, 如图 9-1-7 所示.

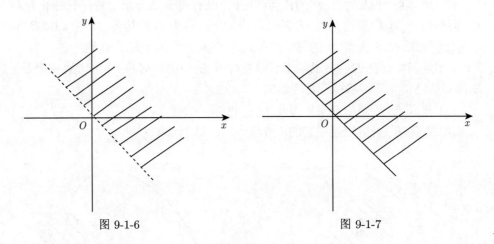

图 9-1-6   图 9-1-7

(7) 有界区域: 如果区域 E 可包含在以原点为中心的某个圆内, 即存在正数 r, 使 $E \subset U(0, r)$, 则称 E 为有界区域; 否则, 称 E 为无界区域.

例如, E_1, E_2 是有界区域, E_3, E_4 是无界区域.

(8) 聚点: 记 E 是平面上的一个点集, P 是平面上的一个点. 如果点 P 的任一邻域内总有无限多个点属于点集 E, 则称 P 为 E 的聚点.

显然, E 的内点一定是 E 的聚点, 此外, E 的边界点也可能是 E 的聚点.

例如, 设 $E_5 = \{(x,y) \mid 0 < x^2 + y^2 \leqslant 1\}$, 那么点 $(0,0)$ 既是 E_5 的边界点, 又是 E_5 的聚点, 但 E_5 的这个聚点不属于 E_5; 又如, 圆周 $x^2 + y^2 = 1$ 上的每个点既是 E_5 的边界点, 又是 E_5 的聚点, 而这些聚点都属于 E_5. 由此可见, 点集 E

的聚点可以属于 E, 也可以不属于 E.

再如点集 $E_6 = \left\{ (1,1), \left(\dfrac{1}{2},\dfrac{1}{2}\right), \left(\dfrac{1}{3},\dfrac{1}{3}\right), \cdots, \left(\dfrac{1}{n},\dfrac{1}{n}\right), \cdots \right\}$, 原点 $(0,0)$ 是它的聚点, E_6 中的每一个点都不是聚点.

以上平面区域的概念可以直接推广到 n 维空间中去.

3. n 维空间

数轴上的点与实数一一对应, 于是全体实数可以用数轴上的点来表示. 在平面直角坐标系中, 平面上的点与有序二元数组 (x,y) 一一对应, 于是平面上的点可以用有序二元数组来表示. 在空间直角坐标系中, 空间中的点与有序三元数组 (x,y,z) 一一对应, 于是空间中点可以用有序三元数组来表示.

一般地, 由 n 元有序实数组 $(x_1, x_2, \cdots, x_n)$ 的全体组成的集合称为 n 维空间, 记作 $\mathbf{R}^n$, 即

$$\mathbf{R}^n = \{(x_1, x_2, \cdots, x_n) \mid x_i \in \mathbf{R}, i = 1, 2, \cdots, n\}.$$

n 元有序实数组 $(x_1, x_2, \cdots, x_n)$ 称为 n 维空间中的一个点, 数 x_i 称为该点的第 i 个坐标.

规定 n 维空间中任意两点 $P(x_1, x_2, \cdots, x_n)$ 与 $Q(y_1, y_2, \cdots, y_n)$ 之间的距离为

$$|PQ| = \sqrt{(y_1 - x_1)^2 + (y_2 - x_2)^2 + \cdots + (y_n - x_n)^2}.$$

前面关于平面点集的一系列概念, 均可推广到 n 维空间中去, 例如, $P_0 \in \mathbf{R}^n$, δ 是某一正数, 则点 P_0 的 δ 邻域为

$$U(P_0, \delta) = \{P \mid |P_0 P| < \delta, P \in \mathbf{R}^n\}.$$

以邻域为基础还可以定义 n 维空间中内点、边界点、区域等一系列概念, 只是当 $n > 3$ 时, 这些概念不再有相应的几何意义了.

9.1.2 多元函数的概念

定义 9.1.1 设 D 是平面上的一个点集, 若对于任意 $P(x,y) \in D$, 按照某一法则, 变量 z 总有唯一确定的值与之对应, 则称 z 是变量 x, y 的**二元函数** (或点 P 的函数), 记作

慕课9.1.2

$$z = f(x, y) \quad (\text{或 } z = f(P)).$$

D 称为定义域; x, y 称为自变量; 取定 $(x,y) \in D$, 对应的 (x,y) 叫做 (x,y) 所对应的函数值, 全体函数值的集合, 即

$$\{z = f(x,y) \mid (x,y) \in D\}$$

称为函数的值域, 常记为 $f(D)$.

　　类似地, 可以定义三元函数以及三元以上的函数, 一般地, 如果把定义 9.1.1 中的平面点集换成 n 维空间的点集 D, 可类似地定义 n 元函数 $y = f(x_1, x_2, \cdots, x_n)$ 或 $y = f(P)$, 这里 $P(x_1, x_2, \cdots, x_n) \in D$.

　　当 $n = 1$ 时函数就是一元函数; 当 $n = 2$ 时函数就是二元函数; 当 $n = 3$ 时函数就是三元函数. 二元及二元以上的函数统称为多元函数, 多元函数的概念与一元函数一样, 包含对应法则和定义域这两个要素.

　　与一元函数类似, 多元函数的定义域的求法可以根据它的实际意义来决定其取值范围. 对一般的用解析式表示的函数, 使表达式有意义的自变量的取值范围就是函数的定义域.

　　例 1　求函数 $z = \ln(y - x) + \dfrac{\sqrt{x}}{\sqrt{1 - x^2 - y^2}}$ 的定义域 D, 并画出 D 的图形.

　　解　要使函数的解析式有意义, 必须满足

$$\begin{cases} y - x > 0, \\ x \geqslant 0, \\ 1 - x^2 - y^2 > 0, \end{cases}$$

即 $D = \left\{ (x, y) \mid x \geqslant 0, x < y, x^2 + y^2 < 1 \right\}$, 如图 9-1-8 阴影部分所示.

　　二元函数的几何表示　设函数 $z = f(x, y)$ 的定义域为平面区域 D, 对于 D 中的任意一点 $P(x, y)$, 对应一个确定的函数值 $z\,(z = f(x, y))$. 这样便得到一个三元有序数组 (x, y, z), 相应地, 在空间可得到一点 $M(x, y, z)$. 当点 P 在 D 内变动时, 相应的点 M 就在空间中变动, 当点 P 取遍整个定义域 D 时, 点 M 就在空间描绘出一张曲面 S(图 9-1-9), 其中

$$S = \left\{ (x, y, z) \mid z = f(x, y), (x, y) \in D \right\}.$$

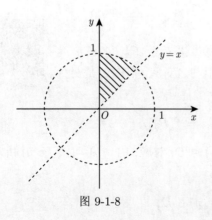

图 9-1-8

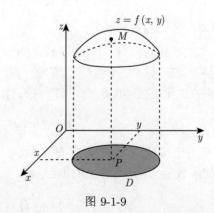

图 9-1-9

而函数的定义域 D 就是曲面 S 在 xOy 面上的投影区域.

例如 $z = ax + by + c$ 表示一张平面; $z = \sqrt{1 - x^2 - y^2}$ 表示球心在原点, 半径为 1 的上半球面.

三元及三元以上的函数没有直观的几何意义.

9.1.3　多元函数的极限与连续

慕课9.1.3

二元函数的极限概念是一元函数极限概念的推广, 二元函数的极限可表述如下.

定义 9.1.2　设二元函数 $z = f(P)$ 的定义域是某平面区域 D, P_0 为 D 的一个聚点, 当 D 中的点 P 以任何方式无限趋于 P_0 时, 函数值 $f(P)$ 无限趋于某一常数 A, 则称 A 是函数 $f(P)$ 当 P 趋于 P_0 时的极限. 记为

$$\lim_{P \to P_0} f(P) = A \quad 或 \quad f(P) \to A \, (P \to P_0).$$

此时也称当 $P \to P_0$ 时 $f(P)$ 的极限存在, 否则称 $f(P)$ 的极限不存在. 若 P_0 点的坐标为 (x_0, y_0), P 点的坐标为 (x, y), 则上式又可写为

$$\lim_{(x,y) \to (x_0,y_0)} f(x,y) = A \quad 或 \quad f(x,y) \to A \, (x \to x_0, y \to y_0).$$

类似于一元函数, $f(P)$ 无限趋于 A 可用 $|f(P) - A| < \varepsilon$ 来刻画, 点 $P = P(x, y)$ 无限趋于 $P_0 = P(x_0, y_0)$ 可用 $0 < |P_0P| = (x - x_0) + (y - y_0) < \delta$ 来刻画. 因此, 二元函数的极限也可定义如下.

定义 9.1.3　设二元函数 $z = f(P) = f(x, y)$ 的定义域为 D, $P_0(x_0, y_0)$ 是 D 的一个聚点, A 为常数. 若对任给的正数 ε, 总存在 $\varepsilon > 0$, 当 $P(x, y) \in D$, 且 $0 < |P_0P| = \sqrt{(x - x_0)^2 + (y - y_0)^2} < \delta$ 时, 总有

$$|f(P) - A| < \varepsilon,$$

则称 A 为 $z = f(P)$ 当 $P \to P_0$ 时的 (二重) 极限.

注　(1) 定义 9.1.2 中要求 P_0 是定义域 D 的聚点, 是为了保证在 P_0 的任何邻域内都有 D 中的点.

(2) 只有当 P 以任何方式趋近于 P_0, 相应的 $f(P)$ 都趋近于同一常数 A 时, 才称 A 为 $f(P)$ 当 $P \to P_0$ 时的极限. 如果 $P(x, y)$ 以某些特殊方式 (如沿某几条直线或几条曲线) 趋于 $P_0(x_0, y_0)$ 时, 即使函数值 $f(P)$ 趋于同一常数 A, 也不能由此断定函数的极限存在. 但是反过来, 当 P 在 D 内沿两种不同的路径趋于 P_0 时, $f(P)$ 趋于不同的值, 则可以断定函数的极限不存在, 或者当 P 在 D 内沿某种路径趋于 P_0 时, $f(P)$ 的极限不存在, 则也可以断定函数的极限不存在.

(3) 二元函数极限有与一元函数极限相似的运算性质和法则, 这里不再一一叙述.

例 2   设 $f(x,y) = \begin{cases} \dfrac{xy}{x^2+y^2}, & x^2+y^2 \neq 0, \\ 0, & x^2+y^2 = 0, \end{cases}$ 判断极限 $\lim\limits_{\substack{x \to 0 \\ y \to 0}} f(x,y)$ 是否存在.

解   当 $P(x,y)$ 沿 x 轴趋于 $(0,0)$ 时, 有 $y = 0$, 于是

$$\lim_{\substack{x \to 0 \\ y=0}} f(x,y) = \lim_{x \to 0} \frac{0}{x^2 + 0^2} = 0;$$

当 $P(x,y)$ 沿 y 轴趋于 $(0,0)$ 时, 有 $x = 0$, 于是

$$\lim_{\substack{x=0 \\ y \to 0}} f(x,y) = \lim_{y \to 0} \frac{0}{0^2 + y^2} = 0.$$

但不能因为 $P(x,y)$ 以上述两种特殊方式趋于 $(0,0)$ 时的极限存在且相等, 就断定所考察的二重极限存在. 因为当 $P(x,y)$ 沿直线 $y = kx\,(k \neq 0)$ 趋于 $(0,0)$ 时, 有

$$\lim_{\substack{x \to 0 \\ y=kx}} f(x,y) = \lim_{x \to 0} \frac{kx^2}{(1+k^2)\,x^2} = \frac{k}{(1+k^2)},$$

这个极限值随 k 不同而变化, 故 $\lim\limits_{\substack{x \to 0 \\ y \to 0}} f(x,y)$ 不存在.

类似于一元函数的连续性定义, 二元函数的极限概念可以用来定义二元函数的连续性.

定义 9.1.4   设二元函数 $z = f(x,y)$ 在点 $P(x_0, y_0)$ 的某邻域内有定义, 如果

$$\lim_{(x,y) \to (0,0)} f(x,y) = f(x_0, y_0),$$

则称函数 $f(x,y)$ 在点 $P_0(x_0, y_0)$ 处连续, $P_0(x_0, y_0)$ 称为 $f(x,y)$ 的连续点; 否则称 (x,y) 在 $P_0(x_0, y_0)$ 处间断 (不连续), $P_0(x_0, y_0)$ 称为 $f(x,y)$ 的间断点.

从定义 9.1.4 可看出, 二元函数 $z = f(x,y)$ 在点 $P_0(x_0, y_0)$ 处连续, 必须满足以下三个条件.

(1) 函数在点 $P_0(x_0, y_0)$ 有定义;

(2) 函数在 $P_0(x_0, y_0)$ 处的极限存在;

(3) 函数在 $P_0(x_0, y_0)$ 处的极限与 $P_0(x_0, y_0)$ 处的函数值相等.

只要三个条件中有 1 个不满足, 函数在 $P_0(x_0, y_0)$ 处就不连续.

由例 2 可知, $f(x,y) = \begin{cases} \dfrac{xy}{x^2+y^2}, & x^2+y^2 \neq 0, \\ 0, & x^2+y^2 = 0 \end{cases}$ 在 $(0,0)$ 处间断, 而函数 $z = \dfrac{1}{x+y}$ 在直线 $x+y=0$ 上每一点处间断.

如果 $f(x,y)$ 在平面区域 D 内每一点处都连续, 则称 $f(x,y)$ 在区域 D 内连续, 也称 $f(x,y)$ 是 D 内的连续函数, 记为 $f(x,y) \in C(D)$. 在区域 D 上连续函数的图形是一张既没有 "洞", 也没有 "裂缝" 的曲面.

一元函数中关于极限的运算法则对于多元函数仍适用, 故二元连续函数经过四则运算后仍为二元连续函数, 二元连续函数的复合函数也是连续函数. 与一元初等函数类似, 二元初等函数可用含 x,y 的一个解析式表示, 而这个式子是由常数、x 的基本初等函数、y 的基本初等函数经过有限次四则运算及复合所构成的.

例如, $\sin(x+y)$, $\mathrm{e}^x \ln(1-x^2-y^2)$, $\dfrac{xy}{x^2+y^2} \arcsin \dfrac{x}{y}$ 等都是二元初等函数, 二元初等函数在其有定义的区域内处处连续.

例 3 求下列函数的极限:

(1) $\lim\limits_{\substack{x \to 0 \\ y \to 0}} \dfrac{2-\sqrt{xy+4}}{xy}$;   (2) $\lim\limits_{\substack{x \to 0 \\ y \to 0}} \dfrac{xy^2}{x^2+y^2}$;   (3) $\lim\limits_{\substack{x \to 1 \\ y \to 0}} \dfrac{\ln(1+xy)}{y\sqrt{x^2+y^2}}$.

解 (1) $\lim\limits_{\substack{x \to 0 \\ y \to 0}} \dfrac{2-\sqrt{xy+4}}{xy} = \lim\limits_{\substack{x \to 0 \\ y \to 0}} \dfrac{-xy}{xy\left(2+\sqrt{xy+4}\right)}$

$$= -\lim\limits_{\substack{x \to 0 \\ y \to 0}} \dfrac{1}{\left(2+\sqrt{xy+4}\right)} = -\dfrac{1}{4}.$$

(2) 当 $x \to 0$, $y \to 0$ 时, $x^2+y^2 \neq 0$, 有 $x^2+y^2 \geqslant 2|xy|$.

这时, 函数 $\dfrac{xy}{x^2+y^2}$ 有界, 而 y 是当 $x \to 0$ 且 $y \to 0$ 时的无穷小, 根据无穷小量与有界函数的乘积仍为无穷小量, 得

$$\lim\limits_{\substack{x \to 0 \\ y \to 0}} \dfrac{xy^2}{x^2+y^2} = 0.$$

(3) $\lim\limits_{\substack{x \to 1 \\ y \to 0}} \dfrac{\ln(1+xy)}{y\sqrt{x^2+y^2}} = \lim\limits_{\substack{x \to 1 \\ y \to 0}} \dfrac{xy}{y\sqrt{x^2+y^2}} = \lim\limits_{\substack{x \to 1 \\ y \to 0}} \dfrac{x}{\sqrt{x^2+y^2}} = 1.$

9.1.4 有界闭区域上二元连续函数的性质

与闭区间上一元连续函数的性质相类似, 有界闭区域上的二元连续函数有如下性质.

性质 1 (最值定理) 若 $f(x,y)$ 在有界闭区域 D 上连, 则 $f(x,y)$ 在 D 上必取得最大值与最小值.

推论 1　若 $f(x,y)$ 在有界闭区域 D 上连续, 则 $f(x,y)$ 在 D 上有界.

性质 2 (介值定理)　若 $f(x,y)$ 在有界闭区域 D 上连续, M 和 m 分别是 $f(x,y)$ 在 D 上的最大值与最小值, 则对于介于 M 与 m 之间的任意一个数 C, 必存在一点 $(x_0,y_0) \in D$, 使得 $f(x_0,y_0) = C$. 以上关于二元函数的极限与连续性的概念及在有界闭区域上连续函数的性质, 可类推到三元以上的函数中去.

小结与思考

1. 小结

本节介绍了 $\mathbf{R}^n$ 空间中一些基本的概念与性质, 这些概念从一维空间推广到二维的情形时会产生一些新的问题. 而实际问题中大多是利用多元函数来描述和建立数学模型, 因此理解和掌握多元函数的基本概念对后续的课程非常关键.

2. 思考

实际生产和生活时, 哪些问题可以利用多元函数来描述?

习　题　9-1

1. 根据已知条件, 写出下列函数的表达式:

(1) $f(x,y) = \dfrac{xy^2}{x+y^2}$, 求 $f\left(xy, \dfrac{y}{x}\right)$;

(2) $f\left(\dfrac{x}{y}\right) = \sqrt{\dfrac{xy}{x^2+y^2}}$, 求 $f(x+y)$;

(3) $f(x,y) = 2x - 3y + 1$, 求 $f(f(x^2,y), x-y)$;

(4) $f(x-y, \ln x) = \left(1 - \dfrac{y}{x}\right)\dfrac{\mathrm{e}^x}{\mathrm{e}^y \ln(x^x)}$, 求 $f(x,y)$.

2. 求下列函数的定义域, 并画出定义域的图形:

(1) $f(x,y) = \ln \sin x$;　　　　　　　　　　(2) $f(x,y) = \ln(2x^2 + y^2 - 4)$;

(3) $f(x,y) = \dfrac{xy}{\sqrt{2 - |x| - |y|}}$;　　　　　　(4) $f(x,y,z) = \sqrt{9 - x^2 - y^2 - z^2}$.

3. 求下列极限:

(1) $\lim\limits_{(x,y)\to(0,1)} \dfrac{x - x^2y + 3}{x^2y^3 + 3xy - y^2}$;　　　　(2) $\lim\limits_{(x,y)\to(2,2)} \dfrac{x + y - 4}{\sqrt{x+y} - 2}$;

(3) $\lim\limits_{(x,y)\to(0,0)} \dfrac{\mathrm{e}^x \sin(x+2y)}{x+2y}$;　　　　(4) $\lim\limits_{(x,y)\to(0,0)} \dfrac{x^2y^2}{x^2 + y^2}$.

4. 证明下列函数当 $(x,y) \to (0,0)$ 时极限不存在:

(1) $f(x,y) = \dfrac{x^3y}{x^6 + y^2}$;　　　　　　　(2) $f(x,y) = \dfrac{x^3y^3}{x^3 + y^3}$.

5. 证明连续函数的局部保号性: 设函数 $f(x,y)$ 在点 $P(x_0,y_0)$ 处连续, 且 $f(x_0,y_0) > 0$ (或 $f(x_0,y_0) < 0$), 则在点 P 的某个邻域内, $f(x,y) > 0$ (或 $f(x,y) < 0$).

6. 讨论函数 $f(x,y) = \begin{cases} (x^2 + y^2)\ln(x^2 + y^2), & x^2 + y^2 \neq 0, \\ 0, & x^2 + y^2 = 0 \end{cases}$ 在点 $(0,0)$ 处的连续性.

9.2 偏导数与全微分

在研究一元函数时, 我们以函数的变化率为背景引入了导数的概念. 在实际应用中, 对于多元函数也需要讨论变化率, 由于多元函数自变量不止一个, 导致其相应的变化率关系复杂. 在这一节里, 我们以二元函数为例讨论其偏导数与全微分的概念和性质.

教学目标:

1. 理解多元函数偏导数的概念, 会求多元函数的偏导数和二阶偏导数;

2. 理解多元函数偏导数和全微分的概念, 会求多元函数的全微分;

3. 了解全微分存在的必要条件和充分条件, 掌握二元函数可微与偏导数存在之间的关系.

教学重点: 多元函数偏导数的定义及其计算, 多元函数全微分的概念.

教学难点: 多元函数的偏导数的计算, 二元函数可微与偏导数存在之间的关系.

教学背景: 函数变化率问题.

思政元素: 对于待处理问题, 当情形比较复杂时可以忽略一些因素, 抓住主要矛盾.

9.2.1 偏导数

1. 偏导数的概念

慕课9.2.1

定义 9.2.1 设函数 $z = f(x, y)$ 在点 (x_0, y_0) 的某邻域内有定义, 当 y 固定在 y_0 而 x 在 x_0 处有增量 Δx 时, 相应的函数有增量 $f(x_0 + \Delta x, y_0) - f(x_0, y_0)$, 如果极限

$$\lim_{\Delta x \to 0} \frac{f(x_0 + \Delta x, y_0) - f(x_0, y_0)}{\Delta x}$$

存在, 则称此极限为函数 $z = f(x, y)$ 在点 (x_0, y_0) 处对 x 的偏导数, 记作

$$\left. \frac{\partial z}{\partial x} \right|_{\substack{x=x_0 \\ y=y_0}}, \quad \left. \frac{\partial f}{\partial x} \right|_{\substack{x=x_0 \\ y=y_0}}, \quad \left. z_x \right|_{\substack{x=x_0 \\ y=y_0}}, \quad \text{或} \quad f_x(x_0, y_0),$$

即 $f_x(x_0, y_0) = \lim_{\Delta x \to 0} \dfrac{f(x_0 + \Delta x, y_0) - f(x_0, y_0)}{\Delta x}$.

类似地, 如果极限

$$\lim_{\Delta y \to 0} \frac{f(x_0, y_0 + \Delta y) - f(x_0, y_0)}{\Delta y}$$

存在, 则称此极限为函数 $z = f(x,y)$ 在点 (x_0, y_0) 处对 y 的偏导数, 记作

$$\left.\frac{\partial z}{\partial y}\right|_{\substack{x=x_0 \\ y=y_0}}, \quad \left.\frac{\partial f}{\partial y}\right|_{\substack{x=x_0 \\ y=y_0}}, \quad \left.z_y\right|_{\substack{x=x_0 \\ y=y_0}}, \quad \text{或} \quad f_y(x_0, y_0).$$

二元函数 $z = f(x,y)$ 在点 (x,y) 处对 x (或对 y) 的偏导数, 就是一元函数 $z = f(x, y_0)$ 在点 x_0 处 (或 $z = f(x_0, y)$ 在点 y_0 处) 的导数.

若函数 $z = f(x,y)$ 在区域 D 内每一点 (x,y) 处对偏导数存在, 则这个偏导数就是 y 的函数, 称它为函数 $z = f(x,y)$ 对 x 的偏导函数, 记作

$$\frac{\partial z}{\partial x}, \quad \frac{\partial f}{\partial x}, \quad z_x, \quad \text{或} \quad f_x(x,y).$$

类似地, 可以定义函数 $z = f(x,y)$ 对 y 的偏导函数, 记作

$$\frac{\partial z}{\partial y}, \quad \frac{\partial f}{\partial y}, \quad z_y, \quad \text{或} \quad f_y(x,y).$$

类似于一元函数, 以后在不至于混淆的地方偏导函数也简称为偏导数, 显然函数在某一点的偏导数就是偏导函数在这一点处的函数值, 即

$$f_y(x_0, y_0) = f_x(x,y)\bigg|_{\substack{x=x_0 \\ y=y_0}}.$$

由于偏导数是将二元函数中的一个自变量固定不变, 只让另一个自变量变化, 求 $\dfrac{\partial f}{\partial x}$ 时, 把 y 看作常量对 x 求导, 求 $\dfrac{\partial f}{\partial y}$ 时把 x 作常量对 y 求导. 因此, 求偏导数问题仍然是求一元函数的导数问题. 偏导数的概念可以推广到二元以上的函数, 这里就不再具体叙述.

例 1　求函数 $z = \sin(x+y)\,\mathrm{e}^{xy}$ 在点 $(1, -1)$ 处的偏导数.

解法一　$\left.\dfrac{\partial z}{\partial x}\right|_{\substack{x=1 \\ y=-1}} = \dfrac{\mathrm{d}}{\mathrm{d}x}\left[\sin(x-1)\,\mathrm{e}^{-x}\right]\big|_{x=1}$

$$= \mathrm{e}^{-x}[\cos(x-1) - \sin(x-1)]|_{x=1} = \mathrm{e}^{-1},$$

$$\left.\frac{\partial z}{\partial y}\right|_{\substack{x=1 \\ y=-1}} = \frac{\mathrm{d}}{\mathrm{d}x}\left[\sin(1+y)\,\mathrm{e}^{y}\right]\big|_{y=-1}$$

$$= \mathrm{e}^{y}[\cos(1+y) + \sin(1+y)]|_{y=-1} = \mathrm{e}^{-1}.$$

解法二 将 y 看成常量, 对 x 求导得

$$\frac{\partial z}{\partial x} = \mathrm{e}^{xy} \left[\cos\left(x+y\right) + y\sin\left(x+y\right)\right].$$

将 x 看成常量, 对 y 求导得

$$\frac{\partial z}{\partial y} = \mathrm{e}^{xy} \left[\cos\left(x+y\right) + x\sin\left(x+y\right)\right].$$

再将 $x = 1, y = -1$ 代入上式得

$$\left.\frac{\partial z}{\partial x}\right|_{\substack{x=1 \\ y=-1}} = \mathrm{e}^{-1}, \quad \left.\frac{\partial z}{\partial y}\right|_{\substack{x=1 \\ y=-1}} = \mathrm{e}^{-1}.$$

例 2 设 $z = x^y \, (x > 0, x \neq 1)$, 求证:

$$\frac{x}{y} \cdot \frac{\partial z}{\partial x} + \frac{1}{\ln x} \cdot \frac{\partial z}{\partial y} = 2z.$$

证明 因为 $\dfrac{\partial z}{\partial x} = yx^{y-1}, \dfrac{\partial z}{\partial y} = x^y \ln x$, 所以

$$\frac{x}{y} \cdot \frac{\partial z}{\partial x} + \frac{1}{\ln x} \cdot \frac{\partial z}{\partial y} = \frac{x}{y} \cdot yx^{y-1} + \frac{1}{\ln x} \cdot x^y \ln x = x^y + x^y = 2z.$$

例 3 求函数 $u = \sqrt{x^2 + y^2 + z^2}$ 在 $(x, y, z) \neq (0, 0, 0)$ 处的偏导数.

解 将 y 和 z 看成常量, 对 x 求导得

$$\frac{\partial u}{\partial x} = \frac{1}{2} \cdot \frac{1}{\sqrt{x^2 + y^2 + z^2}} \cdot 2x = \frac{x}{u}, \quad (x, y, z) \neq (0, 0, 0).$$

同理可得

$$\frac{\partial u}{\partial y} = \frac{y}{u}, \quad \frac{\partial u}{\partial z} = \frac{z}{u}, \quad (x, y, z) \neq (0, 0, 0).$$

2. 二元函数偏导数的几何意义

由于偏导数实质上就是一元函数的导数, 而一元函数的导数在几何上表示曲线上切线的斜率. 因此, 二元函数的偏导数也有类似的几何意义.

设函数 $z = f(x, y)$ 在点 (x_0, y_0) 处的偏导数存在, 由于 $f'_x(x_0, y_0)$ 就是一元函数 $f(x, y_0)$ 在点 x_0 处的导数值, 即 $f'_x(x_0, y_0) = \left[\dfrac{\mathrm{d}}{\mathrm{d}x} f(x, y_0)\right]_{x=x_0}$, 故只需

要弄清楚一元函数 $f(x, y_0)$ 的几何意义, 再根据一元函数的导数的几何意义就可以得到 $f_x'(x_0, y_0)$ 的几何意义. 注意到 $z = f(x, y)$ 在几何上表示一曲面, 过点 (x_0, y_0) 作平行于 zOx 面的平面 $y = y_0$, 该平面与曲面 $z = f(x, y)$ 相截得到截线

$$\Gamma_1 : \begin{cases} z = f(x, y), \\ y = y_0. \end{cases}$$

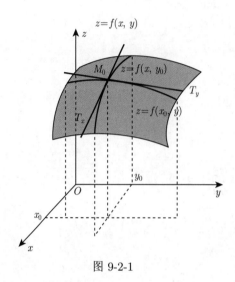

图 9-2-1

若将 $y = y_0$ 代入第一个方程, 得 $z = f(x, y_0)$. 可见截线 Γ_1 是平面 $y = y_0$ 上一条平面曲线, Γ_1 在 $y = y_0$ 上的方程就是 $z = f(x, y_0)$. 从而 $f_x'(x_0, y_0) = \left[\dfrac{\mathrm{d}}{\mathrm{d}x} f(x, y_0)\right]_{x=x_0}$　表示 Γ_1 在点 $M_0(x_0, y_0, f(x, y_0)) \in \Gamma_1$ 处的切线 T_1 对 x 轴的斜率 (图 9-2-1).

同理, $f_y'(x_0, y_0) = \left[\dfrac{\mathrm{d}}{\mathrm{d}y} f(x_0, y)\right]_{y=y_0}$　表示平面 $x = x_0$ 与 $z = f(x, y)$ 的截线 Γ_2 在 $M_0(x_0, y_0, f(x, y_0))$ 处的切线 T_2 对 y 轴的斜率.

3. 高阶偏导数

设函数 $z = f(x, y)$ 在区域 D 内具有偏导数 $\dfrac{\partial z}{\partial x} = f_x'(x, y)$, $\dfrac{\partial z}{\partial y} = f_y'(x, y)$, 那么在 D 内 $f_x'(x, y)$ 及 $f_y'(x, y)$ 都是 x, y 的二元函数. 如果这两个函数的偏导数还存在, 则称它们是函数 $z = f(x, y)$ 的二阶偏导数. 按照对变量求导次序的不同有下列四个二阶偏导数:

慕课9.2.2

$$\frac{\partial}{\partial x}\left(\frac{\partial z}{\partial x}\right) = \frac{\partial^2 z}{\partial x^2} = f_{xx}''(x, y), \qquad \frac{\partial}{\partial y}\left(\frac{\partial z}{\partial x}\right) = \frac{\partial^2 z}{\partial x \partial y} = f_{xy}''(x, y),$$

$$\frac{\partial}{\partial x}\left(\frac{\partial z}{\partial y}\right) = \frac{\partial^2 z}{\partial y \partial x} = f_{yx}''(x, y), \qquad \frac{\partial}{\partial y}\left(\frac{\partial z}{\partial y}\right) = \frac{\partial^2 z}{\partial y^2} = f_{yy}''(x, y),$$

其中 f_{xy}''(或 f_{12}'') 与 f_{yx}''(或 f_{21}'') 称为 $f(x, y)$ 的二阶混合偏导数. 同样可定义三阶, 四阶, $\cdots$, n 阶偏导数. 二阶及二阶以上的偏导数统称为高阶偏导数.

例 4　求函数 $z = xy + x^2 \sin y$ 的所有二阶偏导数.

解 因为 $\dfrac{\partial z}{\partial x} = y + 2x \sin y, \dfrac{\partial z}{\partial y} = x + x^2 \cos y$, 所以

$$\frac{\partial^2 z}{\partial x^2} = 2 \sin y, \quad \frac{\partial^2 z}{\partial x \partial y} = 1 + 2x \cos y,$$

$$\frac{\partial^2 z}{\partial y \partial x} = 1 + 2x \cos y, \quad \frac{\partial^2 z}{\partial y^2} = -x^2 \sin y.$$

从本例我们看到 $\dfrac{\partial^2 z}{\partial x \partial y} = \dfrac{\partial^2 z}{\partial y \partial x}$, 即两个一阶混合偏导数相等, 但这并非偶然. 事实上, 有如下定理.

定理 9.2.1 如果函数 $z = f(x, y)$ 的两个二阶混合偏导数 $\dfrac{\partial^2 z}{\partial x \partial y}$ 和 $\dfrac{\partial^2 z}{\partial y \partial x}$ 在区域 D 内连续, 则在该区域内有

$$\frac{\partial^2 z}{\partial x \partial y} = \frac{\partial^2 z}{\partial y \partial x}.$$

定理 9.2.1 表明: 如果二阶混合偏导数连续, 则求混合偏导数与次序无关. 但有些函数混合偏导并不相等, 比如

$$f(x, y) = \begin{cases} xy\dfrac{x^2 - y^2}{x^2 + y^2}, & x^2 + y^2 \neq 0, \\ 0, & x^2 + y^2 = 0 \end{cases}$$

在 $(0,0)$ 处的两个混合偏导数 $f''_{xy}(0,00) \neq f''_{yx}(0,0)$(请读者自己验证).

9.2.2 全微分

如果一元函数 $y = f(x)$ 可微, 则函数的增量可表示为 $\Delta y = f'(x)\Delta x + o(x)$, 其微分为 $\mathrm{d}y = f'(x)\mathrm{d}x$. 在实际问题中, 我们会遇到求二元函数 $z = f(x, y)$ 的全增量的问题, 一般来说, 计算二元函数的全增量 Δz 更为复杂. 为了能像一元函数一样, 用自变量的增量 Δx 与 Δy 的线性函数近似代替全增量, 我们引入二元函数的全微分的概念.

慕课9.3.1

定义 9.2.2 如果函数 $z = f(x, y)$ 在定义域 D 内的点 (x, y) 处全增量 $\Delta z = f(x + \Delta x, y + \Delta y) - f(x, y)$ 可表示成

$$\Delta z = A\Delta x + B\Delta y + o(\rho),$$

其中 A, B 不依赖于 $\Delta x, \Delta y$, 仅与 x, y 有关, $\rho = \sqrt{(\Delta x)^2 + (\Delta y)^2}$, 则称函数 $z = f(x, y)$ 在 (x, y) 处可微, 称其线性部分 $A\Delta x + B\Delta y$ 为函数 $f(x, y)$ 在点

(x, y) 处的全微分, 记作 dz, 即

$$dz = df = A\Delta x + B\Delta y.$$

若 $z = f(x, y)$ 在区域 D 内处处可微, 则称 $f(x, y)$ 在 D 内可微, 也称 $f(x, y)$ 是 D 内的可微函数.

在一元函数中, "可导必连续" "可微与可导" 等价, 这些关系在多元函数中并不成立. 下面通过可微的必要条件与充分条件来说明.

定理 9.2.2　如果函数 $z = f(x, y)$ 在点 (x, y) 处可微, 则函数在该点必连续.

证明　根据函数可微的定义知, $\Delta z = A\Delta x + B\Delta y + o(\rho)$, 从而

$$\lim_{\substack{\Delta x \to 0 \\ \Delta y \to 0}} \Delta z = \lim_{\rho \to 0}[(A\Delta x + B\Delta y + o(\rho)] = 0,$$

即

$$\lim_{\substack{\Delta x \to 0 \\ \Delta y \to 0}} f(x + \Delta x, y + \Delta y) = f(x, y),$$

所以函数 $z = f(x, y)$ 在点 (x, y) 连续.

定理 9.2.3　如果函数 $z = f(x, y)$ 在点 (x, y) 处可微, 则 $z = f(x, y)$ 在该点的两个偏导数 $\dfrac{\partial z}{\partial x}, \dfrac{\partial z}{\partial y}$ 都存在, 且有

$$dz = \frac{\partial z}{\partial x}\Delta x + \frac{\partial z}{\partial y}\Delta y.$$

证明　因为函数 $z = f(x, y)$ 在点 (x, y) 处可微, 故

$$\Delta z = A\Delta x + B\Delta y + o(\rho), \quad \rho = \sqrt{(\Delta x)^2 + (\Delta y)^2}.$$

令 $\Delta y = 0$, 则函数关于 x 的偏增量为

$$\Delta_x z = f(x + \Delta x, y) - f(x, y) = A\Delta x + o(|\Delta x|).$$

由此得

$$\lim_{\Delta x \to 0} \frac{f(x + \Delta x, y) - f(x, y)}{\Delta x} = A + \lim_{\Delta x \to 0} \frac{o(|\Delta x|)}{|\Delta x|} \cdot \frac{|\Delta x|}{\Delta x} = A,$$

即 $\dfrac{\partial z}{\partial x} = A.$

同理可证得 $\dfrac{\partial z}{\partial y} = B.$

注意定理 9.2.3 的逆命题不一定成立, 即偏导数存在, 函数不一定可微, 如前例中的函数

慕课9.3.2

$$f\left(x,y\right)=\begin{cases} \dfrac{xy^2}{x^2+y^2}, & x^2+y^2\neq0, \\ 0, & x^2+y^2=0. \end{cases}$$

它在 $(0,0)$ 处两个偏导数都存在, 但 $f(x,y)$ 在 $(0,0)$ 处不连续. 由定理 9.2.2 的逆否命题知, 该函数在 $(0,0)$ 处不可微但两个偏导数连续时函数就是可微的, 我们不加证明地给出如下定理.

定理 9.2.4 如果函数 $z=f(x,y)$ 在 (x,y) 处的偏导数 $\dfrac{\partial z}{\partial x}$, $\dfrac{\partial z}{\partial y}$ 连续, 则函数 $z=f(x,y)$ 在该点可微.

类似于一元函数微分的情形, 规定自变量的微分等于自变量的增量, 即 $\mathrm{d}x=\Delta x$, $\mathrm{d}y=\Delta y$, 于是由定理 9.2.3 有

$$\mathrm{d}z=\frac{\partial z}{\partial x}\mathrm{d}x+\frac{\partial z}{\partial y}\mathrm{d}y.$$

以上关于二元函数的全微分的概念及结论, 可以推广到三元和三元以上的函数. 比如, 若三元函数 $u=f(x,y,z)$ 在点 (x,y,z) 处可微, 则它的全微分为

$$\mathrm{d}z=\frac{\partial u}{\partial x}\mathrm{d}x+\frac{\partial u}{\partial y}\mathrm{d}y+\frac{\partial u}{\partial z}\mathrm{d}z.$$

定理 9.2.5 (全微分四则运算法则) 设 $f(x,y)$, $g(x,y)$ 在点 (x,y) 处可微, 则有如下运算法则.

(1) $f\left(x,y\right)\pm g\left(x,y\right)$ 在点 (x,y) 处可微, 则

$$\mathrm{d}[f(x,y)+g(x,y)]=\mathrm{d}f(x,y)+\mathrm{d}g(x,y).$$

(2) 若 k 为常数, $f(x,y)$ 在点 (x,y) 处可微, 则

$$\mathrm{d}[kf(x,y)]=k\mathrm{d}f(x,y).$$

(3) $f(x,y)\cdot g(x,y)$ 在点 (x,y) 处可微, 则

$$\mathrm{d}[f(x,y)\cdot g(x,y)]=g(x,y)\mathrm{d}f(x,y)+f(x,y)\mathrm{d}g(x,y).$$

(4) 当 $g(x,y)\neq0$ 时, $\dfrac{f\left(x,y\right)}{g\left(x,y\right)}$ 在点 (x,y) 处可微, 则

$$\mathrm{d}\frac{g\left(x,y\right)}{f\left(x,y\right)}=\frac{g\left(x,y\right)\mathrm{d}f\left(x,y\right)-f\left(x,y\right)\mathrm{d}g\left(x,y\right)}{g^2\left(x,y\right)}.$$

例 5　求下列函数的全微分:

(1) $z = x^2 \sin 2y$;   (2) $u = x^{yz}$.

解　(1) 因为 $\dfrac{\partial z}{\partial x} = 2x \sin 2y$, $\dfrac{\partial z}{\partial y} = 2x^2 \cos 2y$, 所以

$$\mathrm{d}z = 2x \sin 2y \mathrm{d}x + 2x^2 \cos 2y \mathrm{d}y.$$

(2) 因为 $\dfrac{\partial u}{\partial x} = yzx^{yz-1}$, $\dfrac{\partial u}{\partial y} = zx^{yz} \ln x$, $\dfrac{\partial u}{\partial z} = yx^{yz} \ln x$, 所以

$$\mathrm{d}u = yzx^{yz-1}\mathrm{d}x + zx^{yz} \ln x \mathrm{d}y + yx^{yz} \ln x \mathrm{d}z.$$

例 6　求 $z = \mathrm{e}^{xy}$ 在点 $(1, 2)$ 处的全微分.

解　因为 $\dfrac{\partial z}{\partial x} = y\mathrm{e}^{xy}$, $\dfrac{\partial z}{\partial y} = x\mathrm{e}^{xy}$, 所以

$$\left. \frac{\partial z}{\partial x} \right|_{\substack{x=1\\y=2}} = 2\mathrm{e}^2, \quad \left. \frac{\partial z}{\partial y} \right|_{\substack{x=1\\y=2}} = \mathrm{e}^2,$$

于是

$$\mathrm{d}z \big|_{\substack{x=1\\y=2}} = 2\mathrm{e}^2 \mathrm{d}x + \mathrm{e}^2 \mathrm{d}y.$$

小结与思考

1. 小结

本节介绍了偏导数与全微分的基本的概念与计算方法, 类比于一元函数的导数与微分, 二元函数的偏导数与全微分会产生一些新的问题. 而实际问题中大多是利用多元函数来描述和建立数学模型, 因此理解和掌握偏导数与全微分对后续的课程非常关键.

2. 思考

利用一元函数的微分可以近似计算, 那么二元函数的全微分是否也有类似的应用?

习　题　9-2

1. 求下列函数在指定点处的一阶偏导数:

(1) $z = x^2 - xy + y^2$, 点 $(1, 2)$;   (2) $z = \mathrm{e}^{-x} \sin(x + y)$, 点 $\left(0, \dfrac{\pi}{2}\right)$;

(3) $u = \ln(x + 2y + 3z)$, 点 $(1, 2, 1)$.

2. 求下函数的一阶偏导数:

(1) $z = \dfrac{x}{x^2 + y^2}$;　　　　　　　　　　　(2) $z = \sec^2 \dfrac{x}{y}$;

(3) $z = \ln\left(y + \sqrt{x^2 + y^2}\right)$;　　　　　　(4) $z = x^y \cdot y^x$.

3. 求函数 $z = x^2 + 2y^2$ 当 $x = 1$, $y = 1$, $\Delta x = -0.1$, $\Delta y = 0.1$ 时的全增量与全微分.

4. 求下列函数的全微分.

(1) $z = y\ln\left(x^2 + 2y\right)$;　　　　　　　　(2) $z = \tan\left(x - y\right)$;

(3) $z = \left(x^2 + y^2\right)\mathrm{e}^{-\frac{y}{x}}$;　　　　　　　(4) $u = \arcsin \dfrac{y}{z + 2x}$.

5. 设 $f(x, y) = \begin{cases} \dfrac{xy}{\sqrt{x^2 + y^2}}, & (x, y) \neq (0, 0), \\ 0, & (x, y) = (0, 0), \end{cases}$ 求 $f_x(0, 0)$, $f_y(0, 0)$.

6. 求下列函数的所有二阶偏导数:

(1) $z = x\mathrm{e}^{xy} + y + 1$;　　　　　　　　(2) $z = y\operatorname{arccot} x$;

(3) $z = \tan^2(x - y)$;　　　　　　　　　(4) $z = \dfrac{y}{x} + \dfrac{x}{y}$.

7. 是否存在一个函数 $f(x, y)$, 使得 $f_x(x, y) = 2x - 3y$, $f_y(x, y) = 3x - 2y$?

8. 设 $f(u, v)$ 是二元可微函数, $z = f(x^y, y^x)$, 求 $\dfrac{\partial z}{\partial x}$.

9. 设 $f(x, y) = \begin{cases} \left(x^2 + y^2\right)\cos \dfrac{1}{\sqrt{x^2 + y^2}}, & (x, y) \neq (0, 0), \\ 0, & (x, y) = (0, 0), \end{cases}$ 试用定义证明 $f(x, y)$ 在点 $(0, 0)$ 处可微.

9.3　多元复合函数与隐函数求导法则

本节我们将一元函数中复合函数的求导法则推广到多元复合函数的情形.

教学目标:

1. 掌握多元复合函数偏导数的求法, 了解全微分形式的不变性.

2. 掌握由一个方程和方程组确定的隐函数求导公式, 会求隐函数的偏导数.

教学重点: 多元复合函数的偏导数, 全微分形式的不变性, 隐函数的偏导数.

教学难点: 复合函数偏导数的求法; 隐函数的高阶导函数的计算、隐函数的偏导数.

教学背景: 经济最优化问题.

思政元素: 加强数学思维训练, 类似于链式法则, 有些问题无法直接解决可以借助中间桥梁.

9.3.1　多元复合函数求导法则

1. 多元复合函数的求导法则

定理 9.3.1　设有函数 $z = f(u, v)$, 而 $u = \varphi(x)$, $v = \psi(x)$.

慕课9.4.1

如果函数 $u = \varphi(x)$ 和 $v = \psi(x)$ 都在 x 点可导, 函数 $z = f(u,v)$ 在对应的点 (u,v) 处可微, 则复合函数 $z = f(\varphi(x), \psi(x))$ 在 x 处可导, 且

$$\frac{\mathrm{d}z}{\mathrm{d}x} = \frac{\partial f}{\partial u}\frac{\mathrm{d}u}{\mathrm{d}x} + \frac{\partial f}{\partial v}\frac{\mathrm{d}v}{\mathrm{d}x}.$$

证明　设自变量 x 的改变量为 Δx, 中间变量 $u = \varphi(x)$ 和 $v = \psi(x)$ 的相应的改变量分别为 Δu 和 Δv, 进而函数 z 的改变量为 Δz. 因 $z = f(u,v)$ 在 (u,v) 处可微, 由可微的定义有

$$\Delta z = \mathrm{d}z + o(\rho) = \frac{\partial f}{\partial u}\Delta u + \frac{\partial f}{\partial v}\Delta v + o(\rho),$$

其中 $\rho = \sqrt{(\Delta u)^2 + (\Delta v)^2}$, $o(\rho) \to (\rho \to 0)$, 且 $\lim\limits_{\rho \to 0}\dfrac{o(\rho)}{\rho} = 0$, 故有

$$\frac{\Delta z}{\Delta x} = \frac{\partial f}{\partial u}\frac{\Delta u}{\Delta x} + \frac{\partial f}{\partial v}\frac{\Delta v}{\Delta x} + \frac{o(\rho)}{\Delta x}.$$

因为 $u = \varphi(x)$ 和 $v = \psi(x)$ 都在 x 点可导, 故当 $\Delta x \to 0$ 时, 有

$$\Delta u \to 0, \quad \Delta v \to 0, \quad \rho \to 0, \quad \frac{\Delta u}{\Delta x} \to \frac{\mathrm{d}u}{\mathrm{d}x}, \quad \frac{\Delta v}{\Delta x} \to \frac{\mathrm{d}v}{\mathrm{d}x}.$$

在上式中令 $\Delta x \to 0$, 两边取极限, 得

$$\frac{\mathrm{d}z}{\mathrm{d}x} = \frac{\partial f}{\partial u}\frac{\mathrm{d}u}{\mathrm{d}x} + \frac{\partial f}{\partial v}\frac{\mathrm{d}v}{\mathrm{d}x}.$$

注意, 当 $\Delta x \to 0$ 时, $\dfrac{o(\rho)}{\rho}\dfrac{\rho}{\Delta x} \to 0$.

这是由于

$$\lim_{\Delta x \to 0}\frac{\rho}{|\Delta x|} = \lim_{\Delta x \to 0}\sqrt{\left(\frac{\Delta u}{\Delta x}\right)^2 + \left(\frac{\Delta v}{\Delta x}\right)^2} = \sqrt{\left(\frac{\mathrm{d}u}{\mathrm{d}x}\right)^2 + \left(\frac{\mathrm{d}v}{\mathrm{d}x}\right)^2}.$$

这说明 $\Delta x \to 0$ 时, $\dfrac{\rho}{\Delta x}$ 是有界量, $\dfrac{o(\rho)}{\rho}$ 为无穷小量, 从而 $\dfrac{o(\rho)}{\rho}\dfrac{\rho}{\Delta x} \to 0\,(\Delta x \to 0)$.

用同样的方法, 可以得到中间变量多于两个的复合函数的求导法则. 比如 $z = f(u,v,w)$, 而 $u = \varphi(x), v = \psi(x), w = \omega(x)$, 则

$$\frac{\mathrm{d}z}{\mathrm{d}x} = \frac{\partial f}{\partial u}\frac{\mathrm{d}u}{\mathrm{d}x} + \frac{\partial f}{\partial v}\frac{\mathrm{d}v}{\mathrm{d}x} + \frac{\partial f}{\partial w}\frac{\mathrm{d}w}{\mathrm{d}x}.$$

上述公式也称为链式法则.

例 1 设 $z = u^2 v, u = \cos t, v = \sin t$, 求 $\dfrac{\mathrm{d}z}{\mathrm{d}t}$.

解 由链式法则得

$$\frac{\partial z}{\partial u} = 2uv, \quad \frac{\partial z}{\partial v} = u^2, \quad \frac{\mathrm{d}u}{\mathrm{d}x} = -\sin t, \quad \frac{\mathrm{d}v}{\mathrm{d}x} = \cos t,$$

所以

$$\frac{\mathrm{d}z}{\mathrm{d}t} = \frac{\partial z}{\partial u}\frac{\mathrm{d}u}{\mathrm{d}x} + \frac{\partial z}{\partial v}\frac{\mathrm{d}v}{\mathrm{d}x} = -2uv\sin t + u^2 \cos t = -2\cos t\sin^2 t + \cos^3 t.$$

上述定理还可推广到中间变量依赖两个自变量 x 和 y 的情形. 关于这种复合函数的求偏导问题, 有如下定理.

定理 9.3.2 设函数 $z = f(u, v)$, 而在 (u, v) 处可微, 函数 $u = u(x, y)$, $v = v(x, y)$ 在点 (x, y) 的偏导数存在, 则复合函数 $z = f(u(x, y), v(x, y))$ 在 (x, y) 处的偏导数存在, 且有如下的链式法则:

$$\begin{cases} \dfrac{\partial z}{\partial x} = \dfrac{\partial z}{\partial u}\dfrac{\partial u}{\partial x} + \dfrac{\partial z}{\partial v}\dfrac{\partial v}{\partial x}, \\[2mm] \dfrac{\partial z}{\partial y} = \dfrac{\partial z}{\partial u}\dfrac{\partial u}{\partial y} + \dfrac{\partial z}{\partial v}\dfrac{\partial v}{\partial y}. \end{cases}$$

定理 9.3.2 的证明与定理 9.3.1 的证明方法类似, 希望读者自己完成.

例 2 设 $z = \mathrm{e}^u \sin v, u = xy, v = x + y$, 求 $\dfrac{\partial z}{\partial x}, \dfrac{\partial z}{\partial y}$.

解
$$\frac{\partial z}{\partial x} = \frac{\partial z}{\partial u}\frac{\partial u}{\partial x} + \frac{\partial z}{\partial v}\frac{\partial v}{\partial x} = \mathrm{e}^u \sin v \cdot y + \mathrm{e}^u \cos v \cdot 1$$
$$= \mathrm{e}^{xy}[y\sin(x + y) + \cos(x + y)],$$
$$\frac{\partial z}{\partial y} = \frac{\partial z}{\partial u}\frac{\partial u}{\partial y} + \frac{\partial z}{\partial v}\frac{\partial v}{\partial y} = \mathrm{e}^u \sin v \cdot x + \mathrm{e}^u \cos v \cdot 1$$
$$= \mathrm{e}^{xy}[x\sin(x + y) + \cos(x + y)].$$

例 3 设 $z = f(u, v)$ 可微, 求 $z = f(x^2 - y^2, \mathrm{e}^{xy})$ 对 x 及 y 的偏导数.

解 引入中间变量 $u = x^2 - y^2 v = \mathrm{e}^{xy}$, 由链式法则得

$$\frac{\partial z}{\partial x} = \frac{\partial f}{\partial u} \cdot 2x + \frac{\partial f}{\partial v} \cdot y\mathrm{e}^{xy} = 2xf_1'(x^2 - y^2, \mathrm{e}^{xy}) + y\mathrm{e}^{xy}f_2'(x^2 - y^2, \mathrm{e}^{xy}),$$

$$\frac{\partial z}{\partial y} = \frac{\partial f}{\partial u} \cdot (-2y) + \frac{\partial f}{\partial v} \cdot x\mathrm{e}^{xy} = -2yf_1'(x^2 - y^2, \mathrm{e}^{xy}) + x\mathrm{e}^{xy}f_2'(x^2 - y^2, \mathrm{e}^{xy}).$$

注　记号 $f_1'\left(x^2 - y^2, \mathrm{e}^{xy}\right)$ 与 $f_2'\left(x^2 - y^2, \mathrm{e}^{xy}\right)$ 分别表示 $f(u,v)$ 对第一个变量和对第二个变量在 $\left(x^2 - y^2, \mathrm{e}^{xy}\right)$ 处的偏导数, 后面还会用到这种表示方法, 并可简写为 f_1', f_2'.

定理 9.3.2 也可以推广到中间变量多于两个的情形. 例如, 设 $u = u(x,y), v = v(x,y), w = w(x,y)$ 的偏导数都存在, 函数 $z = f(u,v,w)$ 可微, 则复合函数

$$z = f(u(x,y), v(x,y), w(x,y))$$

对 x 和 y 的偏导数都存在, 且有如下链式法则

$$\frac{\partial z}{\partial x} = \frac{\partial z}{\partial u}\frac{\partial u}{\partial x} + \frac{\partial z}{\partial v}\frac{\partial v}{\partial x} + \frac{\partial z}{\partial w}\frac{\partial w}{\partial x},$$

$$\frac{\partial z}{\partial y} = \frac{\partial z}{\partial u}\frac{\partial u}{\partial y} + \frac{\partial z}{\partial v}\frac{\partial v}{\partial y} + \frac{\partial z}{\partial w}\frac{\partial w}{\partial y}.$$

特别对于下述情形: $z = f(u,v,y)$ 可微, 而 $u = \varphi(x,y)$ 的偏导数存在, 则复合函数

$$z = f(p(x,y), x, y)$$

对 x 及 y 的偏导数都存在, 为了求出这两个偏导数, 应将 f 中的 3 个变量看作中间变量

$$u = p(x,y), \quad v = x, \quad w = y.$$

此时,

$$\frac{\partial v}{\partial x} = 1, \quad \frac{\partial v}{\partial y} = 0, \quad \frac{\partial w}{\partial x} = 0, \quad \frac{\partial w}{\partial y} = 1.$$

得

$$\frac{\partial z}{\partial x} = \frac{\partial f}{\partial x} + \frac{\partial f}{\partial u} + \frac{\partial u}{\partial x},$$

$$\frac{\partial z}{\partial y} = \frac{\partial f}{\partial y} + \frac{\partial f}{\partial u} + \frac{\partial u}{\partial y}.$$

注　上式中 $\dfrac{\partial z}{\partial x}$ 与 $\dfrac{\partial f}{\partial x}$ 的意义是不同的, $\dfrac{\partial f}{\partial x}$ 是把 $f(u,x,y)$ 中的 u 与 y 都看作常量时对 x 的偏导数, 而 $\dfrac{\partial z}{\partial x}$ 是把二元复合函数 $f(\varphi(x,y), x, y)$ 中 y 看作常量对 x 的偏导数.

例 4　设 $z = u\ln(1+), u = x\cos y, v = x\sin y$, 求 $\dfrac{\partial z}{\partial x}, \dfrac{\partial z}{\partial y}$.

解
$$\frac{\partial z}{\partial x} = \frac{\partial z}{\partial u} \cdot \frac{\partial u}{\partial x} + \frac{\partial z}{\partial v} \cdot \frac{\partial v}{\partial x} = \ln(1+v) \cdot \cos y + \frac{u}{1+v} \cdot \sin y,$$

$$\frac{\partial z}{\partial y} = \frac{\partial z}{\partial u} \cdot \frac{\partial u}{\partial y} + \frac{\partial z}{\partial v} \cdot \frac{\partial v}{\partial y} = \ln(1+v) \cdot (-x\sin y) + \frac{u}{1+v} \cdot x\cos y.$$

对于由 $z = f(u,v), u = u(x,y), v = v(x,y)$ 确定的复合函数 $z = f(u(x,y), v(x,y))$, 求出 $\frac{\partial z}{\partial x}, \frac{\partial z}{\partial y}$. 这里 $\frac{\partial z}{\partial x}, \frac{\partial z}{\partial y}$ 仍然是以 u, v 为中间变量, x, y 为自变量的复合函数. 求二阶偏导数时, 原则上与求一阶偏导数一样, 下面举例说明其求法.

例 5 设 $z = f(u,v)$ 二阶偏导数连续, 求 $z = f(e^x \sin y, x^2 + y^2)$ 对 x 及 y 的偏导数以及 $\frac{\partial^2 z}{\partial y \partial x}$.

解 引入中间变量 $u = e^x \sin y, v = x^2 + y^2$, 则 $z = f(u,v)$.

为表达简单起见, 记 $f_1 = \frac{\partial f(u,v)}{\partial u}, f_2 = \frac{\partial(u,v)}{\partial v}, f_{12} = \frac{\partial^2 f(u,v)}{\partial u \partial v}$, 这里下标 1 表示函数对第一个自变量 u 求偏导数, 下标 2 表示函数对第二个自变量求偏导数还有类似记号 f_{11}, f_{22} 等. 从而

$$\frac{\partial z}{\partial x} = \frac{\partial f}{\partial u} \cdot e^x \sin y + \frac{\partial f}{\partial v} \cdot 2x$$
$$= e^x \sin y f_1 \left(e^x \sin y, x^2 + y^2\right) + 2x f_2 \left(e^x \sin y, x^2 + y^2\right),$$

$$\frac{\partial z}{\partial y} = \frac{\partial f}{\partial u} \cdot e^x \cos y + \frac{\partial f}{\partial v} \cdot 2y$$
$$= e^x \sin y f_1 \left(e^x \sin y, x^2 + y^2\right) + 2y f_2 \left(e^x \sin y, x^2 + y^2\right),$$

则

$$\frac{\partial^2 z}{\partial y \partial x} = \frac{\partial}{\partial x}\left(\frac{\partial z}{\partial y}\right) = \frac{\partial}{\partial x}\left(e^x \cos y f_1 + 2y f_2\right)$$

$$= e^x \cos y \cdot f_1 + e^x \cos y \left(f_{11} \cdot \frac{\partial u}{\partial x} + f_{12} \cdot \frac{\partial v}{\partial x}\right) + 2y \left(f_{21} \cdot \frac{\partial u}{\partial x} + f_{22} \cdot \frac{\partial v}{\partial x}\right)$$

$$= e^x \cos y \cdot f_1 + e^x \cos y \left(f_{11} \cdot e^x \sin y + f_{12} \cdot 2x\right) + 2y \left(f_{21} \cdot e^x \sin y + f_{22} \cdot 2x\right).$$

又因为广的二阶偏导数连续, 所以 $f_{12} = f_{21}$, 从而

$$\frac{\partial^2 z}{\partial y \partial x} = e^x \cos y \cdot f_1 + e^{2x} \cos y \sin y \cdot f_{11} + 2e^x \left(x\cos y + y\sin y\right) f_{12} + 4xy f_{22}.$$

2. 全微分形式具有不变性

对于一元函数的一阶微分形式具有不变性, 多元函数的全微分形式同样也具有不变性, 下面以二元函数为例.

设 $z = f(u,v)$ 具有连续偏导数, 则有全微分

$$\mathrm{d}z = \frac{\partial z}{\partial u}\mathrm{d}u + \frac{\partial z}{\partial v}\mathrm{d}v.$$

如果 u 是中间变量, 即 $u = \varphi(x,y), v = \psi(x,y)$, 且这两个函数也具有连续偏导数, 则复合函数 $z = f(\varphi(x,y),\psi(x,y))$ 的全微分为

$$
\begin{aligned}
\mathrm{d}z &= \frac{\partial z}{\partial x}\mathrm{d}x + \frac{\partial z}{\partial y}\mathrm{d}y \\
&= \left(\frac{\partial z}{\partial u}\frac{\partial u}{\partial x} + \frac{\partial z}{\partial v}\frac{\partial v}{\partial x}\right)\mathrm{d}x + \left(\frac{\partial z}{\partial u}\frac{\partial u}{\partial y} + \frac{\partial z}{\partial v}\frac{\partial v}{\partial y}\right)\mathrm{d}y \\
&= \frac{\partial z}{\partial u}\left(\frac{\partial u}{\partial x}\mathrm{d}x + \frac{\partial u}{\partial y}\mathrm{d}y\right) + \frac{\partial z}{\partial v}\left(\frac{\partial v}{\partial x}\mathrm{d}x + \frac{\partial v}{\partial y}\mathrm{d}y\right) \\
&= \frac{\partial z}{\partial u}\mathrm{d}u + \frac{\partial z}{\partial v}\mathrm{d}v.
\end{aligned}
$$

可见, 无论 z 是自变量 x, y 的函数还是中间变量 u, v 的函数, 它的全微分形式都是一样的. 这种性质称为多元函数的**全微分形式不变性**.

例 6　利用全微分形式不变性求函数 $z = u\ln(1+v), u = x\cos y, v = x\sin y$ 的偏导数与全微分.

解　$\mathrm{d}z = \dfrac{\partial z}{\partial u}\mathrm{d}u + \dfrac{\partial z}{\partial v}\mathrm{d}v = \ln(1+v)\mathrm{d}u + u\,\mathrm{d}\ln(1+v)$

$$
\begin{aligned}
&= \ln(1+v)\mathrm{d}u + \frac{u}{1+v}\mathrm{d}v \\
&= \ln(1+v)\mathrm{d}(x\cos y) + \frac{u}{1+v}\mathrm{d}(x\sin y) \\
&= \ln(1+v)\cdot(\cos y\,\mathrm{d}x - x\sin y\,\mathrm{d}y) + \frac{u}{1+v}(\sin y\,\mathrm{d}x + x\cos y\,\mathrm{d}y) \\
&= \left[\ln(1+v)\cdot\cos y + \frac{u}{1+v}\sin y\right]\mathrm{d}x \\
&\quad + \left[x\cos y\frac{u}{1+v} - x\sin y\cdot\ln(1+v)\right]\mathrm{d}y.
\end{aligned}
$$

因此

$$\frac{\partial z}{\partial x} = \ln(1+v)\cdot\cos y + \frac{u}{1+v}\cdot\sin y, \qquad \frac{\partial z}{\partial y} = x\cdot\cos y\cdot\frac{u}{1+v} - x\sin y\cdot\ln(1+v).$$

9.3.2 隐函数求导法则

慕课9.5.1

一元函数的微分学中介绍了隐函数的求导方法: 方程 $F(x,y)=0$ 两边 x 对 x 求导, 解出 y'. 现在介绍隐函数存在定理, 并根据多元复合函数的求导法导出隐函数的求导公式, 先介绍由一个方程确定隐函数的情形.

定理 9.3.3 (隐函数存在定理) 设函数 $F(x,y)$ 在点 $P_0(x_0,y_0)$ 的某一邻域内有连续的偏导数且 $F(x_0,y_0)=0$, $F_y(x_0,y_0)\neq 0$, 则方程 $F(x,y)=0$ 在点 $P_0(x_0,y_0)$ 的某邻域内唯一确定一个连续且具有连续导数的函数 $y=f(x)$, 它满足条件 $y_0=f(x_0)$, 并且有

$$\frac{\mathrm{d}y}{\mathrm{d}x}=-\frac{F_x}{F_y}, \tag{9-3-1}$$

式 (9-3-1) 就是隐函数的求导公式.

隐函数存在定理不作证明, 仅对式 (9-3-1) 进行推导.

将函数 $y=f(x)$ 代入方程 $F(x,y)=0$ 得恒等式

$$F(x,f(x))\equiv 0.$$

其左端可以看作是 x 的一个复合函数, 对恒等式两端同时关于 x 求导, 得

$$\frac{\partial F}{\partial x}+\frac{\partial F}{\partial y}\frac{\mathrm{d}y}{\mathrm{d}x}=0.$$

由于 F 连续, 且 $F_y(x_0,y_0)\neq 0$, 因此存在点 $P(x_0,y_0)$ 的一个邻域, 在这个邻域内 $F_y\neq 0$, 所以有

$$\frac{\mathrm{d}y}{\mathrm{d}x}=-\frac{F_x}{F_y}.$$

如果 $F(x,y)=0$ 的二阶偏导数也都连续, 我们可以把式 (9-3-1) 的两端看作 x 的复合函数再一次求导, 得到

$$\frac{\mathrm{d}^2 y}{\mathrm{d}x^2}=\frac{\partial}{\partial x}\left(-\frac{F_x}{F_y}\right)+\frac{\partial}{\partial y}\left(-\frac{F_x}{F_y}\right)\frac{\mathrm{d}y}{\mathrm{d}x}$$

$$=-\frac{F_{xx}F_y^2-2F_{xy}F_xF_y+F_{yy}F_x^2}{F_y^3}.$$

例 7 验证方程 $x^2+y^2-1=0$ 在点 $(0,1)$ 的某一邻域内能唯一确定一个有连续导数的隐函数 $y=f(x)$, 且 $x=0$ 时 $y=1$, 并求这个函数的一阶与二阶导数在 $x=0$ 的值.

解 设 $F(x,y) = x^2 + y^2 - 1$, 则 $F_x = 2x, F_y = 2y, F(0,1) = 0, F_y(0,1) = 2 \neq 0$. 因此, 由定理 9.3.3 可知, 方程 $x + y - 1 = 0$ 在点 $(0,1)$ 的某一邻域内能唯一确定一个有连续导数的隐函数 $y = f(x)$, 且当 $x = 0$ 时 $y = 1$. 所以

$$\frac{\mathrm{d}y}{\mathrm{d}x} = -\frac{F_x}{F_y} = -\frac{x}{y}, \quad \left.\frac{\mathrm{d}y}{\mathrm{d}x}\right|_{\substack{x=0\\y=1}} = 0,$$

$$\frac{\mathrm{d}^2 y}{\mathrm{d}x^2} = -\frac{y - xy'}{y^2} = -\frac{y - x\left(-\dfrac{x}{y}\right)}{y^2} = -\frac{y^2 + x^2}{y^3} = -\frac{1}{y^3},$$

$$\left.\frac{\mathrm{d}^2 y}{\mathrm{d}x^2}\right|_{\substack{x=0\\y=1}} = -1.$$

例 8 设 $\sin y + \mathrm{e}^x - xy^2 = 0$, 求 $\dfrac{\mathrm{d}y}{\mathrm{d}x}$.

解法一 令 $F(x,y) = \sin y + \mathrm{e}^x - xy^2$, 得

$$F_x = \mathrm{e}^x - y^2, \quad F_y = \cos y - 2xy.$$

则由隐函数存在定理得

$$\frac{\mathrm{d}y}{\mathrm{d}x} = \frac{(\mathrm{e}^x - y^2)}{\cos y - 2xy} = \frac{y^2 - \mathrm{e}^x}{\cos y - 2xy}.$$

解法二 把 y 看成 x 的函数 $y = y(x)$, 方 $\sin y + \mathrm{e}^x - xy^2 = 0$ 两边分别对 x 求导, 得

$$\cos y \cdot y' + \mathrm{e}^x - y^2 - x \cdot 2yy' = 0,$$

解得

$$\frac{\mathrm{d}y}{\mathrm{d}x} = \frac{y^2 - \mathrm{e}^x}{\cos y - 2xy}.$$

注 在第一种解法中 x 与 y 都被视为自变量, 而在第二种解法中要将 y 视为 x 的函数 $y(t)$, 隐函数存在定理还可以推广到多元函数, 下面介绍三元方程确定二元隐函数的定理.

定理 9.3.4 设函数 $F(x,y,z)$ 在点 $P_0(x_0, y_0, z_0)$ 的某邻域内具有连续的偏导数, 且 $F(x_0, y_0, z_0) = 0$, 则方程 $F(x,y,z) = 0$ 在点 $P_0(x_0, y_0, z_0)$ 的某一邻域内能唯一确定一个具有连续偏导数的函数 $z = f(x,y)$, 它满足条件 $z = f(x_0, y_0)$, 并且有

$$\frac{\partial z}{\partial x} = -\frac{F_x}{F_z}, \quad \frac{\partial z}{\partial y} = -\frac{F_y}{F_z}. \tag{9-3-2}$$

与定理 9.3.3 类似, 这里仅对式 (9-3-2) 进行推导.

将函数 $z = f(x, y)$ 代入方程 $F(x, y, z) = 0$ 得恒等式

$$F(x, y, f(x, y)) \equiv 0.$$

其左端可以看作是 x 和 y 的一个复合函数, 这个恒等式两端对 x 和 y 分别求导, 得

$$F_x + F_z \frac{\partial z}{\partial x} = 0, \quad F_y + F_z \frac{\partial z}{\partial y} = 0.$$

由于 F_z 连续, 且 $F_z(x_0, y_0, z_0) \neq 0$, 因此存在点 (x_0, y_0) 的一个邻域, 在这个邻域内 $F_z \neq 0$, 所以有

$$\frac{\partial z}{\partial x} = -\frac{F_x}{F_z}, \quad \frac{\partial z}{\partial y} = -\frac{F_y}{F_z}.$$

例 9 设 $z^3 - 3xyz = a^3$, 求 $\dfrac{\partial z}{\partial x}, \dfrac{\partial z}{\partial y}, \dfrac{\partial^2 z}{\partial x \partial y}$.

解 设 $F(x, y, z) = z^3 - 3xyz - a^3$, 则 $F_x = -3yz, F_y = -3xz, F_z = 3z^2 - 3xy$, 得

$$\frac{\partial z}{\partial x} = -\frac{-3yz}{3z^2 - 3xy} = \frac{yz}{z^2 - xy}, \quad \frac{\partial z}{\partial y} = -\frac{-3xz}{3z^2 - 3xy} = \frac{xz}{z^2 - xy},$$

所以

$$\frac{\partial^2 z}{\partial x \partial y} = \frac{\left(z + y \cdot \dfrac{\partial z}{\partial y}\right) \cdot (z^2 - xy) - yz\left(2z \cdot \dfrac{\partial z}{\partial y} - x\right)}{(z^2 - xy)^2}$$

$$= \frac{z^3 - (xy^2 + yz^2) \cdot \dfrac{\partial z}{\partial y}}{(z^2 - xy)^2} = \frac{z^3 - (xy^2 + yz^2) \cdot \dfrac{xz}{z^2 - xy}}{(z^2 - xy)^2}$$

$$= \frac{z(z^4 - 2xyz^2 - x^2y^2)}{(z^2 - xy)^3}.$$

下面看一下方程组的情况. 方程组

慕课9.5.2

$$\begin{cases} F(x, y, u, v) = 0, \\ G(x, y, u, v) = 0 \end{cases} \quad (9\text{-}3\text{-}3)$$

中有 4 个变量, 一般其中只能有两个变量独立变化, 因此方程组就可以确定两个二元函数. 下面给出方程组能确定两个二元函数 $u = u(x, y), v = (x, y)$ 的条件及求关于 x, y 的偏导数公式.

定理 9.3.5　设 $F(x,y,u,v)$, $G(x,y,u,v)$ 在点 $P(x_0,y_0,u_0,v_0)$ 的某邻域内具有对各个变量的连续偏导数, 又 $F(x_0,y_0,u_0,v_0) = 0$, $G(x_0,y_0,u_0,v_0) = 0$, 且偏导数组成的函数行列式 (称为雅可比式)

$$J = \frac{\partial(F,G)}{\partial(u,v)} = \begin{vmatrix} F_u & F_v \\ G_u & G_v \end{vmatrix}$$

在点 $P(x_0,y_0,z_0,v_0)$ 不等于零, 则方程组 (9-3-3) 在点 $P(x_0,y_0,u_0,v_0)$ 的某邻域内唯一确定一组具有连续偏导数的两个函数 $u = u(x,y)$, $v = (x,y)$, 它们满足 $u = u(x_0,y_0)$, $v = (x_0,y_0)$, 且有

$$\frac{\partial u}{\partial x} = -\frac{1}{J}\frac{\partial(F,G)}{\partial(x,v)} = -\frac{\dfrac{\partial(F,G)}{\partial(x,v)}}{\dfrac{\partial(F,G)}{\partial(u,v)}} = -\frac{\begin{vmatrix} F_x & F_v \\ G_x & G_v \end{vmatrix}}{\begin{vmatrix} F_u & F_v \\ G_u & G_v \end{vmatrix}},$$

$$\frac{\partial u}{\partial y} = -\frac{1}{J}\frac{\partial(F,G)}{\partial(y,v)} = -\frac{\dfrac{\partial(F,G)}{\partial(y,v)}}{\dfrac{\partial(F,G)}{\partial(u,v)}} = -\frac{\begin{vmatrix} F_y & F_v \\ G_y & G_v \end{vmatrix}}{\begin{vmatrix} F_u & F_v \\ G_u & G_v \end{vmatrix}},$$

$$\frac{\partial v}{\partial x} = -\frac{1}{J}\frac{\partial(F,G)}{\partial(u,x)} = -\frac{\dfrac{\partial(F,G)}{\partial(u,x)}}{\dfrac{\partial(F,G)}{\partial(u,v)}} = -\frac{\begin{vmatrix} F_u & F_x \\ G_u & G_x \end{vmatrix}}{\begin{vmatrix} F_u & F_v \\ G_u & G_v \end{vmatrix}},$$

$$\frac{\partial v}{\partial y} = -\frac{1}{J}\frac{\partial(F,G)}{\partial(u,y)} = -\frac{\dfrac{\partial(F,G)}{\partial(u,y)}}{\dfrac{\partial(F,G)}{\partial(u,v)}} = -\frac{\begin{vmatrix} F_u & F_y \\ G_u & G_y \end{vmatrix}}{\begin{vmatrix} F_u & F_v \\ G_u & G_v \end{vmatrix}}.$$

下面对上式进行简单的推导: 由于

$$\begin{cases} F\left[x,y,u\left(x,y\right),v\left(x,y\right)\right] \equiv 0, \\ G\left[x,y,u\left(x,y\right),v\left(x,y\right)\right] \equiv 0. \end{cases}$$

将该恒等式组两边对 x 求偏导, 应用复合函数求导法则得

$$\begin{cases} F_x + F_u \dfrac{\partial u}{\partial x} + F_v \dfrac{\partial v}{\partial x} = 0, \\[2mm] G_x + G_u \dfrac{\partial u}{\partial x} + G_v \dfrac{\partial v}{\partial x} = 0. \end{cases}$$

这是关于 $\dfrac{\partial u}{\partial x}$ 和 $\dfrac{\partial v}{\partial y}$ 的二元一次线性方程组, 由假设可知在点 $P(x_0, y_0, z_0, v_0)$ 的

某邻域内, 系数行列式 $J = \begin{vmatrix} F_u & F_v \\ G_u & G_v \end{vmatrix} \neq 0$, 解得

$$\frac{\partial u}{\partial x} = -\frac{1}{J}\frac{\partial(F,G)}{\partial(x,v)} = -\frac{\dfrac{\partial(F,G)}{\partial(x,v)}}{\dfrac{\partial(F,G)}{\partial(u,v)}} = -\frac{\begin{vmatrix} F_x & F_v \\ G_x & G_v \end{vmatrix}}{\begin{vmatrix} F_u & F_v \\ G_u & G_v \end{vmatrix}},$$

$$\frac{\partial v}{\partial x} = -\frac{1}{J}\frac{\partial(F,G)}{\partial(u,x)} = -\frac{\dfrac{\partial(F,G)}{\partial(u,x)}}{\dfrac{\partial(F,G)}{\partial(u,v)}} = -\frac{\begin{vmatrix} F_u & F_x \\ G_u & G_x \end{vmatrix}}{\begin{vmatrix} F_u & F_v \\ G_u & G_v \end{vmatrix}}.$$

同理可得 $\dfrac{\partial u}{\partial y} = -\dfrac{\dfrac{\partial(F,G)}{\partial(y,v)}}{\dfrac{\partial(F,G)}{\partial(u,v)}} = -\dfrac{\begin{vmatrix} F_y & F_v \\ G_y & G_v \end{vmatrix}}{\begin{vmatrix} F_u & F_v \\ G_u & G_v \end{vmatrix}}, \ \dfrac{\partial v}{\partial y} = -\dfrac{\dfrac{\partial(F,G)}{\partial(u,y)}}{\dfrac{\partial(F,G)}{\partial(u,v)}} = -\dfrac{\begin{vmatrix} F_u & F_y \\ G_u & G_y \end{vmatrix}}{\begin{vmatrix} F_u & F_v \\ G_u & G_v \end{vmatrix}}.$

例 10 设 $xu - yu = 0, yu + xy = 1$, 求 $\dfrac{\partial u}{\partial x}, \dfrac{\partial v}{\partial x}, \dfrac{\partial u}{\partial y}, \dfrac{\partial v}{\partial y}$.

解 两个方程两边对 x 求偏导数, 注意 u, v 是 x, y 的二元函数 $u(x,y), v(x,y)$, 得

$$\begin{cases} u + x\dfrac{\partial u}{\partial x} - y\dfrac{\partial v}{\partial x} = 0, \\[2mm] y\dfrac{\partial u}{\partial x} + v + x\dfrac{\partial v}{\partial x} = 0. \end{cases}$$

这是关于 $\dfrac{\partial u}{\partial x}, \dfrac{\partial v}{\partial x}$ 的线性方程组, 在其系数行列式 $J = \begin{vmatrix} x & -y \\ y & x \end{vmatrix} = x^2 + y^2 \neq 0$

时, 方程组有唯一解

$$\frac{\partial u}{\partial x} = \frac{\begin{vmatrix} -u & -y \\ -v & x \end{vmatrix}}{J} = -\frac{ux + vy}{x^2 + y^2},$$

$$\frac{\partial v}{\partial x} = \frac{\begin{vmatrix} x & -u \\ y & -v \end{vmatrix}}{J} = -\frac{xv - yu}{x^2 + y^2}.$$

类似地, 把所求方程组中变量 u, v 看作关于 x, y 的二元函数 $u(x, y)$, $v(x, y)$, 两个方程的两边分别对 y 求偏导数, 可求得

$$\frac{\partial u}{\partial y} = \frac{xv - yu}{x^2 + y^2}, \quad \frac{\partial v}{\partial y} = -\frac{xu + yv}{x^2 + y^2}.$$

在方程组 (9-3-3) 中, 函数 F, G 的变量减少一个, 得到方程组

$$\begin{cases} F(x, y, z) = 0, \\ G(x, y, z) = 0, \end{cases}$$

变量 x, y, z 中只能有一个变量独立变化, 因此方程组就可以确定两个一元函数 $y = y(x)$, $z = z(x)$ 同定理 9.3.4 类似, 可得到相应的隐函数存在定理.

　　一般求方程组所确定的隐函数的导数 (或偏导数), 通常不用隐函数存在定理中的公式求解, 而是按照推导公式的过程进行计算, 即对各方程的两边关于自变量求导 (或偏导数), 得到所求导数 (或偏导) 的方程组, 再解出所求量.

小结与思考

1. 小结

　　本节介绍了多元复合函数的链式求导法则以及多元隐函数求导法则. 针对二元复合函数, 首先需要确定复合后函数的自变量, 然后根据链式法则求相应的导数或者偏导数. 对于多元隐函数, 则需要记住求导公式, 尤其是雅可比行列式的定义.

2. 思考

　　请读者对隐函数存在定理进行证明.

习　题　9-3

1. 求下列方程所确定的隐函数 $y = y(x)$ 的一阶导数:

(1) $e^y + 6xy + x^2 = 1$;

(2) $\ln(x^2 + y) = x^3 y + \sin x$;

(3) $\sqrt[x]{y} = \sqrt[y]{x}$;

(4) $e^{2x+1} = \int_0^{x-y} \frac{\sin t}{t} dt$.

2. 求下列方程所确定的隐函数 $z = z(x, y)$ 的一阶偏导数:

(1) $z^3 + 5yz = x^3 y^2$;

(2) $x \cos y + y \cos z + z \cos x = 1$;

(3) $xe^x - ye^y = ze^z$;

(4) $xz \ln(x + 2y) + \cos(xyz) = 0$.

3. 求下列方程所确定的隐函数的指定偏导数:

(1) $z^3 + xyz = 1$, $\dfrac{\partial^2 z}{\partial x^2}$;

(2) $z + \ln(x + 2y - z) = 2$, $\dfrac{\partial^2 z}{\partial x \partial y}$;

(3) $\mathrm{e}^{y+z} \arctan(y - x) = 1$, $\dfrac{\partial^2 z}{\partial x \partial y}$;

(4) $3z + \ln z = \displaystyle\int_y^{2x} \mathrm{e}^{-t^2}\,\mathrm{d}t$, $\dfrac{\partial^2 z}{\partial x \partial y}$.

4. 设 $u = xy^2z^3$.

(1) 若 $z = z(x, y)$ 是由方程 $x^2 + y^2 + z^2 = 3xyz$ 所确定的隐函数, 求 $\left.\dfrac{\partial u}{\partial x}\right|_{(1,1,1)}$;

(2) 若 $y = y(z, x)$ 是由方程 $x^2 + y^2 + z^2 = 3xyz$ 所确定的隐函数, 求 $\left.\dfrac{\partial u}{\partial x}\right|_{(1,1,1)}$.

5. 求下列方程组所确定的隐函数的导数或偏导数:

(1) $\begin{cases} x + y + z = 1, \\ \mathrm{e}^{yz} = xyz, \end{cases}$ $\dfrac{\mathrm{d}y}{\mathrm{d}x}, \dfrac{\mathrm{d}z}{\mathrm{d}x}$;

(2) $\begin{cases} x^2 + y^2 + z = 1, \\ x^2 + 4y^2 + 9z = 1, \end{cases}$ $\dfrac{\mathrm{d}y}{\mathrm{d}x}, \dfrac{\mathrm{d}z}{\mathrm{d}x}$;

(3) $\begin{cases} x = \ln(u\cos v), \\ y = u\sin v, \end{cases}$ $\dfrac{\partial u}{\partial x}, \dfrac{\partial u}{\partial y}, \dfrac{\partial v}{\partial x}, \dfrac{\partial v}{\partial y}$.

6. 设 $y = y(x)$, $z = z(x)$ 是由方程 $z = xf(x + y)$ 和 $F(x, y, z) = 0$ 所确定的隐函数, 其中 f 和 F 分别具有一阶连续的导数和偏导数, 求 $\dfrac{\mathrm{d}z}{\mathrm{d}x}$.

7. 设 $u = f(x, y, z)$, $\varphi(x^2, \mathrm{e}^y, z) = 0$, $y = \sin x$, 其中 f, φ 都具有一阶连续偏导数, 且 $\dfrac{\partial \varphi}{\partial z} \neq 0$, 求 $\dfrac{\mathrm{d}u}{\mathrm{d}x}$.

8. 设 $z = z(x, y)$ 是由方程 $x^2 + y^2 - z = \varphi(x + y + z)$ 所确定的函数, 其中 φ 具有 2 阶导数且 $\varphi' \neq -1$, 试求

(1) 求 $\mathrm{d}z$;

(2) 记 $u(x, y) = \dfrac{1}{x - y}\left(\dfrac{\partial z}{\partial x} - \dfrac{\partial z}{\partial y}\right)$, 求 $\dfrac{\partial u}{\partial x}$.

9.4 多元函数极值及其应用

在工程技术、商品流通和社会生活等方面存在诸多 "最优化" 问题, 即最大值和最小值问题, 影响这些问题的变量往往不止一个, 这些问题在高等数学中统称为多元函数的最大值和最小值问题. 如何求出这些 "最大值和最小值" 问题, 是我们在研究微积分中需要解决的问题之一. 与一元函数类似, 多元函数的最大值和最小值与极大值和极小值有着密切的联系. 本节以二元函数为例, 利用多元函数微分学的相关知识研究多元函数的极值与最值问题.

教学目标:

1. 理解多元函数极值和条件极值的概念, 掌握多元函数极值存在的必要条件.

2. 了解二元函数极值存在的充分条件, 会求二元函数的极值, 会用拉格朗日乘数法求条件极值.

3. 会求简单多元函数的最大值和最小值, 并会解决一些简单的应用问题.

教学重点: 多元函数极值和条件极值的求法.

教学难点: 拉格朗日乘数法、多元函数的最大值和最小值.

教学背景: 经济最优化问题、工程多变量问题.

思政元素: 利用数学思维和方法, 针对多维极值问题建立数学模型, 能够解决实际问题.

9.4.1　多元函数的极值

类似一元函数的极值概念, 我们有多元函数的极值概念.

定义 9.4.1　设函数 $z = f(x, y)$ 在点 (x_0, y_0) 的某个邻域内有定义, 对于该邻域内异于 (x_0, y_0) 的任意点 (x, y), 如果总有

慕课9.8.1

$$f(x, y) < f(x_0, y_0),$$

则称 $f(x_0, y_0)$ 是函数 $f(x, y)$ 的一个极大值.

反之, 如果总有

$$f(x, y) > f(x_0, y_0),$$

则称 $f(x_0, y_0)$ 是函数 $f(x, y)$ 的一个极小值. 极大值与极小值统称为函数的极值, 使函数取得极值的点 (x_0, y_0) 称为函数的极值点.

例如, 函数 $z = f(x, y) = x^2 + 2y^2$ 在点 $(0, 0)$ 处取得极小值. 函数 $z = \sqrt{1 - x^2 - y^2}$ 在点 $(0, 0)$ 处取得极大值, 而函数 $z = xy$ 在点 $(0, 0)$ 处既不取得极大值也不取得极小值. 这是因为 $f(0, 0) = 0$, 而在点 f 的任何邻域内 $z = xy$ 既可取正值也可取负值.

由一元函数取极值的必要条件, 我们可以得到类似的二元函数取极值的必要条件.

定理 9.4.1 (极值存在的必要条件)　设函数 $z = f(x, y)$ 在点 (x_0, y_0) 处的两个一阶偏导数都存在. 若 (x_0, y_0) 是 $f(x, y)$ 的极值点, 则有

$$f_x'(x_0, y_0) = 0, \quad f_y'(x_0, y_0) = 0.$$

证明　若 (x_0, y_0) 是 $f(x, y)$ 的极值点, 则固定变量 $y = y_0$ 所得的一元函数 $f(x, y_0)$ 在 (x_0, y_0) 处取得相同的极值. 由一元函数极值存在的必要条件可得

$$\left. \frac{\mathrm{d}f\left(x, y_0\right)}{\mathrm{d}x} \right|_{x=x_0} = 0, \quad 即$$

$$f'_x\left(x_0, y_0\right) = 0.$$

同样可证

$$f'_y\left(x_0, y_0\right) = 0.$$

使得两个一阶偏导数等于零的点 (x_0, y_0) 称为 $f(x, y)$ 的驻点. 定理 9.4.1 表明, 偏导数存在的函数的极值点一定是驻点, 但驻点未必是极值点. 例如 $z = xy$, $(0, 0)$ 是它的驻点, 但不是它的极值点.

函数 $f(x, y)$ 也有可能在偏导数不存在的点取得极值, 如 $z = -\sqrt{x^2 + y^2}$ 在 $(0, 0)$ 处取得极大值, 但该点的偏导数不存在.

对于可微函数来说, 要求它的极值点应先求出它所有的驻点, 再判定驻点是否为极值点. 下面给出一个判定条件.

定理 9.4.2 (极值存在的充分条件) 设点 (x_0, y_0) 是函数 $z = f(x, y)$ 的驻点, 且函数 $z = f(x, y)$ 在点 (x_0, y_0) 处的某邻域内具有连续的二阶偏导数, 记

$$A = f''_{xx}\left(x_0, y_0\right), \quad B = f''_{xy}\left(x_0, y_0\right), \quad C = f''_{yy}\left(x_0, y_0\right).$$

(1) 如果 $B^2 - AC < 0$, 则 (x_0, y_0) 为 $f(x, y)$ 的极值点, 且当 $A > 0$ (或 $C > 0$) 时, $f(x_0, y_0)$ 为极小值; 当 $A < 0$ (或 $C < 0$) 时, $f(x_0, y_0)$ 为极大值.

(2) 如果 $B^2 - AC > 0$, 则 (x_0, y_0) 不是 $f(x, y)$ 的极值点.

(3) 如果 $B^2 - AC = 0$, 则不能确定 (x_0, y_0) 是否为 $f(x, y)$ 的极值点.

例 1 求 $f(x, y) = x^3 - y^3 + 3x^2 + 3y^2 - 9x$ 的极值.

解 由方程组

$$\begin{cases} f'_x\left(x, y\right) = 3x^2 + 6x - 9 = 0, \\ f'_y\left(x, y\right) = -3y^2 + 6y = 0, \end{cases}$$

得驻点 $(1, 0), (1, 2), (-3, 0), (-3, 2)$. 又

$$f''_{xx} = 6x + 6, \quad f''_{xy} = 0, \quad f''_{yy} = -6y + 6.$$

在点 $(1, 0)$ 处 $B^2 - AC = -72 < 0$, 又 $A = 12 > 0$, 所以函数取得极小值 $f(1, 0) = -5$;

在点 $(1, 2)$ 处 $B^2 - AC = 72 > 0$, 函数在该点不取得极值;

在点 $(-3, 0)$ 处 $B^2 - AC = 72 > 0$, 该点不是极值点;

在点 $(-3, 2)$ 处 $B^2 - AC = -72 < 0$, 又 $A = -12 > 0$, 所以函数取得极大值 $f(-3, 2) = 31$.

例 2　求 $z = xy(a - x - y)$, $a \neq 0$ 的极值.

解　由方程组

$$\begin{cases} z_x' = y(a - 2x - y) = 0, \\ z_y' = x(a - 2y - x) = 0 \end{cases}$$

得四个驻点 $(0, 0), (0, a), (a, 0), \left(\dfrac{a}{3}, \dfrac{a}{3}\right)$.

又 $z_{xx}'' = -2y, z_{xy}'' = a - 2x - 2y, z_{yy}'' = -2x$.

在点 $(0, 0)$ 处, $B^2 - AC = a^2 > 0$, 该点不是极值点.

在点 $(0, a)$ 处, $B^2 - AC = a^2 > 0$, 该点不是极值点.

在点 $(a, 0)$ 处, $B^2 - AC = a^2 > 0$, 该点不是极值点.

在点 $\left(\dfrac{a}{3}, \dfrac{a}{3}\right)$ 处, $B^2 - AC = -\dfrac{a^2}{3} < 0$, 所以函数在该点有极值, 且极值为 $f\left(\dfrac{a}{3}, \dfrac{a}{3}\right) = \dfrac{a^3}{27}$, 由于 $A = z_{xx}'' = -\dfrac{2}{3}a$, 故当 $a > 0$ 时, $(A < 0)$, 函数有极大值 $\dfrac{a^3}{27}$; 当 $a < 0$ 时, $(A > 0)$, 函数有极小值 $\dfrac{a^3}{27}$.

9.4.2　多元函数的最值

与一元函数类似, 我们也可提出如何求多元函数的最大值和最小值问题.

如果 $f(x, y)$ 在有界闭区域 D 上连续, 由连续函数的性质可知, 函数 $f(x, y)$ 在 D 上必有最大值和最小值、最大 (小) 值点可以在 D 的内部, 也可以在 D 的边界上. 我们假定, 函数在 D 上连续、在 D 内可微且只有有限个驻点, 这时如果 $f(x, y)$ 在 D 的内部取得最大 (小) 值, 那么这最大 (小) 值也是函数的极大 (小) 值, 在这种情况下, 最大 (小) 值点一定是极大 (小) 值点之一. 因此, 要求函数 $f(x, y)$ 在有界闭区域上的最大 (小) 值时, 需将函数的所有极大 (小) 值与边界上的最大 (小) 值比较, 其中最大 (小) 的就是最大 (小) 值.

归纳起来, 可得连续函数 $f(x, y)$ 在有界闭区域 D 上最大 (小) 值的求解步骤:

(1) 求出 $z = f(x, y)$ 在 D 内部偏导数不存在的点和驻点, 即所有可能的极值点;

(2) 求出 $z = f(x, y)$ 在 D 边界上所有可能的最值点;

(3) 分别计算上述各点处的函数值, 最大者就是最大值, 最小者就是最小值.

例 3　求函数 $f(x, y) = x^2 y(4 - x - y)$ 在区域 $D = \{(x, y) | x \geqslant 0, y \geqslant 0, x + y \leqslant 6)\}$ 上的最值.

解　求出函数 $f(x, y)$ 的偏导数

$$f_x = 8xy - 3x^2 y - 2xy^2, \quad f_y = 4x^2 - x^3 - 2x^2 y.$$

令 $\begin{cases} f_x = 0, \\ f_y = 0, \end{cases}$ 解得 D 内部驻点 $(2,1)$, 从而 $f(2,1) = 4$.

在边界 L 上: $x = 0$ $(0 \leqslant y \leqslant 6)$, 则 $f(0,y) = 0$.

在边界 L 上: $y = 0$ $(0 \leqslant x \leqslant 6)$, 则 $f(x,0) = 0$.

在边界 L 上: $x + y = 6$ $(0 \leqslant x \leqslant 6)$, 则 $f(x,6-x) = -2x^2(6-x) = g(x)$.
当 $g(x) = -24x + 6x^2 = 0$ 时, 得驻点 $x = 0, x = 4$, 于是

$$g(0) = f(0,6) = 0, \quad g(4) = f(4,2) = -64.$$

综上, $f(x,y)$ 在 D 上的最大值为 $f(2,1) = 4$, 最小值为 $f(4,2) = -64$.

在实际问题中, 如果能根据实际情况断定最大 (小) 值一定在 D 的内部取得, 并且函数在 D 的内部只有一个驻点, 那么可以判定这个驻点处的函数值就是 (x,y) 在 D 上的最值.

例 4 某厂要用钢板制造一个容积为 $2\mathrm{m}^3$ 的有盖长方形水箱, 问长、宽、高各为多少时能使用料最省?

解 要使用料最省, 即要使长方体的表面积最小, 设水箱的长为 x、宽为 y, 则高为 $\dfrac{2}{xy}$, 表面积

$$S = 2\left(xy + y \cdot \frac{2}{xy} + x \frac{2}{xy}\right) = 2\left(xy + \frac{2}{x} + \frac{2}{x}\right) \quad (x > 0, y > 0).$$

由 $\begin{cases} S'_x = 2\left(y - \dfrac{2}{x^2}\right) = 0, \\[2mm] S'_y = 2\left(x - \dfrac{2}{y^2}\right) = 0 \end{cases}$ 得驻点 $\left(\sqrt[3]{2}, \sqrt[3]{2}\right)$.

由题意知, 表面积的最小值一定存在, 且在开区域 $x > 0, y > 0$ 的内部取得, 故可断定当长为 $\sqrt[3]{2}\,(\mathrm{m})$、宽为 $\sqrt[3]{2}\,(\mathrm{m})$、高为 $\dfrac{2}{\sqrt[3]{2}\sqrt[3]{2}} = \sqrt[3]{2}\,(\mathrm{m})$ 时, 表面积最小, 即用料最省的水箱是正方体水箱.

9.4.3 条件极值和拉格朗日乘数法

以上讨论的极值问题, 除了函数的自变量限制在函数的定义域内以外, 没有其他约束条件, 这种极值称为无条件极值, 但在实际问题中, 往往会遇到对函数的自变量还有附加条件限制的极值问题, 这类极值称为条件极值.

慕课9.8.2

引例   要制作一个容积为 2m^3 的有盖圆柱形水箱, 问如何选择尺寸才能使用料最省?

分析   设圆柱形水箱的高为 $h(\text{m})$、底半径为 $r(\text{m})$, 则体积为 $\pi r^2 h = 2$, 表面积为

$$S = 2\pi r^2 + 2\pi rh,$$

所求问题转化为求函数 $S = 2\pi r^2 + 2\pi rh$, 在附加条件 $\pi r^2 h = 2$ 下的极小值问题.

此问题的直接做法是消去约束条件, 从 $\pi r^2 h = 2$ 中求得 $h = \dfrac{2}{\pi r^2}$, 将此式代入表面积函数中得

$$S = 2\pi r^2 + \frac{4}{r}.$$

这样问题转化为无条件极值问题. 按照一元函数的求极值方法, 令 $S = 2\pi r^2 + \dfrac{4}{r} = 0$, 得 $r = \dfrac{1}{\sqrt[3]{\pi}}$ 为唯一驻点, 结合本题实际意义可知, 此驻点就是所求最小值点, 再代入附加条件得 $h = \dfrac{2}{\sqrt[3]{\pi}}$, 因此, 当 $r = \dfrac{1}{\sqrt[3]{\pi}} m, h = \dfrac{2}{\sqrt[3]{\pi}} m$ 时用料最省.

在很多情况下, 要从附加条件中解出某个变量不易实现, 这就迫使我们寻求一种求条件极值的有效方法——拉格朗日乘数法.

先讨论函数 $z = f(x, y)$ 在条件 $\varphi(x, y) = 0$ 下取得极值的必要条件.

如果函数 $z = f(x, y)$ 在 (x_0, y_0) 处取得极值, 则有 $\varphi(x_0, y_0) = 0$. 假定在 (x_0, y_0) 的某一邻域内函数 $f(x, y)$ 与 $\varphi(x_0, y_0)$ 均有连续的一阶偏导数, 且 $\varphi_y(x_0, y_0) \neq 0$. 由隐函数存在定理可知, 方程 $\varphi(x, y) = 0$ 确定一个连续且具有连续导数的函数 $y = \psi(x)$, 将其代入 $f(x, y) = 0$, 得

$$z = f[x, \psi(x)].$$

函数 (x, y) 在 (x_0, y_0) 取得的极值, 相当于函数 $z = f[x, \psi(x)]$ 在点 $x = x_0$ 取得的极值, 由一元可导函数取得极值的必要条件可知

$$\left. \frac{\mathrm{d}z}{\mathrm{d}x} \right|_{x=x_0} = f_x(x_0, y_0) + f_y(x_0, y_0) \left. \frac{\mathrm{d}y}{\mathrm{d}x} \right|_{x=x_0} = 0. \tag{9-4-1}$$

而由隐函数的求导公式有

$$\left. \frac{\mathrm{d}z}{\mathrm{d}x} \right|_{x=x_0} = -\frac{\varphi_x(x_0, y_0)}{\varphi_y(x_0, y_0)}. \tag{9-4-2}$$

把式 (9-4-2) 代入式 (9-4-1) 得

$$f_x(x_0, y_0) - f_y(x_0, y_0) \frac{\varphi_x(x_0, y_0)}{\varphi_y(x_0, y_0)} = 0. \tag{9-4-3}$$

式 (9-4-3) 与 $\varphi(x_0, y_0) = 0$ 就构成了函数 $z = f(x, y)$ 在条件 $\varphi(x, y) = 0$ 下在点 (x_0, y_0) 处取得极值的必要条件.

设 $\dfrac{f_y(x_0, y_0)}{\varphi_y(x_0, y_0)} = -\lambda$, 上述必要条件就变为

$$\begin{cases} f_x(x_0, y_0) + \lambda\varphi_x(x_0, y_0) = 0, \\ f_y(x_0, y_0) + \lambda\varphi_y(x_0, y_0) = 0, \\ \varphi(x_0, y_0) = 0. \end{cases} \tag{9-4-4}$$

引进辅助函数

$$L(x, y) = f(x, y) + \lambda\varphi(x, y),$$

则方程组 (9-4-4) 就是

$$L_x(x_0, y_0) = 0, \quad L_y(x_0, y_0) = 0.$$

函数 $L(x, y)$ 称为拉格朗日函数, 参数 λ 称为拉格朗日乘子.

于是, 求函数 $z = f(x, y)$ 在条件 $\varphi(x, y) = 0$ 下的极值的拉格朗日乘数法的步骤如下.

(1) 构造拉格朗日函数

$$L(x, y) = f(x, y) + \lambda\varphi(x, y),$$

其中 λ 为待定参数.

(2) 解方程组

$$\begin{cases} L_x(x, y) = f_x(x, y) + \lambda\varphi_x(x, y) = 0, \\ L_y(x, y) = f_y(x, y) + \lambda\varphi_y(x, y) = 0, \\ \varphi(x, y) = 0 \end{cases}$$

得 x, y 值, 则 (x, y) 就是所求的可能的极值点.

(3) 判断所求得的点是否为极值点.

例 5 用拉格朗日乘数法解 9.4.3 节中的引例.

解 构造拉格朗日函数

$$L(r, h) = 2\pi r^2 + 2\pi rh + \lambda\left(\pi r^2 h - 2\right),$$

则有

$$\begin{cases} L_r = 4\pi r + 2\pi h + 2\lambda\pi rh = 0, & \text{(9-4-5)} \\ L_h = 2\pi r + \lambda\pi r^2 = 0, & \text{(9-4-6)} \\ \pi r^2 h = 2, & \text{(9-4-7)} \end{cases}$$

解方程组中 (9-4-5) 和 (9-4-6), 得 $h = 2r$, 将其代入式 (9-4-7), 得

$$r = \frac{1}{\sqrt[3]{\pi}}, \quad h = \frac{2}{\sqrt[3]{\pi}}.$$

结合题意可知点 $\left(\dfrac{1}{\sqrt[3]{\pi}}, \dfrac{2}{\sqrt[3]{\pi}}\right)$ 是函数的一个可能的极值点, 利用二元函数极值的充分条件可知, 点 $\left(\dfrac{1}{\sqrt[3]{\pi}}, \dfrac{2}{\sqrt[3]{\pi}}\right)$ 是极小值点. 因此, 当 $r = \dfrac{1}{\sqrt[3]{\pi}}\mathrm{m}, h = \dfrac{2}{\sqrt[3]{\pi}}\mathrm{m}$ 时用料最省.

例 6 假设某企业生产 A, B 两种产品, 其产量分别为 x, y, 该企业的利润函数 (单位: 万元) 为

$$L = 80x - 2x^2 - xy - 3y^2 + 100,$$

同时该企业要求两种产品的产量满足的附加条件为

$$x + y = 12,$$

求企业的最大利润.

解 先构造拉格朗日函数

$$F(x, y) = 80x - 2x^2 - xy - 3y^2 + 100y + \lambda(x - y - 12),$$

解方程组

$$\begin{cases} F'_x(x, y) = 80 - 4x - y + \lambda = 0, \\ F'_y(x, y) = -x - 6y + 100 + \lambda = 0, \\ x + y - 12 = 0, \end{cases}$$

得 $x = 5, y = 7, \lambda = -53$, 即当企业生产 5 个单位的 A 产品、7 个单位的 B 产品时利润最大, 最大利润为 868 万元.

小结与思考

1. 小结

本节介绍了多元函数的非条件极值和条件极值问题. 类似于一元函数极值问

题, 二元函数的极值同样有极值的必要条件和充分条件; 同时, 针对实际问题讨论了条件极值问题, 应用拉格朗日乘数法可以解决很多实际问题.

2. 思考

本节介绍了在一个条件下的多元函数条件极值问题, 对于多个条件的情况应该如何构造拉格朗日函数?

习 题 9-4

1. 求下列二元函数的极值:

(1) $f(x,y) = 4xy - 4x^4 - y^4$;

(2) $f(x,y) = xy(1-x-y)$;

(3) $f(x,y) = e^{2x}(x+y^2+2y)$;

(4) $f(x,y) = 3axy - x^3 - y^3 \, (a>0)$.

2. 求下列函数在约束方程下的最小值和最大值:

(1) $f(x,y) = 3x - 4y, \dfrac{x^2}{9} + \dfrac{y^2}{4} = 1$;

(2) $f(x,y,z) = 8x^2 + 4yz - 16z + 600, 4x^2 + y^2 + 4z^2 = 16$.

3. 求下列函数在指定区域 D 上的最小值和最大值:

(1) $f(x,y) = x^2 y(4-x-y)$, D 是以点 $(0,0), (0,6), (6,0)$ 为顶点的闭三角形区域;

(2) $f(x,y) = (4x - x^2)\cos y$, $D = \left\{ (x,y) \,\middle|\, 1 \leqslant x \leqslant 3, -\dfrac{\pi}{4} \leqslant y \leqslant \dfrac{\pi}{4} \right\}$;

(3) $f(x,y) = x^2 - y^2 + 4$, $D = \left\{ (x,y) \,\middle|\, \dfrac{x^2}{9} + \dfrac{y^2}{4} \leqslant 1 \right\}$;

(4) $f(x,y) = x^2 + y^2$, $D = \left\{ (x,y) \,\middle|\, (x-1)^2 + (y-2)^2 \leqslant 9 \right\}$.

4. 平面内一矩形内接于椭圆 $\dfrac{x^2}{16} + \dfrac{y^2}{9} = 1$ (其边平行于坐标轴), 求其面积的最大值.

5. 求平面内曲线 $x^2 + xy + y^2 = 1$ 上距离原点最近和最远的点.

6. 设 x, y, z 为实数, 且满足关系式 $e^x + y^2 + |z| = 3$, 证明: $e^x y^2 |z| \leqslant 1$.

7. 某养殖场饲养两种鱼, 开始时, 两种鱼放养的数量分别为 x, y 万尾, 收获时两种鱼的收获量分别为 $(3 - \alpha x - \beta y)x$, $(4 - \beta x - 2\alpha y)y$ 万尾 (α, β 为常数且 $\alpha > \beta > 0$), 问如何放养才能使得收获的鱼量最大.

8. 求表面积为 a^2 的有盖长方体水箱的最大容积.

9. 已知曲线 $C: \begin{cases} x^2 + y^2 - 2z^2 = 0, \\ x + y + 3z = 5, \end{cases}$ 求曲线 C 距离 xOy 面最远的点和最近的点.

10. 某企业为生产甲、乙两种型号的产品, 投入的固定成本为 10000 (万元), 设该企业生产甲、乙两种产品的产量分别为 x(件) 和 (y 件), 且固定两种产品的边际成本分别为 $20 + \dfrac{x}{2}$ (万元/件) 与 $6 + y$(万元/件).

(1) 求生产甲乙两种产品的总成本函数 $C(x,y)$.

(2) 当总产量为 50 件时, 甲乙两种的产量各为多少时可以使总成本最小? 求最小的成本.

(3) 求总产量为 50 件时且总成本最小时甲产品的边际成本, 并解释其经济意义.

9.5　方向导数和梯度

偏导数反映的是多元函数沿坐标轴方向的变化率, 在实际问题中, 常常需要研究函数沿某方向的变化率, 例如, 在做天气预报工作时, 必须知道大气压沿各个方向的变化率才能准确预报风向和风力, 这在数学上就是有关方向导数的问题.

教学目标: 理解方向导数与梯度的概念, 并掌握其计算方法.

教学重点: 方向导数与梯度的概念.

教学难点: 方向导数与梯度的计算方法与方向角的确定.

教学背景: 工程多变量问题.

思政元素: 利用方向导数与梯度的相关知识, 解释一些自然现象 (例如大气温度分布随方向而异、由气压差导致空气的流动等), 将数学知识与自然科学有机地联系起来.

数学思维和方法的训练, 面对高维函数的导数问题, 如何把多元微分学和空间解析几何有机融合, 实现高维复杂导数问题的建模和实现.

9.5.1　方向导数

定义 9.5.1　设函数 $u = f(x, y, z)$ 在点 $P(x_0, y_0, z_0)$ 的某一邻域 $U(P_0)$ 内有定义, l 为从点 P_0 出发的射线. $P(x, y, z)$ 为 l 上且含于 $U(P_0)$ 内的任一点, 以 ρ 表示 P 与 P_0 两点间的距离, 若极限

$$\lim_{\rho \to 0^+} \frac{f(P) - f(P_0)}{\rho}$$

存在, 则称此极限为函数 $u = f(x, y, z)$ 在点 P 沿方向 l 的方向导数, 记作 $\left.\dfrac{\partial f}{\partial l}\right|_{P_0}$.

关于方向导数的存在和计算, 我们有以下定理.

定理 9.5.1　如果函数 $u = f(x, y, z)$ 在点 $P_0(x_0, y_0, z_0)$ 可微, 则导数沿任意方向 l 的方向导数都存在, 且有

$$\left.\frac{\partial f}{\partial l}\right|_{P_0} = \left.\frac{\partial f}{\partial x}\right|_{P_0} \cos\alpha + \left.\frac{\partial f}{\partial y}\right|_{P_0} \cos\beta + \left.\frac{\partial f}{\partial z}\right|_{P_0} \cos\gamma,$$

其中 $\cos\alpha, \cos\beta, \cos\gamma$ 为方向 l 的方向余弦.

证明　设 $P(x, y, z)$ 为方向 l 上任一点, ρ 为 P 与 P_0 两点间的距离, 由于 $u = f(x, y, z)$ 在 P_0 点可微, 则有

$$f(P) - f(P_0) = \left.\frac{\partial f}{\partial l}\right|_{P_0} \Delta x + \left.\frac{\partial f}{\partial l}\right|_{P_0} \Delta y + \left.\frac{\partial f}{\partial l}\right|_{P_0} \Delta z + o(\rho),$$

两边各除以 ρ, 得

$$\frac{f(P)-f(P_0)}{\rho} = \frac{\partial f}{\partial l}\bigg|_{P_0}\frac{\Delta x}{\rho} + \frac{\partial f}{\partial l}\bigg|_{P_0}\frac{\Delta y}{\rho} + \frac{\partial f}{\partial l}\bigg|_{P_0}\frac{\Delta z}{\rho} + \frac{o(\rho)}{\rho}$$

$$= \frac{\partial f}{\partial x}\bigg|_{P_0}\cos\alpha + \frac{\partial f}{\partial y}\bigg|_{P_0}\cos\beta + \frac{\partial f}{\partial z}\bigg|_{P_0}\cos\gamma + \frac{o(\rho)}{\rho},$$

所以

$$\frac{\partial f}{\partial l}\bigg|_{P_0} = \lim_{\rho\to 0^+}\frac{f(P)-f(P_0)}{\rho} = \frac{\partial f}{\partial x}\bigg|_{P_0}\cos\alpha + \frac{\partial f}{\partial y}\bigg|_{P_0}\cos\beta + \frac{\partial f}{\partial z}\bigg|_{P_0}\cos\gamma.$$

对于二元函数 $z=f(x,y)$, 可类似定义其在平面内一定点 $P_0(x_0,y_0)$ 处, 沿着 P_0 出发的平面射线 l 的方向导数. 并且, 当 $z=f(x,y)$ 在点 $P_0(x_0,y_0)$ 处可微时, 有

$$\frac{\partial f}{\partial l}\bigg|_{P_0} = \frac{\partial f}{\partial x}\bigg|_{P_0}\cos\alpha + \frac{\partial f}{\partial y}\bigg|_{P_0}\cos\beta,$$

其中 α, β 为方向 $\boldsymbol{l}$ 的方向角.

例 1　求函数 $z = x\mathrm{e}^{2y}$ 在点 $P(1,0)$ 处沿从点 $P(1,0)$ 到点 $Q(2,-1)$ 的方向的方向导数.

解　这里方向 $\boldsymbol{l}$ 即方向向量 $\overrightarrow{PQ} = (1,-1)$ 的方向, 故方向 $\boldsymbol{l}$ 的方向角 $\alpha = \frac{\pi}{4}, \beta = \frac{3\pi}{4}$, 则 $\cos\alpha = \frac{1}{\sqrt{2}}, \cos\beta = -\frac{1}{\sqrt{2}}$. 因为

$$\frac{\partial z}{\partial x}\bigg|_{(1,0)} = \mathrm{e}^{2y}\bigg|_{(1,0)} = 1, \quad \frac{\partial z}{\partial y}\bigg|_{(1,0)} = 2x\mathrm{e}^{2y}|_{(1,0)} = 2,$$

故所求方向导数为

$$\frac{\partial z}{\partial l}\bigg|_{(1,0)} = 1\cdot\frac{1}{\sqrt{2}} + 2\cdot\left(-\frac{1}{\sqrt{2}}\right) = -\frac{\sqrt{2}}{2}.$$

例 2　求函数 $u = \frac{1}{z}(6x^2 + 8y^2)^{\frac{1}{\sqrt{2}}}$ 在点 $P(1,1,1)$ 处沿点 P 到点 $Q(5,7,3)$ 方向的方向导数.

解　易知方向 $\boldsymbol{l} = \overrightarrow{PQ} = (4,6,2)$, 其方向余弦为

$$\cos\alpha = \frac{2}{\sqrt{14}}, \quad \cos\beta = \frac{3}{\sqrt{14}}, \quad \cos\gamma = \frac{1}{\sqrt{14}}.$$

又因为

$$\frac{\partial u}{\partial x}\bigg|_P = \frac{6x}{z\sqrt{6x^2+8y^2}}\bigg|_P = \frac{6}{\sqrt{14}},$$

$$\frac{\partial u}{\partial y}\bigg|_P = \frac{8y}{z\sqrt{6x^2+8y^2}}\bigg|_P = \frac{8}{\sqrt{14}},$$

$$\frac{\partial u}{\partial z}\bigg|_P = \frac{\sqrt{6x^2+8y^2}}{z^2}\bigg|_P = -\sqrt{14},$$

所以

$$\frac{\partial z}{\partial l}\bigg|_P = \left(\frac{\partial f}{\partial x}\cos\alpha + \frac{\partial f}{\partial y}\cos\beta + \frac{\partial f}{\partial z}\cos\gamma\right)\bigg|_P = \frac{11}{7}.$$

9.5.2　梯度

慕课9.7.2

函数 f 在点 P_0 处沿方向 l 的方向导数 $\dfrac{\partial z}{\partial l}\bigg|_{P_0}$ 刻画了函数在

该点沿方向 l 的变化率, 当 $\dfrac{\partial z}{\partial l}\bigg|_P > 0$ 或 $\left(\dfrac{\partial z}{\partial l}\bigg|_P < 0\right)$ 时, 函数在点 P_0 处沿方向

l 增加 (减少), 且 $\dfrac{\partial z}{\partial l}\bigg|_{P_0}$ 越大, 增加 (减少) 速度越快. 然而在许多问题中, 往往还

需要知道函数在点 P_0 处沿哪个方向增加最快, 沿哪个方向减少最快. 梯度的概念
正是从研究这样的问题中抽象出来的.

定义 9.5.2　设函数 $u = f(x,y,z)$ 在空间区域 G 内具有一阶连续偏导数, 则
对于每一点 $P(x,y,z) \in G$, 都可定义一个向量

$$\frac{\partial f}{\partial x}\boldsymbol{i} + \frac{\partial f}{\partial y}\boldsymbol{j} + \frac{\partial f}{\partial z}\boldsymbol{k}.$$

称它为函数 $u = f(x,y,z)$ 在点 $P(x,y,z)$ 的梯度, 记作

$$\mathbf{grad}f(x,y,z) = \frac{\partial f}{\partial x}\boldsymbol{i} + \frac{\partial f}{\partial y}\boldsymbol{j} + \frac{\partial f}{\partial z}\boldsymbol{k} = \left(\frac{\partial f}{\partial x}, \frac{\partial f}{\partial y}, \frac{\partial f}{\partial z}\right).$$

设 $\boldsymbol{e} = \cos\alpha\boldsymbol{i} + \cos\beta\boldsymbol{j} + \cos\gamma\boldsymbol{k}$ 是方向 l 上的单位向量, 由方向导数计算
公式知

$$\frac{\partial f}{\partial l} = \frac{\partial f}{\partial x}\cos\alpha + \frac{\partial f}{\partial y}\cos\beta + \frac{\partial f}{\partial z}\cos\gamma$$

$$= \left(\frac{\partial f}{\partial x}, \frac{\partial f}{\partial y}, \frac{\partial f}{\partial z}\right) \cdot (\cos\alpha, \cos\beta, \cos\gamma)$$

$$= \mathbf{grad}f(x,y,z) \cdot \boldsymbol{e}$$

$$= |\mathbf{grad}f(x,y,z)| \cos\theta,$$

其中 θ 为 $\mathbf{grad}f(x,y,z)$ 与 $\boldsymbol{e}$ 的夹角.

由此可见, $\frac{\partial f}{\partial l}$ 就是梯度在射线 l 上的投影, 如果方向 l 与梯度方向一致时, 有 $\cos\theta = 1$, 则 $\frac{\partial f}{\partial l}$ 有最大值, 即函数沿梯度方向的方向导数达到最大值. 如果方向 l 与梯度方向相反时, 有 $\cos\theta = -1$, 则 $\frac{\partial f}{\partial l}$ 有最小值, 即函数沿梯度方向的方向导数取得最小值. 因此我们有如下结论.

函数在某点的梯度是这样一个向量, 它的方向与取得最大方向导数的方向一致, 而它的模方向导数的最大值, 梯度的模为

$$|\mathbf{grad}f(x,y,z)| = \sqrt{\left(\frac{\partial f}{\partial x}\right)^2 + \left(\frac{\partial f}{\partial y}\right)^2 + \left(\frac{\partial f}{\partial z}\right)^2}.$$

对于二元函数 $z = f(x,y)$, 可类似地定义函数在点 $P(x,y)$ 处的梯度 $\mathrm{grad}f(x, y)$, 即

$$\mathbf{grad}f(x,y) = \frac{\partial f}{\partial x}\boldsymbol{i} + \frac{\partial f}{\partial y}\boldsymbol{j} = \left(\frac{\partial f}{\partial x}, \frac{\partial f}{\partial y}\right).$$

例 3 求 $\mathbf{grad}\dfrac{1}{x^2 + y^2}$.

解 因为 $f(x,y) = \dfrac{1}{x^2 + y^2}$, 所以

$$\frac{\partial f}{\partial x} = -\frac{-2x}{(x^2 + y^2)^2}, \qquad \frac{\partial f}{\partial y} = -\frac{2y}{(x^2 + y^2)^2},$$

故

$$\mathbf{grad}\frac{1}{x^2 + y^2} = -\frac{-2x}{(x^2 + y^2)^2}\boldsymbol{i} - \frac{2y}{(x^2 + y^2)^2}\boldsymbol{j}.$$

例 4 求函数 $u = x^2 + 2y^2 + 3z^2 + 3x - 2y$ 在点 $(1,1,2)$ 处的梯度, 并问在哪些点处梯度为零?

解　由梯度计算公式得 $\mathbf{grad}u(x,y,z) = \dfrac{\partial f}{\partial x}\boldsymbol{i} + \dfrac{\partial f}{\partial y}\boldsymbol{j} + \dfrac{\partial f}{\partial z}\boldsymbol{k} = (2x+3)\,\boldsymbol{i} +$ $(4y-2)\,\boldsymbol{j} + 6z\boldsymbol{k}$, 故 $\mathbf{grad}u\,(1,1,2) = 5\boldsymbol{i} + 2\boldsymbol{j} + 12\boldsymbol{k}$. 易知在点 $\left(-\dfrac{3}{2}, \dfrac{1}{2}, 0\right)$ 处梯度为 0.

小结与思考

1. 小结

本节介绍了方向导数与梯度的概念. 类似于一元函数导数的问题, 二元函数的偏导数反映的是多元函数沿坐标轴方向的变化率; 同时, 本节讨论了方向导数与梯度的计算方法与方向角的确定. 特别地, 针对工程实际案例, 掌握方向导数和梯度的应用.

2. 思考

生活中还有哪些实际问题的变量是通过方向导数和梯度来定义的?

习　题　9-5

1. 求下列函数在指定点 P_0 处沿指定方向 $\boldsymbol{l}$ 的方向导数:

(1) $z = 2x^2 + y^2$, $P_0\,(-1,1)$, $\boldsymbol{l} = (3,-4)$;

(2) $z = \arctan\dfrac{y}{x} + \sqrt{3}\arcsin\dfrac{xy}{2}$, $P_0\,(1,1)$, $\boldsymbol{l}$ 为从点 $(-1,-1)$ 到 $(2,-3)$ 的方向;

(3) $u = x^2 + 2y^2 - 3z^2$, $P_0\,(1,1,1)$, $\boldsymbol{l} = (1,1,1)$;

(4) $u = 3\mathrm{e}^x\cos\,(yz)$, $P_0\,(0,0,0)$, $\boldsymbol{l}$ 为从点 $(-1,0,1)$ 到 $(1,1,-1)$ 的方向.

2. 设函数 $u(x,y,z) = 1 + \dfrac{x^2}{6} + \dfrac{y^2}{12} + \dfrac{z^2}{18}$, 单位向量 $\boldsymbol{n} = \dfrac{1}{\sqrt{3}}(1,1,1)$, 求 $\left.\dfrac{\partial u}{\partial n}\right|_{(1,2,3)}$.

3. 设平面区域内的点 $P(x,y)$ (单位: m) 的温度 $T(x,y) = x\sin 2y$ (单位: ℃), 一个质点在此区域内沿着以原点为中心, 半径为 1m 的圆周做顺时针运动, 则质点在 $P_0\left(\dfrac{1}{2}, \dfrac{\sqrt{3}}{2}\right)$ 处温度变化有多快?

4. 设一金属球体内各点处的温度与该点离球心的距离成反比, 证明: 球体内任意一点 (球心除外) 处沿指向球心的方向温度上升得最快.

5. 设平面上某金属板的电压分布为 $V(x,y) = x^2 + xy + y^2$, 在 $P_0\,(-1,1)$ 处:

(1) 沿哪个方向电压升高得最快? 此时上升的速率为多少?

(2) 沿哪个方向电压下降得最快? 此时下降的速率为多少?

(3) 沿哪个方向电压变化得最慢?

6. 设函数 $f(x,y)$ 具有连续偏导数, 如果平面曲线 L 在任意一点 (x,y) 处的切线方向总是平行于函数 $f(x,y)$ 在 (x,y) 处的梯度 $\mathbf{grad}f(x,y)$, 那么称曲线 L 为函数 $f(x,y)$ 的一条**梯度线**. 试证明: 梯度线 L 的方程为 $y = y\,(x)$, 满足微分方程 $\dfrac{\mathrm{d}y}{\mathrm{d}x} = \dfrac{f_y(x,y)}{f_x(x,y)}$.

7. 求函数 $u = \dfrac{x^2}{a^2} + \dfrac{y^2}{b^2} + \dfrac{z^2}{c^2}$ 在点 $M(x,y,z)$ 处沿该点向径 $\boldsymbol{r} = \overrightarrow{OM}$ 方向的方向导数, 若对所有的点 M 均有 $\left.\dfrac{\partial u}{\partial r}\right|_M = |\nabla u(M)|$, 问 a, b, c 之间有何关系?

8. 设有一小山, 取它的底面所在的平面为 xOy 坐标面, 其底部所占的区域为 $D = \{x^2 + y^2 - xy \leqslant 75\}$, 小山的高度函数为 $h(x,y) = 75 - x^2 - y^2 + xy$.

(1) 设 $M(x_0, y_0)$ 为区域 D 上的一个点, 问 $h(x,y)$ 在该点沿平面上什么方向的方向导数最大? 若记此方向导数的最大值为 $g(x_0, y_0)$, 试写出 $g(x_0, y_0)$ 的表达式.

(2) 现欲利用此小山开展攀岩活动, 为此需要在山脚寻找一上山坡度最大的点作为攀登的起点, 也就是说, 要在 D 的边界曲线 $x^2 + y^2 - xy = 75$ 上找出使 (1) 中的 $g(x,y)$ 达到最大值的点, 试确定攀登起点的位置.

9.6　多元函数微分学的应用

本节先介绍一元向量值及其导数, 再讨论多元函数微分学在几何和经济学方面的应用.

教学目标: 了解曲线的切线和法平面及曲面的切平面和法线的概念, 会求它们的方程.

教学重点: 曲线的切线和法平面及曲面的切平面和法线的方程.

教学难点: 曲线切线、曲面切平面的切向量.

教学背景: 经济最优化问题, 工程多变量问题.

思政元素: 通过微分学的相关知识, 能够解释一些经济学现象, 对经济实践有一定的指导意义.

9.6.1　多元函数微分学的几何应用

类似于一元函数的微分法可以求平面曲线的切线方程和法线方程, 多元函数的微分法同样可以求出空间曲线的切线和法平面方程, 以及空间曲面的切平面和法线方程.

慕课9.6.1

1. 空间曲线的切线与法平面

类似于平面曲线, 空间曲线在其上点 M_0 的切线定义为割线的极限位置 (极限存在时), 过 M_0 且与切线垂直的平面称为曲线在点 M_0 的法平面, 如图 9-6-1 所示.

(1) 若空间曲线 Γ 的参数方程为

$$\Gamma: \begin{cases} x = \varphi(t), \\ y = \psi(t), \quad t \in [\alpha, \beta], \\ z = \omega(t), \end{cases}$$

这里假定 $\varphi(t), \psi(t), \omega(t)$ 可导且导数不同时为零.

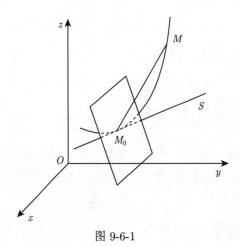

图 9-6-1

现在要求曲线 Γ 上一点 $M(x_0, y_0, z_0)$ 处的切线和法平面方程. 这里

$$x_0 = \varphi(t_0), \quad y_0 = \psi(t_0),$$
$$z_0 = \omega(t_0), \quad t_0 \in [\alpha, \beta],$$

且 $[\varphi(t_0)]^2 + [\psi(t_0)]^2 + [\omega(t_0)]^2 \neq 0$. 在曲线 Γ 上点 $M_0(x_0, y_0, z_0)$ 的附近取一点 $M(x_0 + \Delta x, y_0 + \Delta y, z_0 + \Delta z)$, 对应的参数是 $t_0 + \Delta t\,(\Delta t \neq 0)$. 作曲线的割线 MM_0, 其方程为

$$\frac{x - x_0}{\Delta x} = \frac{y - y_0}{\Delta y} = \frac{z - z_0}{\Delta z},$$

其中 $\Delta x = \varphi(t_0 + \Delta t) - \varphi(t_0)$, $\Delta y = \psi(t_0 + \Delta t) - \psi(t_0)$, $\Delta z = \omega(t_0 + \Delta t) - \omega(t_0)$.

以 Δt 除上式各分母, 得

$$\frac{x - x_0}{\dfrac{\Delta x}{\Delta t}} = \frac{y - y_0}{\dfrac{\Delta y}{\Delta t}} = \frac{z - z_0}{\dfrac{\Delta z}{\Delta t}}.$$

当点 M 沿着曲线 Γ 趋于点 M_0 时, 割线 MM_0 的极限就是曲线在点 M_0 处的切线 M_0S. 当 $M \to M_0$, 即 $\Delta t \to 0$ 时, 得曲线在点 M_0 处的切线方程为

$$\frac{x - x_0}{\varphi'(t_0)} = \frac{y - y_0}{\psi'(t_0)} = \frac{z - z_0}{\omega'(t_0)}.$$

曲线 Γ 切线的方向向量称为曲线的切向量. 显然向量

$$\boldsymbol{T} = (\varphi'(t_0), \psi'(t_0), \omega'(t_0))$$

就是曲线 Γ 在点 M_0 处的一个切向量.

由法平面的定义易知, 曲线 Γ 在点 M_0 处的法平面方程为

$$\varphi'(t_0)(x - x_0) + \psi'(t_0)(y - y_0) + \omega'(t_0)(z - z_0) = 0$$

例 1　求曲线 $\begin{cases} x = t + 1, \\ y = t^2 + 2, \\ z = t^3 + 3 \end{cases}$ 在点 $(2, 3, 4)$ 处的切线及法平面方程.

解 (1) 因为
$$x'(t) = 1, \quad y'(t) = 2t, \quad z'(t) = 3t^2,$$

而点 $(2, 3, 4)$ 所对应的参数 $t = 1$, 所以切线的方向向量为 $\boldsymbol{T} = (1, 2, 3)$.

于是, 切线方程为
$$\frac{x-2}{1} = \frac{y-3}{2} = \frac{z-4}{3},$$

法平面方程为
$$(x-2) + 2(y-3) + 3(z-4) = 0,$$

即 $x + 2y + 3z = 20$.

(2) 若曲线 Γ 的方程为

$$\Gamma : \begin{cases} y = \varphi(x), \\ z = \psi(x), \end{cases}$$

则曲线方程可看作参数方程

$$\begin{cases} x = x, \\ y = \varphi(x), \\ z = \psi(x), \end{cases}$$

若 $\varphi(x)$, $\psi(x)$ 都在 $x = x_0$ 处可导, 则曲线的切向量为

$$\boldsymbol{T} = (1, \varphi'(x_0), \psi'(x_0)).$$

因此, 曲线 Γ 在点 $M_0(x_0, y_0, z_0)$ 处的切线方程为

$$\frac{x - x_0}{1} = \frac{y - y_0}{\varphi'(x_0)} = \frac{z - z_0}{\psi'(x_0)}.$$

在点 $M_0(x_0, y_0, z_0)$ 处的法平面方程为

$$(x - x_0) + \varphi'(t_0)(y - y_0) + \psi'(t_0)(z - z_0) = 0.$$

(3) 若曲线 Γ 的方程为

$$\Gamma : \begin{cases} F(x, y, z) = 0, \\ G(x, y, z) = 0, \end{cases}$$

$M_0 (x_0, y_0, z_0)$ 是曲线 Γ 上的一个点. 设 F, G 在 M_0 的某一邻域内有对各个变量的连续偏导数, 且

$$\left| \begin{array}{cc} F_y & F_z \\ G_y & G_z \end{array} \right|_{M_0} \neq 0.$$

这时方程组 $\begin{cases} F(x, y, z) = 0, \\ G(x, y, z) = 0, \end{cases}$ 在点 $M_0 (x_0, y_0, z_0)$ 的某一邻域内能唯一确定连续可微的隐函数 $y = \varphi(x), z = \psi(x)$, 使得

$$y_0 = \varphi(x_0), \quad z_0 = \psi(x_0).$$

在方程组 $\begin{cases} F(x, \varphi(x), \psi(x)) = 0, \\ G(x, \varphi(x), \psi(x)) = 0 \end{cases}$ 的两边分别对 x 求导数, 得到

$$\begin{cases} \dfrac{\partial F}{\partial x} + \dfrac{\partial F}{\partial y} \dfrac{\mathrm{d}y}{\mathrm{d}x} + \dfrac{\partial F}{\partial z} \dfrac{\mathrm{d}z}{\mathrm{d}x} = 0, \\ \dfrac{\partial G}{\partial x} + \dfrac{\partial G}{\partial y} \dfrac{\mathrm{d}y}{\mathrm{d}x} + \dfrac{\partial G}{\partial z} \dfrac{\mathrm{d}z}{\mathrm{d}x} = 0. \end{cases}$$

在 $\left| \begin{array}{cc} F_y & F_z \\ G_y & G_z \end{array} \right|_{M_0} \neq 0$ 时, 可解得

$$\frac{\mathrm{d}y}{\mathrm{d}x} = - \frac{\left| \begin{array}{cc} F_x & F_z \\ G_x & G_z \end{array} \right|}{\left| \begin{array}{cc} F_y & F_z \\ G_y & G_z \end{array} \right|} = \frac{\left| \begin{array}{cc} F_z & F_x \\ G_z & G_x \end{array} \right|}{\left| \begin{array}{cc} F_y & F_z \\ G_y & G_z \end{array} \right|},$$

$$\frac{\mathrm{d}z}{\mathrm{d}x} = - \frac{\left| \begin{array}{cc} F_y & F_x \\ G_y & G_x \end{array} \right|}{\left| \begin{array}{cc} F_y & F_z \\ G_y & G_z \end{array} \right|} = \frac{\left| \begin{array}{cc} F_x & F_y \\ G_x & G_y \end{array} \right|}{\left| \begin{array}{cc} F_y & F_z \\ G_y & G_z \end{array} \right|}.$$

因此, 曲线 Γ 在点 M_0 处的切向量为

$$\boldsymbol{T} = \left(1, \frac{\left| \begin{array}{cc} F_z & F_x \\ G_z & G_x \end{array} \right|_{M_0}}{\left| \begin{array}{cc} F_y & F_z \\ G_y & G_z \end{array} \right|_{M_0}}, \frac{\left| \begin{array}{cc} F_x & F_y \\ G_x & G_y \end{array} \right|_{M_0}}{\left| \begin{array}{cc} F_y & F_z \\ G_y & G_z \end{array} \right|_{M_0}} \right),$$

或

$$\boldsymbol{T} = \left(\left| \begin{matrix} F_y & F_z \\ G_y & G_z \end{matrix} \right|_{M_0}, \left| \begin{matrix} F_z & F_x \\ G_z & G_x \end{matrix} \right|_{M_0}, \left| \begin{matrix} F_x & F_y \\ G_x & G_y \end{matrix} \right|_{M_0} \right),$$

其中 $\left| \begin{matrix} F_y & F_z \\ G_y & G_z \end{matrix} \right|_{M_0}, \left| \begin{matrix} F_z & F_x \\ G_z & G_x \end{matrix} \right|_{M_0}, \left| \begin{matrix} F_x & F_y \\ G_x & G_y \end{matrix} \right|_{M_0}$ 不全为零.

上述切向量可以表示为

$$\boldsymbol{T} = \left| \begin{matrix} \boldsymbol{i} & \boldsymbol{j} & \boldsymbol{k} \\ F_x & F_y & F_z \\ G_x & G_y & G_z \end{matrix} \right|_{M_0}.$$

于是曲线在点 M_0 处的切线方程为

$$\frac{x - x_0}{\left| \begin{matrix} F_y & F_z \\ G_y & G_z \end{matrix} \right|_{M_0}} = \frac{y - y_0}{\left| \begin{matrix} F_z & F_x \\ G_z & G_x \end{matrix} \right|_{M_0}} = \frac{z - z_0}{\left| \begin{matrix} F_x & F_y \\ G_x & G_y \end{matrix} \right|_{M_0}}.$$

法平面方程为

$$\left| \begin{matrix} F_y & F_z \\ G_y & G_z \end{matrix} \right|_{M_0} (x - x_0) + \left| \begin{matrix} F_z & F_x \\ G_z & G_x \end{matrix} \right|_{M_0} (y - y_0) + \left| \begin{matrix} F_x & F_y \\ G_x & G_y \end{matrix} \right|_{M_0} (z - z_0) = 0.$$

例 2 求曲线 $\begin{cases} x^2 + y^2 + z^2 = 6, \\ x + y + z = 0 \end{cases}$ 在点 $M(1, -2, 1)$ 处的切线及法平面方程.

解 设 $\begin{cases} F(x, y, z) = x^2 + y^2 + z^2 - 6, \\ G(x, y, z) = x + y + z, \end{cases}$ 它们在点 $M(1, -2, 1)$ 处的偏导数分别为

$$\left. \frac{\partial F}{\partial x} \right|_M = 2, \quad \left. \frac{\partial F}{\partial y} \right|_M = -4, \quad \left. \frac{\partial F}{\partial z} \right|_M = 2,$$

$$\left. \frac{\partial G}{\partial x} \right|_M = 1, \quad \left. \frac{\partial G}{\partial y} \right|_M = 1, \quad \left. \frac{\partial G}{\partial z} \right|_M = 1.$$

空间曲线在点 $M(1, -2, 1)$ 处的切向量为

$$\boldsymbol{T} = \left| \begin{matrix} \boldsymbol{i} & \boldsymbol{j} & \boldsymbol{k} \\ F_x & F_y & F_z \\ G_x & G_y & G_z \end{matrix} \right|_{(1, -2, 1)} = \left| \begin{matrix} \boldsymbol{i} & \boldsymbol{j} & \boldsymbol{k} \\ 2 & -4 & 2 \\ 1 & 1 & 1 \end{matrix} \right| = 6(-1, 0, 1).$$

所求切线方程为

$$\frac{x-1}{-1} = \frac{y+2}{0} = \frac{z-1}{1},$$

即

$$\begin{cases} x+z-2=0, \\ y+2=0. \end{cases}$$

法平面方程为

$$(x-1)+0\cdot(y+2)-(z-1)=0,$$

即

$$x-z=0.$$

2. 空间曲面的切平面与法线

设 M_0 为曲面 Σ 上的一点, 若 Σ 上任意一条过点 M_0 的曲线在点 M_0 有切线, 且这些切线均在同一平面内, 则称此平面为曲面 Σ 在点 M_0 的**切平面**, 称过 M_0 而垂直于切平面的直线为曲面 Σ 在点 M_0 的**法线**. 称法线的方向向量 (切平面的法向量) 为点 M_0 的**法向量**, 如图 9-6-2 所示.

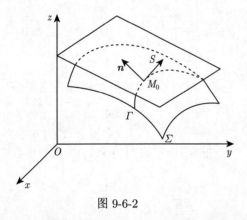

图 9-6-2

如何求曲面 Σ 在点 M_0 的法向量呢?

若曲面 Σ 的方程为 $F(x,y,z)=0$, $M_0(x_0,y_0,z_0)$ 是曲面上的一点, 并设函数 $F(x,y,z)$ 的偏导数在该点连续且不同时为零, 在曲面 Σ 上过点 M_0 任意引一条曲线 Γ, 假定曲线 Γ 的参数方程为

$$x=\varphi(t), \quad y=\psi(t),$$
$$z=\omega(t), \quad t\in[\alpha,\beta],$$

$t=t_0$ 对应于点 $M_0(x_0,y_0,z_0)$, 且 $\varphi'(t_0),\psi'(t_0),\omega'(t_0)$ 不全为零.

曲线 Γ 在点 $M_0(x_0,y_0,z_0)$ 的切向为 $\boldsymbol{T}=(\varphi'(t_0),\psi'(t_0),\omega'(t_0))$. 曲面方程 $F(x,y,z)=0$ 两端在 $t=t_0$ 的全导数为

$$F_x(x_0,y_0,z_0)\varphi'(t_0)+F_y(x_0,y_0,z_0)\psi'(t_0)+F_z(x_0,y_0,z_0)\omega'(t_0)=0.$$

引入向量

$$\boldsymbol{n}=(F_x(x_0,y_0,z_0),F_y(x_0,y_0,z_0),F_z(x_0,y_0,z_0)),$$

上式说明 n 与 T 垂直, 因为曲线 Γ 是曲面 Σ 上通过点 M_0 的任意一条曲线, 它们在点 M_0 的切线都与向量 n 垂直, 因此, 这些切线都在同一平面上, 这个平面称为曲面 Σ 在点 M_0 处的切平面, n 即为切平面的法向量. 因此, 曲面 Σ 上过点 $M(x_0, y_0, z_0)$ 的切平面的方程是

$$F_x(x_0, y_0, z_0)(x - x_0) + F_y(x_0, y_0, z_0)(y - y_0) + F_z(x_0, y_0, z_0)(z - z_0) = 0.$$

法线方程为

$$\frac{x - x_0}{F_x(x_0, y_0, z_0)} = \frac{y - y_0}{F_y(x_0, y_0, z_0)} = \frac{z - z_0}{F_z(x_0, y_0, z_0)}.$$

例 3 求椭球面 $x^2 + 2y^2 + 3z^2 = 6$ 在点 $(1, 1, 1)$ 处的切平面及法线方程.

解 令 $F(x, y, z) = x^2 + 2y^2 + 3z^2 - 6$, 则

$$F_x = 2x, \quad F_y = 4y, \quad F_z = 6z,$$

$$F_x(1, 1, 1) = 2, \quad F_y(1, 1, 1) = 4, \quad F_z(1, 1, 1) = 6,$$

法向量为 $n = (2, 4, 6)$. 所求切平面方程为

$$2(x - 1) + 4(y - 1) + 6(z - 1) = 0,$$

即 $x + 2y + 3z - 6 = 0$.

法线方程为

$$\frac{x - 1}{1} = \frac{y - 1}{2} = \frac{z - 1}{3}.$$

若曲面方程为 $z = f(x, y)$, 令

$$F(x, y, z) = f(x, y) - z,$$

则

$$F_x = f_x, \quad F_y = f_y, \quad F_z = -1,$$

从而曲面在点 $M_0(x_0, y_0, z_0)$ 的法向量为

$$n = (f(x_0, y_0), f(x_0, y_0), -1),$$

切平面方程为

$$f_x(x_0, y_0)(x - x_0) + f_y(x_0, y_0)(x - x_0) - (z - z_0) = 0,$$

或

$$z - z_0 = f_x(x_0, y_0)(x - x_0) + f_y(x_0, y_0)(x - x_0),$$

法线方程为

$$\frac{x - x_0}{f_x(x_0, y_0)} = \frac{y - y_0}{f_y(x_0, y_0)} = \frac{z - z_0}{-1}.$$

例 4　求旋转抛物面 $z = x^2 + y^2 - 1$ 在点 $(2, 1, 4)$ 处的切平面及法线方程.

解　令 $F(x, y) = x^2 + y^2 - 1 - z$, 由于

$$F_x = 2x, \quad F_y = 2y, \quad F_z = -1,$$

所以在点 $(2, 1, 4)$ 处的法向量为

$$\boldsymbol{n} = (2x, 2y, -1)|_{(2,1,4)} = (4, 2, -1),$$

所以旋转抛物面在点 $(2, 1, 4)$ 处的切平面方程为

$$4(x - 2) + 2(y - 1) - (z - 4) = 0.$$

即 $4x + 2y - z - 6 = 0$.

法线方程为

$$\frac{x - 2}{4} = \frac{y - 1}{2} = \frac{z - 4}{-1}.$$

9.6.2 多元函数微分学在经济学中的应用

在一元函数的微分学中, 我们通过导数研究了经济学中的边际概念, 如边际成本、边际收益、边际利润等. 多元函数的偏导数, 无非对某一个自变量求导数, 而将其他的自变量视作常量, 它也反映了某一经济变量随另一经济变量的变化率, 因此在经济学中同样也叫 "边际" 函数.

1. 经济学研究中的边际函数

(1) 边际需求.

假设对某一商品的市场需求受到商品的价格 P 与企业的广告投入 A 这两个因素的影响, 其需求函数为

$$Q = 5000 - 10P + 40A + PA - 0.8A^2 - 0.5P^2.$$

企业在决策时要研究商品价格的变化和企业广告投入的变化会对商品的需求产生怎样的影响. 为了解决这一问题, 一般的做法是假定其他变量不变, 考虑一个变量变化时函数所受到的影响, 这就要研究经济函数的偏导数.

价格变化对需求的边际影响为

$$\frac{\partial Q}{\partial P} = -10 + A - P;$$

广告投入变化对需求的边际影响为

$$\frac{\partial Q}{\partial A} = 40 + P - 1.6A,$$

$\dfrac{\partial Q}{\partial P}$ 和 $\dfrac{\partial Q}{\partial A}$ 分别称为价格的边际需求和广告投入的边际需求.

(2) 边际成本.

设某企业生产甲、乙两种产品, 产量分别为 x, y, 总成本函数为

$$C = 3x^2 + 7x + 1.5xy + 6y + 2y^2,$$

则甲产品的边际成本为

$$\frac{\partial C}{\partial x} = 6x + 7 + 1.5y;$$

乙产品的边际成本为

$$\frac{\partial C}{\partial y} = 1.5x + 6 + 4y.$$

2. 偏弹性

与一元函数一样, 还可以定义多元函数的弹性概念, 多元函数的各种弹性称为偏弹性.

(1) 需求的价格偏弹性.

在经济活动中, 商品的需求量 Q 受商品的价格 P_1、消费者的收入 M 以及相关商品的价格 P_2 等因素的影响. 假设

$$Q = f(P_1, M, P_2),$$

若消费者收入 M 及相关商品的价格 P_2 不变时, 商品需求量 Q 将随价格 P_1 的变化而变化, 当 $\dfrac{\partial Q}{\partial P_1}$ 存在时, 则可定义需求的价格偏弹性为

$$e_{P_1} = \lim_{\Delta P_1 \to 0} \frac{\Delta_1 Q/Q}{\Delta P_1/P_1} = \frac{P_1}{Q} \cdot \frac{\partial Q}{\partial P_1} = \frac{\partial(\ln Q)}{\partial(\ln P_1)},$$

其中

$$\Delta_1 Q = f(P_1 + \Delta P_1, M, P_2) - f(P_1, M, P_2).$$

(2) 需求的交叉价格偏弹性.

需求的交叉价格偏弹性表示一种商品的需求量的变化相对另一种商品的价格变化的反映程度, 在需求函数

$$Q = f(P_1, M, P_2)$$

中, 需求的交叉价格偏弹性定义为

$$e_{P_2} = \lim_{\Delta P_2 \to 0} \frac{\Delta_2 Q / Q}{\Delta P_2 / P_2} = \frac{P_2}{Q} \cdot \frac{\partial Q}{\partial P_2} = \frac{\partial (\ln Q)}{\partial (\ln P_2)},$$

其中

$$\Delta_2 Q = f(P_1, M, P_2 + \Delta P_2) - f(P_1, M, P_2).$$

(3) 需求的收入价格偏弹性.

在需求函数 $Q = f(P_1, M, P_2)$ 中, 需求的收入价格偏弹性定义为

$$e_M = \lim_{\Delta M \to 0} \frac{\Delta_3 Q / Q}{\Delta M / M} = \frac{M}{Q} \cdot \frac{\partial Q}{\partial M} = \frac{\partial (\ln Q)}{\partial (\ln M)},$$

其中

$$\Delta_3 Q = f(P_1, M + \Delta M, P_2) - f(P_1, M, P_2).$$

需求的收入价格偏弹性表示需求量的变化相对于消费者收入的变化的反映程度.

例 5　设某市场牛肉的需求函数为

$$Q = 4850 - 5P_1 + 0.1M + 1.5P_2,$$

其中消费者收入 $M = 10000$, 牛肉价格 $P_1 = 10$, 相关商品猪肉的价格 $P_2 = 8$. 求:

(1) 牛肉需求的价格偏弹性;

(2) 牛肉需求的收入价格偏弹性;

(3) 牛肉需求的交叉价格偏弹性;

(4) 若猪肉价格增加 10%, 求牛肉需求量的变化率.

解　当 $M = 10000$, $P_1 = 10$, $P_2 = 8$ 时,

$$Q = 4850 - 5 \times 10 + 0.1 \times 10000 + 1.5 \times 8 = 5812.$$

(1) 牛肉需求的价格偏弹性为

$$e_{P_1} = \frac{P_1}{Q} \cdot \frac{\partial Q}{\partial P_1} = -5 \times \frac{10}{5812} \approx -0.009.$$

(2) 牛肉需求的收入价格偏弹性为

$$e_M = \frac{M}{Q} \cdot \frac{\partial Q}{\partial M} = 0.1 \times \frac{10000}{5812} \approx 0.172.$$

(3) 牛肉需求的交叉价格偏弹性为

$$e_{P_2} = \frac{P_2}{Q} \cdot \frac{\partial Q}{\partial P_2} = 1.5 \times \frac{8}{5812} \approx 0.002.$$

(4) 由需求的交叉价格偏弹性 $e_{P_2} = \dfrac{P_2}{Q} \cdot \dfrac{\partial Q}{\partial P_2}$, 得

$$\frac{\partial Q}{Q} = e_{P_2} \cdot \frac{\partial P_2}{P_2} = 0.002 \times 10\% = 0.02\%,$$

即当相关商品猪肉的价格增加 10%, 而牛肉价格不变时, 牛肉的市场需求量将增加 0.02%.

小结与思考

1. 小结

本节介绍了多元函数微分学的应用, 包括几何应用和经济学应用. 在几何方面, 利用微分学知识可以求空间曲线的切线与法平面, 以及空间曲面的切平面与法线; 在经济学方面, 利用偏导数可以研究经济变量的偏弹性和边际函数.

2. 思考

请读者思考实际生活生产中多元函数微分学的应用实例.

习 题 9-6

1. 求下列曲线在指定点处的切线与法平面的方程:

(1) 空间曲线 $\varGamma$: $\begin{cases} x = t\cos t, \\ y = t\sin t, \\ z = 2t, \end{cases}$ $\left(0, \dfrac{\pi}{2}, \pi\right)$;

(2) 空间曲线 $\varGamma$: $\begin{cases} y^2 = 3 + x, \\ z^2 = 10 - x, \end{cases}$ $(1, 2, 3)$;

(3) 空间曲线 $\varGamma$: $\begin{cases} x^2 + y^2 = 4, \\ z = x^2 + y^2, \end{cases}$ $\left(-\sqrt{3}, 1, 4\right)$;

(4) 空间曲线 $\varGamma$: $\begin{cases} x^2 + y^2 + z^2 = 11, \\ x^3 + 3x^2y^2 + y^3 + 4xy - z^2 = 0, \end{cases}$ $(1, 1, 3)$.

2. 求下列曲面在指定点处的切平面与法线的方程:

(1) 曲面 $\Sigma : x^2 + y^2 + z^2 = 14,\ (1, 2, 3)$;

(2) 曲面 $\Sigma : x - z^2 - 2z = 1,\ (1, 1, 0)$;

(3) 曲面 $\Sigma : z = \mathrm{e}^{-x^2 - y^2},\ (0, 0, 1)$;

(4) 曲面 $\Sigma : z = 4x^2 + y^2,\ (1, 1, 5)$.

3. 设 $f(x, y) = \dfrac{x^2}{4} + y^2$, 求 $\nabla f(-2, 1)$, 并用它来求等量线 $f(x, y) = 2$ 在点 $(-2, 1)$ 处的切线方程. 在同一平面内画出 $f(x, y)$ 的等量线、切线与梯度的草图.

4. 求曲面 $z = \dfrac{x^2}{2} + y^2$ 平行于平面 $2x + 2y - z = 0$ 的切平面方程.

5. 求由空间曲线 $\begin{cases} 2x^2 + y^2 = 15, \\ z = 0 \end{cases}$ 绕 x 轴旋转一周所得的旋转椭球面在点 $(1, 2, 3)$ 处的指向椭球外侧的单位法向量.

6. 证明: 锥面 $z = \sqrt{x^2 + y^2} + 3$ 的所有切平面都经过锥面的顶点.

7. 证明: 曲面 $xyz = c^3 (c$ 为常数$)$ 上任意一点处的切平面在各坐标轴上的截距之积为常数.

8. 设函数 $f(u, v)$ 具有连续的偏导数, 证明: 曲面 $f(x - az, y - bz) = 0\ (a, b$ 为非零常数$)$ 上任意一点处的切平面均与直线 $\dfrac{x}{a} = \dfrac{y}{b} = z$ 平行.

9. 证明: 螺旋线 $\begin{cases} x = 2\cos t, \\ y = 2\sin t, \\ z = 4t \end{cases}$ 上任意一点处的切线与 z 轴的夹角为定值.

10. 在椭球面 $\dfrac{x^2}{a^2} + \dfrac{y^2}{b^2} + \dfrac{z^2}{c^2} = 1$ 上求一点, 使得在该点处的切平面在坐标轴上的三个截距相等.

9.7　利用 MATLAB 解决多元函数微分学问题

上册中, 我们已经学习过 MATLAB 在一元函数微分学中的应用, 其中很多命令函数在多元函数问题的解决中仍然适用. 下面针对多元函数微分学中偏导数、全微分、多元函数的极值等问题来学习一下 MATLAB 的应用.

慕课案例三

教学目标: 利用 MATLAB 解决多元函数微分的问题.

教学重点: MATLAB 求多元函数的导数与极值的命令语句.

教学难点: 使用 MATLAB 解决多元函数问题与绘制函数图像.

教学背景: MATLAB 软件是工科学习的有力工具.

思政元素: 通过数学软件的学习, 提升学生解决实际问题的能力.

9.7.1 多元函数的 MATLAB 作图

MATLAB 中主要用 "mesh" 和 "surf" 命令绘制二元函数图形, 主要用命令 "mesh(x,y,z)" 画网格曲面, 这里 x, y, z 是数据矩阵, 分别表示数据点的横坐标、纵坐标和函数值, "surf(x,y,x)" 是完整曲面.

例 1 绘出函数 $z = x^2 + y^2$ 的图形.

解 在命令行窗口输入以下代码

```
>> x=linspace(-100,100,400);
>>y=x;
>>[X,Y]=meshgrid(x,y);
>>Z=X.^2+Y.^2;
>> surf(X,Y,Z), shading interp
```

运行结果如图 9-7-1 所示.

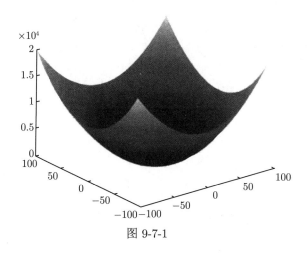

图 9-7-1

9.7.2 多元函数的偏导数

在 MATLAB 软件中, 求一元函数导数与求多元函数偏导数都是由函数 diff 实现的, 其常用的调用格式如下.

(1) diff(f,x): 求表达式 f 对变量 x 的一阶偏导数, 即求 $\dfrac{\partial f}{\partial x}$.

(2) diff(f,x,n): 求表达式 f 对变量 x 的 n 阶偏导数, 即求 $\dfrac{\partial^n f}{\partial x^n}$.

如果求混合偏导数如 $\dfrac{\partial^2 f}{\partial x^2}$, 需要在 $\dfrac{\partial f}{\partial x}$ 的基础上对 y 求偏导数, 应用命令

$$\text{diff(diff(f,x),y)} \quad 或 \quad \text{f\_xy=diff(f,x,y)}.$$

例 2　设 $f(x,y,z) = x^2 + 2y^2 + yz$, 求 $\dfrac{\partial f}{\partial x}, \dfrac{\partial f}{\partial y}, \dfrac{\partial f}{\partial z}$.

解　输入以下命令

```
>> syms x y z;
>> f=x~2+2* y^2+y * z;
>> f_x=diff(f,x)        %计算 f(x,y,z)对x的偏导数
>> f_y=diff(f,y)        %计算 f(x,y,z)对y的偏导数
>> f_z=diff(f,z)        %计算 f(x,y,z)对z的偏导数
```

运算结果如下

```
f_x=2*x
f_y=4*y+z
f_z=y
```

例 3　设 $f(x,y) = x^2 + 2y^2 + y$, 求 $\dfrac{\partial f}{\partial x}\bigg|_{(1,1)}, \dfrac{\partial f}{\partial y}\bigg|_{(1,1)}$.

解　输入以下命令

```
>> syms xy ;
>>f=x^2+2*y^2+y;
>>f_x=diff(f,x);
>> f_y=diff(f,y);
>>f_xv=subs(f_x,{x,y},{1,1})        %计算在(1,1)处对x的偏导数
>>f_yv=subs(f_y,{x,y},{1,1})        %计算在(1,1)处对y的偏导数
```

运算结果如下

```
f_xv =2
f_yv =5
```

例 4　设 $xy + y^2 + z^2 = 5$, 求 $\dfrac{\partial z}{\partial x}, \dfrac{\partial z}{\partial y}$.

解　输入以下命令

```
>> syms x y z;
>> f=x* y+y^2+z^2-5;
>> dzdx = -diff( f,x) /diff( f,z)     %计算z对x的偏导数
>> dzdy = -diff( f, y)/diff( f,z)       %计算z对y的偏导数
```

运算结果如下

```
dzdx =-y/(4*z)
dzdy =-(x+2*y)/(4*Z)
```

9.7.3 多元函数的全微分

求二元函数 $z = f(x, y)$ 全微分的命令: dz=diff(z,x) *dx+diff(z,y)* dy.

例 5 设 $f(x, y) = x^2 + 2y^2 + y$, 求 $dz, dz|_{(1,1)}$.

解 输入以下命令

```
>> syms x y dx dy;
>>z=x^2+2*y^2+y;
>> dz=diff(z,x)*dx+diff(z,y)*dy
>> dz=subs(dz,{x,y},{1,1))
```

运算结果如下

```
dz =2*dx*x+dy*(4*y +1)
dz=2*dx+5*dy
```

9.7.4 多元函数的极值

求多元函数的极值, 首先用 diff 命令求偏导数, 再解正规方程组, 求得驻点, 一般用命令 solve.

例 6 求 $z = x^4 - 8xy + 2y^2 - 3$ 的极值点.

解 (1) 首先用 diff 命令求 z 关于 x, y 的偏导数.

```
>>syms x y ;
>>z=x^4-8*x*y+2*y^2-3:
>> dzdx=diff(z,x)
>> dzdy =diff(z,y)
```

运算结果如下

```
dzdx=4*x3-8*y;
dzdy=4*y-8*x.
```

即 $\dfrac{\partial z}{\partial x} = 4x^3 - 8y, \dfrac{\partial z}{\partial y} = 4y - 8x$.

(2) 求极值点.

```
>>[x,y]=solve('4*x3-8*y=0','-8*x+4*y=0','x','y')
```

运算结果: 求得驻点 $(0, 0), (2, 4), (-2, -4)$.

(3) 判定.

```
>> syms x y;
>>Z=x4-8*x*y+2*y2-3:
>> A=diff(z,x,2)
>> B =diff(diff(z,x) ,y)
>> C=diff(z,y,2)
```

运算结果如下

```
A=12*X2
B=-8
C =4
```

由定理 9.4.2 知 $(2,4),(-2,-4)$ 是极小值点, 而 $(0,0)$ 不是极值点.

总 习 题 9

1. 极限 $\lim\limits_{\substack{x \to 0 \\ y \to 0}} \dfrac{(x^2 + y^2)x^2 y^2}{1 - \cos(x^2 + y^2)} = (\qquad)$.

(A) $+\infty$　　　　　　(B) 0　　　　　　　(C) 1　　　　　　　(D) 不存在

2. 设 $u = x^{y^z}$, 则 $\dfrac{\partial u}{\partial y} = (\qquad)$.

(A) $x^{y^z} \ln x \cdot y^z \ln y$　　　　　　　　(B) $x^{y^z} \ln x \cdot z y^{z-1}$

(C) $y^z x^{y^z - 1} \cdot y^z \ln y$　　　　　　　(D) $y^z x^{y^z - 1} \cdot z y^{z-1}$

3. 设 $f(x,y) = \begin{cases} \dfrac{x^2 y}{x^4 + y^2}, & (x,y) \neq (0,0) \\ 0, & (x,y) = (0,0) \end{cases}$ 在点 $(0,0)$ 处 $(\qquad)$.

(A) 连续、偏导数存在　　　　　　　　(B) 连续、偏导数不存在
(C) 不连续、偏导数存在　　　　　　　(D) 不连续、偏导数不存在

4. 设 $z = y f\left(\dfrac{y}{x}\right)$, 其中 $f(u)$ 具有连续导数, 则下面正确的是 $(\qquad)$.

(A) $\dfrac{\partial z}{\partial x} = -\dfrac{y^2}{x^2} f_x'\left(\dfrac{y}{x}\right)$　　　　　　(B) $\dfrac{\partial z}{\partial y} = f\left(\dfrac{y}{x}\right) + \dfrac{y}{x} f_y'\left(\dfrac{y}{x}\right)$

(C) $\dfrac{\partial z}{\partial x} = -\dfrac{y^2}{x^2} f'\left(\dfrac{y}{x}\right)$　　　　　　(D) $\dfrac{\partial z}{\partial y} = \dfrac{y}{x} f'\left(\dfrac{y}{x}\right)$

5. 设 $x = x(y,z)$, $y = y(x,z)$, $z = z(x,y)$ 是由方程 $F(x,y,z) = 0$ 所确定的, 则 $\dfrac{\partial x}{\partial y} \cdot \dfrac{\partial y}{\partial z} \cdot \dfrac{\partial z}{\partial x} = (\qquad)$.

(A) 1　　　　　　　(B) -1　　　　　　(C) 0　　　　　　(D) 不能确定

6. 设 $z = \ln\sqrt{x^2 + y^2}$, 则 $x\dfrac{\partial z}{\partial x} + y\dfrac{\partial z}{\partial y} = (\qquad)$.

(A) 1　　　　　　　(B) 2　　　　　　(C) $\sqrt{x^2 + y^2}$　　　(D) $2\sqrt{x^2 + y^2}$

7. 设 $z = x^2 y - xy^2$, $x = u\cos v$, $y = u\sin v$, 求 $\dfrac{\partial z}{\partial u}, \dfrac{\partial z}{\partial v}$.

8. 设 $z = \dfrac{y}{x}$, 而 $x = e^t$, $y = 1 - e^{2t}$, 求 $\dfrac{dz}{dt}$.

9. 设 $z = f(x^2 - y^2, e^{xy})$, 其中 f 具有二阶连续偏导数, 求 $\dfrac{\partial^2 z}{\partial x \partial y}$.

10. 已知函数 $z = f(x, y)$ 的全微分 $\mathrm{d}z = 2x\mathrm{d}x - 2y\mathrm{d}y$, 并且 $f(1, 1) = 2$, 求 $f(x, y)$ 在椭圆域 $D = \left\{ (x, y) \,\middle|\, x^2 + \dfrac{y^2}{4} \leqslant 1 \right\}$ 上的最大值和最小值.

11. 设生产某种产品必须投入两种要素, x_1 和 x_2 分别为两要素的投入量, Q 为产出量, 若生产函数为 $Q = 2x_1^{\alpha} x_2^{\beta}$, 其中 α, β 为正常数, 且 $\alpha + \beta = 1$. 假设两种要素的价格分别为 p_1 和 p_2, 试问: 当产出量为 12 时, 两要素各投入多少可以使得投入总费用最小?

12. 设 $f(u, v)$ 具有二阶连续偏导数, 且满足 $\dfrac{\partial^2 f}{\partial u^2} + \dfrac{\partial^2 f}{\partial v^2} = 1$, 又 $g(x, y) = f\left[xy, \dfrac{1}{2}(x^2 - y^2) \right]$, 求 $\dfrac{\partial^2 g}{\partial x^2} + \dfrac{\partial^2 g}{\partial y^2}$.

第 9 章思维导图

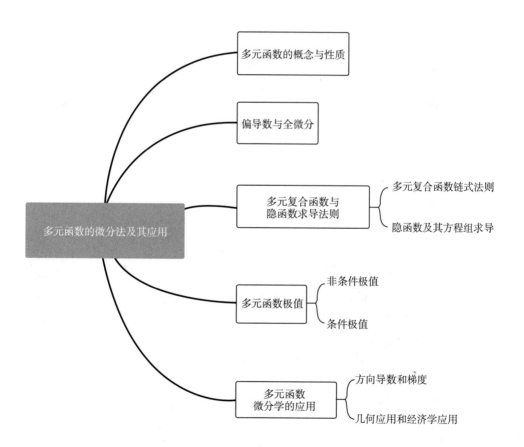

第 10 章 重 积 分

在第 9 章中我们把一元函数微分学推广到了多元函数的情形, 在第 10 章和第 11 章中将把一元函数的定积分推广为多元函数的重积分、曲线积分和曲面积分. 本章主要讨论重积分的概念、性质、计算及应用.

一、教学基本要求

1. 理解二重积分、三重积分的概念, 了解重积分的性质, 了解二重积分的中值定理.

2. 掌握二重积分的计算方法 (直角坐标、极坐标), 会计算三重积分 (直角坐标、柱面坐标、球面坐标).

3. 了解二重积分的换元公式及其应用.

4. 会用重积分求一些几何量、物理量 (如面积、体积、质量、重心、转动惯量等).

二、教学重点

1. 利用直角坐标与极坐标计算二重积分.

2. 利用直角坐标计算三重积分.

3. 二重积分与三重积分的应用.

三、教学难点

1. 二重积分的换元法.

2. 积分区域的确定及坐标系的适当选择.

3. 二重积分与三重积分的物理应用.

4. 条件极值与最大值、最小值问题的实际应用.

10.1　二重积分的概念与性质

多元函数的微积分是一元函数微积分的推广和发展, 从一元函数的情形推广到二元函数时会出现一些新的问题, 而从二元函数的情形推广到三元及三元以上的多元函数却没有本质的区别. 本节主要介绍平面区域的相关知识和多元函数的基本概念.

教学目标:

1. 理解二重积分的概念及其性质.

2. 会用二重积分解决相关实际问题.

教学重点: 理解二重积分的概念, 了解二重积分的中值定理.

教学难点: 二重积分几何意义.

教学背景: 曲顶柱体积问题.

思政元素: 基于微积分的数学思想, 培养分析几何和物理问题的数学思维 (例如求曲顶柱体的体积等), 从而提升学生解决复杂问题的能力.

10.1.1 二重积分的概念与性质

1. 引例: 求曲顶柱体的体积

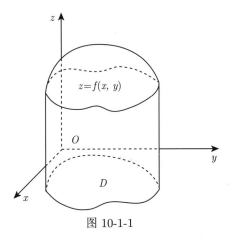

慕课10.1.1

设有一立体, 它的底是 xOy 平面上的有界闭区域 D, 它的侧面是以 D 的边界曲线为准线而母线平行于 z 轴的柱面, 它的顶是曲面 $z = f(x, y)$, 这里假设 $f(x, y) \geqslant 0$, 且 $f(x, y)$ 在 D 上连续 (图 10-1-1), 如何求这个曲顶柱体的体积?

我们知道平顶柱体的高不变, 它的体积可用公式

$$\text{体积} = \text{底面积} \times \text{高}$$

来计算. 但曲顶柱体的高是变化的, 不能按上述公式来计算体积. 在学习一元函数定积分需要计算曲边梯形面积时, 类似的问题我们也曾遇到过. 当时解决问题的思路

图 10-1-1

是先在局部上 "以直代曲" 求得曲边梯形面积的近似值, 然后通过取极限, 由近似值得到精确值. 下面我们仍用这种思考问题的方法来求曲顶柱体的体积.

先将区域 D 分割成 n 个小区域: $\Delta\sigma_1, \Delta\sigma_2, \cdots, \Delta\sigma_n$, 同时也用 $\Delta\sigma_i(i = 1, 2, \cdots, n)$ 表示第 i 个小区域的面积. 以每个小区域的边界线为准线, 以平行于 z 轴的直线为母线作柱面, 这样就把给定的曲顶柱体分割成了 n 个小曲顶柱体. 用 d_i 表示第 i 个小区域内任意两点之间的距离的最大值 (也称为第 i 个小区域的直径) $(i = 1, 2, \cdots, n)$, 并记

$$\lambda = \max\{d_1, d_2, \cdots, d_n\},$$

当分割得很细密时, 由于 $z = f(x,y)$ 是连续变化的, 在每个小区域 $\Delta\sigma_i$ 上各点高度变化不大, 可以近似看作平顶柱体. 在 $\Delta\sigma_i$ 中任意取一点 (ξ_i, η_i), 把这点的高度 $f(\xi_i, \eta_i)$ 认为就是这个小平顶柱体的高度 (图 10-1-2). 所以第 i 个小曲顶柱体的体积的近似值为

$$\Delta V_i \approx f(\xi_i, \eta_i)\,\Delta\sigma_i.$$

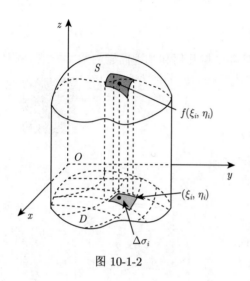

图 10-1-2

将 n 个小平顶柱体的体积相加, 得曲顶柱体体积的近似值

$$V \approx V_n = \sum_{i=1}^{n} \Delta V_i = \sum_{i=1}^{n} f(\xi_i, \eta_i)\,\Delta\sigma_i.$$

显然, 当分割越来越细, V_n 就越来越接近 V. 当分割得无限细时, V_n 就无限接近于 V, 换言之, 若令 $\lambda \to 0$, 对 V_n 取极限, 该极限值就是曲顶柱体的体积 V, 即

$$V = \lim_{\lambda \to 0} V_n = \lim_{\lambda \to 0} \sum_{i=1}^{n} f(\xi_i, \eta_i)\,\Delta\sigma_i,$$

许多实际问题都可按以上做法, 归结为和式

$$\sum_{i=1}^{n} f(\xi_i, \eta_i)\,\Delta\sigma_i$$

的极限. 我们可从这类问题抽象概括出它们的共同数学本质, 得出二重积分的定义.

2. 二重积分的定义

定义 10.1.1 设 $f(x,y)$ 是有界闭区域 D 上的有界函数把区域 D 任意划分成 n 个小闭区域 $\Delta\sigma_1, \Delta\sigma_2, \cdots, \Delta\sigma_n$, 其中 $\Delta\sigma_i$ 既表示第 i 个小闭区域, 又表示它的面积在每个 $\Delta\sigma_i$ 上任取一点 (ξ_i, n_i), 作乘积 $f(\xi_i, n_i)\,\Delta\sigma_i\,(i = 1, 2, \cdots, n)$, 并作和 $\sum_{i=1}^{n} f(\xi_i, \eta_i)\,\Delta\sigma_i$. 令表示各小闭区域的直径的最大值, 如果极限

$$\lim_{\lambda \to 0} \sum_{i=1}^{n} f(\xi_i, \eta_i)\,\Delta\sigma_i$$

存在, 且极限值与 D 的分法及点 (ξ_i, n_i) 选取无关, 则称函数 $f(x,y)$ 在闭区域 D 上可积, 此极限值为函数 $f(x,y)$ 在 D 上的二重积分, 记为 $\iint\limits_{D} f(x,y)\,\mathrm{d}\sigma$, 即

$$\iint\limits_{D} f(x,y)\,\mathrm{d}\sigma = \lim_{\lambda \to 0} \sum_{i=1}^{n} f(\xi_i, \eta_i)\,\Delta\sigma_i, \tag{10-1-1}$$

其中 $f(x,y)$ 叫做被积函数, $f(x,y)\,\mathrm{d}\sigma$ 叫做被积表达式, $\mathrm{d}\sigma$ 叫做面积元素, x 和 y 叫做积分变量, D 叫做积分区域, $\sum\limits_{i=1}^{n} f(\xi_i, \eta_i) \cdot \Delta\sigma_i$ 叫做积分和.

由二重积分的定义, 曲顶柱体的体积 V 是函数 $f(x,y)$ 在 D 上的二重积分, 即

$$V = \iint\limits_{D} f(x,y)\,\mathrm{d}\sigma.$$

平面薄片的质量 m 是面密度 $\rho(x,y)$ 在薄片所占平面区域 D 上的二重积分, 即

$$m = \iint\limits_{D} \rho(x,y)\,\mathrm{d}\sigma.$$

以下三点需要特别注意.

(1) 若有界函数 $f(x,y)$ 在有界闭区域 D 上除去有限个点或有限条光滑曲线外都连续, 则 $f(x,y)$ 在闭区域 D 上可积.

(2) 如果 $f(x,y)$ 在闭区域 D 上连续, 则式 (10-1-1) 中极限必定存在, 即函数 $f(x,y)$ 在闭区域 D 上的二重积分必定存在. 本书中总是假定 $f(x,y)$ 在闭区域 D 上连续, 以保证 $f(x,y)$ 在 D 上二重积分总是存在的.

(3) 因为总可以把被积函数 $f(x,y)$ 看作空间的一块曲面, 所以当 $f(x,y) > 0$ 时, 二重积分的几何意义就是曲顶柱体体积; 当 $f(x,y) < 0$ 时, 柱体在 y 平面的下方, 此时二重积分是曲顶柱体体积的相反数; 如果 $f(x,y)$ 在 D 的若干部分是正的, 而在其他部分都是负的, 则有 xOy 平面上方的曲顶柱体体积取成正, xOy 平面下方的曲顶柱体体积取成负, 则 $f(x,y)$ 在 D 的二重积分就等于这些部分区域上的曲顶柱体体积的代数和.

3. 二重积分的性质

重积分有类似于定积分的性质, 不妨令 $f(x,y), g(x,y)$ 在区域 D 上可积, 则有下面的性质.

慕课10.1.2

性质 1 被积函数的常数因子可提到二重积分号外面, 即

$$\iint\limits_{D} kf(x,y)\,\mathrm{d}\sigma = k \iint\limits_{D} f(x,y)\,\mathrm{d}\sigma \quad (k \text{ 为常数}).$$

性质 2 函数和 (差) 的二重积分等于各函数二重积分的和 (差), 即

$$\iint\limits_{D} [f(x,y) \pm g(x,y)]\,\mathrm{d}\sigma = \iint\limits_{D} f(x,y)\,\mathrm{d}\sigma \pm \iint\limits_{D} g(x,y)\,\mathrm{d}\sigma.$$

性质 1 和性质 2 表明二重积分具有线性性质.

性质 3 如果把闭区域 D 分为两个闭区域 D_1 和 D_2, 且 D_1 和 D_2 除边界点外无公共点, 则

$$\iint\limits_{D} f(x,y)\,\mathrm{d}\sigma = \iint\limits_{D_1} f(x,y)\,\mathrm{d}\sigma + \iint\limits_{D_2} f(x,y)\,\mathrm{d}\sigma.$$

这个性质表明二重积分对积分区域具有可加性.

性质 4 如果在 D 上, $f(x,y)$ 的值为 1, σ 为 D 的面积, 则

$$\sigma = \iint\limits_{D} 1\mathrm{d}\sigma = \iint\limits_{D} \mathrm{d}\sigma.$$

这个性质的几何意义是明显的, 因为高为 1 的平顶柱体体积在数值上等于柱体的底面积.

性质 5 如果在 D 上恒有 $f(x,y) \leqslant g(x,y)$, 则

$$\iint\limits_{D} f(x,y)\,\mathrm{d}\sigma \leqslant \iint\limits_{D} g(x,y)\,\mathrm{d}\sigma.$$

特别地, 因为

$$-|f(x,y)| \leqslant f(x,y) \leqslant |f(x,y)|,$$

$f(x,y)$ 在区域 D 上可积, 易知 $|f(x,y)|$ 在区域 D 上可积, 所以

$$\left| \iint\limits_{D} f(x,y)\,\mathrm{d}\sigma \right| \leqslant \iint\limits_{D} f(x,y)\,\mathrm{d}\sigma.$$

推论 如果在 D 上, $f(x, y) \geqslant 0$, 则 $\iint\limits_{D} f(x, y) \, \mathrm{d}\sigma \geqslant 0$.

性质 6 (估值定理) 设 M, m 分别是 $f(x, y)$ 在闭区域 D 上的最大值与最小值, σ 是 D 的面积, 则

$$m\sigma \leqslant \iint\limits_{D} f(x, y) \, \mathrm{d}\sigma \leqslant M\sigma.$$

证明 在 D 上, 恒有

$$m \leqslant f(x, y) \leqslant M,$$

由性质 5, 知

$$\iint\limits_{D} m \, \mathrm{d}\sigma = m \iint\limits_{D} \mathrm{d}\sigma = m\sigma, \quad \iint\limits_{D} M \, \mathrm{d}\sigma = M \iint\limits_{D} \mathrm{d}\sigma = M\sigma,$$

所以

$$m\sigma \leqslant \iint\limits_{D} f(x, y) \, \mathrm{d}\sigma \leqslant M\sigma.$$

性质 7 (二重积分中值定理) 设 $f(x, y)$ 在有界闭区域 D 上连续, σ 是 D 的面积, 则在 D 上至少存在一点 (ξ, n), 使

$$\iint\limits_{D} f(x, y) \, \mathrm{d}\sigma = f(\xi, \eta) \sigma.$$

证明 显然 $\sigma \neq 0$, 由估值定理, 得

$$m\sigma \leqslant \iint\limits_{D} f(x, y) \, \mathrm{d}\sigma \leqslant M\sigma,$$

即

$$m \leqslant \frac{1}{\sigma} \iint\limits_{D} f(x, y) \, \mathrm{d}\sigma \leqslant M.$$

因此, $\dfrac{1}{\sigma} \iint\limits_{D} f(x, y) \, \mathrm{d}\sigma$ 是介于连续函数 $f(x, y)$ 在 D 上的最小值 m 与最大值 M 之间的数, 由有界闭区域上连续函数的介值定理知, 在 D 上至少存在一点

(ξ, n), 使得

$$\frac{1}{\sigma} \iint\limits_{D} f(x, y) \, \mathrm{d}\sigma = f(\xi, \eta),$$

即

$$\iint\limits_{D} f(x, y) \, \mathrm{d}\sigma = f(\xi, \eta) \, \sigma.$$

中值定理在几何上解释: 对以曲面 $z = f(x, y)$ 为顶的曲顶柱体, 必定存在一个以 D 为底, 以 D 内某点 (ξ, η) 的函数值 $f(\xi, \eta)$ 为高的平顶柱体, 它的体积 $f(\xi, \eta) \, \sigma$ 就等于曲顶柱体的体积.

性质 8 (对称性质) 设闭区域 D 关于 x 轴对称, 如图 10-1-3 所示.

(1) 若被积函数 $f(x, y)$ 关于变量 y 为奇函数 (见图 10-1-3(a)), 即 $f(x, -y) = -f(x, y)$, 则

$$\iint\limits_{D} f(x, y) \, \mathrm{d}\sigma = 0.$$

(2) 若被积函数 $f(x, y)$ 关于变量 y 为偶函数 (见图 10-1-3(b)), 即 $f(x, -y) = f(x, y)$, 则

$$\iint\limits_{D} f(x, y) \, \mathrm{d}\sigma = 2 \iint\limits_{D} f(x, y) \, \mathrm{d}\sigma.$$

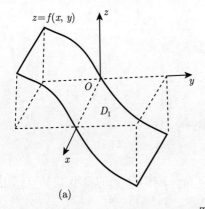 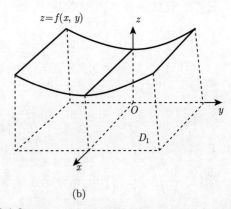

图 10-1-3

性质 9 (轮换对称性) 设闭区域 D 关于直线 $y = x$ 对称, 则

$$\iint\limits_{D} f(x, y)\, \mathrm{d}\sigma = \iint\limits_{D} f(y, x)\, \mathrm{d}\sigma.$$

根据性质 8 和性质 9, 若 D_i 为圆域 $D: x^2 + y^2 \leqslant 1$ 在第一象限部分, 易知

(1) $\iint\limits_{D} \left(x^2 + y^2\right) \mathrm{d}\sigma = 4 \iint\limits_{D_1} \left(x^2 + y^2\right) \mathrm{d}\sigma$;

(2) $\iint\limits_{D} (x + y)\, \mathrm{d}\sigma = 0$;

(3) $\iint\limits_{D} x^2 \mathrm{d}\sigma = \iint\limits_{D} y^2 \mathrm{d}\sigma.$

例 1 比较积分 $\iint\limits_{D} \ln(x + y)\, \mathrm{d}\sigma$ 与 $\iint\limits_{D} [\ln(x + y)]^2\, \mathrm{d}\sigma$ 的大小, 其中 D 是三角形闭区域, 三顶点各为 $(1, 0), (1, 1), (2, 0)$.

解 如图 10-1-4 所示, 三角形斜边方程为 $x + y = 2$, 在 D 内有

$$1 \leqslant x + y \leqslant 2 < \mathrm{e},$$

故 $0 < I(x + y) < 1$, 于是 $\ln(x + y) \geqslant [\ln(x + y)]^2$, 由性质 5 知,

$$\iint\limits_{D} \ln(x + y)\, \mathrm{d}\sigma \geqslant \iint\limits_{D} [\ln(x + y)]^2\, \mathrm{d}\sigma.$$

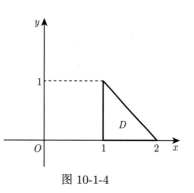

图 10-1-4

例 2 估算 $I = \iint\limits_{D} \mathrm{e}^{x^2 + y^2} \mathrm{d}\sigma$ 的值, 其中 D 是椭圆闭区域: $x^2 + \dfrac{y^2}{4} < 1$.

解 因为在 D 上 $0 < x^2 + y^2 < 4$, 所以 $1 = \mathrm{e}^0 < \mathrm{e}^{x^2 + y^2} \leqslant \mathrm{e}^4$, 由性质 6 知

$$\sigma \leqslant \iint\limits_{D} \mathrm{e}^{x^2 + y^2} \mathrm{d}\sigma \leqslant \mathrm{e}^4 \cdot \sigma,$$

又椭圆闭区域 D 的面积 $\sigma = 2\pi$, 即

$$2\pi \leqslant \iint\limits_{D} \mathrm{e}^{x^2 + y^2} \mathrm{d}\sigma \leqslant 2\pi \mathrm{e}^4.$$

例 3   计算二重积分 $\displaystyle\iint\limits_{D}\left(x^3y+1\right)\mathrm{d}\sigma, D: 0\leqslant y\leqslant 1, -1\leqslant x\leqslant 1$.

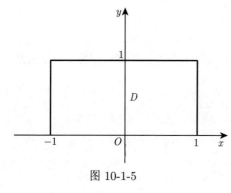

图 10-1-5

解   画出积分区域, 如图 10-1-5 所示, 显然 D 关于 y 轴对称. 由性质 1 知,

$$\iint\limits_{D}\left(x^3y+1\right)\mathrm{d}\sigma = \iint\limits_{D}x^3y\mathrm{d}\sigma+\iint\limits_{D}1\mathrm{d}\sigma.$$

根据性质 8 的对称性得 $\displaystyle\iint\limits_{D}x^3y\mathrm{d}\sigma=0$.

所以, $\displaystyle\iint\limits_{D}\left(x^3y+1\right)\mathrm{d}\sigma=2$.

小结与思考

1. 小结

本节以计算曲顶柱体体积为背景, 利用 "分割—做和—求极限" 的微积分思想, 分析几何和物理中的具体问题, 提升学生解决实际问题的能力. 并引出二重积分的基本概念与性质. 同时讨论了二重积分相应的性质并加以证明和应用.

2. 思考

(1) 叙述当区域 D 关于 y 轴对称时, 函数 $f(x,y)$ 关于变量 x 有奇偶性时的性质.

(2) 二重积分的物理意义.

习 题   10-1

1. 利用二重积分的定义和性质, 计算下列积分的值:

(1) $\displaystyle\iint\limits_{D}2\mathrm{d}\sigma$, 其中 $D=\{(x,y)\,|\,1\leqslant x\leqslant 3, 2\leqslant y\leqslant 4\}$;

(2) $\displaystyle\iint\limits_{D}\sqrt{x^2+y^2}\mathrm{d}\sigma$, 其中 $D=\{(x,y)\,|\,x^2+y^2\leqslant 1\}$.

2. 设函数 $f(x,y)$ 在 $D=\{(x,y)\,|\,0\leqslant x\leqslant 1, 0\leqslant y\leqslant 2\}$ 上连续, 且满足

$$f(x,y)=3-\iint\limits_{D}f(x,y)\mathrm{d}\sigma,$$

求 $f(x,y)$.

3. 重积分也具有与定积分类似的对称性结论, 例如, 对于二重积分 $I = \iint\limits_{D} f(x,y)\mathrm{d}\sigma$, 当

积分区域 D 关于 x 轴对称时有如下结论:

若函数 $f(x,y)$ 在 D 上连续且满足 $f(x,-y) = -f(x,y)$, 则 $I = 0$;

若函数 $f(x,y)$ 在 D 上连续且满足 $f(x,-y) = f(x,y)$, 则 $I = 2\iint\limits_{D_1} f(x,y)\mathrm{d}x$, 其中 D_1

为 D 中满足 $y \geqslant 0$ 的那部分.

(1) 请仿照上面给出积分区域 D 关于 y 轴对称时的结论;

(2) 计算 $\iint\limits_{D} (2 + y\cos x + xy\sin y)\mathrm{d}\sigma$, 其中 $D = \{(x,y) \,|\, x^2 + y^2 \leqslant 1\}$.

4. 利用二重积分的性质, 比较积分 $I_1 = \iint\limits_{D} \left(x^2 + y^2\right)\mathrm{d}\sigma$ 与 $I_2 = \iint\limits_{D} \sqrt{x^2 + y^2}\mathrm{d}\sigma$ 的大小:

(1) $D = \{(x,y) \,|\, x^2 + y^2 \leqslant 1\}$;   (2) $D = \{(x,y) \,|\, (x-2)^2 + (y-1)^2 \leqslant 1\}$.

5. 利用二重积分的性质, 估计下列积分的范围:

(1) $I = \iint\limits_{D} \left(x^2 + y^2\right)\mathrm{d}\sigma$, 其中 $D = \{(x,y) \,|\, 1 \leqslant x \leqslant 2, 2 \leqslant y \leqslant 4\}$;

(2) $I = \iint\limits_{D} \ln\left(x^2 + y^2\right)\mathrm{d}\sigma$, 其中 $D = \{(x,y) \,|\, 2 \leqslant x^2 + y^2 \leqslant 4\}$;

(3) $I = \iint\limits_{D} \left(4x^2 + 4y^2 + 1\right)\mathrm{d}\sigma$, 其中 $D = \{(x,y) \,|\, (x-1)^2 + (y-1)^2 \leqslant 1\}$.

6. 计算极限 $\lim\limits_{r \to 0^+} \dfrac{1}{\pi r^2} \iint\limits_{D} \mathrm{e}^{x^2 + y^2}\cos(x+y)\mathrm{d}\sigma$ 的值, 其中 $D = \{(x,y) \,|\, x^2 + y^2 \leqslant r^2\}$.

7. 设 D 为平面有界闭区域, 函数 $f(x,y)$ 在 D 上连续, 证明: 若 $f(x,y)$ 在 D 上非负, 且 $\iint\limits_{D} f(x,y)\mathrm{d}\sigma = 0$, 则在 D 上 $f(x,y) \equiv 0$.

10.2 二重积分的计算

用二重积分的定义计算二重积分一般是行不通的. 10.2 节及 10.3 节我们讨论二重积分的计算方法, 其基本思想是将二重积分化成二次定积分来计算, 转化后的这种两次定积分称为二次积分或累次积分. 本节先介绍二重积分在直角坐标系下的计算方法.

教学目标: 掌握二重积分计算方法, 进而能用二重积分计算来求解具体问题.

教学重点: 掌握二重积分的计算方法 (直角坐标、极坐标), 了解二重积分的换元公式及其应用.

教学难点: 二重积分的换元法, 积分区域的确定及坐标系的适当选择.

教学背景： 实际工程问题.

思政元素： 通过降维方法, 将二维问题分解为两个一维问题, 即 $2 = 1 + 1$, 将复杂问题简单化, 各个击破.

慕课10.2.1

10.2.1　直角坐标系下的面积元素

根据二重积分的定义, 二重积分 $\iint\limits_{D} f(x, y)\, \mathrm{d}\sigma$

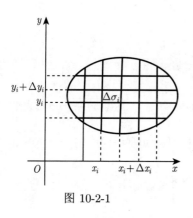

图 10-2-1

的值与闭区域 D 的划分方式是无关的. 因此, 在直角坐标系中, 常常用平行于坐标轴的直线网来划分 D, 此时除了包含 D 边界点的一些小区域, 其余小区域都是矩形, 如图 10-2-1 所示. 设矩形小闭区域 $\Delta\sigma_i$ 的边长为 Δx_i 与 Δy_i, 由于 $\Delta\sigma_i = \Delta x_i \Delta y_i$, 因此在直角坐标系下, 有 $\mathrm{d}\sigma = \mathrm{d}x\mathrm{d}y$, 从而

$$\iint\limits_{D} f(x, y)\, \mathrm{d}\sigma = \iint\limits_{D} f(x, y)\, \mathrm{d}x\mathrm{d}y,$$

称 $\mathrm{d}x\mathrm{d}y$ 为二重积分在直角坐标系下的面积元素.

10.2.2　积分区域的分类

为了更直观地理解二重积分在直角坐标系下的计算方法, 需要先对积分区域进行分类, 一般地说, 平面积分区域可以分为 X-型区域、Y-型区域和混合型区域.

1. X-型区域

如果积分区域 D 的边界曲线为两条连续曲线 $y = y_1(x), y = y_2(x)\ (y_1(x) \leqslant y_2(x))$ 及两条直线 $x = a, x = b\ (a < b)$, 则 D 可用不等式

$$a \leqslant x \leqslant b, \quad y_1(x) \leqslant y \leqslant y_2(x)$$

来表示, 这种区域称为 X-型区域, 如图 10-2-2 所示.

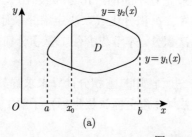
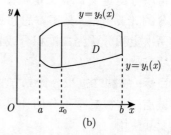

图 10-2-2

X-型区域的特点: 在 D 内, 任一条平行于 y 轴的直线与 D 的边界至多有两个交点, 且上下边界的曲线方程是 x 的函数.

2. Y-型区域

如果积分区域 D 的边界曲线是两条连续曲线 $x = x_1(y)$, $x = x_2(y)$ ($x_1(y) \leqslant x_2(y)$) 及两条直线 $y = c, y = d(c < d)$, 则 D 可用不等式 $c \leqslant y \leqslant d, x_1(y) \leqslant x \leqslant x_2(y)$ 表示, 称这样的区域为 Y-型区域, 如图 10-2-3 所示.

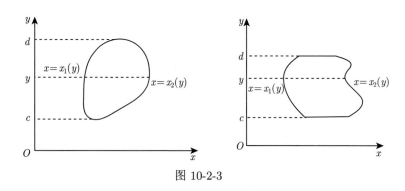

图 10-2-3

Y-型区域的特点: 在区域 D 内, 任意平行于 x 轴的直线与 D 的边界至多有两个交点, 且左右边界的曲线方程是 y 的函数.

如果一个区域 D 既是 X-型区域又是 Y-型区域, 称为简单区域, 如图 10-2-4 所示.

3. 混合型区域

若有界闭区域, 它既不是 X-型区域又不是 Y-型区域, 则称之为混合型区域. 其特点是在区域 D 内, 存在平行于 x 轴的直线与其边界交点多于两个. 对于混合型区域, 则可把 D 分成几部分, 使每一部分是 X-型区域或 Y-型区域. 例如, 图 10-2-5 所示的区域分成了三部分, 它们都是 X-型区域.

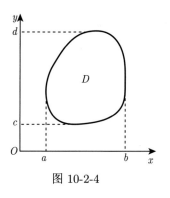

图 10-2-4

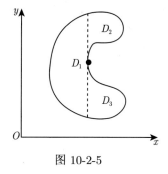

图 10-2-5

10.2.3 化二重积分为二次积分

根据二重积分的几何意义, $\iint\limits_{D} f(x,y)\,\mathrm{d}x\mathrm{d}y$ 存在且当 $f(x,y) > 0$ 时, $\iint\limits_{D} f(x,$ $y)\mathrm{d}x\mathrm{d}y$ 表示以 D 为底, 以 $z = f(x,y)$ 为顶的曲顶柱体的体积 V, 如图 10-2-6 所示. 下面我们用求平行截面面积为已知的立体的体积的方法来求 V.

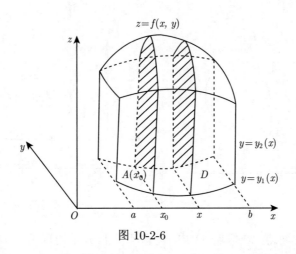

图 10-2-6

设积分区域 D 为 X-型区域, 不等式表示为 $a \leqslant x \leqslant b, y_1(x) \leqslant y \leqslant y_2(x)$. 先计算截面的面积. 为此, 在区间 $[a,b]$ 上任取一点 x, 作平行于 yOz 平面的平面 $x = x_0$. 该平面截曲顶柱体所得截面是一个以区间 $[y_1(x_0), y_2(x_0)]$ 为底, 曲线 $z = f(x_0, y)$ 为曲边的曲边梯形 (见图 10-2-6 中的阴影部分), 所以

$$A(x_0) = \int_{y_1(x_0)}^{y_2(x_0)} f(x_0, y)\,\mathrm{d}y.$$

由于 x_0 是任意的, 从而对过区间 $[a,b]$ 上任一点, 且平行于 yOz 平面的平面 $x = x$ 截曲顶柱体所得截面的面积为

$$A(x) = \int_{y_1(x_0)}^{y_2(x_0)} f(x, y)\,\mathrm{d}y.$$

从而

$$V = \int_a^b A(x)\,\mathrm{d}x = \int_a^b \left[\int_{y_1(x)}^{y_2(x)} f(x, y)\,\mathrm{d}y \right] \mathrm{d}x,$$

于是

$$\iint\limits_{D} f(x,y)\,\mathrm{d}x\mathrm{d}y = \int_a^b \left[\int_{y_1(x)}^{y_2(x)} f(x,y)\,\mathrm{d}y \right] \mathrm{d}x,$$

简记为

$$\iint\limits_{D} f(x,y)\,\mathrm{d}x\mathrm{d}y = \int_a^b \mathrm{d}x \int_{y_1(x)}^{y_2(x)} f(x,y)\,\mathrm{d}y. \tag{10-2-1}$$

式 (10-2-1) 是在条件 $f(x,y) \geqslant 0$ 下推出的, 可以证明式 (10-2-1) 对任意的连续函数 $f(x,y)$ 都成立.

  注 (1) 计算二重积分时, 式 (10-2-1) 的右端称为先对 y 后对 x 的二次积分, 也就是说, 先把 x 看成常量, 把 $f(x,y)$ 只看作 y 的函数, 对于 y 计算积分区间 $[y_1(x), y_2(x)]$ 上的定积分, 然后把算出的结果 (是关于 x 的函数) 再对 x 计算积分区间 $[a,b]$ 上的定积分.

  (2) 如果积分区域 D 为 Y-型区域, 不等式表示为 $c \leqslant y \leqslant d, x_1(y) \leqslant x \leqslant x_2(y)$, 类似式 (10-2-1) 的推导, 有

$$\iint\limits_{D} f(x,y)\,\mathrm{d}x\mathrm{d}y = \int_a^b \left[\int_{y_1(x)}^{y_2(x)} f(x,y)\,\mathrm{d}x \right] \mathrm{d}y,$$

简记为

$$\iint\limits_{D} f(x,y)\,\mathrm{d}x\mathrm{d}y = \int_a^b \mathrm{d}y \int_{y_1(x)}^{y_2(x)} f(x,y)\,\mathrm{d}x. \tag{10-2-2}$$

上面两式的右端叫做先对 x 后对 y 的二次积分.

  (3) 若区域 D 为简单区域, 则由式 (10-2-1) 和式 (10-2-2) 得

$$\iint\limits_{D} f(x,y)\,\mathrm{d}x\mathrm{d}y = \int_a^b \mathrm{d}x \int_{y_1(x)}^{y_2(x)} f(x,y)\,\mathrm{d}y = \int_a^b \mathrm{d}y \int_{y_1(x)}^{y_2(x)} f(x,y)\,\mathrm{d}x.$$

  (4) 若区域 D 为混合型区域, D_1, D_2, D_3 都是 X-型区域, 都可以用式 (10-2-1) 求解, 根据二重积分关于区域的可加性, 各部分上二重积分的和即为 D 上的二重积分.

  计算二重积分一般要遵循如下步骤.

  (1) 画出 D 的图形, 并把边界曲线方程标出.

  (2) 确定 D 的类型, 如果 D 是混合型区域, 则需把 D 分成几个部分.

(3) 把 D 按 X-型区域或 Y-型区域的不等式表示方法表示出来, 这一步是整个二重积分计算的关键.

(4) 把二重积分化为二次积分并计算.

例 1　计算 $\iint\limits_{D} xy\mathrm{d}x\mathrm{d}y$, 其中 D 是由直线 $y=1, x=2, y=x$ 围成的闭区域.

解　首先画出积分区域 D, 如图 10-2-7 所示, D 是 X-型区域. D 上点的横坐标的变化范围为 $[1,2]$, 任取 $x \in [1,2]$, 过点 x 作平行于 y 轴的直线, 这条直线与 D 的下边界和上边界分别交于两点, 其纵坐标分别为 $y=1, y=x$, 于是

$$D : 1 \leqslant x \leqslant 2, \quad 1 \leqslant y \leqslant x.$$

由式 (10-2-1) 得

$$\iint\limits_{D} xy\mathrm{d}x\mathrm{d}y = \int_1^2 \mathrm{d}y \int_1^x xy\mathrm{d}x = \int_1^2 \left(x \cdot \frac{y^2}{2} \right)\bigg|_1^x \mathrm{d}x = \int_1^2 \left(\frac{x^3}{2} - \frac{x}{2} \right)\mathrm{d}x$$

$$= \left(\frac{x^4}{8} - \frac{x^2}{4} \right)\bigg|_1^2 = \frac{9}{8}.$$

例 2　计算二重积分 $\iint\limits_{D} \sqrt{y^2 - xy}\mathrm{d}x\mathrm{d}y$, 其中 D 是直线 $y=1, x=0$ 所围成的平面区域.

解　画出积分域如图 10-2-8 所示, 将二重积分化为累次积分即可. 因为根号下的函数为关于 x 的一次函数, "先 x 后 y" 积分较容易, 所以

$$\iint\limits_{D} \sqrt{y^2 - xy}\mathrm{d}x\mathrm{d}y = \int_0^1 \mathrm{d}y \int_0^y \sqrt{y^2 - xy}\mathrm{d}x$$

$$= -\frac{2}{3} \int_0^1 \frac{1}{y} \left(y^2 - xy \right)^{\frac{3}{2}}\bigg|_0^y \mathrm{d}y$$

$$= \frac{2}{3} \int_0^1 y^2 \mathrm{d}y = \frac{2}{9}.$$

计算二重积分时, 要首先画出积分区域的图形, 然后结合积分区域的形状和被积函数的形式, 确定积分次序.

例 3　求 $\iint\limits_{D} x^2 \mathrm{e}^{-y^2}\mathrm{d}x\mathrm{d}y$, 其中 D 是以 $(0,0), (1,1), (0,1)$ 为顶点的三角形.

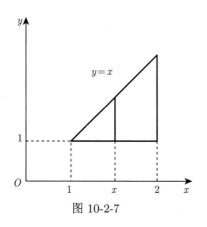

图 10-2-7

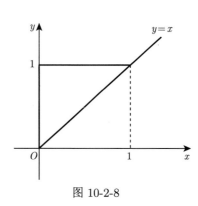

图 10-2-8

解 先画出积分区域 D, 如图 10-2-9 所示, 显然 D 既是 X-型区域又是 Y-型区域.

若把 D 视为 X-型区域, 则 $D : 0 \leqslant x \leqslant 1, x \leqslant y \leqslant 1$. 应用式 (10-2-1), 得

$$\iint\limits_{D} x^2 \mathrm{e}^{-y^2} \mathrm{d}x\mathrm{d}y = \int_0^1 \mathrm{d}x \int_x^1 x^2 \mathrm{e}^{-y^2} \mathrm{d}y.$$

由于 $\int \mathrm{e}^{-y^2} \mathrm{d}y$ 无法用初等函数表示, 因此上式无法计算出结果.

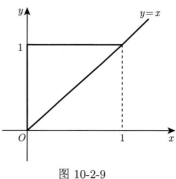

图 10-2-9

若把 D 视为 Y-型区域, 则 $D : 0 \leqslant y \leqslant 1, 0 \leqslant x \leqslant y$. 应用式 (10-2-2), 得

$$\iint\limits_{D} x^2 \mathrm{e}^{-y^2} \mathrm{d}x\mathrm{d}y = \int_0^1 \mathrm{d}y \int_0^y x^2 \mathrm{e}^{-y^2} \mathrm{d}x = \int_0^1 \mathrm{e}^{-y^2} \cdot \frac{y^3}{3} \mathrm{d}y$$

$$= \int_0^1 \mathrm{e}^{-y^2} \cdot \frac{y^2}{6} \mathrm{d}y^2 = \frac{1}{6}\left(1 - \frac{2}{\mathrm{e}}\right).$$

例 3 表明, 对既是 X-型区域又是 Y-型区域的积分区域 D, 选择积分顺序是关键, 顺序选择不当可能使计算过程相当复杂甚至根本无法计算, 因此积分时必须考虑积分次序问题, 既要考虑积分区域的形状, 又要考虑被积函数的特性.

例 4 求 $\iint\limits_{D} \dfrac{x^2}{y^2} \mathrm{d}x\mathrm{d}y$, 其中 D 是直线 $y = x, y = 2$ 和双曲线 $xy = 1$ 所围成的闭区域.

解 先画出 D 的图形, 如图 10-2-10(a) 所示. 显然 D 是 Y-型区域, D 可表

示成 $1 \leqslant y \leqslant 2, \dfrac{1}{y} \leqslant x \leqslant y$, 应用式 (10-2-2), 得

$$\iint\limits_{D} \frac{x^2}{y^2}\mathrm{d}x\mathrm{d}y = \int_1^2 \left[\int_{\frac{1}{y}}^y \frac{x^2}{y^2}\mathrm{d}x\right]\mathrm{d}y = \int_1^2 \left.\frac{x^3}{3y^2}\right|_{\frac{1}{y}}^y \mathrm{d}y = \int_1^2 \left(\frac{y}{3}-\frac{1}{3y^5}\right)\mathrm{d}y = \frac{27}{64}.$$

另外, 也可把 D 分成两部分 D_1 和 D_2, 如图 10-2-10(b) 所示, 则 D_1 和 D_2 都是 X-型区域, 并且它们可表示成

$$D_1 : \frac{1}{2} \leqslant x \leqslant 1,\ \frac{1}{x} \leqslant y \leqslant 2,$$

$$D_2 : 1 \leqslant x \leqslant 2,\ x \leqslant y \leqslant 2.$$

于是, 由二重积分性质 3 及式 (10-2-1), 得

$$\iint\limits_{D} \frac{x^2}{y^2}\mathrm{d}x\mathrm{d}y = \iint\limits_{D_1} \frac{x^2}{y^2}\mathrm{d}x\mathrm{d}y + \iint\limits_{D_2} \frac{x^2}{y^2}\mathrm{d}x\mathrm{d}y$$

$$= \int_{\frac{1}{2}}^1 \mathrm{d}x \int_{\frac{1}{2}}^2 \frac{x^2}{y^2}\mathrm{d}y + \int_1^2 \mathrm{d}x \int_x^2 \frac{x^2}{y^2}\mathrm{d}y = \frac{27}{64}.$$

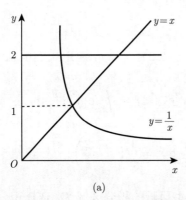 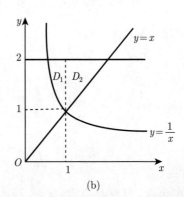

图 10-2-10

10.2.4 二重积分在极坐标系下的计算

有些二重积分, 积分区域 D 的边界曲线用极坐标方程来表示比较方便, 如圆形或者扇形域的边界等, 此时, 如果该积分的被积函数用极坐标 r, θ 表示也比较简单, 这时我们就可以考虑利用极坐标来计算这个二重积分.

1. 二重积分在极坐标系

由二重积分的定义可知, 二重积分的值与积分区域 D 的划分无关. 因此, 在极坐标系下, 我们用一族以极点为圆心的同心圆及一族从极点出发的射线把 D 划分成 n 个小的闭区域如图 10-2-11 所示.

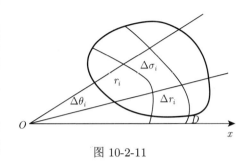

图 10-2-11

从图 10-2-11 中知, 除了靠近边界的一些不规则的小闭区域, 其他小闭区域的面积都等于两个扇形面积之差. 因此

$$\Delta\sigma_i = \frac{1}{2}\left(r_i + \Delta r_i\right)^2 \Delta\theta_i - \frac{1}{2}r_i^2\Delta\theta_i = r_i\Delta r_i\Delta\theta_i + \frac{1}{2}\left(\Delta r_i\right)^2 \Delta\theta_i,$$

从而当 D 划分得充分细时, $\Delta\sigma_i \approx r_i\Delta r_i\Delta\theta_i$. 因此, 由微元法可得在极坐标系下的面积元素

$$\mathrm{d}\sigma = r\mathrm{d}r\mathrm{d}\theta.$$

根据直角坐标和极坐标之间的转换关系

$$\begin{cases} x = r\cos\theta, \\ y = r\sin\theta, \end{cases}$$

从而得到从直角坐标系变换到极坐标系下二重积分的公式为

$$\iint\limits_{D} f\left(x,y\right)\mathrm{d}\sigma = \iint\limits_{D} f\left(r\cos\theta, r\sin\theta\right)r\mathrm{d}r\mathrm{d}\theta. \tag{10-2-3}$$

式 (10-2-3) 表明, 要把二重积分化为极坐标系的二重积分, 不仅要把被积函数中的 x, y 分别换成 $r\cos\theta, r\sin\theta$, 而且要把直角坐标系中的面积元素 $\mathrm{d}x\mathrm{d}y$ 换成极坐标系下的面积元素 $r\mathrm{d}r\mathrm{d}\theta$.

2. 极坐标系下的二重积分计算

在极坐标系下, 二重积分的计算也必须化成二次积分来计算. 下面根据积分区域的三种类型予以说明.

(1) 若积分区域 D 不包含极点, 如图 10-2-12 所示, 区域 D 可以用不等式

$$\alpha \leqslant \theta \leqslant \beta, \quad \varphi_1\left(\theta\right) \leqslant r \leqslant \varphi_2\left(\theta\right)$$

来表示, 其中函数 $\varphi_1(\theta), \varphi_2(\theta)$ 在区间 $[\alpha, \beta]$ 上连续.

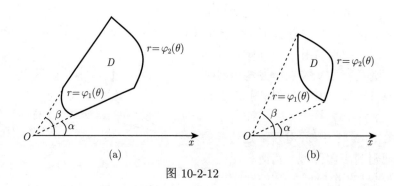

图 10-2-12

任取 $\theta \in [\alpha, \beta]$, 从极点作极角为 θ 的射线, 该射线同 D 的边界相交于两点, 这两点的极径分别为 $\varphi_1(\theta)$ 和 $\varphi_2(\theta)$, 因此

$$\iint\limits_{D'} f(r\cos\theta, r\sin\theta)\,r\mathrm{d}r\mathrm{d}\theta = \int_\alpha^\beta \left[\int_{\varphi_2(\theta)}^{\varphi_1(\theta)} f(r\cos\theta, r\sin\theta)\,r\mathrm{d}r\right]\mathrm{d}\theta.$$

或者写成

$$\iint\limits_{D'} f(r\cos\theta, r\sin\theta)\,r\mathrm{d}r\mathrm{d}\theta = \int_\alpha^\beta \mathrm{d}\theta \int_{\varphi_2(\theta)}^{\varphi_1(\theta)} f(r\cos\theta, r\sin\theta)\,r\mathrm{d}r. \tag{10-2-4}$$

式 (10-2-4) 就是极坐标系下二重积分向二次积分的转化公式.

(2) 若极点 O 在区域 D 的内部, 如图 10-2-13 所示, 则

$$D: 0 \leqslant \theta \leqslant 2\pi, \quad 0 \leqslant r \leqslant \varphi(\theta),$$

于是

$$\iint\limits_{D'} f(r\cos\theta, r\sin\theta)\,r\mathrm{d}r\mathrm{d}\theta = \int_0^{2\pi} \mathrm{d}\theta \int_0^{\varphi(\theta)} f(r\cos\theta, r\sin\theta)\,r\mathrm{d}r.$$

(3) 若极点 O 正好在 D 的边界上, 如图 10-2-14 所示, 则

$$D: \alpha \leqslant 0 \leqslant \beta, \quad 0 \leqslant r \leqslant \varphi(\theta),$$

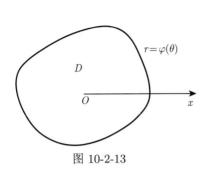

图 10-2-13

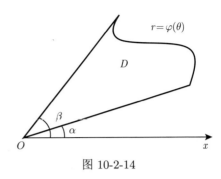

图 10-2-14

于是

$$\iint\limits_{D'} f\left(r\cos\theta, r\sin\theta\right) r\mathrm{d}r\mathrm{d}\theta = \int_{\alpha}^{\beta}\mathrm{d}\theta\int_{0}^{\varphi(\theta)} f\left(r\cos\theta, r\sin\theta\right) r\mathrm{d}r.$$

应用极坐标计算二重积分时, 有以下三点值得注意:

(1) 确定二次积分的积分限.

(2) 由式 (10-2-4), 当积分区域是圆、圆环、扇形等区域或被积函数形如 $f(x^2+y^2), f\left(\dfrac{y}{x}\right)$ 或 $f\left(\dfrac{x}{y}\right)$ 时, 应用极坐标计算二重积分较简单.

(3) 根据二重积分的性质 4 及式 (10-2-4), 区域 D 的面积

$$\sigma = \iint\limits_{D} 1\cdot\mathrm{d}\sigma = \int_{\alpha}^{\beta}\mathrm{d}\theta\int_{\varphi_2(\theta)}^{\varphi_1(\theta)} r\mathrm{d}r = \frac{1}{2}\int_{\alpha}^{\beta}[\varphi_2^2\left(\theta\right) - \varphi_1^2\left(\theta\right)]\mathrm{d}\theta.$$

这就是在一元函数的定积分中学过的用极坐标计算平面图形面积的公式.

例 5　求 $\iint\limits_{D}\sqrt{x^2+y^2}\mathrm{d}x\mathrm{d}y$, 其中 $D = \left\{(x,y)\mid x^2+y^2\leqslant 1, x\geqslant 0, y\geqslant 0\right\}$.

解　积分区域 D 如图 10-2-15 所示.

区域 D 在极坐标系下可表示为 $0\leqslant\theta\leqslant\dfrac{\pi}{2}, 0\leqslant r\leqslant 1$. 则

$$\iint\limits_{D}\sqrt{x^2+y^2}\mathrm{d}x\mathrm{d}y = \iint\limits_{D} r\cdot r\mathrm{d}r\mathrm{d}\theta = \int_{0}^{\frac{\pi}{2}}\mathrm{d}\theta\int_{0}^{1} r^2\mathrm{d}r = \frac{\pi}{2}\cdot\frac{1}{3} = \frac{\pi}{6}.$$

另外, 本题也可用直角坐标计算

$$\iint\limits_{D}\sqrt{x^2+y^2}\mathrm{d}x\mathrm{d}y = \int_{0}^{1}\mathrm{d}x\int_{0}^{\sqrt{1-x^2}}\sqrt{x^2+y^2}\mathrm{d}y$$

$$= \frac{1}{2} \int_0^1 \left[y\sqrt{x^2+y^2} + x^2 \ln\left(y + \sqrt{x^2+y^2}\right) \right]_0^{\sqrt{1-x^2}} \mathrm{d}x$$

$$= \frac{1}{2} \int_0^1 \left[\sqrt{1-x^2} + x^2 \ln\left(1+\sqrt{1-x^2}\right) - x^2 \ln x \right] \mathrm{d}x = \frac{\pi}{6}.$$

两种方法比较之下, 显然利用极坐标计算简单.

例 6 求 $\iint\limits_D \arctan \dfrac{y}{x} \mathrm{d}x\mathrm{d}y$, 其中 D 是第一象限内由曲线 $x^2+y^2=1, x^2 +$ $y^2=4, y=x, y=0$ 围成的闭区域.

解 先画出 D 的图形, 如图 10-2-16 所示. 在极坐标系下 D 可表示成

$$D : 0 \leqslant \theta \leqslant \frac{\pi}{4}, \quad 1 \leqslant r \leqslant 2,$$

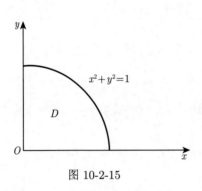

图 10-2-15

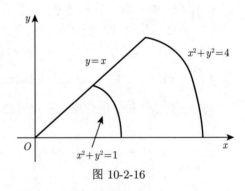

图 10-2-16

故

$$\iint\limits_D \arctan \frac{y}{x} \mathrm{d}x\mathrm{d}y = \iint\limits_D \theta \cdot r \mathrm{d}r\mathrm{d}\theta = \int_0^{\frac{\pi}{4}} \theta \mathrm{d}\theta \int_1^2 r \mathrm{d}r$$

$$= \frac{1}{2}\theta^2 \Big|_0^{\frac{\pi}{4}} \cdot \frac{1}{2}r^2 \Big|_1^2 = \frac{3}{64}\pi^2.$$

例 7 计算下列积分.

(1) $\iint\limits_D \mathrm{e}^{-x^2-y^2} \mathrm{d}x\mathrm{d}y$, 其中 D 是由中心在原点, 半径为 a 的圆周所围成的闭区域;

(2) $\int_0^{+\infty} \mathrm{e}^{-x^2} \mathrm{d}x.$

解　(1) 在极坐标系下, $D: 0 \leqslant r \leqslant a, 0 \leqslant \theta \leqslant 2$. 于是

$$\iint\limits_{D} \mathrm{e}^{-x^2-y^2}\mathrm{d}x\mathrm{d}y = \int_0^{2\pi}\mathrm{d}\theta\int_0^a \mathrm{e}^{-r^2}r\mathrm{d}r = 2\pi\int_0^a \mathrm{e}^{-r^2}r\mathrm{d}r = \pi\left(1-\mathrm{e}^{-a^2}\right).$$

(2) 如果直接用直角坐标的方法计算, 由于积分 $\int_0^{+\infty}\mathrm{e}^{-x^2}\mathrm{d}x$ 不能用初等函数表示, 因此无法直接计算. 下面利用 (1) 的结论计算这个概率论中经常用到的广义积分——概率积分.

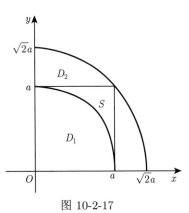

图 10-2-17

设有如下区域 $D_1 = \left\{(x,y)\,\middle|\,x^2+y^2\leqslant a^2\right\}$, $D_2 = \left\{(x,y)\,\middle|\,x^2+y^2\leqslant 2a^2\right\}$, $S = \{(x,y)\,|\,0\leqslant x\leqslant a, 0\leqslant y\leqslant a\}$. 显然, $D_1\subset S\subset D_2$, 如图 10-2-17 所示. 因为 $\mathrm{e}^{-x^2-y^2}>0$, 根据二重积分的性质, 有

$$\iint\limits_{D_1}\mathrm{e}^{-x^2-y^2}\mathrm{d}x\mathrm{d}y \leqslant \iint\limits_{S}\mathrm{e}^{-x^2-y^2}\mathrm{d}x\mathrm{d}y \leqslant \iint\limits_{D_2}\mathrm{e}^{-x^2-y^2}\mathrm{d}x\mathrm{d}y,$$

可知 $I = \iint\limits_{S}\mathrm{e}^{-x^2-y^2}\mathrm{d}x\mathrm{d}y = \int_0^a\mathrm{e}^{-x^2}\mathrm{d}x\int_0^a\mathrm{e}^{-y^2}\mathrm{d}y = \left(\int_0^a\mathrm{e}^{-x^2}\mathrm{d}x\right)^2$.

根据 (1) 的结果, 有 $I_1 = \iint\limits_{D_1}\mathrm{e}^{-x^2-y^2}\mathrm{d}x\mathrm{d}y = \dfrac{\pi}{4}\left(1-\mathrm{e}^{-a^2}\right)$, $I_2 = \iint\limits_{D_2}\mathrm{e}^{-x^2-y^2}\mathrm{d}x\mathrm{d}y = \dfrac{\pi}{4}\left(1-\mathrm{e}^{-2a^2}\right)$, 则

$$\frac{\pi}{4}\left(1-\mathrm{e}^{-a^2}\right) < \left(\int_0^a\mathrm{e}^{-x^2}\mathrm{d}x\right)^2 < \frac{\pi}{4}\left(1-\mathrm{e}^{-2a^2}\right).$$

当 $a\to+\infty$ 时, $I_1\to\dfrac{\pi}{4}, I_2\to\dfrac{\pi}{4}$, 由夹逼准则可得当 $a\to+\infty$ 时, $I\to\dfrac{\pi}{4}$, 即 $\left(\int_0^{+\infty}\mathrm{e}^{-x^2}\mathrm{d}x^2\right) = \dfrac{\pi}{4}$, 故所求概率积分 $\int_0^{+\infty}\mathrm{e}^{-x^2}\mathrm{d}x = \dfrac{\sqrt{\pi}}{2}$.

10.2.5　二重积分的一般变量替换法

慕课10.2.3

为了简化二重积分的计算, 除了从直角坐标到极坐标这种特殊变换外, 还有更一般的变量替换法. 下面我们不加证明地给出二重积分的变量替换公式.

定理 10.2.1   设 $f(x, y)$ 在 xOy 平面的闭区域 D 上连续, 变换

$$T : x = x(u, v), \quad y = y(u, v).$$

将 uOv 平面上的闭区域 D^* 变为 xOy 平面上的区域 D, 且变换 $T : D^* \to D$ 是一对一的, 还满足以下两个条件:

(1) 函数 $x(u, v), y(u, v)$ 在 D^* 上有一阶连续偏导数 $\dfrac{\partial x}{\partial u}, \dfrac{\partial x}{\partial v}, \dfrac{\partial y}{\partial u}, \dfrac{\partial y}{\partial v}$;

(2) 在 D^* 上雅可比行列式

$$\frac{\partial(x, y)}{\partial(u, v)} = \begin{vmatrix} \dfrac{\partial x}{\partial u} & \dfrac{\partial x}{\partial v} \\ \dfrac{\partial y}{\partial u} & \dfrac{\partial y}{\partial v} \end{vmatrix} = \frac{\partial x}{\partial u} \cdot \frac{\partial y}{\partial v} - \frac{\partial x}{\partial v} \cdot \frac{\partial y}{\partial u} \neq 0,$$

则有

$$\iint\limits_{D} f(x, y)\, \mathrm{d}\sigma = \iint\limits_{D^*} f(x(u, v), y(u, v)) \left| \frac{\partial(x, y)}{\partial(u, v)} \right| \mathrm{d}u\mathrm{d}v. \tag{10-2-5}$$

容易验证: 极坐标变换 $x = r\cos\theta, y = r\sin\theta$ 的雅可比行列式为

$$\frac{\partial(x, y)}{\partial(r, \theta)} = \begin{vmatrix} \cos\theta & -r\sin\theta \\ \sin\theta & r\cos\theta \end{vmatrix} = r,$$

代入上式便可得极坐标系下的计算公式.

例 8   计算 $\iint\limits_{D} \mathrm{e}^{\frac{y-x}{y+x}} \mathrm{d}x\mathrm{d}y$, 其中 D 是由 x 轴、y 轴及直线 $y + x = 2$ 所围成的区域.

解   该积分用直角坐标和极坐标下的计算公式求不出来, 但可用一般变量替换法求解. 令 $u = y - x, v = y + x$, 即 $x = \dfrac{v - u}{2}, y = \dfrac{u + v}{2}$, 则该变换的雅可比行列式为

$$\frac{\partial(x, y)}{\partial(u, v)} = \begin{vmatrix} -\dfrac{1}{2} & \dfrac{1}{2} \\ \dfrac{1}{2} & \dfrac{1}{2} \end{vmatrix} = -\frac{1}{2} \neq 0,$$

且变换 $x = \dfrac{v - u}{2}, y = \dfrac{u + v}{2}$ 将 xOy 平面上的区域 D 与 uOv 平面上的闭区域

D^* 对应, 如图 10-2-18 所示. 于是有

$$\iint\limits_{D} \mathrm{e}^{\frac{y-x}{y+x}}\mathrm{d}x\mathrm{d}y = \iint\limits_{D^*} \mathrm{e}^{\frac{u}{x}}\frac{1}{2}\mathrm{d}u\mathrm{d}v = \frac{1}{2}\int_0^2 \mathrm{d}v \int_{-v}^{v} \mathrm{e}^{\frac{u}{x}}\mathrm{d}u$$

$$= \frac{1}{2}\int_0^2 \left(\mathrm{e} - \mathrm{e}^{-1}\right) v\mathrm{d}v = \mathrm{e} - \mathrm{e}^{-1}.$$

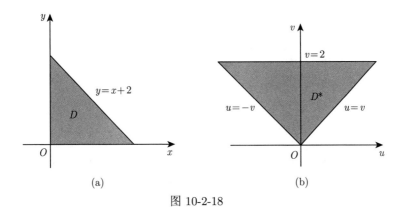

图 10-2-18

在选择变量替换时, 要同时兼顾被积函数的表达式和积分区域的形状两方面. 为了说明计算二重积分的技巧, 再看一个例子.

例 9 计算 $\iint\limits_{D} y\mathrm{d}x\mathrm{d}y$, 其中 D 是由直线 $x = -2, y = 0, y = 2$ 以及曲线 $x = -\sqrt{2y - y^2}$ 所围成的平面区域.

解法一 画出积分区域 D (图 10-2-19). 利用直角坐标得

$$\iint\limits_{D} y\mathrm{d}x\mathrm{d}y = \int_0^2 y\mathrm{d}y \int_{-2}^{-\sqrt{2y-y^2}} \mathrm{d}x = 2\int_0^2 y\mathrm{d}y - \int_0^2 y\sqrt{2y - y^2}\mathrm{d}y$$

$$= 4 - \int_0^2 y\sqrt{1 - (y-1)^2}\mathrm{d}y$$

$$\xrightarrow{y-1+t} 4 - \int_{-1}^{1} t\sqrt{1 - t^2}\mathrm{d}t - \int_{-1}^{1} \sqrt{1 - t^2}\mathrm{d}t$$

$$= 4 - 0 - \frac{\pi}{2} = 4 - \frac{\pi}{2}.$$

注 上式中由对称性知 $\int_{-1}^{1} t\sqrt{1 - t^2}\mathrm{d}t = 0$, 由定积分的几何意义知 $\int_{-1}^{1} \sqrt{1 - t^2}\mathrm{d}t$

$$= \frac{\pi}{2}.$$

解法二 将积分区域延拓到 D_1 上, 于是

$$\iint\limits_{D} y\mathrm{d}x\mathrm{d}y = \iint\limits_{D+D_1} y\mathrm{d}x\mathrm{d}y - \iint\limits_{D_1} y\mathrm{d}x\mathrm{d}y,$$

上式第一个积分

$$\iint\limits_{D+D_1} y\mathrm{d}x\mathrm{d}y = \int_{-2}^{0} \mathrm{d}x \int_{0}^{2} y\mathrm{d}y = 4.$$

第二个积分

$$\iint\limits_{D_1} y\mathrm{d}x\mathrm{d}y = \int_{\frac{\pi}{2}}^{\pi} \mathrm{d}\theta \int_{0}^{2\sin\theta} r^2 \sin\theta\mathrm{d}\theta = \frac{8}{3} \int_{\frac{\pi}{2}}^{\pi} \sin^4\theta\mathrm{d}\theta$$

$$\xlongequal{\theta=t+\frac{\pi}{2}} \frac{8}{3} \int_{0}^{\frac{\pi}{2}} \cos^4 t\mathrm{d}t = \frac{8}{3} \cdot \frac{3}{4} \cdot \frac{1}{2} \cdot \frac{\pi}{2} = \frac{\pi}{2},$$

故

$$\iint\limits_{D} y\mathrm{d}x\mathrm{d}y = 4 - \frac{\pi}{2}.$$

解法三 作变量替换 $x = u, y = v + 1$, 则区域 D 变为 D^* (图 10-2-20).

$$\iint\limits_{D} y\mathrm{d}x\mathrm{d}y = \iint\limits_{D^*} (v+1)\,\mathrm{d}u\mathrm{d}v = \iint\limits_{D^*} v\mathrm{d}u\mathrm{d}v + \iint\limits_{D^*} \mathrm{d}u\mathrm{d}v = 0 + \left(4 - \frac{\pi}{2}\right) = 4 - \frac{\pi}{2}.$$

注 上式中第一个积分, 由于被积函数关于 v 是奇函数, 积分区域关于 u 轴对称, 故 $\iint\limits_{D^*} v\mathrm{d}u\mathrm{d}v = 0$; 而第二个积分 $\iint\limits_{D^*} \mathrm{d}u\mathrm{d}v$ 表示积分区域的面积, 故

$$\iint\limits_{D^*} \mathrm{d}u\mathrm{d}v = 4 - \frac{\pi}{2}.$$

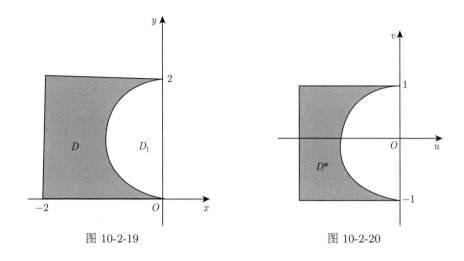

图 10-2-19 图 10-2-20

小结与思考

1. 小结

二重积分是在二维几何空间上完成元素法设计, 既要体现二维平面的复杂性, 又要通过降维, 利用一维定积分的方法加以解决. 在学习的过程中, 要逐步理解维数增加后的复杂, 和高维与低维之间的逻辑关系, 从而实现对应的数学思维训练, 提升高维工程复杂问题的解决能力.

2. 思考

(1) 二重积分的计算, 积分区域和被积函数应该优先考虑谁?

(2) 二重积分的计算, 如何考虑使用直角坐标还是极坐标?

习　题　10-2

1. 画出积分区域的草图, 并计算下列二重积分:

(1) $\iint\limits_{D} (x^2 + y^3)\mathrm{d}x\mathrm{d}y$, 其中 $D = \{(x,y) \mid -1 \leqslant x \leqslant 1, -1 \leqslant y \leqslant 1\}$;

(2) $\iint\limits_{D} \sqrt{x+y}\mathrm{d}x\mathrm{d}y$, 其中 $D = \{(x,y) \mid 0 \leqslant x \leqslant 2, 0 \leqslant y \leqslant 2\}$;

(3) $\iint\limits_{D} xy^2\mathrm{d}x\mathrm{d}y$, 其中 D 是由直线 $y = 1$, $x = 0$ 与 $y = x$ 所围成的闭区域;

(4) $\iint\limits_{D} \sqrt{x^2 - xy}\mathrm{d}x\mathrm{d}y$, 其中 D 是由直线 $x = 1$, $y = 0$ 与 $y = x$ 所围成的闭区域;

(5) $\iint\limits_{D} y^2\sin^2 x\mathrm{d}x\mathrm{d}y$, 其中 D 是由 x 轴与曲线 $y = \sin x \ (0 \leqslant x \leqslant \pi)$ 所围成的闭区域;

(6) $\iint\limits_{D} x^2 y\mathrm{d}x\mathrm{d}y$, 其中 D 是由直线 $y = 0$, $y = 1$ 与曲线 $x^2 - y^2 = 1$ 所围成的闭区域;

(7) $\iint\limits_{D} \sin\dfrac{x}{y}\mathrm{d}x\mathrm{d}y$, 其中 D 是由直线 $y = x$, $y = 2$ 与曲线 $x = y^3$ 所围成的闭区域;

(8) $\iint\limits_{D} \mathrm{e}^{\max\{x^2, y^2\}}\mathrm{d}x\mathrm{d}y$, 其中 $D = \{(x, y)|0 \leqslant x \leqslant 1, 0 \leqslant y \leqslant 1\}$.

2. 设 $f(x)$ 与 $g(x)$ 都是连续函数, 证明: $\iint\limits_{D} f(x)g(y)\mathrm{d}x\mathrm{d}y = \int_a^b f(x)\mathrm{d}x \cdot \int_c^d g(y)\mathrm{d}y$, 其中 $D = [a, b] \times [c, d]$.

3. 设 $f(u, v)$ 在 $[a, b] \times [c, d]$ 上连续, $g(x, y) = \int_a^x \mathrm{d}u \int_c^y f(u, v)\mathrm{d}v$, 证明:

$$g_{xy}(x, y) = g_{yx}(x, y) = f(x, y) \quad (a < x < b, c < y < d).$$

4. 按两种不同次序化二重积分 $\iint\limits_{D} f(x, y)\mathrm{d}x\mathrm{d}y$ 为二次积分, 其中 D 为

(1) 由椭圆 $\dfrac{x^2}{4} + \dfrac{y^2}{9} = 1$ 所围成的闭区域;

(2) 由直线 $y = x - 2$ 与曲线 $x = y^2$ 所围成的闭区域;

(3) 由曲线 $y = 2x^2$ 与 $y = x^2 + 1$ 所围成的闭区域;

(4) 以点 $O(0, 0), A(1, 2), B(2, 1)$ 为顶点的三角形区域.

5. 通过交换积分次序来计算下列二次积分的值:

(1) $\displaystyle\int_0^1 \mathrm{d}x \int_x^1 \mathrm{e}^{-y^2}\mathrm{d}y$;　　　　　　　　　　　(2) $\displaystyle\int_0^1 \mathrm{d}y \int_y^1 y^2 \sin(x^2)\mathrm{d}x$;

(3) $\displaystyle\int_{\frac{1}{4}}^{\frac{1}{2}} \mathrm{d}x \int_{\frac{1}{2}}^{\sqrt{x}} \mathrm{e}^{\frac{x}{y}}\mathrm{d}y + \int_{\frac{1}{2}}^1 \mathrm{d}x \int_x^{\sqrt{x}} \mathrm{e}^{\frac{x}{y}}\mathrm{d}y$;

(4) $\displaystyle\int_1^2 \mathrm{d}y \int_{\sqrt{y}}^y \sin\dfrac{\pi y}{2x}\mathrm{d}x + \int_2^4 \mathrm{d}y \int_{\sqrt{y}}^2 \sin\dfrac{\pi y}{2x}\mathrm{d}x$.

6. 设 $f(x)$ 在 $[0, 1]$ 上连续, 且 $\displaystyle\int_0^1 f(x)\mathrm{d}x = A$, 证明 $\displaystyle\int_0^1 \mathrm{d}x \int_x^1 f(x)f(y)\mathrm{d}y = \dfrac{A^2}{2}$.

7. 有一平面薄片占有 xOy 面上的闭区域 D, 其任意一点的面密度与该点到原点的距离的平方成正比 (其中 $D = \{(x, y) \mid x^2 \leqslant y \leqslant 1\}$), 求该平面薄片的质量.

8. 化下列二次积分为极坐标形式的二次积分, 并计算积分值:

(1) $\displaystyle\int_{-1}^1 \mathrm{d}x \int_{-\sqrt{1-x^2}}^{\sqrt{1-x^2}} \sqrt{x^2 + y^2}\mathrm{d}y$;

(2) $\displaystyle\int_0^2 \mathrm{d}y \int_0^{\sqrt{2y-y^2}} x\mathrm{d}x$;

(3) $\displaystyle\int_0^1 \mathrm{d}x \int_{1-x}^{\sqrt{1-x^2}} \sqrt{(x^2 + y^2)^{-3}}\mathrm{d}y$;

(4) $\displaystyle\int_1^2 \mathrm{d}x \int_0^x \frac{y\sqrt{x^2+y^2}}{x}\mathrm{d}y$.

9. 设 $f(x,y)$ 为连续函数, 把极坐标形式的二次积分 $\displaystyle\int_0^{\frac{\pi}{4}} \mathrm{d}\varphi \int_0^1 f(\rho\cos\varphi, \rho\sin\varphi)\rho\mathrm{d}\rho$ 化为直角坐标形式下的先 x 后 y 的二次积分.

10. 利用极坐标计算下列二重积分:

(1) $\displaystyle\iint\limits_D \frac{1}{1+x^2+y^2}\mathrm{d}x\mathrm{d}y$, $D=\{(x,y)|x^2+y^2\leqslant 1, x\geqslant 0\}$;

(2) $\displaystyle\iint\limits_D \sqrt{\frac{1-x^2-y^2}{1+x^2+y^2}}\mathrm{d}x\mathrm{d}y$, 其中 D 是由坐标轴与圆 $x^2+y^2=1$ 所围成的位于第一象限内的闭区域;

(3) $\displaystyle\iint\limits_D \sqrt{|x^2+y^2-4|}\mathrm{d}x\mathrm{d}y$, 其中 D 是圆 $x^2+y^2=9$ 所围成的闭区域.

11. 利用二重积分, 求下列图形的面积:

(1) 位于圆 $\rho=1$ 的外部及心形线 $\rho=1+\cos\varphi$ 的内部的区域;

(2) 闭曲线 $(x^2+y^2)^3=a^2(x^4+y^4)(a>0)$ 所围成的区域.

12. 求曲面 $z=x^2+y^2+1$ 上点 $P_0(-1,1,3)$ 处的切平面与曲面 $z=x^2+y^2$ 所围成的空间立体的体积.

13. 有一平面薄片占有 xOy 面上的闭区域 $D=\{(x,y)\mid x^2+y^2\leqslant 4y\}$, 其任意一点的面密度与该点到原点的距离成正比, 求该平面薄片的质量.

14. 作适当的变换, 计算下列二重积分的值:

(1) $\displaystyle\iint\limits_D (2x+3y)\mathrm{d}x\mathrm{d}y$, 其中 D 是由圆 $x^2+y^2=2x+4y+5$ 所围成的闭区域;

(2) $\displaystyle\iint\limits_D \sqrt{1-\frac{x^2}{4}-\frac{y^2}{9}}\mathrm{d}x\mathrm{d}y$, 其中 D 是由椭圆 $\dfrac{x^2}{4}+\dfrac{y^2}{9}=1$ 所围成的位于第一象限内的闭区域;

(3) $\displaystyle\iint\limits_D \mathrm{e}^{\frac{y-x}{y+x}}\mathrm{d}x\mathrm{d}y$, 其中 D 是由 x 轴、y 轴及直线 $x+y=2$ 所围成的闭区域;

(4) $\displaystyle\iint\limits_D \mathrm{e}^{(x-2)^2+y^2}\mathrm{d}x\mathrm{d}y$, 其中 $D=\{(x,y)|x^2+y^2\leqslant 4x, x\geqslant 2\}$.

15. 求下列曲线所围成的闭区域 D 的面积:

(1) D 是由曲线 $xy=4, xy=8, xy^3=5, xy^3=15$ 所围成的位于第一象限内的闭区域;

(2) D 是由曲线 $y=x^3, y=4x^3, x=y^3, x=4y^3$ 所围成的位于第一象限内的闭区域.

16. 已知函数 $f(x,y)$ 具有二阶连续偏导数, 且 $f(1,y)=0, f(x,1)=0, \displaystyle\iint\limits_D f(x,y)\mathrm{d}x\mathrm{d}y=a$, 其中 $D=\{(x,y)|0\leqslant x\leqslant 1, 0\leqslant y\leqslant 1\}$, 计算二重积分 $I=\displaystyle\iint\limits_D xyf''_{xy}(x,y)\mathrm{d}x\mathrm{d}y$.

10.3　三重积分的计算

本节通过引入实例, 即空间物体的质量, 抽象出三重积分的概念, 并讨论三重积分在直角标系、柱面坐标系和球面坐标系中的计算方法.

教学目标: 掌握三重积分的概念及其计算方法, 进而能用三重积分来求解相关工程问题.

教学重点: 理解三重积分的概念; 会计算三重积分 (直角坐标、柱面坐标、球面坐标).

教学难点: 利用柱面坐标与球面坐标计算三重积分.

教学背景: 工程多变量问题.

思政元素: 由平面到空间的扩展, 对应着从二维到三维的过渡. 基于二重积分的定义和计算方法, 建立三重积分的框架, 从而解决一些高维问题 (例如计算空间物体的质量问题等).

慕课10.3.1

10.3.1　三重积分的概念

1. 空间物体的质量

设有一质量非均匀的物体占有空间有界区域, 其上各点的体密度 $\mu = f(x, y, z)$ 是 Ω 上点 (x, y, z) 的连续函数, 求此物体的质量 m.

类似于平面薄片质量的求解过程, 仍然采用如下四个步骤.

(1) **分割**　将空间有界闭区域 Ω 任意地分划成 n 个小区域 $\Delta_1, \Delta_2, \cdots, \Delta_n$, 其中 Δ_i 既表示第 i 个小闭区域, 也表示它的体积.

(2) **近似**　在 Δ_i 上任取一点 (ξ_i, η_i, ζ_i), 由于密度函数 $f(x, y, z)$ 连续, 因此第 i 小块物体 Δ_i 的质量近似值为

$$f(\xi_i, \eta_i, \zeta_i) \Delta V_i.$$

(3) **求和**　整个空间物体的质量近似值为

$$m \approx \sum_{i=1}^{n} f(\xi_i, \eta_i, \zeta_i) \Delta V_i.$$

(4) **取极限**　记这 n 个小闭区域直径的最大者为 λ, 则有

$$m = \lim_{\lambda \to 0} \sum_{i=1}^{n} f(\xi_i, \eta_i, \zeta_i) \Delta V_i.$$

抛开空间物体质量的实际意义, 抽象出对上述和式极限的数学描述, 于是得到三重积分的概念.

2. 三重积分的概念

定义 10.2.1　设 $f(x,y,z)$ 是空间有界闭区域 Ω 上的有界函数, 将 Ω 任意地划分成 n 个小闭区域 $\Delta_1, \Delta_2, \cdots, \Delta_n$, 其中 ΔV_i 既表示第 i 个小闭区域, 也表示它的体积在每个小闭区域 ΔV_i 上任取一点 (ξ_i, η_i, ζ_i), 作乘积 $f(\xi_i, \eta_i, \zeta_i) \Delta V_i$, 并作和 $\sum\limits_{i=1}^{n} f(\xi_i, \eta_i, \zeta_i) \Delta V_i$, 记 λ 为这 n 个小闭区域直径的最大值, 若极限 $\lim\limits_{\lambda \to 0} \sum\limits_{i=1}^{n} f(\xi_i, \eta_i, \zeta_i) \Delta V_i$ 存在, 且极限值与 Ω 的分法及点 (ξ_i, η_i, ζ_i) 选取都无关, 则称函数 $f(x, y, z)$ 在区域 Ω 上可积, 其极限值为函数 $f(x, y, z)$ 在区域 Ω 上的三重积分, 记作 $\iiint\limits_{\Omega} f(x, y, z)\, \mathrm{d}V$, 即

$$\iiint\limits_{\Omega} f(x, y, z)\, \mathrm{d}v = \lim\limits_{\lambda \to 0} \sum_{i=1}^{n} f(\xi_i, \eta_i, \zeta_i)\, \Delta V_i,$$

其中, $\mathrm{d}V$ 叫做体积元素.

在空间直角坐标系中, 用三族平行于坐标面的平面去分割积分区域 Ω, 除去包含 Ω 边界的些许不规则的小闭区域外, 剩余的都是小长方体, 相应的体积元素可表示为 $\mathrm{d}V = \mathrm{d}x\mathrm{d}y\mathrm{d}z$. 于是有

$$\iiint\limits_{\Omega} f(x, y, z)\, \mathrm{d}v = \iiint\limits_{\Omega} f(x, y, z)\, \mathrm{d}x\mathrm{d}y\mathrm{d}z.$$

三重积分的存在定理与二重积分的存在定理相似, 若函数 $f(x, y, z)$ 在空间闭区域 Ω 上连续, 则三重积分存在

$$M = \iiint\limits_{\Omega} f(x, y, z)\, \mathrm{d}V.$$

特别地, 当 $f(x, y, z) = 1$ 时, 在数值上, $\iiint\limits_{\Omega} \mathrm{d}V$ 等于 Ω 的体积.

10.3.2　三重积分的计算

1. 空间直角坐标系下三重积分的计算

与二重积分类似, 三重积分的计算也是要化为累次积分, 它要化作计算三次定积分. 首先讨论三重积分在空间直角坐标系下的两种计算方法, 即先一后二法

(投影法) 和先二后一法 (截面法). 在计算推导过程中, 仍以空间物体的质量为研究对象, 并假设 $f(x, y, z) > 0$.

1) 先一后二法 (投影法)

为了更好地理解计算三重积分的方法, 首先考虑一种简单的积分区域类型, 假设积分区域 Ω 的形状如图 10-3-1 所示. Ω 在 xOy 平面上的投影区域为 D, 若它满足过 D 任意一点 (x, y), 作平行于 z 轴的直线穿过 Ω 内部, 与 Ω 边界曲面相交不多于两点, 亦即, Ω 的边界曲面可分为上、下两片部分曲面:

$$S_1: z = z_{1(x, y)}, \quad S_2: z = z_2(x, y),$$

其中 $z_1(x, y), z_2(x, y)$ 在 D_{xy} 上连续, 并且 $z_1(x, y) \leqslant z_2(x, y)$, 这种类型的区域称为 xy-型区域.

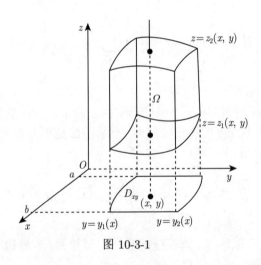

图 10-3-1

对于积分区域 Ω 为 xy-型的三重积分 $\displaystyle\iiint\limits_{\Omega} f(x, y, z)\,\mathrm{d}V$ 如何计算呢? 不妨先考虑特殊情况 $f(x, y, z) = 1$, 则由二重积分方法计算体积有

$$\iiint\limits_{\Omega} \mathrm{d}V = \iiint\limits_{\Omega} \mathrm{d}x\mathrm{d}y\mathrm{d}z = \iint\limits_{D_{xy}} [z_2(x, y) - z_1(x, y)]\,\mathrm{d}\sigma,$$

即

$$\iiint\limits_{\Omega} \mathrm{d}V = \iint\limits_{D_{xy}} \left[\int_{z_1(x, y)}^{z_2(x, y)} \mathrm{d}z \right] \mathrm{d}\sigma.$$

一般情况下, 体密度为 $f(x, y, z)$ 的空间物体的质量为 $m = \iiint\limits_{\Omega} f(x, y, z)\, \mathrm{d}V$, 我们还可以用微分法来计算质量. 在 D_{xy} 中选取面积元素 $\mathrm{d}\sigma$, 设 $(x, y) \in \mathrm{d}\sigma$ 在 $\mathrm{d}\sigma$ 所对应的小体 $\mathrm{d}V$ 上取小段 $[z, z + \mathrm{d}z]$, 该小段的体密度为 $f(x, y, z)$, 体积为 $\mathrm{d}\sigma \mathrm{d}z$, 因此质量为 $f(x, y, z)\,\mathrm{d}\sigma \mathrm{d}z$. 由于小柱体对应的区间 (即 z 的变化范围) 为 $[z_1(x, y), z_2(x, y)]$, 因此它的质量为 $\mathrm{d}m = \left(\int_{z_1(x,y)}^{z_2(x,y)} f(x, y, z)\, \mathrm{d}z \right) \mathrm{d}\sigma$. 每个小柱体的质量相加, 便得到所求空间物体的质量, 即

$$m = \iint\limits_{D_{xy}} \mathrm{d}m = \iint\limits_{D_{xy}} \left[\int_{z_1(x,y)}^{z_2(x,y)} f(x, y, z)\, \mathrm{d}z \right] \mathrm{d}\sigma.$$

上式右端表示先计算函数 $f(x, y, z)$ 在区间 $[z_1(x, y), z_2(x, y)]$ 上对 z 求定积分. 因此, 其结果应是 x, y 的函数, 然后计算其在区域 D 上的二重分. 为书写方便, 我们习惯写成如下形式

$$m = \iint\limits_{D_{xy}} \mathrm{d}\sigma \int_{z_1(x,y)}^{z_2(x,y)} f(x, y, z)\, \mathrm{d}z.$$

不考虑其物理意义, 便得到直角坐标下三重积分的计算公式

$$\iiint\limits_{\Omega} f(x, y, z)\, \mathrm{d}V = \iint\limits_{D_{xy}} \mathrm{d}\sigma \int_{z_1(x,y)}^{z_2(x,y)} f(x, y, z)\, \mathrm{d}z.$$

上式表示, 在计算 $\iiint\limits_{\Omega} f(x, y, z)\, \mathrm{d}V$ 时, 先计算定积分 $\int_{z_1(x,y)}^{z_2(x,y)} f(x, y, z)\, \mathrm{d}z$, 再计算一次二重积分, 从而得到三重积分的结果, 这种方法是先将积分区域往坐标面上投影, 进而将三重积分化成二重积分, 即先对 z 求定积分后, 再对 x, y 求二重积分, 此种方法称为先一后二法, 也称投影法.

在图 10-3-1 中如果投影区域 D_{xy} 可表示为

$$a \leqslant x \leqslant b, \quad y_1 \leqslant y \leqslant y_2(x),$$

则

$$\iint\limits_{D_{xy}} \mathrm{d}\sigma \int_{z_1(x,y)}^{z_2(x,y)} f(x, y, z)\, \mathrm{d}z = \int_a^b \mathrm{d}x \int_{y_1(x)}^{y_2(x)} \left[\int_{z_1(x,y)}^{z_2(x,y)} f(x, y, z)\, \mathrm{d}z \right] \mathrm{d}y.$$

综上所述, 若积分区域 Ω 为 xy-型区域, 则可表示成

$$a \leqslant x \leqslant b, \quad y_1(x) \leqslant y \leqslant y_2(x), \quad z_1(x,y) \leqslant z \leqslant z_2(x,y),$$

则

$$\iiint\limits_{\Omega} f(x,y,z)\, \mathrm{d}V = \int_a^b \mathrm{d}x \int_{y_1(x)}^{y_2(x)} \int_{z_1(x,y)}^{z_2(x,y)} f(x,y,z)\, \mathrm{d}z\mathrm{d}y.$$

这就是三重积分的计算公式, 它将三重积分化成先对积分变量 z, 次对 y, 最后对 x 的三次积分. 类似地, 可以定义积分区域为 yz-型和 zx-型区域的三重积分, 并转化为相应的三次积分.

如果平行于 z 轴且穿过 Ω 内部的直线与边界曲面的交点多于两个, 可仿照二重积分计算中所采用的方法, 将 Ω 剖分成若干个部分 (如 Ω_1, Ω_2), 使得各部分区域都是 xy-型区域, 在 D_{xy} 上的三重积分就化为各部分区域上的三重积分之和.

例 2　计算 $\iiint\limits_{\Omega} xyz\mathrm{d}x\mathrm{d}y\mathrm{d}z$, 其中 Ω 为球面 $x+y+z=1$ 及三个标面所围成的位于第一卦限的立体.

解　(1) 画出积分区域 Ω 的简图, 如图 10-3-2 所示, 显然为 xy-型区域.

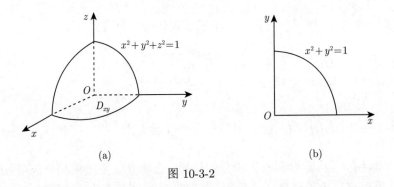

图 10-3-2

(2) 找出积分区域 Ω 在某坐标面上的投影区域并画出简图, 则 Ω 在 xOy 平面上的投影区域为

$$D_{xy}: x^2 + y^2 \leqslant 1, x \geqslant 0, y \geqslant 0.$$

(3) 确定另一积分变量的变化范围. 在 D 内任取一点, 作一过此点且平行于 z 轴的直线穿过区域 Ω, 则此直线与 Ω 边界曲面的两个交点之竖坐标即为 z 的变化范围

$$0 \leqslant z \leqslant \sqrt{1 - x^2 - y^2}.$$

(4) 选择一种次序, 化三重积分为三次积分, 则

$$\iiint\limits_{\Omega} xyz\mathrm{d}x\mathrm{d}y\mathrm{d}z = \int_0^1 \mathrm{d}x \int_0^{\sqrt{1-x^2}} \mathrm{d}y \int_0^{\sqrt{1-x^2-y^2}} xyz\mathrm{d}z$$

$$= \int_0^1 \mathrm{d}x \int_0^{\sqrt{1-x^2}} \frac{1}{2}xy\left(1-x^2-y^2\right)\mathrm{d}y$$

$$= \int_0^1 \left[\frac{1}{4}x\left(1-x^2\right) - \frac{1}{4}x^3\left(1-x^2\right) - \frac{1}{8}x\left(1-x^2\right)^2\right]\mathrm{d}x$$

$$= \frac{1}{48}.$$

例 3 计算三重积分 $I = y\sqrt{1-x^2}\mathrm{d}x\mathrm{d}y\mathrm{d}z$, 其中 Ω 由曲面 $y = -\sqrt{1-x^2-y^2}$, $x^2+z^2=1, y=1$ 所围成.

解 如图 10-3-3 所示, 积分区域 Ω 视为 xz-型, 将 Ω 投影到 zOx 平面上得 $D_{xz}: x^2+z^2 \leqslant 1$, 先对 y 积分, 再求 D_{xz} 上的二重积分, 则

$$I = \iint\limits_{D_{xz}} \sqrt{1-x^2}\mathrm{d}x\mathrm{d}z \int_{-\sqrt{1-x^2-y^2}}^1 y\mathrm{d}y$$

$$= \int_{-1}^1 \mathrm{d}x \int_{-\sqrt{1-x^2}}^{\sqrt{1-x^2}} \sqrt{1-x^2} \cdot \frac{x^2+z^2}{2}\mathrm{d}z$$

$$= \int_{-1}^1 \sqrt{1-x^2} \cdot \left(x^z + \frac{z^3}{3}\right)\bigg|_0^{\sqrt{1-x^2}} \mathrm{d}x$$

$$= \int_{-1}^1 \frac{1}{3}\left(1+x^2-2x^4\right)\mathrm{d}x = \frac{28}{45}.$$

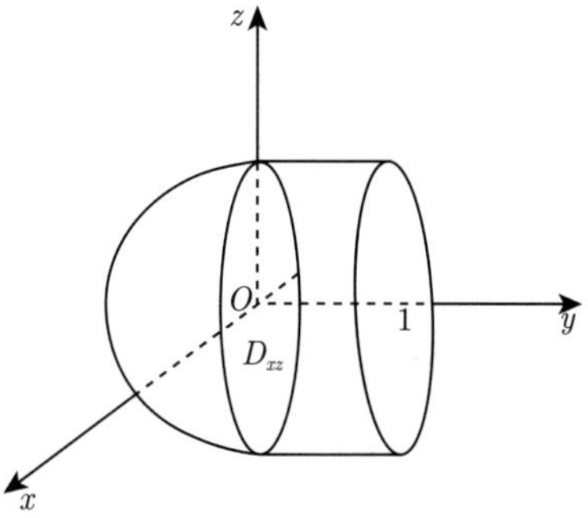

图 10-3-3

例 4 化三重积分 $I = \iiint\limits_{\Omega} f(x,y,z)\mathrm{d}x\mathrm{d}y\mathrm{d}z$ 为三次积分, 其中区域 Ω 为由曲面 $z=x^2+2y^2$ 及 $z=2-x^2$ 所围成的闭区域.

解 由于 $\begin{cases} z=x^2+2y^2, \\ z=2-x^2, \end{cases}$ 其投影区域 $D: x^2+y^2 \leqslant 1$, 因此区域 D 可用

不等式 $\begin{cases} -1 \leqslant x \leqslant 1, \\ -\sqrt{1-x^2} \leqslant y \leqslant \sqrt{1-x^2} \end{cases}$ 来表示, 故积分区域 Ω 可表示为

$$\begin{cases} -1 \leqslant x \leqslant 1, \\ -\sqrt{1-x^2} \leqslant y \leqslant \sqrt{1-x^2}, \\ x^2 + 2y^2 \leqslant z \leqslant 2 - x^2, \end{cases}$$

所以

$$I = \int_{-1}^{1} \mathrm{d}x \int_{-\sqrt{1-x^2}}^{\sqrt{1-x^2}} \mathrm{d}y \int_{x^2+2y^2}^{2-x^2} f(x,y,z)\,\mathrm{d}z.$$

慕课10.3.3

2) 先二后一法 (截面法)

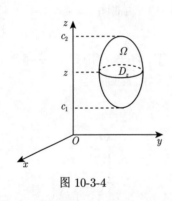

图 10-3-4

在计算三重积分时, 根据被积函数与积分区域的特点, 也可采用所谓的先二后一法 (截面法). 先二后一法计算三重积分的一般步骤如下:

(1) 把积分区域 Ω 向某轴 (例如 z 轴) 投影, 得投影区间 $[c_1, c_2]$, 如图 10-3-4 所示.

(2) 对 $z \in [c_1, c_2]$ 用过 z 轴且平行 xOy 平面的平面 $z = z$ 去截 Ω, 得截面 D_z; 计算二重积 $\iint\limits_{D_z} f(x,y,z)\,\mathrm{d}x\mathrm{d}y$, 其结

果为 z 的函数 $F(z)$.

(3) 最后计算定积分 $\int_{c_1}^{c_2} F(z)\,\mathrm{d}z$ 即得三重积分.

注 当 D_z 比较简单或 $f(x,y,z) = f(z)$ 时, 这种方法简便.

例 5 计算三重积分 $\iiint\limits_{\Omega} z\mathrm{d}x\mathrm{d}y\mathrm{d}z$, 其中 Ω 为 3 个坐标面及平面 $x+y+z = 1$ 所围成的闭区域, 如图 10-3-5 所示.

解 区域 Ω 在 z 轴上的投影区间为 $[0,1]$, $D_z = \{(x,y)\,|\,x+y \leqslant 1-z\}$, 截面 D_z 是直角边长为 $(1-z)$ 的等腰直角三角形, 其面积为 $\iint\limits_{D_z} \mathrm{d}x\mathrm{d}y = \dfrac{1}{2}(1-z)^2$, 由

先二后一法得

$$\iiint\limits_{\Omega} z\mathrm{d}x\mathrm{d}y\mathrm{d}z = \int_0^1 z\mathrm{d}z \iint\limits_{D_z} \mathrm{d}x\mathrm{d}y = \int_0^1 z \cdot \frac{1}{2}\left(1-z\right)^2 \mathrm{d}z = \frac{1}{24}.$$

例 6 计算三重积分 $\iiint\limits_{\Omega} z^2\mathrm{d}x\mathrm{d}y\mathrm{d}z$, 其中 Ω 是由椭球面 $\dfrac{x^2}{a^2} + \dfrac{y^2}{b^2} + \dfrac{z^2}{c^2} = 1$ 所围成的空间闭区域, 如图 10-3-6 所示.

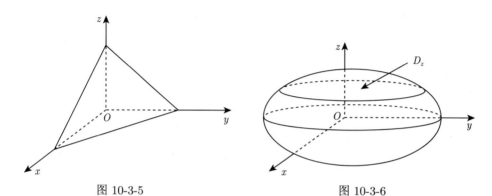

图 10-3-5　　　　　　　　　　　图 10-3-6

解 积分区域可表示为 $\left\{(x,y,z)\left|-c \leqslant z \leqslant c, \dfrac{x^2}{a^2} + \dfrac{y^2}{b^2} \leqslant 1 - \dfrac{z^2}{c^2}\right.\right\}$. 对任意 的 $-c \leqslant z \leqslant c$, $D_z = \left\{(x,y)\left|\dfrac{x^2}{a^2} + \dfrac{y^2}{b^2} \leqslant 1 - \dfrac{z^2}{c^2}\right.\right\}$, 即

$$D_z = \left\{(x,y)\left|\frac{x^2}{a^2\left(1-\dfrac{z^2}{c^2}\right)} + \frac{y^2}{b^2\left(1-\dfrac{z^2}{c^2}\right)} \leqslant 1\right.\right\},$$

所以

$$\iint\limits_{D_z} \mathrm{d}x\mathrm{d}y = \pi\sqrt{a^2\left(1-\frac{z^2}{c^2}\right)} \cdot \sqrt{b^2\left(1-\frac{z^2}{c^2}\right)} = \pi ab\left(1-\frac{z^2}{c^2}\right).$$

因此

$$\text{原式} = \int_{-c}^c z^2\mathrm{d}z \iint\limits_{D_z} \mathrm{d}x\mathrm{d}y = \int_{-c}^c \pi ab\left(1-\frac{z^2}{c^2}\right)z^2\mathrm{d}z = \frac{4}{15}\pi abc^3.$$

2. 柱面坐标系下三重积分的计算

(1) 柱面坐标系.

$M(x, y, z)$ 为空间的一点, 该点在 xOy 面上的投影为 P, P 点的极坐标为 (r, θ), 则数组 (r, θ, z) 称为点 M 的柱面坐标, 如图 10-3-7 所示. 规定 r, θ, z 的变化范围是

$$0 \leqslant r < +\infty, \quad 0 \leqslant \theta \leqslant 2\pi,$$

$$-\infty < z < +\infty.$$

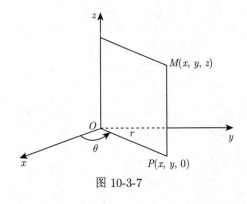

图 10-3-7

柱面坐标系中的三组坐标面分别如下:

(i) $r =$ 常数, 表示以 z 轴为轴, 半径为 r 的圆柱面.

(ii) $\theta =$ 常数, 表示过 z 轴, 与半坐标面 $xOz\,(x \geqslant 0)$ 的夹角为 θ 的半平面.

(iii) $z =$ 常数, 表示与 xOy 面平行的平面.

点 M 的直角坐标 (x, y, z) 与柱面坐标 (r, θ, z) 之间有关系式

$$x = r\cos\theta, \quad y = r\sin\theta, \quad z = z. \tag{10-3-1}$$

(2) 三重积分在柱面坐标系中的计算公式.

用三组坐标面, $r =$ 常数, $\theta =$ 常数, $z =$ 常数, 将 Ω 分成许多小区域, 除了含 Ω 的边界的一些不规则小区域, 这种小闭区域都是柱体, 如图 10-3-8 所示.

考察由 r, θ, z 各取得微小增量 $\mathrm{d}r, \mathrm{d}\theta,$ $\mathrm{d}z$ 所成的柱体微元, 该柱体是底面积为 $r\mathrm{d}r\mathrm{d}\theta$, 高为 $\mathrm{d}z$ 的柱体, 如图 10-3-8 所示, 其体积为 $\mathrm{d}V = r\mathrm{d}r\mathrm{d}\theta\mathrm{d}z$, 这便是柱面坐标系下的体积元素, 再利用直角坐标与柱面坐标的关系式 10-3-1, 得

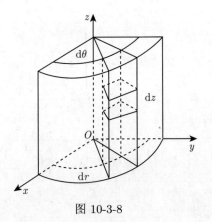

图 10-3-8

$$\iiint\limits_{\Omega} f(x, y, z)\,\mathrm{d}V = \iiint\limits_{\Omega} f(r\cos\theta, r\sin\theta, z)\,r\mathrm{d}r\mathrm{d}\theta\mathrm{d}z. \tag{10-3-2}$$

式 (10-3-2) 就是三重积分在柱面坐标系下的计算公式, 右端的三重积分也可化为关于积分变量 r, θ, z 的三次积分, 其积分限要由 r, θ, z 在 Ω' 中的变化情况来确定.

(3) 柱面坐标下求解三重积分的一般步骤.

(i) 将被积函数 $f(x, y, z)$ 和体积元素 $\mathrm{d}V$ 用 r, θ, z 表示, 其积分顺序可根据具体情况做适当调整.

(ii) 设 Ω 在 xOy 平面上的投影区域为 D, 用极坐标变量 r, θ 表示并确定其变化范围, 即

$$\alpha \leqslant \theta \leqslant \beta, \quad r_1(\theta) \leqslant r \leqslant r_2(\theta).$$

(iii) 在 D_{xy} 内任取一点 (r, θ), 过此点作平行于 z 轴的直线穿过区域, 此直线与边界曲面的两个交点之竖坐标 (将此竖坐标表示成 r, θ 的函数) 为 z 的变化范围, 即

$$z_1(r, \theta) \leqslant z \leqslant z_2(r, \theta).$$

(iv) 将三重积分写成关于变量 r, θ, z 的三次积分

$$\iiint\limits_{\Omega} f(x, y, z)\, \mathrm{d}V = \int_{\alpha}^{\beta} \mathrm{d}\theta \int_{r_1(\theta)}^{r_2(\theta)} \int_{z_1(r,\theta)}^{z_2(r,\theta)} f(r\cos\theta, r\sin\theta, z)\, \mathrm{d}z.$$

计算所得结果即为三重积分的值.

例 7 计算 $\iiint\limits_{\Omega} z\mathrm{d}x\mathrm{d}y\mathrm{d}z$, 其中 Ω 是球面 $x^2+y^2+z^2 = 4$ 与抛物面 $x^2+y^2 = 3z$ 所围的立体.

解 将 Ω 的边界曲面用直角坐标与柱面坐标之间的关系式 $\begin{cases} x = r\cos\theta, \\ y = r\sin\theta, \\ z = z \end{cases}$

表示, 则其交线为 $\begin{cases} r^2 + z^2 = 4, \\ r^2 = 3z, \end{cases}$ 解得 $z = 1, r = \sqrt{3}$, 把闭区域投影到 xOy 平面上, 如图 10-3-9 所示.

$$\Omega': 0 \leqslant \theta \leqslant 2\pi, 0 \leqslant r \leqslant \sqrt{3}, \frac{r^2}{3} \leqslant z \leqslant \sqrt{4 - r^2}.$$

$$\iiint\limits_{\Omega} z\mathrm{d}x\mathrm{d}y\mathrm{d}z = \int_0^{2\pi} \mathrm{d}\theta \int_0^{\sqrt{3}} \mathrm{d}r \int_{\frac{r^2}{2}}^{\sqrt{4-r^2}} r \cdot z\mathrm{d}z$$

$$= \int_0^{2\pi} \mathrm{d}\theta \int_0^{\sqrt{3}} \left(\frac{z^2}{2}\right)\Bigg|_{\frac{r^2}{2}}^{\sqrt{4-r^2}} \mathrm{d}r$$

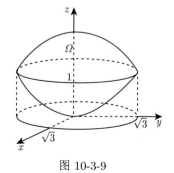

图 10-3-9

$$= \frac{1}{2} \int_0^{2\pi} \mathrm{d}\theta \int_0^{\sqrt{3}} \left[\left(\sqrt{4-r^2} \right)^2 - \left(\frac{r^2}{3} \right)^2 \right] \mathrm{d}r$$

$$= \frac{1}{2} \int_0^{2\pi} \mathrm{d}\theta \int_0^{\sqrt{3}} \left(4 - r^2 - \frac{r^4}{9} \right) r\mathrm{d}r = \frac{13}{4}\pi.$$

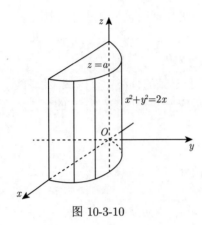

图 10-3-10

例 8　求 $I = \iiint\limits_{\Omega} z\sqrt{x^2 + y^2}\mathrm{d}x\mathrm{d}y\mathrm{d}z$, 其中

Ω 是由曲面 $x^2 + y^2 = 2x, z = 0, z = a$ 所围成的在第一卦限的区域, 如图 10-3-10 所示.

解　令 $x = r\cos\theta, y = r\sin\theta, z = z$, 由 $x^2 + y^2 = 2x$ 得 $r = 2\cos\theta$, 则

$$\Omega' : 0 \leqslant \theta \leqslant \frac{\pi}{2}, 0 \leqslant r \leqslant 2\cos\theta, 0 \leqslant z \leqslant a.$$

所以

$$I = \iiint\limits_{\Omega} z\sqrt{x^2 + y^2}\mathrm{d}x\mathrm{d}y\mathrm{d}z = \iiint\limits_{\Omega} zr \cdot r\mathrm{d}r\mathrm{d}\theta\mathrm{d}z$$

$$= \int_0^{\frac{\pi}{2}} \mathrm{d}\theta \int_0^{2\cos\theta} r^2\mathrm{d}r \int_0^a z\mathrm{d}z = \int_0^{\frac{\pi}{2}} \mathrm{d}\theta \int_0^{2\cos\theta} \left(\frac{z^2}{2} \right) \cdot r^2\mathrm{d}r$$

$$= \frac{a^2}{2} \int_0^{\frac{\pi}{2}} \mathrm{d}\theta \int_0^{2\cos\theta} r^2\mathrm{d}r = \frac{a^2}{2} \int_0^{\frac{\pi}{2}} \left(\frac{r^3}{3} \right) \bigg|_0^{2\cos\theta} \mathrm{d}\theta$$

$$= \frac{a^2}{2} \frac{8}{3} \int_0^{\frac{\pi}{2}} \cos^3\theta\mathrm{d}\theta = \frac{4a^2}{3} \int_0^{\frac{\pi}{2}} \cos^3\theta\mathrm{d}\theta$$

$$= \frac{4a^2}{3} \frac{2}{3} = \frac{8a^2}{9}.$$

3. 球面坐标系下三重积分的计算

慕课10.3.5

(1) 球面坐标系.

设 $M(x, y, z)$ 为空间内一点, 则点 M 可用 3 个有次序的数 r, φ, θ 来确定, 其中 r 为原点 O 到点 M 的距离, φ 为有向线段 OM 与 z 轴正向所成夹角, θ 为从轴正向来看自 x 轴按顺时针方向转到有向线段 OP 的角, 这里点 P 为点 M 在 xOy 平面上的投影, 称有序数组 (r, φ, θ) 为点 M 的球面坐标. 图形如图 10-3-11 所示.

设点 M 在 xOy 平面上的投影为 P, 点 P 在 x 轴上的投影为 A, 如图 10-3-12 所示, 则 $OA = x$, $AP = y$, $PM = z$. 点 M 的球面坐标与直角坐标的关系为

$$x = r\sin\varphi\cos\theta, \quad y = r\sin\varphi\sin\theta, \quad z = r\cos\varphi, \tag{10-3-3}$$

并规定 (r, φ, θ) 的变化范围分别为

$$0 \leqslant r < +\infty, \quad 0 \leqslant \varphi \leqslant \pi, \quad 0 \leqslant \theta < 2\pi.$$

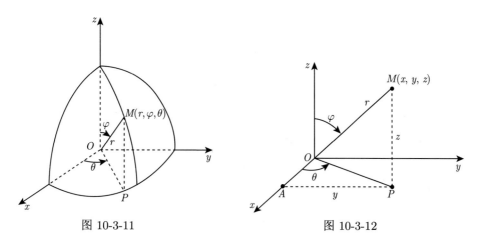

图 10-3-11   图 10-3-12

球面坐标系中三组坐标面分别如下:

$r =$ 常数, 是以原点为球心, 半径为 r 的球面.

$\varphi =$ 常数, 是以原点为顶点, z 轴为对称轴, 半顶角为 φ 的圆锥面.

$\theta =$ 常数, 表示过极轴, 与半坐标面 $xOz\,(x \geqslant 0)$ 的夹角为 θ 的半平面.

(2) 三重积分在球面坐标系下的计算公式.

用三组坐标面 $r =$ 常数, $\varphi =$ 常数, $\theta =$ 常数, 将 Ω 划分成许多小区域, 考虑当 r, φ, θ 各取微小增量 $\mathrm{d}r, \mathrm{d}\varphi, \mathrm{d}\theta$ 所形成的六面体, 如图 10-3-13 所示, 若忽略高阶无穷小, 可将此六面体视为长方体, 其体积近似值为

$$\mathrm{d}V = r^2\sin\varphi\,\mathrm{d}r\mathrm{d}\varphi\mathrm{d}\theta.$$

这就是球面坐标系下的体积元素.

由直角坐标与球面坐标的关系式 (10-3-3) 有

$$\iiint\limits_{\Omega} f(x, y, z)\,\mathrm{d}V = \iiint\limits_{\Omega} f(r\sin\varphi\cos\theta, r\sin\varphi\sin\theta, r\cos\varphi)\, r^2\sin\varphi\mathrm{d}r\mathrm{d}\varphi\mathrm{d}\theta.$$

$$\tag{10-3-4}$$

式 (10-3-4) 就是三重积分在球面坐标系下的计算公式, 右端的三重积分可化为关于积分变量 r, φ, θ 的三次积分来实现其计算, 当然, 这需要将积分区域 Ω 用球面坐标 r, φ, θ 加以表示.

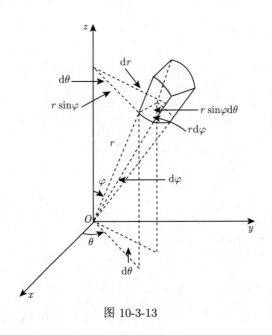

图 10-3-13

(3) 积分区域的球面坐标表示法.

积分区域用球面坐标加以表示较复杂, 一般需要参照几何形状, 并依据球面坐标变量的特点来决定. 如果积分区域 Ω' 是一个包括原点的立体, 其边界曲面是包括原点在内的封闭曲面, 将其边界曲面方程化成球面坐标方程 $r = r(\varphi, \theta)$, 则根据球面坐标变量的特点有

$$\Omega': 0 \leqslant \theta \leqslant 2, 0 \leqslant \varphi \leqslant \pi, 0 \leqslant r \leqslant r(\varphi, \theta).$$

例如, 若 Ω 是球体 $x^2 + y^2 + z^2 < a^2 (a > 0)$, 则 Ω 的球面坐标表示形式为

$$\Omega': 0 \leqslant \theta \leqslant 2\pi, 0 \leqslant \varphi \leqslant \pi, 0 \leqslant r \leqslant a.$$

例 9　求曲面 $z = a + \sqrt{a^2 - x^2 - y^2}(a > 0)$ 与曲面 $z = \sqrt{x^2 + y^2}$ 所成的立体 Ω 的体积 V.

解　Ω 的图形如图 10-3-14 所示, Ω 在 xOy 平面的投影区域 D 包围原点, 则 $0 \leqslant \theta \leqslant 2\pi$. 在 Ω 中 φ 为 z 轴到边界锥面的半顶角, 其半顶角为 $\dfrac{\pi}{4}$, 故 $0 \leqslant \varphi \leqslant \dfrac{\pi}{4}$;

从原点出发的射线穿过 Ω, 始点在原点处, 终点在曲面 $z = a + \sqrt{a^2 - x^2 - y^2}$ 上, 用球面坐标可分别表示 $r = 0$ 及 $r = 2a\cos\varphi$. 从而

$$\Omega' : 0 \leqslant \theta \leqslant 2, 0 \leqslant \varphi \leqslant \frac{\pi}{4}, 0 \leqslant r \leqslant 2a\cos\varphi.$$

由式 (10-3-4) 得

$$V = \iiint\limits_{\Omega} \mathrm{d}V = \iiint\limits_{\Omega} r^2 \sin\varphi \mathrm{d}r\mathrm{d}\varphi\mathrm{d}\theta.$$

$$= \int_0^{2\pi} \mathrm{d}\theta \int_0^{\frac{\pi}{4}} \mathrm{d}\varphi \int_0^{2a\cos\varphi} r^2 \sin\varphi \mathrm{d}r$$

$$= \frac{16\pi}{3} \int_0^{\frac{\pi}{4}} a^3 \cos^3\varphi \sin\varphi \mathrm{d}\varphi = \pi a^3.$$

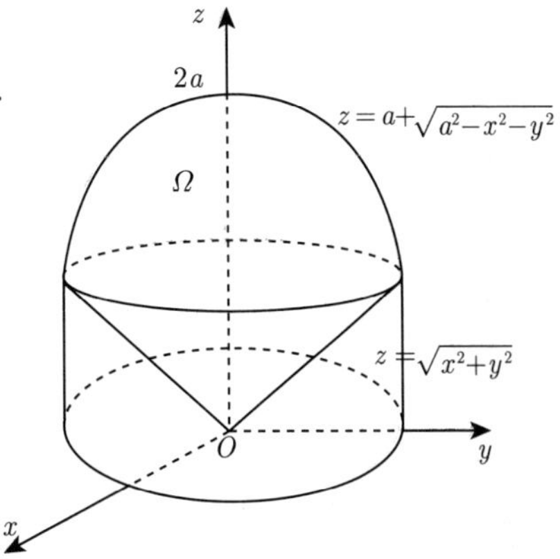

图 10-3-14

另外指出, 三重积分有与二重积分完全类似的性质, 这里不再赘述, 仅简单叙述三重积分的对称性质.

性质 1 如果空间闭区域 Ω 关于 xOy 平面对称, 设

慕课10.3.6

$$\Omega = \{(x,y,z) \,|\, (x,y,z) \in \mathbf{R}, z \geqslant 0\},$$

则有

$$\iiint\limits_{\Omega} f(x,y,z)\,\mathrm{d}V = \begin{cases} 0, & f(x,y,-z) = -f(x,y,z), \\ 2\iiint\limits_{\Omega_1} f(x,y,z)\,\mathrm{d}V, & f(x,y,-z) = f(x,y,z). \end{cases}$$

性质 2 如果空间闭区域 Ω 关于 zOx 平面对称, 设

$$\iiint\limits_{\Omega} f(x,y,z)\,\mathrm{d}V = \begin{cases} 0, & f(x,-y,z) = -f(x,y,z), \\ 2\iiint\limits_{\Omega_1} f(x,y,z)\,\mathrm{d}V, & f(x,-y,z) = f(x,y,z). \end{cases}$$

性质 3 如果空间闭区域 Ω 关于 yOz 平面对称, 设

$$\Omega_3 = \{(x,y,z) \,|\, (x,y,z) \in \Omega, x \geqslant 0\},$$

则有

$$\iiint\limits_{\Omega} f(x,y,z)\,\mathrm{d}V = \begin{cases} 0, & f(-x,y,z) = -f(x,y,z), \\ 2\iiint\limits_{\Omega_2} f(x,y,z)\,\mathrm{d}V, & f(-x,y,z) = f(x,y,z). \end{cases}$$

例 1 计算三重积分 $\iiint\limits_{\Omega} (x^2 \sin y + 3xy^2z^2 + 4)\,\mathrm{d}V$, 其中 Ω 为球体 $x + y + z \leqslant 9$.

解 积分区域 Ω 为球形区域, 它分别关于坐标面 yOx 平面、zOx 平面对称, 被积函数 $x^2 \sin y$ 和 $3xy^2z^2$ 分别关于变量 y 和 x 为奇函数, 所以 $\iiint\limits_{\Omega} x^2 \sin y\,\mathrm{d}V = 0$, $\iiint\limits_{\Omega} 3xy^2z^2\,\mathrm{d}V = 0$. 于是

$$\iiint\limits_{\Omega} (x^2 \sin y + 3xy^2z^2 + 4)\,\mathrm{d}V = \iiint\limits_{\Omega} 4\,\mathrm{d}V = 4\iiint\limits_{\Omega}\,\mathrm{d}V = 4 \times \frac{4}{3}\pi \times 3^3 = 144\pi.$$

小结与思考

1. 小结

本节主要介绍三重积分的基本概念与性质, 以及计算三重积分的方法. 讨论了在直角坐标系、柱面坐标系和球面坐标系下计算三重积分的方法. 类似于二重积分的计算, 在不同坐标系下计算三重积分, 归结为将三重积分转化为不同形式的累次积分.

2. 思考

(1) 在直角坐标系下, 三重积分的计算, 是选择 $3 = 2 + 1$, 还是 $3 = 1 + 2$, 或是 $3 = 1 + 1 + 1$, 为什么?

(2) 三重积分的计算, 分别选用直角坐标、柱面坐标、球面坐标的原则是什么?

习 题 10-3

1. 设 $f(x), g(y)$ 与 $h(z)$ 都是连续函数, 证明:

$$\iiint\limits_{\Omega} f(x)g(y)h(z)\,\mathrm{d}x\mathrm{d}y\mathrm{d}z = \int_a^b f(x)\mathrm{d}x \cdot \int_c^d g(y)\mathrm{d}y \cdot \int_l^m h(z)\mathrm{d}z,$$

其中 $\Omega = [a,b] \times [c,d] \times [l,m]$.

2. 设 $\Omega = \{(x,y,z) \mid x^2 + y^2 + z^2 \leqslant 1, z \geqslant 0\}$, $\Omega_1 = \{(x,y,z) \mid x^2 + y^2 + z^2 \leqslant 1, x \geqslant 0, y \geqslant 0, z \geqslant 0\}$, 比较下列三重积分的大小:

(1) $\iiint\limits_{\Omega} x\mathrm{d}x\mathrm{d}y\mathrm{d}z$ 与 $\iiint\limits_{\Omega_1} x\mathrm{d}x\mathrm{d}y\mathrm{d}z$;

(2) $\iiint\limits_{\Omega} z\mathrm{d}x\mathrm{d}y\mathrm{d}z$ 与 $\iiint\limits_{\Omega_1} z\mathrm{d}x\mathrm{d}y\mathrm{d}z$;

(3) $\iiint\limits_{\Omega} z\mathrm{d}x\mathrm{d}y\mathrm{d}z$ 与 $\iiint\limits_{\Omega} x\mathrm{d}x\mathrm{d}y\mathrm{d}z$;

(4) $\iiint\limits_{\Omega_1} z\mathrm{d}x\mathrm{d}y\mathrm{d}z$ 与 $\iiint\limits_{\Omega_1} x\mathrm{d}x\mathrm{d}y\mathrm{d}z$.

3. 化三重积分 $\iiint\limits_{\Omega} f(x,y,z)\mathrm{d}x\mathrm{d}y\mathrm{d}z$ 为三次积分, 其中积分区域 Ω 分别是

(1) 由平面 $y = 0, z = 0, x + z = \dfrac{\pi}{2}$ 及抛物柱面 $y = \sqrt{x}$ 所围成的闭区域.

(2) 由圆锥面 $z = 2 - \sqrt{x^2 + y^2}$ 及抛物面 $z = x^2 + y^2$ 所围成的闭区域.

(3) 由双曲抛物面 $z = xy$、圆柱面 $x^2 + y^2 = 1$ 及平面 $z = 0$ 所围成的位于第 I 卦限的闭区域.

4. 已知 A 点和 B 点的直角坐标分别为 $(1, 0, 0)$, $(0, 1, 1)$, 线段 AB 绕 z 轴旋转一周所成的旋转曲面为 S, 求由 S 及两平面 $z = 0, z = 1$ 所围成立体的体积.

5. 计算下列三重积分:

(1) $\iiint\limits_{\Omega} yz\mathrm{d}x\mathrm{d}y\mathrm{d}z$, 其中 Ω 是由三个坐标平面及平面 $x + 2y + z = 2$ 所围成的闭区域;

(2) $\iiint\limits_{\Omega} z\mathrm{d}x\mathrm{d}y\mathrm{d}z$, 其中 Ω 是由平面 $x = 0, y = 1, z = 0, y = x$ 及曲面 $z = xy$ 所围成的闭区域;

(3) $\iiint\limits_{\Omega} y\sqrt{1 - x^2}\mathrm{d}x\mathrm{d}y\mathrm{d}z$, 其中 Ω 是由曲面 $y = -\sqrt{1 - x^2 - z^2}, x^2 + z^2 = 1$ 及平面 $y = 1$ 所围成的闭区域;

(4) $\iiint\limits_{\Omega} y^2\mathrm{d}x\mathrm{d}y\mathrm{d}z$, 其中积分区域为椭球体 $\Omega = \left\{ (x, y, z) \,\middle|\, x^2 + \dfrac{y^2}{4} + \dfrac{z^2}{9} \leqslant 1 \right\}$.

6. 计算 $I = \iiint\limits_{\Omega} (x^2 + y^2)\mathrm{d}v$, 其中 Ω 为平面曲线 $\begin{cases} y^2 = 2z, \\ x = 0 \end{cases}$ 绕 z 轴旋转一周形成的曲面与平面 $z = 8$ 所围成的区域.

7. 利用柱面坐标计算下列三重积分:

(1) $\iiint\limits_{\Omega} (x^2 + y^2)\mathrm{d}x\mathrm{d}y\mathrm{d}z$, 其中 Ω 是由曲面 $z = x^2 + y^2$ 及平面 $z = 4$ 所围成的闭区域;

(2) $\iiint\limits_{\Omega} y^2\mathrm{d}x\mathrm{d}y\mathrm{d}z$, 其中 Ω 是由曲面 $x = y^2 + z^2, y^2 + z^2 = 1$ 及平面 $x = 0$ 所围成的闭区域;

(3) $\iiint\limits_{\Omega} z \mathrm{d}x\mathrm{d}y\mathrm{d}z$, 其中 Ω 是由曲面 $z = x^2 + y^2$ 及平面 $z = 2y$ 所围成的闭区域.

8. 利用球面坐标计算下列三重积分:

(1) $\iiint\limits_{\Omega} (x^2 + y^2)\mathrm{d}x\mathrm{d}y\mathrm{d}z$, 其中 $\Omega = \{(x, y, z) \mid 1 \leqslant x^2 + y^2 + z^2 \leqslant 4\}$;

(2) $\iiint\limits_{\Omega} (x^2 + y^2 + z^2)\mathrm{d}x\mathrm{d}y\mathrm{d}z$, 其中 $\Omega = \{(x, y, z) \mid x^2 + y^2 + z^2 \leqslant 4z\}$.

9. 选用适当的坐标计算下列三重积分:

(1) $\iiint\limits_{\Omega} \mathrm{e}^{|y|}\mathrm{d}x\mathrm{d}y\mathrm{d}z$, 其中 $\Omega = \{(x, y, z) \mid x^2 + y^2 + z^2 \leqslant 1\}$;

(2) $\iiint\limits_{\Omega} (y^2 + z^2)\mathrm{d}x\mathrm{d}y\mathrm{d}z$, 其中 Ω 是由抛物面 $x = y^2 + z^2$ 及圆锥面 $x = 2 - \sqrt{y^2 + z^2}$ 所围成的闭区域;

(3) $\iiint\limits_{\Omega} \dfrac{1}{\sqrt{x^2 + y^2 + z^2}}\mathrm{d}x\mathrm{d}y\mathrm{d}z$, 其中 Ω 是由圆锥面 $z = \sqrt{x^2 + y^2}$ 及平面 $z = 1$ 所围成的闭区域.

10. (1) 利用三重积分计算椭球体 $\Omega = \left\{(x, y, z) \left| \dfrac{x^2}{a^2} + \dfrac{y^2}{b^2} + \dfrac{z^2}{c^2} \leqslant 1, a > 0, b > 0, c > 0 \right.\right\}$ 的体积;

(2) 当 a 为何值时, 椭球体 $\Omega = \left\{(x, y, z) \left| \dfrac{x^2}{a^2} + \dfrac{y^2}{4} + \dfrac{z^2}{9} \leqslant 1, a > 0 \right.\right\}$ 的体积等于 8π.

11. Ω 为一任意空间有界闭区域, 问在什么样的 Ω 上, 三重积分 $\iiint\limits_{\Omega} (x^2 + y^2 + z^2 - 4)\mathrm{d}V$ 的值最小? 并求出此最小值.

12. 设 $f(x)$ 是连续函数, $f(0) = 1$, 函数 $F(t) = \iiint\limits_{\Omega_t} [z + f(x^2 + y^2 + z^2)]\mathrm{d}V$, 其中 $\Omega_t = \left\{(x, y, z) \mid \sqrt{x^2 + y^2} \leqslant z \leqslant \sqrt{t^2 - x^2 - y^2}\right\}$, 求 $\lim\limits_{t \to 0^+} \dfrac{F(t)}{t^3}$.

10.4 重积分的应用

由前面的讨论可知, 曲顶柱体的体积、平面薄片的质量可用二重积分计算, 空间物体的质量可用三重积分计算, 本节中我们将把定积分应用中的微元法推广到重积分的应用中, 利用积分的微元法来讨论重积分在几何、物理上的一些其他应用.

教学目标: 掌握利用重积分求一些几何量、物理量 (如面积、体积、质量、重心、转动惯量等) 的方法.

教学重点: 会用重积分求一些几何量、物理量 (如面积、体积、质量、重心、转动惯量等).

教学难点: 物理应用中的引力问题.

教学背景: 经济最优化问题, 工程多变量问题.

思政元素: 锻炼面对丰富的高维实际问题, 抽象出合理的高维积分模型, 提升解决复杂工程问题的能力.

10.4.1 几何应用

1. 面积

慕课10.4.1

(1) 利用二重积分计算平面图形的面积. 设 D 为坐标平面上的有界闭区域, 则 D 的面积 $\sigma = \iint\limits_{D} \mathrm{d}\sigma$.

例 1 求由 $r > a, r < 2a\cos\theta$ 确定的平面图形的面积.

解 图 10-4-1 所示图形关于极轴对

称. 由 $\begin{cases} r = a, \\ r = 2a\cos\theta, \end{cases}$ 得 $\cos\theta = \dfrac{1}{2}$, 所

以交点为 $\left(a, \dfrac{\pi}{3}\right), \left(a, -\dfrac{\pi}{3}\right)$, 从而 D:

$-\dfrac{\pi}{3} \leqslant \theta \leqslant \dfrac{\pi}{3}, a \leqslant r \leqslant 2a\cos\theta$. 则面积

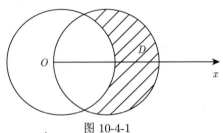

图 10-4-1

$$\sigma = \iint\limits_{D} \mathrm{d}\sigma = 2\int_0^{\frac{\pi}{3}} \mathrm{d}\theta \int_a^{2a\cos\theta} r\mathrm{d}r = a^2\left(\frac{\sqrt{3}}{2} + \frac{\pi}{3}\right).$$

(2) 利用二重积分计算空间曲面的面积.

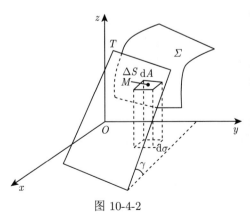

图 10-4-2

如果曲面的方程是 $z = f(x, y)$, 曲面 Σ 在 xOy 平面上的投影区域为 D (即函数 $z = f(x, y)$ 的定义域), 并且在 D_{xy} 上连续 (即曲面 Σ 上每一点都有切平面, 称这样的曲面为光滑曲面). 基于微元法的思想, 先找曲面 Σ 的面积元素. 在区域 D_{xy} 任意取一小闭区域 $\mathrm{d}\sigma$, 也表示其面积, 在 $\mathrm{d}\sigma$ 内任取一点 $P(x, y)$, 对应的曲面 Σ 上的点为 $M(x, y, f(x, y))$. 过点 M 作曲面的切平面 T, 如图 10-4-2 所示. 以小闭区域 $\mathrm{d}\sigma$ 的边界曲线为准线, 作母线平行于 z 轴的柱面, 该柱面在曲面 Σ

上截下一小片曲面 ΔS, 在切平面 T 上截得一个小平面片 $\mathrm{d}A$, 也表示其面积, 当 $\mathrm{d}\sigma$ 的直径很小, 则 $\mathrm{d}A$ 近似代替 ΔS, 设 $\mathrm{d}S$ 为曲面的面积元素. 由几何知识知,

$$\mathrm{d}\sigma = \mathrm{d}A \cdot |\cos\gamma| = \mathrm{d}S \cdot |\cos\gamma|,$$

其中 γ 是曲面上点 M 处的法向量与 z 轴的夹角, 由于曲面 $z = f(x,y)$ 上任意一点的法向量为 $\left(\dfrac{\partial z}{\partial x}, \dfrac{\partial z}{\partial y}, -1\right)$, 于是

$$|\cos\gamma| = \frac{1}{\sqrt{1 + \left(\dfrac{\partial z}{\partial x}\right)^2 + \left(\dfrac{\partial z}{\partial y}\right)^2}},$$

$$\mathrm{d}S = \sqrt{1 + \left(\frac{\partial z}{\partial x}\right)^2 + \left(\frac{\partial z}{\partial y}\right)^2}\,\mathrm{d}\sigma.$$

从而

$$S = \iint\limits_{D_{xy}} \sqrt{1 + \left(\frac{\partial z}{\partial x}\right)^2 + \left(\frac{\partial z}{\partial y}\right)^2}\,\mathrm{d}x\mathrm{d}y.$$

根据曲面的方程形式, 我们有三个计算面积 S 的公式.

(a) 设曲面工的方程为 $z = f(z,y),(x,y) \in D_{xy}$, 则 $\mathrm{d}S = \sqrt{1 + f_x^2 + f_y^2}\,\mathrm{d}\sigma$. 于是曲面 Σ 的面积为 $S = \iint\limits_{D_{xy}} \sqrt{1 + f_x^2 + f_y^2}\,\mathrm{d}\sigma$, 即

$$S = \iint\limits_{D_{xy}} \sqrt{1 + \left(\frac{\partial z}{\partial x}\right)^2 + \left(\frac{\partial z}{\partial y}\right)^2}\,\mathrm{d}x\mathrm{d}y.$$

(b) 设曲面 Σ 的方程为 $x = g(y,z),(y,z) \in D_{yz}$, 则

$$S = \iint\limits_{D_{yz}} \sqrt{1 + \left(\frac{\partial x}{\partial y}\right)^2 + \left(\frac{\partial x}{\partial z}\right)^2}\,\mathrm{d}y\mathrm{d}z.$$

(c) 设曲面 Σ 的方程为 $y = h(z,x),(z,x) \in D_{zx}$, 则

$$S = \iint\limits_{D_{zx}} \sqrt{1 + \left(\frac{\partial y}{\partial z}\right)^2 + \left(\frac{\partial y}{\partial x}\right)^2}\,\mathrm{d}z\mathrm{d}x.$$

例 2 求半径是 R 的球面的面积.

球面关于坐标面对称, 取上半球面方程为 $z = \sqrt{R^2 - x^2 - y^2}$, 则它在 xOy 平面上的投影区域为 $D_{xy} = \left\{ (x, y) \,|\, x^2 + y^2 \leqslant R^2 \right\}$. 因为

$$\frac{\partial z}{\partial x} = -\frac{-x}{\sqrt{R^2 - x^2 - y^2}}, \quad \frac{\partial z}{\partial y} = -\frac{-y}{\sqrt{R^2 - x^2 - y^2}},$$

$$\sqrt{1 + \left(\frac{\partial y}{\partial z}\right)^2 + \left(\frac{\partial y}{\partial x}\right)^2} = \frac{R}{\sqrt{R^2 - x^2 - y^2}},$$

所以球面面积

$$S = 2 \iint\limits_{D_{xy}} \sqrt{1 + \left(\frac{\partial z}{\partial x}\right)^2 + \left(\frac{\partial z}{\partial y}\right)^2}\, \mathrm{d}x\mathrm{d}y$$

$$= 2 \iint\limits_{D_{xy}} \frac{R}{\sqrt{R^2 - x^2 - y^2}}\mathrm{d}x\mathrm{d}y$$

$$= 2 \int_0^{2\pi} \mathrm{d}\theta \int_0^R \frac{R}{\sqrt{R^2 - x^2}} r\mathrm{d}r$$

$$= 2 \cdot 2\pi \lim_{b \to R} \left(R - \sqrt{R^2 - b^2} \right) = 4\pi R^2.$$

例 3 计算球面 $x^2 + y^2 + z^2 < a^2$ 被平面 $z = h\ (0 < h < a)$ 截出的顶部的面积, 如图 10-4-3 所示.

解 (1) Σ 的方程 $z = \sqrt{a^2 - x^2 - y^2}$.

(2) Σ 在 xOy 面上的投影区域为 D_{xy}: 圆形闭区域 $x^2 + y^2 < a^2 - h^2$.

(3) 面积元素

$$\mathrm{d}S = \sqrt{1 + z_x^2 + z_y^2}\,\mathrm{d}x\mathrm{d}y = \frac{a}{\sqrt{a^2 - x^2 - y^2}}\mathrm{d}x\mathrm{d}y.$$

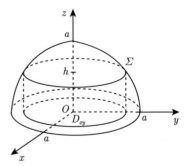

图 10-4-3

则

$$S = \iint\limits_{\Sigma} \frac{a}{\sqrt{a^2 - x^2 - y^2}}\mathrm{d}x\mathrm{d}y = \iint\limits_{D_{xy}} \frac{ar\mathrm{d}r\mathrm{d}\theta}{\sqrt{a^2 - r^2}}$$

$$= a \int_0^{2\pi} \mathrm{d}\theta \int_0^{\sqrt{a^2 - h^2}} \frac{r\mathrm{d}r}{\sqrt{a^2 - h^2}}$$

$$= a \int_0^{2\pi} \mathrm{d}\theta \int_0^{\sqrt{a^2-h^2}} \frac{-1}{2\sqrt{a^2-h^2}} \mathrm{d}\left(a^2 - r^2\right)$$

$$= 2\pi a \left(-\sqrt{a^2 - r^2}\right)\bigg|_0^{\sqrt{a^2-h^2}} = 2\pi a \left(a - h\right).$$

2. 体积

除了利用二重积分的几何意义计算一些空间立体的体积, 对于一般的空间有界区域 Ω, Ω 的体积总可以用三重积分表示, 即 $V = \iiint\limits_{\Omega} \mathrm{d}V$.

例 4　求由圆柱面 $x^2 + y^2 = R^2$ 和 $x^2 + z^2 = R$ 所围成的立体的体积.

解　画出其在第一卦限的图形 Ω, 如图 10-4-4 所示. Ω 在平面 xOy 的投影区域为 D, 如图 10-4-5 所示, $D : 0 \leqslant x \leqslant R, 0 \leqslant y \leqslant \sqrt{R^2 - x^2}$. 由于圆柱面 $x^2 + y^2 = R^2$ 和 $x^2 + z^2 = R^2$ 所围成的立体关于三个坐标轴都对称, 则

$$V = 8 \iiint\limits_{\Omega} \mathrm{d}V = 8 \iint\limits_{D} \sqrt{R^2 - x^2}\mathrm{d}x\mathrm{d}y = 8 \int_0^R \sqrt{R^2 - x^2}\mathrm{d}x \int_0^{\sqrt{R^2-x^2}} \mathrm{d}y$$

$$= 8 \int_0^R \left(R^2 - x^2\right)\mathrm{d}x = \frac{16R^3}{3}.$$

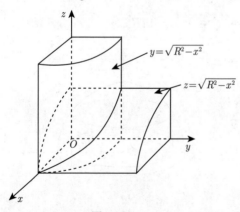

图 10-4-4

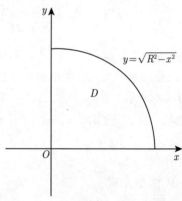

图 10-4-5

10.4.2　重积分在物理中的应用

1. 质量

一般地, 设有一平面薄片 Ω, Ω 的密度函数为连续函数 $\rho\left(X\right)$, 则 Ω 的质量为

慕课10.4.2

$$m = \int_{\Omega} \rho\left(X\right)\mathrm{d}\Omega.$$

(1) xOy 平面的薄片占有区域 D, 面密度为 $\rho = \rho(x, y)$, 质量为

$$m = \iint\limits_{D} \rho(x, y) \, \mathrm{d}\rho.$$

(2) 空间立体占有区域 Ω, 体密度为 $\rho = \rho(x, y, z)$, 质量为

$$m = \iiint\limits_{\Omega} \rho(x, y, z) \, \mathrm{d}V.$$

例 5　Ω 是球面 $x^2 + y^2 + z^2 = 4$ 与柱面 $x^2 + y^2 = 3z$ 所围的立体, 其在任意点 (x, y, z) 处密度等于该点的竖坐标, 求其质量.

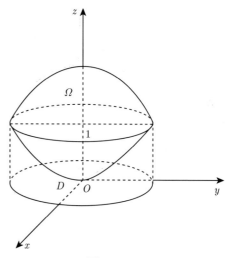

图 10-4-6

解　质量 $m = \iiint\limits_{\Omega} z \mathrm{d}x\mathrm{d}y\mathrm{d}z$. 利用柱面坐标系, 由 $\begin{cases} x = r\cos\theta, \\ y = r\sin\theta, \\ z = z \end{cases}$ 知交线

为 $\begin{cases} r^2 + z^2 = 4, \\ r^2 = 4z, \end{cases}$ 解得 $z = 1, r = \sqrt{3}$.

Ω 在 xOy 平面的投影区域为 D, 如图 10-4-6 所示. 则

$$\Omega : \frac{r^2}{3} \leqslant z \leqslant \sqrt{4 - r^2}, \ 0 \leqslant r \leqslant \sqrt{3}, \ 0 \leqslant \theta \leqslant 2\pi.$$

所求质量

$$m = \int_0^{2\pi} \mathrm{d}\theta \int_0^{\sqrt{3}} \mathrm{d}r \int_{\frac{r^2}{3}}^{\sqrt{4-r^2}} r \cdot z\mathrm{d}z = \frac{13}{4}\pi.$$

2. 重心

设 xOy 平面上有 n 个质点, 它们的位置和质量分别为 (x_i, y_i) 与 m_i ($i = 1, 2, \cdots, n$). 由物理学知, 这 n 个质点的重心 $(\bar{x}, \bar{y})$ 为

$$\bar{x} = \frac{\sum\limits_{i=1}^{n} m_i x_i}{\sum\limits_{i=1}^{n} m_i}, \quad \bar{y} = \frac{\sum\limits_{i=1}^{n} m_i y_i}{\sum\limits_{i=1}^{n} m_i}.$$

在上述两式中, $M_y = \sum\limits_{i=1}^{n} m_i x_i$ 和 $M_x = \sum\limits_{i=1}^{n} m_i y_i$ 分别称为质点关于 y 轴和 x 轴的截距.

下面研究 xOy 平面上一平面薄片的重心求法. 设一平面薄片占有 xOy 平面上的闭区域 D, 其上任一点 (x, y) 处的密度为 $\rho(x, y)$, 且 $\rho(x, y)$ 在 D 上连续.

把 D 分成 n 个小片 $\Delta\sigma_i\,(i=1,2,\cdots,n)$, 如图 10-4-7 所示. 在 $\Delta\sigma_i$ 上任取一点 (x_i, y_i), 则小片的质量可近似看作 $\rho(x_i, y_i)\Delta\sigma_i$. 把整个平面薄片近似看成 n 个质点组成, 于是由上面的公式知, 平面薄片的重心 $(\bar{x}, \bar{y})$ 满足

$$\bar{x} \approx \frac{\sum\limits_{i=1}^{n} x_i \rho(x_i, y_i)\Delta\sigma_i}{\sum\limits_{i=1}^{n} \rho(x_i, y_i)\Delta\sigma_i}, \quad \bar{y} \approx \frac{\sum\limits_{i=1}^{n} y_i \rho(x_i, y_i)\Delta\sigma_i}{\sum\limits_{i=1}^{n} \rho(x_i, y_i)\Delta\sigma_i}.$$

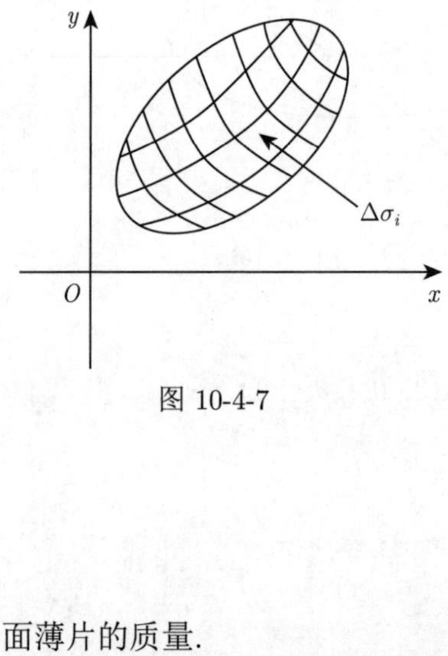

记 λ 是 n 个小片中直径的最大值, 则上述两式令 $\lambda \to 0$, 得

图 10-4-7

$$\bar{x} \approx \frac{\iint\limits_{D} x\rho(x, y)\,\mathrm{d}\sigma}{\iint\limits_{D} \rho(x, y)\,\mathrm{d}\sigma}, \quad \bar{y} \approx \frac{\iint\limits_{D} y\rho(x, y)\,\mathrm{d}\sigma}{\iint\limits_{D} \rho(x, y)\,\mathrm{d}\sigma}.$$

$$(10\text{-}4\text{-}1)$$

式 (10-4-1) 即是平面薄片的重心坐标计算公式, 其中 $\iint\limits_{D} x\rho(x, y)\,\mathrm{d}\sigma, \iint\limits_{D} y\rho(x, y)\,\mathrm{d}\sigma$ 是平面片关于 y 轴和 x 轴的截距, $\iint\limits_{D} \rho(x, y)\,\mathrm{d}\sigma$ 是平面薄片的质量.

特别地, 当薄片是均匀的, 即面密度为常量, 则重心称为形心, 且

$$\bar{x} = \frac{1}{A}\iint\limits_{D} x\mathrm{d}\sigma, \quad \bar{y} = \frac{1}{A}\iint\limits_{D} y\mathrm{d}\sigma,$$

其中 $A = \iint\limits_{D} \mathrm{d}\sigma$ 为薄片的面积.

对于空间物体, 假设有一有界闭区域 Ω, 体密度 $\rho = \rho(x, y, z)$ 在 Ω 上连续, 类似于平面片的情形, 不难推出空间物体的重心 $(\bar{x}, \bar{y}, \bar{z})$ 的公式为

$$\bar{x} = \frac{\iiint\limits_{\Omega} x\rho(x, y, z)\mathrm{d}V}{\iiint\limits_{\Omega} \rho(x, y, z)\mathrm{d}V}, \quad \bar{y} = \frac{\iiint\limits_{\Omega} y\rho(x, y, z)\mathrm{d}V}{\iiint\limits_{\Omega} \rho(x, y, z)\mathrm{d}V}, \quad \bar{z} = \frac{\iiint\limits_{\Omega} z\rho(x, y, z)\mathrm{d}V}{\iiint\limits_{\Omega} \rho(x, y, z)\mathrm{d}V}.$$

例 6 求位于两个圆 $r = a\cos\theta$ 和 $r = b\cos\theta$ 之间的均薄片的重心 $(a < b)$.

解 设薄片的密度为 ρ, 因为均匀薄片关于 x 轴对称, 故 $\bar{y} = 0$, 如图 10-4-8 所示. 均匀薄片的质量

$$m = \rho\left[\pi\left(\frac{b}{2}\right)^2 - \pi\left(\frac{a}{2}\right)^2\right] = \frac{\pi}{4}(b^2 - a^2)\rho,$$

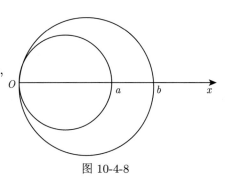

图 10-4-8

从而

$$\bar{x} = \frac{\iint\limits_{D} x\rho\mathrm{d}\sigma}{\iint\limits_{D} \rho\mathrm{d}\sigma} = \frac{\iint\limits_{D} x\mathrm{d}\sigma}{\frac{\pi}{4}(b^2 - a^2)},$$

而

$$\iint\limits_{D} x\mathrm{d}\sigma = \iint\limits_{D} r\cos\theta \cdot r\mathrm{d}r\mathrm{d}\theta = \int_{-\frac{\pi}{2}}^{\frac{\pi}{2}} \mathrm{d}\theta \int_{a\cos\theta}^{b\cos\theta} r^2 \cos\theta\mathrm{d}r$$

$$= \int_{-\frac{\pi}{2}}^{\frac{\pi}{2}} \cos\theta \cdot \frac{1}{3}(b^3 \cos^3\theta - a^3 \cos^3\theta)\mathrm{d}\theta$$

$$= \frac{2}{3}(b^3 - a^3)\int_0^{\frac{\pi}{2}} \cos^4\theta\mathrm{d}\theta$$

$$= \frac{\pi}{8}(b^3 - a^3),$$

所以

$$\bar{x} = \frac{\frac{\pi}{8}(b^3 - a^3)}{\frac{\pi}{4}(b^2 - a^2)} = \frac{b^2 + ab + a^2}{2(b + a)}.$$

故所求的重心为 $\left(\dfrac{b^2 + ab + a^2}{2\left(b+a\right)}, 0 \right)$.

例 7　已知球体 $x^2 + y^2 + z^2 \leqslant 2Rz$, 在任意点 (x, y, z) 的密度等于该点到原点的距离的平方, 求其重心.

解　球面 $x^2 + y^2 + z^2 = 2Rz$, 球心为 $(0, 0, R)$, 密度函数为 $\rho\left(x, y, z\right) = x^2 + y^2 + z^2$, 由对称性知, 重心在 z 轴上, $\bar{z} = 0, \bar{y} = 0$, 重心为 $(0, 0, \bar{z})$, 其中

$$
\bar{z} = \frac{\iiint\limits_{\Omega} z \rho\left(x, y, z\right) \mathrm{d}V}{\iiint\limits_{\Omega} \rho\left(x, y, z\right) \mathrm{d}V}.
$$

使用球面坐标

$$
\begin{cases}
x = r \sin\varphi \cos\theta, \\
y = r \sin\varphi \sin\theta, \\
z = r \cos\varphi,
\end{cases}
$$

则

$$
\begin{aligned}
\bar{z} &= \frac{\iiint\limits_{\Omega} z x^2 + y^2 + z^2 \mathrm{d}V}{\iiint\limits_{\Omega} x^2 + y^2 + z^2 \mathrm{d}V} = \frac{\iiint\limits_{\Omega} r \cos\varphi \cdot r^2 \cdot r^2 \sin\varphi \mathrm{d}r \mathrm{d}\varphi \mathrm{d}\theta}{\iiint\limits_{\Omega} r^2 \cdot r^2 \sin\varphi \mathrm{d}r \mathrm{d}\varphi \mathrm{d}\theta} \\
&= \frac{\displaystyle\int_0^{2\pi} \mathrm{d}\theta \int_0^{\frac{\pi}{2}} \cos\varphi \sin\varphi \mathrm{d}\varphi \int_0^{2R\cos\varphi} r^5 \mathrm{d}r}{\displaystyle\int_0^{2\pi} \mathrm{d}\theta \int_0^{\frac{\pi}{2}} \sin\varphi \mathrm{d}\varphi \int_0^{2R\cos\varphi} r^4 \mathrm{d}r} \\
&= \frac{2\pi \displaystyle\int_0^{\frac{\pi}{2}} \cos\varphi \sin\varphi \cdot \frac{1}{6}(2R\cos\varphi)^6 \mathrm{d}\varphi}{2\pi \displaystyle\int_0^{\frac{\pi}{2}} \sin\varphi \cdot \frac{1}{5}(2R\cos\varphi)^5 \mathrm{d}\varphi} \\
&= \frac{\dfrac{64}{3} R^6 \displaystyle\int_0^{\frac{\pi}{2}} \cos^7\varphi \sin\varphi \mathrm{d}\varphi}{\dfrac{64}{5} R^5 \displaystyle\int_0^{\frac{\pi}{2}} \cos^5\varphi \sin\varphi \mathrm{d}\varphi} = \frac{\dfrac{8}{3} R^6}{\dfrac{32}{15} R^5} = \frac{5}{4} R.
\end{aligned}
$$

所以重心为 $\left(0, 0, \dfrac{5}{4} R \right)$.

3. 转动惯量

慕课10.4.3

设 xOy 平面上有 n 个质点, 它们的位置和质量分别为 (x_i, y_i) 与 m_i $(i = 1, 2, \cdots, n)$. 由物理知, 这 n 个质点对于 y 轴和 x 轴的转动惯量分别为

$$I_y = \sum_{i=1}^{n} m_i x_i^2, \quad I_x = \sum_{i=1}^{n} m_i y_i^2.$$

如果一平面薄片占有 xOy 平面上闭区域 D, 其上任一点 (x, y) 处的面密度为 $\rho(x, y)$, 且 $\rho(x, y)$ 在 D 上连续. 应用上面的公式, 类似平面薄片重心的求法, 该平面薄片关于 x 轴的转动惯量是

$$I_x = \iint\limits_{D} y^2 \rho(x, y)\, \mathrm{d}\sigma;$$

关于 y 轴的转动惯量是

$$I_y = \iint\limits_{D} x^2 \rho(x, y)\, \mathrm{d}\sigma;$$

关于坐标原点的转动惯量是

$$I_O = \iint\limits_{D} \left(x^2 + y^2\right) \rho(x, y)\, \mathrm{d}\sigma.$$

设空间立体 Ω 的密度函数为 $\rho = \rho(x, y, z)$, 则 Ω 关于 x 轴、y 轴、z 轴、坐标原点的转动量分别是

$$I_x = \iiint\limits_{\Omega} \left(y^2 + z^2\right) \rho(x, y, z)\, \mathrm{d}V,$$

$$I_y = \iiint\limits_{\Omega} \left(x^2 + z^2\right) \rho(x, y, z)\, \mathrm{d}V,$$

$$I_z = \iiint\limits_{\Omega} \left(x^2 + y^2\right) \rho(x, y, z)\, \mathrm{d}V,$$

$$I_O = \iiint\limits_{\Omega} \left(x^2 + y^2 + z^2\right) \rho(x, y, z)\, \mathrm{d}V.$$

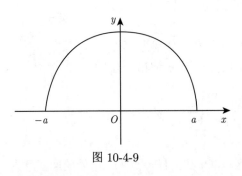

图 10-4-9

例 8　求半径为 a 的均半圆薄片 (面密度为常数 ρ), 对于其直径边的转动惯量.

解　选取坐标系如图 10-4-9 所示, 则薄片所占区域为

$$D : x^2 + y^2 \leqslant a^2, \ y \geqslant 0.$$

于是所求转动惯量为半圆薄片关于 x 轴的转动惯量为

$$I_x = \iint\limits_{D} \rho y^2 \mathrm{d}\sigma = \rho \iint\limits_{D} r^2 \sin^2 \theta r \mathrm{d}r \mathrm{d}\theta$$

$$= \rho \int_0^\pi \mathrm{d}\theta \int_0^a r^3 \sin^2 \theta \mathrm{d}r$$

$$= \frac{a^4 \rho}{4} \int_0^\pi \sin^2 \theta \mathrm{d}\theta$$

$$= \frac{1}{4} \rho a^4 \cdot \frac{\pi}{2} = \frac{1}{4} m a^2,$$

其中 $m = \dfrac{1}{2} \pi a^2 \rho$ 是半圆薄片的质量.

例 9　求密度为 1 的均球体 $\Omega : x^2 + y^2 + z^2 \leqslant R^2$ 对各坐标轴的转动惯量.

解　由题意可知,

$$I_x = \iiint\limits_{\Omega} \left(y^2 + z^2 \right) \mathrm{d}V, \quad I_y = \iiint\limits_{\Omega} \left(x^2 + z^2 \right) \mathrm{d}V, \quad I_z = \iiint\limits_{\Omega} \left(x^2 + y^2 \right) \mathrm{d}V.$$

由轮换对称性知, $I_x = I_y = I_z$, 三式相加得

$$I_x + I_y + I_z = 2 \iiint\limits_{\Omega} (x^2 + y^2 + z^2) \mathrm{d}V.$$

所以

$$I_x = I_y = I_z = \frac{2}{3} \int_0^{2\pi} \mathrm{d}\theta \int_0^\pi \mathrm{d}\varphi \int_0^R r^4 \sin \varphi \mathrm{d}r$$

$$= \frac{4}{3} \pi \int_0^\pi \sin \varphi \mathrm{d}\varphi \int_0^R r^4 \mathrm{d}r = \frac{8}{15} \pi R^5.$$

小结与思考

1. 小结

本节主要介绍重积分的应用, 包括几何应用和物理应用. 在几何方面, 利用重积分可以计算物体的面积和体积; 在物理方面, 利用重积分可以讨论物体的质量、重心以及转动惯量.

2. 思考

在计算导弹和卫星的轨道时常常需要用三重积分, 请读者自行查找相关实例并加以计算分析.

习 题 10-4

1. 求球面 $x^2 + y^2 + z^2 = a^2$ 含在圆柱面 $x^2 + y^2 = ax$ 内部的那部分面积.

2. 求锥面 $z = \sqrt{x^2 + y^2}$ 被柱面 $z^2 = 2x$ 所割下部分的曲面面积.

3. 求底圆半径相等的两个直角圆柱面 $x^2 + y^2 = R^2$ 及 $x^2 + z^2 = R^2$ 所围立体的表面积.

4. 设薄片所占的闭区域 D 如下, 求均匀薄片的质心:

(1) D 由 $y = \sqrt{2px}, x = x_0, y = 0$ 所围成;

(2) D 是半椭圆形闭区域 $\left\{ (x,y) \,\middle|\, \dfrac{x^2}{a^2} + \dfrac{y^2}{b^2} \leqslant 1, y \geqslant 0 \right\}$;

(3) D 是介于两个圆 $\rho = a\cos\theta, \rho = b\cos\theta \, (0 < a < b)$ 之间的闭区域.

5. 设平面薄片所占的闭区域 D 由抛物线 $y = x^2$ 及直线 $y = x$ 所围成, 它在点 (x,y) 处的密度 $\mu(x,y) = x^2 y$, 求该薄片的质心.

6. 利用三重积分计算下列有曲面所围立体的质心 (设密度 $\rho = 1$):

(1) $z^2 = x^2 + y^2, z = 1$;

(2) $z = x^2 + y^2, x + y = a, x = 0, y = 0, z = 0$.

7. 设均匀薄片 (面密度为常数 1) 所占闭区域 D 如下, 求指定的转动惯量:

(1) $D = \left\{ (x,y) \,\middle|\, \dfrac{x^2}{a^2} + \dfrac{y^2}{b^2} \leqslant 1 \right\}$, 求 I_y;

(2) D 由抛物线 $y^2 = \dfrac{9}{2} x$ 与直线 $x = 2$ 所围成, 求 I_x 和 I_y;

(3) D 为矩形闭区域 $\{(x,y) | 0 \leqslant x \leqslant a, 0 \leqslant y \leqslant b\}$, 求 I_x 和 I_y.

8. 设有一半径为 R 的球体, P_0 是此球的表面上的一个定点, 球体上任一点的密度与该点到 P_0 距离的平方成正比 (比例常数 $k > 0$), 求球体的重心位置.

10.5 利用 MATLAB 计算重积分

慕课案例四

重积分与定积分在本质上是相通的, 故在计算时, 仍然可以使用定积分的计算命令 int 来进行. 一般先将重积分化为累次积分, 再利用 MATLAB 来求解积分值. 积分时, 由于积分区域比较复杂, 需要根据实际情况选择积分顺序.

教学目标: 利用 MATLAB 解决多元函数积分的问题.

教学重点: MATLAB 求二重积分的命令语句.

教学难点: 利用 MATLAB 解决多元函数问题与绘制函数图像.

教学背景: MATLAB 软件是工科学习的有力工具.

思政元素: 通过数学软件的学习, 提升学生解决实际问题的能力.

利用 MATLAB 计算重积分

例 1　计算 $\iint\limits_{D} (6 - 2x - 3y)\,\mathrm{d}\sigma$, 其中 D 为直线 $\dfrac{x}{3} + \dfrac{y}{2} = 1$ 与 x 轴、y 轴围成的区域.

解　积分区域 D 为 X-型: $\begin{cases} 0 \leqslant x \leqslant 3, \\ 0 \leqslant y \leqslant 2\left(1 - \dfrac{x}{3}\right), \end{cases}$ 从而

$$\iint\limits_{D} (6 - 2x - 3y)\,\mathrm{d}\sigma = \int_0^3 \mathrm{d}x \int_0^{2\left(1 - \frac{x}{2}\right)} (6 - 2x - 3y)\,\mathrm{d}y.$$

MATLAB 计算如下: 在命令行窗口输入以下代码

```
>> syms xy
>>int(int(6-2*x-3*y,y,0,2*(1-x/3)),x,0.3)
ans =
6
```

例 2　计算 $\iint\limits_{D} (x^2 + y^2)\,\mathrm{d}\sigma$, 其中 D 为圆环 $\left\{(x,y) \,\middle|\, 1 \leqslant x^2 + y^2 \leqslant 4\right\}$ 在第一象限的部分.

解　区域 D 在极坐标下可以表示为 $D = \left\{(r,\theta) \,\middle|\, 1 \leqslant r \leqslant 2, 0 \leqslant \theta \leqslant \dfrac{\pi}{2}\right\}$, 于是

$$\iint\limits_{D} (x^2 + y^2)\,\mathrm{d}\sigma = \int_0^{\frac{\pi}{2}} \mathrm{d}\theta \int_1^2 r^3 \mathrm{d}r.$$

在 MATLAB 中, 字母 θ 用 theta 来表示, 在命令行窗口输入以下代码

```
>> syms theta r pi
>> f=r^3;
>> 11 =int(f,r,1,2)
l1=
15/4
>> l2 =int(11,theta,0,pi/2)
    12=
    (15*pi)/8
```

例 3 计算 $I = \iint\limits_{D} x^2 \mathrm{e}^{-y^2} \mathrm{d}\sigma$, 其中 D 为直线 $x = 0, y = 1$ 及 $y = x$ 围成的区域.

解法一 积分区域 D 为 X-型: $\begin{cases} 0 \leqslant x \leqslant 1, \\ x \leqslant y \leqslant 1, \end{cases}$ 从而

$$I = \iint\limits_{D} x^2 \mathrm{e}^{-y^2} \mathrm{d}\sigma = \int_0^1 x^2 \mathrm{d}x \int_x^1 \mathrm{e}^{-y^2} \mathrm{d}y.$$

在命令行窗口输入以下代码

```
>> syms xy
>>f=x^2 *exp(-y^2):
>> 11=int(f,y,x,1)
11=
(x^2 * pir(1/2) *(erf(1)- erf(x)))/2
>>12=int(11,x,0,1)
12=
1/6 -exp(-1)/3
```

解法二 积分区域 D 为 Y-型: $\begin{cases} 0 \leqslant y \leqslant 1, \\ 0 \leqslant x \leqslant y, \end{cases}$ 从而

$$I = \iint\limits_{D} x^2 \mathrm{e}^{-y^2} \mathrm{d}\sigma = \int_0^1 \mathrm{e}^{-y^2} \mathrm{d}y \int_0^y x^2 \mathrm{d}x.$$

在命令行窗口输入以下代码

```
>> syms x y
>> f=x^2 * exp(-y^2);
>>11=int(f,x,0,y)
11=
(y^3* exp(-y^2))/3
>> 12 =int(11,Y,0,1)
12=
1/6 - exp(-1)/3
```

例 4 计算 $I = \iiint\limits_{\Omega} \dfrac{\mathrm{d}x\mathrm{d}y\mathrm{d}z}{(1+x+y+z)^3}$, 其中 Ω 是由平面 $x = 0, y = 0, z = 0$ 及 $x + y + z = 1$ 围成的四面体.

解　空间闭区域可表示为 $\{(x,y,z)\,|\,0 \leqslant x \leqslant 1, 0 \leqslant y \leqslant 1-x, 0 \leqslant z \leqslant 1-x-y\}$，从而

$$I = \iiint\limits_{\Omega} \frac{\mathrm{d}x\mathrm{d}y\mathrm{d}z}{(1+x+y+z)^3} = \int_0^1 \mathrm{d}x \int_0^{1-x} \mathrm{d}y \int_0^{1-x-y} \frac{\mathrm{d}z}{(1+x+y+z)^3}.$$

在命令行窗口输入以下代码：

```
>> syms x y z
>>f=(1+x+y+z)^(-3);
>>l1=int(f,z,0,1-x-y)
l1=
piecewise(-1<x+y,1/(2*(x+y+1)^2)-1/8,x+y <=-1,int(1/(z+x+y+1)
   ^3,0,1-y-x))
>>l2=int(l1,y,0,1-x)
l2=
piecewise(x==1,0,x==-1,lnf,x in Dom: :Interval([-1],1),(x - 1)
   ^2/(8 * (x + 1)))
>> 13=int(12,x,0,1)
I3=
log(2)/2-5/16
```

总 习 题 10

1. 设 D 是由 $y^2 = x, y = x - 2$ 所围成的区域，则 $\displaystyle\iint\limits_{D} xy\mathrm{d}x\mathrm{d}y = $ _____.

2. 设 $I = \displaystyle\int_{-1}^{1} \mathrm{d}x \int_{0}^{1+x} f(x,y)\mathrm{d}y$，交换积分次序，则 $I = $ _____.

3. 设 $f(x,y)$ 在区域 $D: x^2+y^2 \leqslant r^2$ 上连续，则 $\displaystyle\lim_{r\to 0+} \frac{1}{\pi r^2} \iint\limits_{D} f(x,y)\mathrm{d}x\mathrm{d}y = $ _____.

4. 设区域 D 为 $(x-2)^2 + (y-2)^2 \leqslant 2$，且 $I_1 = \displaystyle\iint\limits_{D} (x+y)^4\mathrm{d}\sigma$，$I_2 = \displaystyle\iint\limits_{D} (x+y)^2\mathrm{d}\sigma$，

$I_3 = \displaystyle\iint\limits_{D} (x+y)\mathrm{d}\sigma$，则 I_1, I_2, I_3 的大小关系为 _____.

5. 设 D 是两个坐标轴及 $x+y=1$ 围成的区域，则 $\displaystyle\iint\limits_{D} y\mathrm{d}x\mathrm{d}y = ($　　$)$.

(A) $\dfrac{1}{6}$　　　　　　(B) $\dfrac{1}{2}$　　　　　　(C) 1　　　　　　(D) 0

6. 二重积分 $\displaystyle\iint\limits_{x^2+y^2\leqslant 2}\cos(x^2+y^2)\mathrm{d}x\mathrm{d}y$ 的值为 _____.

7. 设 D 是以点 $(1,1)$, $(-1,1)$, $(-1,-1)$ 为顶点的三角形区域, D_1 是 D 在第一象限的部分, 则二重积分 $\displaystyle\iint\limits_{D}(xy+y^3)\mathrm{d}x\mathrm{d}y = ($ $)$.

(A) 0 　(B) $2\displaystyle\iint\limits_{D_1}xy\mathrm{d}x\mathrm{d}y$ 　(C) $2\displaystyle\iint\limits_{D_1}y^3\mathrm{d}x\mathrm{d}y$ 　(D) $4\displaystyle\iint\limits_{D_1}(xy+y^3)\mathrm{d}x\mathrm{d}y$

8. 计算二重积分 $I = \displaystyle\iint\limits_{D}\mathrm{e}^{-x^2-y^2}\mathrm{d}\sigma$, 其中 D: $x^2+y^2\leqslant 1$.

9. 设 $f(x,y)$ 为连续函数, 改变下列二次积分的积分次序:

(1) $\displaystyle\int_1^e\mathrm{d}x\int_0^{\ln x}f(x,y)\mathrm{d}y$;

(2) $\displaystyle\int_{-a}^0\mathrm{d}x\int_{-x}^a f(x,y)\mathrm{d}y + \int_0^{\sqrt{a}}\mathrm{d}x\int_{x^2}^a f(x,y)\mathrm{d}y\ (a>0)$.

10. 设 $F(t) = \displaystyle\iint\limits_{D}f(x,y)\mathrm{d}x\mathrm{d}y$, 其中 $f(x,y) = \begin{cases}1, & 0\leqslant x\leqslant 1, 0\leqslant y\leqslant 1, \\ 0, & \text{其他},\end{cases}$ 而积分区域 D 为 $x+y\leqslant t$, 求 $F(t)$.

11. 设 $f(x)$ 连续, 积分区域 $D=\{(x,y)\,|\,x\leqslant y\leqslant 1, 0\leqslant x\leqslant 1\}$, 试证明:
$$\iint\limits_{D}f(x)f(y)\mathrm{d}x\mathrm{d}y = \frac{1}{2}\left(\int_0^1 f(x)\mathrm{d}x\right)^2.$$

12. 已知均匀矩形板 (面密度为常量 μ) 的长和宽分别为 b 和 h, 计算此矩形板对于其形心且分别与一边平行的两轴的转动惯量.

13. 求半径为 a、高为 h 的均匀圆柱体对于过中心而平行于母线的轴的转动惯量 (设密度 $\rho=1$).

14. 设面密度为常量 μ 的质量均匀的半圆环形薄片占有闭区域: $D=\{(x,y,0)\,|\,\sqrt{x^2+y^2}\leqslant R^2, x\geqslant 0\}$, 求它对位于 z 轴上点 $M_0(0,0,a)\,(a>0)$ 处单位质量的质点的引力.

15. 设均匀柱体密度为 ρ, 占有闭区域 $\Omega=\{(x,y,z)\,|\,x^2+y^2\leqslant R^2, 0\leqslant z\leqslant h\}$, 求它对于点 $M_0(0,0,a)\,(a>0)$ 处的单位质量的质点的引力.

16. 设函数 $f(x)$ 连续且恒大于零, 且有
$$F(t) = \frac{\displaystyle\iiint\limits_{\Omega(t)}f(x^2+y^2+z^2)\mathrm{d}v}{\displaystyle\iint\limits_{D(t)}f(x^2+y^2)\mathrm{d}\sigma},\quad G(t)=\frac{\displaystyle\iint\limits_{D(t)}f(x^2+y^2)\mathrm{d}\sigma}{\displaystyle\int_{-1}^t f(x^2)\mathrm{d}x},$$
其中 $\Omega(t)=\left\{(x,y,z)\,\middle|\,x^2+y^2+z^2\leqslant t^2\right\}$, $D(t)=\left\{(x,y)\,\middle|\,x^2+y^2\leqslant t^2\right\}$.

(1) 讨论 $F(t)$ 在区间 $(0,+\infty)$ 内的单调性.

(2) 证明: 当 $t>0$ 时, $F(t)>\dfrac{2}{\pi}G(t)$.

第 10 章思维导图

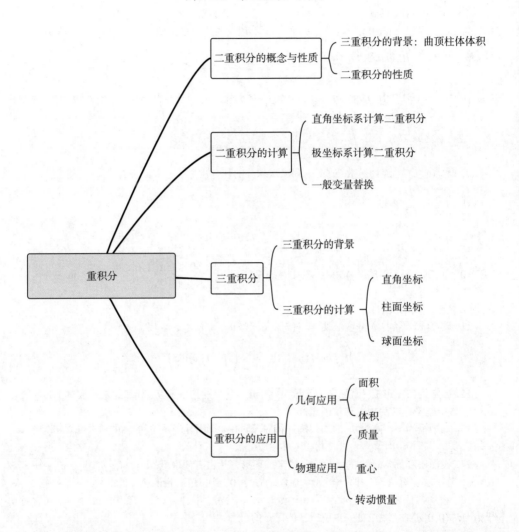

第 11 章 曲线积分与曲面积分

二重积分、三重积分是积分范围从数轴或者数轴上的区间推广到平面和空间区域的积分形式, 本章将把积分的内容推广到平面或者空间的曲线弧、空间的曲面块, 并介绍与这两种积分有关的基本内容.

一、教学基本要求

1. 理解两类曲线积分的概念, 了解两类曲线积分的性质及两类曲线积分的关系.

2. 掌握两类曲线积分的计算方法.

3. 掌握用格林公式计算第二类曲线积分, 并会运用平面曲线积分与路径无关的条件, 求二元函数全微分的原函数.

4. 了解两类曲面积分的概念、性质及两类曲面积分的关系, 掌握计算两类曲面积分的方法, 掌握用高斯公式计算曲面积分的方法, 并会用斯托克斯公式计算曲线积分.

5. 了解散度与旋度的概念, 并会计算.

6. 会用曲线积分及曲面积分求一些几何量与物理量 (质量 (线质量、曲面质量)、曲面面积、功、流量、转动惯量、旋度、散度).

二、教学重点

1. 两类曲线积分的概念, 两类曲线积分的计算方法.

2. 利用格林公式计算第二类曲线积分, 曲线积分与路径无关的条件.

3. 两类曲面积分的概念、性质及两类曲面积分的关系, 两类曲面积分的方法.

4. 利用高斯公式计算曲面积分, 利用斯托克斯公式计算曲线积分.

5. 与曲线积分及曲面积分有关的几何量与物理量.

三、教学难点

1. 曲线积分和曲面积分的概念、性质、计算方法.

2. 利用格林公式计算第二类曲线积分.

3. 利用高斯公式计算曲面积分, 利用斯托克斯公式计算曲线积分.

11.1　对弧长的曲线积分

在第 10 章, 我们将一元函数的定积分的积分域从数轴上的区间推广到平面中的区域和空间中的区域. 本节将进一步把定积分的积分域推广到平面中的曲线和空间中的曲线, 称为曲线积分, 它是多元函数积分学的重要内容. 本节主要介绍对弧长的曲线积分的概念及其计算方法.

教学目标:

1. 理解对弧长的曲线积分的概念, 了解对弧长的曲线积分的性质;

2. 掌握对弧长的曲线积分的计算方法.

教学重点: 对弧长的曲线积分的概念及其计算.

教学难点: 对弧长的曲线积分的概念.

教学背景: 曲边柱面的面积, 平面曲线段的质量.

思政元素: 体会其中蕴含的 "不变与变、有限与无限、直线与曲线、近似与精确" 等辩证统一关系.

11.1.1　对弧长的曲线积分的概念与性质

1. 曲线段的质量问题

慕课11.1.1

在设计曲线形物件时, 根据各部分受力情况, 需要在曲线形物件粗细程度上设计不同, 所以这个曲线物件的线密度是变量, 设 L 为 xOy 平面有限的曲线段, 它的两个端点是 A, B, 其线密度为 $\mu(x, y)$, 在 L 上连续, 计算曲线段的质量 m, 步骤如下:

(1) **分割**　在 L 上任意插入 $n-1$ 个分点: $P_1, P_2, \cdots, P_{n-1}$, 记 $A = P_0, B = P_n$, 把 L 分成 n 个小弧段, 第 i 个小弧段为 $\overset{\frown}{P_{i-1}P_i}$, 其长度记为 Δs_i, 如图 11-1-1 所示.

(2) **求近似**　由于 $\mu(x, y)$ 在 L 上连续, 当 Δs_i 变化很小时, Δs_i 上的线密度变化也很小, 任取一点 $(\xi_i, \eta_i) \in \Delta s_i$ 的线密度 $\mu(\xi_i, \eta_i)$ 来近似代替这小弧段上其他各点处的线密度, 从而第 i 小段曲线段的质量的近似值为 $\mu(\xi_i, \eta_i) \cdot \Delta s_i (i = 1, 2, \cdots, n)$.

(3) **求和**　整条曲线段的质量 $m \approx \sum\limits_{i=1}^{n} \mu(\xi_i, \eta_i) \cdot \Delta s_i$.

(4) **取极限**　令 $\lambda = \max\limits_{1 \leqslant i \leqslant n} \{\Delta s_i\}$ (λ 表示 n 个小弧段中的最大长度), 则曲线段的质量

$$m = \lim_{\lambda \to 0} \sum_{i=1}^{n} \mu(\xi_i, \eta_i) \cdot \Delta s_i.$$

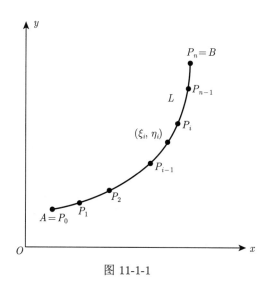

图 11-1-1

2. 曲边柱面的面积

设曲边柱面 Σ 的母线平行于 z 轴, 准线 L 为平面 xOy 内的光滑曲线, 高度为非负连续函数 $f(x,y)$, 如图 11-1-2 所示, 那么这个曲边柱面的面积计算步骤如下:

(1) **分割** 在 L 上任意插入 $n-1$ 个分点: $M_1, M_2, \cdots, M_{n-1}$, 记 $A = M_0, B = M_n$, 把 L 分成 n 个小弧段, 第 i 个小弧段为 $\widehat{M_{i-1}M_i}$, 其长度记为 Δs_i, 分割的小曲边柱体的面积为 ΔS_i.

(2) **求近似** 由于 $f(x,y)$ 在 L 上连续, 当 Δs_i 变化很小时, Δs_i 上的函数变化也很小, 任取一点 $(\xi_i, \eta_i) \in \Delta s_i$ 的函数值 $f(\xi_i, \eta_i)$ 来近似代替小弧段 Δs_i 上其他各点处的函数值, 从而第 i 小段曲边柱面的面积 ΔS_i 的近似值为 $f(\xi_i, \eta_i) \cdot \Delta s_i (i = 1, 2, \cdots, n)$.

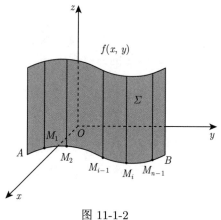

图 11-1-2

(3) **求和** 曲边柱面的面积 $S = \sum_{i=1}^{n} \Delta S_i \approx \sum_{i=1}^{n} f(\xi_i, \eta_i) \cdot \Delta s_i$.

(4) **取极限** 令 $\lambda = \max\limits_{1 \leqslant i \leqslant n} \{\Delta s_i\}$ (λ 表示 n 个小弧段中的最大长度), 则曲边柱面的面积

$$S = \lim_{\lambda \to 0} \sum_{i=1}^{n} f(\xi_i, \eta_i) \cdot \Delta s_i.$$

我们把这种 n 项和的极限问题, 总结为对弧长的曲线积分的概念.

3. 对弧长的曲线积分的概念和性质

定义 11.1.1　设 L 为 xOy 平面内的一条光滑曲线弧或者逐段光滑的曲线弧, 函数 $f(x,y)$ 在曲线 L 上有界, 在 L 上任意插入 $n-1$ 个分点: $P_1, P_2, \cdots, P_{n-1}$, 把 L 分成 n 个小弧段, 第 i 个小弧段为 $\overparen{P_{i-1}P_i}$, 其长度记为 Δs_i, 任取一点 $(\xi_i, \eta_i) \in \Delta s_i$, 作乘积 $f(\xi_i, \eta_i) \cdot \Delta s_i (i=1, 2, \cdots, n)$, 并且求和 $\sum_{i=1}^{n} \mu(\xi_i, \eta_i) \cdot \Delta s_i$, 记 $\lambda = \max_{1 \leqslant i \leqslant n} \{\Delta s_i\}$ (λ 表示 n 个小弧段中的最大长度), 若极限 $\lim_{\lambda \to 0} \sum_{i=1}^{n} f(\xi_i, \eta_i) \cdot \Delta s_i$ 存在, 称此极限为函数 $f(x,y)$ 在曲线段 L 上**对弧长的曲线积分**或**第一类曲线积分**, 记为 $\int_L f(x,y) \mathrm{d}s$, 即

$$\int_L f(x,y) \mathrm{d}s = \lim_{\lambda \to 0} \sum_{i=1}^{n} f(\xi_i, \eta_i) \cdot \Delta s_i, \tag{11-1-1}$$

其中, L 称为积分曲线弧, $f(x,y)$ 称为被积函数, $\mathrm{d}s$ 称为曲线弧长元素.

如果 L 是封闭曲线, 那么函数 $f(x,y)$ 在封闭曲线 L 上对弧长的曲线积分记为

$$\oint_L f(x,y) \mathrm{d}s. \tag{11-1-2}$$

由定义可知, 当线密度函数 $\mu(x,y)$ 在曲线 L 上连续时, 曲线段的质量 m 等于 $\mu(x,y)$ 对弧长的曲线积分, 即

$$m = \int_L \mu(x,y) \mathrm{d}s. \tag{11-1-3}$$

可以证明, 当 $f(x,y)$ 在光滑曲线弧 L 上连续时, 对弧长的曲线积分 $\int_L f(x,y) \mathrm{d}s$ 是存在的. 以后我们总假定 $f(x,y)$ 在 L 上连续.

设 Γ 为空间直角坐标系 $Oxyz$ 下有限光滑或逐段光滑的曲线段, 函数 $f(x,y,z)$ 在曲线 Γ 上有界, 则函数 $f(x,y,z)$ 在 Γ 上的第一类曲线积分为

$$\int_\Gamma f(x,y,z) \mathrm{d}s = \lim_{\lambda \to 0} \sum_{i=1}^{n} f(\xi_i, \eta_i, \zeta_i) \cdot \Delta s_i. \tag{11-1-4}$$

对弧长的曲线积分有以下性质.

性质 1 设 a, b 为常数, 则

$$\int_L [af(x,y) + bg(x,y)]\mathrm{d}s = a\int_L f(x,y)\mathrm{d}s + b\int_L g(x,y)\mathrm{d}s.$$

性质 2 设曲线弧 L 由 L_1 和 L_2 两段光滑曲线组成, 记 $L = L_1 + L_2$, 则

$$\int_L f(x,y)\mathrm{d}s = \int_{L_1} f(x,y)\mathrm{d}s + \int_{L_2} f(x,y)\mathrm{d}s.$$

性质 3 设在曲线弧 L 上总有 $f(x,y) \leqslant g(x,y)$, 则 $\int_L f(x,y)\mathrm{d}s \leqslant \int_L g(x,y)\mathrm{d}s$,

特别地, $\left| \int_L f(x,y)\mathrm{d}s \right| \leqslant \int_L |f(x,y)|\,\mathrm{d}s.$

性质 4 $\int_L 1\mathrm{d}s = s$, 其中 s 为曲线 L 的长度.

性质 5 设曲线 L 关于 y 轴 (即关于变量 x) 对称, L_1 为位于 y 轴右侧的部分,

若 $f(-x,y) = -f(x,y)$, 则 $\int_L f(x,y)\mathrm{d}s = 0.$

若 $f(-x,y) = f(x,y)$, 则 $\int_L f(x,y)\mathrm{d}s = 2\int_{L_1} f(x,y)\mathrm{d}s.$

性质 6 设曲线 L 关于 x 轴 (即关于变量 y) 对称, L_2 为位于 x 轴上侧的部分,

若 $f(x,-y) = -f(x,y)$, 则 $\int_L f(x,y)\mathrm{d}s = 0.$

若 $f(x,-y) = f(x,y)$, 则 $\int_L f(x,y)\mathrm{d}s = 2\int_{L_2} f(x,y)\mathrm{d}s.$

性质 7 若曲线 L 关于 $y = x$ 对称, 则 $\int_L f(x,y)\mathrm{d}s = \int_L f(y,x)\mathrm{d}s.$

11.1.2 对弧长的曲线积分的计算方法

慕课11.1.2

定理 11.1.1 设 $f(x,y)$ 在曲线弧 L 上有定义且连续, 曲线 L 的参数方程为 $\begin{cases} x = \varphi(t), \\ y = \psi(t), \end{cases} t \in [\alpha, \beta]$, 若 $\varphi(t), \psi(t)$ 在 $[\alpha, \beta]$ 上具有一阶连续导数, 且 $\varphi'^2(t) + \psi'^2(t) \neq 0$, 则曲线积分 $\int_L f(x,y)\mathrm{d}s$ 存在, **第一类曲线积分计算公式**:

$$\int_L f(x,y)\mathrm{d}s = \int_\alpha^\beta f[\varphi(t), \psi(t)]\sqrt{\varphi'^2(t) + \psi'^2(t)}\mathrm{d}t \quad (\alpha < \beta). \tag{11-1-5}$$

计算对弧长的曲线积分具体步骤是

(1) 代入曲线弧 L 的参数方程: $x = \varphi(t)$, $y = \psi(t)$;

(2) 把 ds 换为 $\sqrt{\varphi'^2(t) + \psi'^2(t)}dt$;

(3) 作从 α 到 β 的定积分, 需要注意定积分的积分下限 α 要小于定积分的积分上限 β. **第一类曲线积分计算公式有如下几个情形.**

(1) 曲线弧 L 的参数方程为 $\begin{cases} x = x, \\ y = y(x), \end{cases}$ $x \in [a,b]$, 且 $y'(x)$ 在 $[a,b]$ 上连续, 则 $f(x,y)$ **第一类曲线积分计算公式:**

$$\int_L f(x,y)\mathrm{d}s = \int_a^b f(x, y(x))\sqrt{1 + y'^2(x)}\mathrm{d}x \quad (a < b); \tag{11-1-6}$$

(2) 曲线 L 的参数方程为 $\begin{cases} x = x(y), \\ y = y, \end{cases}$ $y \in [c,d]$, 且 $x'(y)$ 在 $[c,d]$ 上连续, 则 $f(x,y)$ **第一类曲线积分计算公式:**

$$\int_L f(x,y)\mathrm{d}s = \int_c^d f(x(y),y)\sqrt{x'^2(y) + 1}\mathrm{d}x \quad (c < d); \tag{11-1-7}$$

(3) 设空间曲线弧 Γ 的参数方程为曲线弧 $\begin{cases} x = \varphi(t), \\ y = \psi(t), \quad t \in [\alpha, \beta], \varphi(t), \psi(t), \\ z = \omega(t), \end{cases}$

$\omega(t)$ 在 $[\alpha, \beta]$ 上具有一阶连续导数, 且 $\varphi'^2(t) + \psi'^2(t) + \omega'^2(t) \neq 0$, 则**第一类曲线积分计算公式:**

$$\int_L f(x,y,z)\mathrm{d}s = \int_\alpha^\beta f[\varphi(t), \psi(t), \omega(t)]\sqrt{\varphi'^2(t) + \psi'^2(t) + \omega'^2(t)}\mathrm{d}t \quad (\alpha < \beta). \tag{11-1-8}$$

例 1　计算曲线积分 $\int_L \sqrt{x}\mathrm{d}s$, 其中 L 为抛物线 $x = y^2$ 上点 $(0,0)$ 与点 $(1,1)$ 之间的曲线弧.

解　曲线的方程参数方程为 $\begin{cases} x = x, \\ y = \sqrt{x}, \end{cases}$ $0 \leqslant x \leqslant 1$, 如图 11-1-3 所示, 以及

$\mathrm{d}s = \sqrt{1 + y'^2(x)}\mathrm{d}x = \sqrt{1 + \dfrac{1}{4x}}\mathrm{d}x$, 因此

$$\int_L \sqrt{x}\mathrm{d}s = \int_0^1 \sqrt{x} \cdot \sqrt{1 + \frac{1}{4x}}\mathrm{d}x = \int_0^1 \sqrt{x + \frac{1}{4}}\mathrm{d}x = \int_0^1 \sqrt{x + \frac{1}{4}}\mathrm{d}\left(x + \frac{1}{4}\right)$$

$$= \left[\frac{2}{3} \left(x + \frac{1}{4} \right)^{\frac{3}{2}} \right]_0^1 = \frac{1}{12}(5\sqrt{5} - 1).$$

例 2 计算曲线积分 $\displaystyle\int_L (x + y)\mathrm{d}s$, 其中 L 是以点 $(0,0)$, $(1,0)$, $(1,1)$ 为顶点的三角形的边界.

解 $L = L_1 + L_2 + L_3$, 如图 11-1-4 所示, 所以

$$\int_L (x + y)\mathrm{d}s = \int_{L_1} (x + y)\mathrm{d}s + \int_{L_2} (x + y)\mathrm{d}s + \int_{L_3} (x + y)\mathrm{d}s.$$

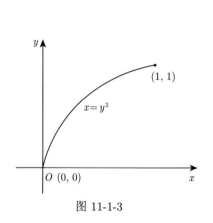

图 11-1-3

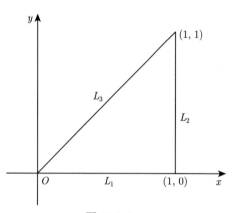

图 11-1-4

L_1 的参数方程为 $\begin{cases} x = x, \\ y = 0, \end{cases}$ $0 \leqslant x \leqslant 1, \mathrm{d}s = \mathrm{d}x,$

$$\int_{L_1} (x + y)\mathrm{d}s = \int_0^1 x\mathrm{d}x = \frac{1}{2}.$$

L_2 的参数方程为 $\begin{cases} x = 1, \\ y = y, \end{cases}$ $0 \leqslant y \leqslant 1, \mathrm{d}s = \mathrm{d}y,$

$$\int_{L_2} (x + y)\mathrm{d}s = \int_0^1 (1 + y)\mathrm{d}y = \frac{3}{2}.$$

L_3 的参数方程为 $\begin{cases} x = x, \\ y = x, \end{cases}$ $0 \leqslant x \leqslant 1, \mathrm{d}s = \sqrt{2}\mathrm{d}x,$

$$\int_{L_3} (x + y)\mathrm{d}s = \int_0^1 2x\sqrt{2}\mathrm{d}x = \sqrt{2}.$$

所以

$$\int_L (x+y)\mathrm{d}s = \frac{1}{2} + \frac{3}{2} + \sqrt{2} = 2 + \sqrt{2}.$$

例 3　计算曲线积分 $\int_\Gamma (x^2 + y^2 + z^2)\mathrm{d}s$, 其中 Γ 是螺旋线 $x = a\cos t, y = a\sin t, z = kt$ 上相应于 t 从 0 到 2π 的一段弧.

解　Γ 的参数方程为

$$\begin{cases} x = a\cos t, \\ y = a\sin t, \quad 0 \leqslant t \leqslant 2\pi, \mathrm{d}s = \sqrt{(-a\sin t)^2 + (a\cos t)^2 + k^2}\mathrm{d}t = \sqrt{a^2 + k^2}\mathrm{d}t, \\ z = kt, \end{cases}$$

$$\int_\Gamma (x^2 + y^2 + z^2)\mathrm{d}s$$

$$= \int_0^{2\pi} ((a\cos t)^2 + (a\sin t)^2 + (kt)^2)\sqrt{a^2 + k^2}\mathrm{d}t$$

$$= \int_0^{2\pi} (a^2 + k^2 t^2)\sqrt{a^2 + k^2}\mathrm{d}t = \sqrt{a^2 + k^2}\left(a^2 t + \frac{1}{3}k^2 t^3\right)\Big|_0^{2\pi}$$

$$= \frac{2\pi}{3}\sqrt{a^2 + k^2}(3a^2 + 4\pi^2 k^2).$$

例 4　计算曲线积分 $\oint_L (3x - 2y)^2 \mathrm{d}s$, 其中 L 是椭圆 $\dfrac{x^2}{4} + \dfrac{y^2}{9} = 1$, 且 L 的长度为 a.

解　根据对称性

$$\oint_L (3x - 2y)^2 \mathrm{d}s = \int_L (9x^2 - 12xy + 4y^2)\mathrm{d}s$$

$$= \oint_L (9x^2 + 4y^2)\mathrm{d}s$$

$$= 36\oint_L \left(\frac{x^2}{4} + \frac{y^2}{9}\right)\mathrm{d}s$$

$$= 36\oint_L 1\mathrm{d}s = 36a.$$

例 5　计算曲线积分 $\oint_L x^2 \mathrm{d}s$, 其中 L 是 $x^2 + y^2 + z^2 = R^2$ 与平面 $x + y + z = 0$ 相交的圆.

解 由 L 的轮换对称性 (即将 x 换成 y, y 换成 z, z 换为 x, 所得区域不变), 得

$$\oint_L x^2 \mathrm{d}s = \oint_L y^2 \mathrm{d}s = \oint_L z^2 \mathrm{d}s,$$

所以

$$\oint_L x^2 \mathrm{d}s = \frac{1}{3} \oint_L (x^2 + y^2 + z^2) \mathrm{d}s = \frac{R^2}{3} \oint_L \mathrm{d}s = \frac{2}{3} \pi R^3.$$

11.1.3 对弧长的曲线积分的应用

为了更方便地解决定积分的几何和物理的实际应用问题, 我们介绍了定积分的元素法, 第一类曲线积分的物理应用和几何应用同样可以使用元素法.

1. 平面曲线段的质量

设 L 为 xOy 平面有限的曲线段, 其线密度 $\mu(x, y)$ 在 L 上连续, 利用元素法, 在 L 上任取一小曲线段 $\mathrm{d}s$, 当 $\mathrm{d}s$ 的长度很小时, 小曲线段的质量可用 $\mu(x, y)\mathrm{d}s$ 近似表示, 即

$$\Delta m \approx \mu(x, y)\mathrm{d}s.$$

将 $\mu(x, y)\mathrm{d}s = \mathrm{d}m$ 称为质量元素, 对质量元素 $\mathrm{d}m$ 在曲线 L 上做积分, 进而得到曲线段 L 的质量 m, 即

$$m = \int_L \mathrm{d}m = \int_L \mu(x, y)\mathrm{d}s.$$

例 6 已知金属丝段的方程为 $\begin{cases} x = \mathrm{e}^t \cos t, \\ y = \mathrm{e}^t \sin t, \quad 0 \leqslant t \leqslant 1, \text{ 其线密度函数为} \\ z = \mathrm{e}^t, \end{cases}$

$\mu(x, y, z) = \dfrac{1}{x^2 + y^2 + z^2}$, 求这条金属丝的质量 m.

解 在 L 上任取一小曲线段 $\mathrm{d}s$, 当 $\mathrm{d}s$ 的长度很小时, 该小曲线段的质量元素为 $\mathrm{d}m = \mu(x, y, z)\mathrm{d}s = \dfrac{1}{x^2 + y^2 + z^2}\mathrm{d}s$, 对 $\mathrm{d}m$ 在曲线 L 上积分, 进而得到曲线段 L 的质量

$$\begin{aligned}
m &= \int_L \mathrm{d}m = \int_L \frac{1}{x^2 + y^2 + z^2}\mathrm{d}s \\
&= \int_0^1 \frac{\sqrt{(\mathrm{e}^t \cos t - \mathrm{e}^t \sin t)^2 + (\mathrm{e}^t \sin t + \mathrm{e}^t \cos t)^2 + (\mathrm{e}^t)^2}}{(\mathrm{e}^t \cos t)^2 + (\mathrm{e}^t \sin t)^2 + (\mathrm{e}^t)^2}\mathrm{d}t \\
&= \frac{\sqrt{3}}{2} \int_0^1 \mathrm{e}^{-t}\mathrm{d}t = \frac{\sqrt{3}}{2}\left(1 - \frac{1}{\mathrm{e}}\right).
\end{aligned}$$

2. 曲边柱面的面积

设曲边柱面 Σ 的母线平行于 z 轴, 准线 L 为平面 xOy 内的光滑曲线, 高度为非负连续函数 $f(x,y)$, 利用元素法, 在 L 上任取一小曲线段 $\mathrm{d}s$, 当 $\mathrm{d}s$ 的长度很小时, 小曲边柱面可用 $f(x,y)\mathrm{d}s$ 近似表示, 即

$$\Delta S \approx f(x,y)\mathrm{d}s.$$

将 $f(x,y)\mathrm{d}s = \mathrm{d}S$ 称为曲边柱面的面积元素, 对 $\mathrm{d}S$ 在曲线 L 上积分, 得到曲边柱面面积

$$S = \int_L \mathrm{d}S = \int_L f(x,y)\mathrm{d}s.$$

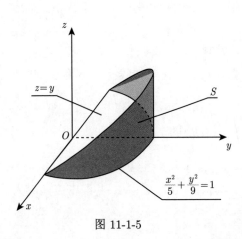

图 11-1-5

例 7 求椭圆柱面 $\dfrac{x^2}{5} + \dfrac{y^2}{9} = 1$ 位于平面 $z = 0$ 上方和 $z = y$ 平面下方的那部分的面积 S.

解 L 的参数方程为 $\begin{cases} x = \sqrt{5}\cos t, \\ y = 3\sin t, \end{cases}$

$0 \leqslant t \leqslant \pi$, L 上的弧长元素 $\mathrm{d}s = \sqrt{(-\sqrt{5}\sin t)^2 + (3\cos t)^2}\mathrm{d}t$, 那么小曲边柱面块的面积元素为 $\mathrm{d}S = z\mathrm{d}s = y\sqrt{(-\sqrt{5}\sin t)^2 + (3\cos t)^2}\mathrm{d}t$, 对 $\mathrm{d}S$ 在曲线 L 上积分, 得到曲边柱面的面积如图 11-1-5 所示.

$$\begin{aligned} S &= \int_L \mathrm{d}S = \int_0^\pi 3\sin t\sqrt{(-\sqrt{5}\sin t)^2 + (3\cos t)^2}\mathrm{d}t \\ &= 3\int_0^\pi \sin t\sqrt{5\sin^2 t + 9\cos^2 t}\,\mathrm{d}t \\ &= -3\int_0^\pi \sqrt{5 + (2\cos t)^2}\mathrm{d}(\cos t) \\ &= -\frac{3}{2}\int_0^\pi \sqrt{5 + (2\cos t)^2}\mathrm{d}(2\cos t) \\ &= 9 + \frac{15}{4}\ln 5. \end{aligned}$$

3. 平面曲线段的质心

设 L 为 xOy 平面内有限的曲线段, 其线密度 $\mu(x,y)$ 在 L 上连续, 质量是

$$m = \int_L \mathrm{d}m = \int_L \mu(x,y)\mathrm{d}s,$$

关于 y 轴、x 轴的静矩元素分别是

$$\mathrm{d}m_y = x\mu(x,y)\mathrm{d}s, \quad \mathrm{d}m_x = y\mu(x,y)\mathrm{d}s,$$

那么质心公式为 $\bar{x} = \dfrac{\displaystyle\int_L x\mu(x,y)\mathrm{d}s}{\displaystyle\int_L \mu(x,y)\mathrm{d}s}, \bar{y} = \dfrac{\displaystyle\int_L y\mu(x,y)\mathrm{d}s}{\displaystyle\int_L \mu(x,y)\mathrm{d}s}.$

例 8 设半圆 $x^2 + y^2 = 1(y \geqslant 0)$ 曲线的线密度为 $\mu(x,y) = |xy|$, 求曲线的质心 (图 11-1-6).

解 根据质心公式:$\bar{x} = \dfrac{\displaystyle\int_L x\mu(x,y)\mathrm{d}s}{\displaystyle\int_L \mu(x,y)\mathrm{d}s}$,

$\bar{y} = \dfrac{\displaystyle\int_L y\mu(x,y)\mathrm{d}s}{\displaystyle\int_L \mu(x,y)\mathrm{d}s}$, 以及奇偶对称性, 得

$\displaystyle\int_L x\mu(x,y)\mathrm{d}s = 0$, 所以 $\bar{x} = 0$.

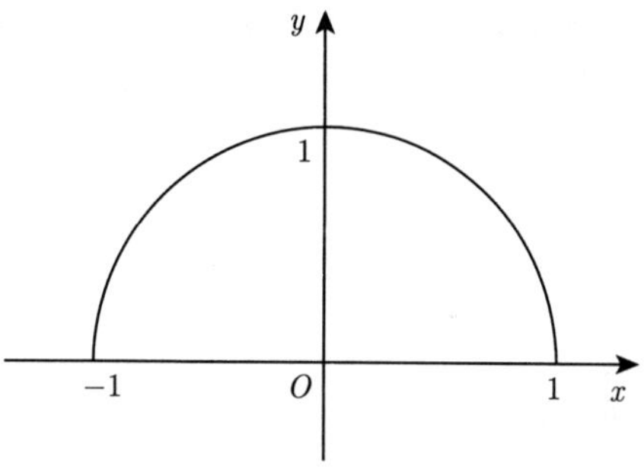

图 11-1-6

半圆曲线 L 的参数方程为 $\begin{cases} x = \cos t, \\ y = \sin t, \end{cases} 0 \leqslant t \leqslant \pi$, 曲线段的质量元素为 $\mathrm{d}m = \mu(x,y)\mathrm{d}s = |xy|\mathrm{d}s$, 那么曲线的质量

$$m = \int_L \mathrm{d}m = \int_L \mu(x,y)\mathrm{d}s = \int_L |xy|\mathrm{d}s$$

$$= \int_0^\pi |\cos t \sin t|\mathrm{d}t$$

$$= 2\int_0^{\frac{\pi}{2}} \cos t \sin t\mathrm{d}t$$

$$= 1.$$

关于 x 轴的静矩

$$m_x = \int_L y \cdot \mu(x,y)\mathrm{d}s = \int_L y \cdot |xy|\mathrm{d}s$$

$$= \int_0^\pi \sin t \cdot |\cos t \sin t|\mathrm{d}t$$

$$= 2\int_0^{\frac{\pi}{2}} \cos t \sin^2 t\mathrm{d}t$$

$$= \frac{2}{3}.$$

所以 $\bar{y} = \dfrac{2}{3}$, 质心是 $(\bar{x}, \bar{y}) = \left(0, \dfrac{2}{3}\right)$.

4. 转动惯量

设质量为 m 的质点 P 绕着 l 轴旋转, 令 r 为点 P 到 l 轴的距离, 那么质点 P 关于 l 轴的转动惯量为 $I = mr^2$.

假设平面有限曲线 L 的线密度为 $\mu(x,y)$, 是连续的, 那么 $\forall P(x,y) \in L$ 关于 x 轴、y 轴的转动惯量元素是

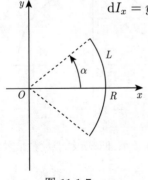

$$\mathrm{d}I_x = y^2\mu(x,y)\mathrm{d}s, \quad \mathrm{d}I_y = x^2\mu(x,y)\mathrm{d}s,$$

那么关于 x 轴、y 轴的转动惯量为

$$I_x = \int_L y^2\mu(x,y)\mathrm{d}s, \quad I_y = \int_L x^2\mu(x,y)\mathrm{d}s.$$

例 9　计算线密度是 1, 半径为 R、中心角为 2α 的圆弧 L 对于它的对称轴的转动惯量 I.

解　建立平面直角坐标系 xOy, 并且假设对称轴为 x 轴, 那么圆弧 L 的参数方程为

图 11-1-7

$$\begin{cases} x = R\cos\theta, \\ y = R\sin\theta, \end{cases} -\alpha \leqslant \theta \leqslant \alpha, \text{如图 11-1-7.}$$

关于 x 轴的转动惯量元素是 $\mathrm{d}I_x = y^2\mathrm{d}s$, 关于 x 轴的转动惯量为

$$I_x = \int_L y^2\mathrm{d}s = \int_{-\alpha}^{\alpha} R^2\sin^2\theta\sqrt{(-R\sin\theta)^2 + (R\cos\theta)^2}\,\mathrm{d}\theta$$

$$= R^3\int_{-\alpha}^{\alpha} \sin^2\theta\mathrm{d}\theta$$

$$= R^3(\alpha - \sin\alpha\cos\alpha).$$

5. 平面曲线段对质点的引力

下面讨论 xOy 平面内有限的曲线段 L 对于其外一点 $P_0(x_0, y_0)$ 处单位质量的质点的引力问题.

设 L 为 xOy 平面内有限的曲线段, 其线密度 $\mu(x, y)$ 在 L 上连续, 利用元素法, 在 L 上任取一小曲线段 $\mathrm{d}s$, 当 $\mathrm{d}s$ 的长度很小时, 用 $\forall P(x, y) \in \mathrm{d}s$ 的密度近似看成这条小曲线段的密度, 那么小曲线段的质量可用 $\mu(x, y)\mathrm{d}s$ 近似表示, 即

$$\Delta m \approx \mu(x, y)\mathrm{d}s.$$

根据平面两点之间的引力公式, 可知这条小曲线段对于点 $P_0(x_0, y_0)$ 的引力的元素为

$$\mathrm{d}\boldsymbol{F} = (\mathrm{d}F_x, \mathrm{d}F_y) = \left(\frac{G \cdot (x - x_0) \cdot \mu(x, y)}{r^3}\mathrm{d}s, \frac{G \cdot (y - y_0) \cdot \mu(x, y)}{r^3}\mathrm{d}s \right),$$

其中 $\mathrm{d}F_x = \dfrac{G \cdot \mu(x, y)\mathrm{d}s}{r^2} \cdot \cos\theta, \mathrm{d}F_y = \dfrac{G \cdot \mu(x, y)\mathrm{d}s}{r^2} \cdot \sin\theta$ 为引力元素的坐标分量, $r = \sqrt{(x - x_0)^2 + (y - y_0)^2}$ 为点 $P(x, y)$ 到点 $P_0(x_0, y_0)$ 的距离, $\cos\theta = \dfrac{x - x_0}{r}$, $\sin\theta = \dfrac{y - y_0}{r}$, G 为引力常数. 对 $\mathrm{d}F_x = \dfrac{G \cdot \mu(x, y)\mathrm{d}s}{r^2} \cdot \cos\theta, \mathrm{d}F_y = \dfrac{G \cdot \mu(x, y)\mathrm{d}s}{r^2} \cdot \sin\theta$ 在曲线 L 上分别积分, 进而得到曲线段 L 对于其外一点 $P_0(x_0, y_0)$ 处单位质量的质点的引力

$$\boldsymbol{F} = (F_x, F_y) = \left(\int_L \frac{G \cdot (x - x_0) \cdot \mu(x, y)}{r^3}\mathrm{d}s, \int_L \frac{G \cdot (y - y_0) \cdot \mu(x, y)}{r^3}\mathrm{d}s \right).$$

例 10 计算线密度 $\mu = 2\theta$ 的半圆弧 $y = \sqrt{R^2 - x^2}$ (R 是常数) 对原点处单位质量的质点的引力.

解 建立平面直角坐标系 xOy, 并且假设半圆弧 L 的参数方程为 $\begin{cases} x = R\cos\theta, \\ y = R\sin\theta, \end{cases}$ $0 \leqslant \theta \leqslant \pi$, 如图 11-1-8 所示.

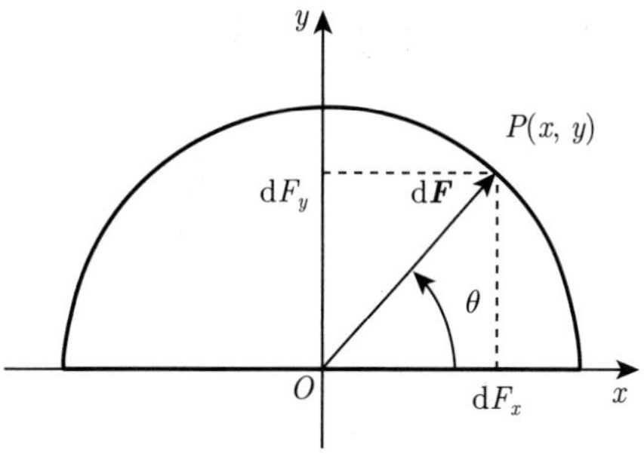

那么引力元素的坐标分量

图 11-1-8

$$\mathrm{d}F_x = \mathrm{d}\boldsymbol{F} \cdot \cos\theta = \frac{G \cdot \mu(x, y)\mathrm{d}s}{r^2} \cdot \cos\theta,$$

$$\mathrm{d}F_y = \mathrm{d}\boldsymbol{F} \cdot \sin\theta = \frac{G \cdot \mu(x, y)\mathrm{d}s}{r^2} \cdot \sin\theta,$$

得

$$F_x = \int_L \frac{G \cdot x \cdot \mu(x,y)}{(x^2+y^2)^{\frac{3}{2}}} \mathrm{d}s = \int_0^\pi \frac{G \cdot R\cos\theta \cdot 2\theta}{R^3} \cdot R \cdot \mathrm{d}\theta = -\frac{4G}{R},$$

$$F_y = \int_L \frac{G \cdot y \cdot \mu(x,y)}{(x^2+y^2)^{\frac{3}{2}}} \mathrm{d}s = \int_0^\pi \frac{G \cdot R\sin\theta \cdot 2\theta}{R^3} \cdot R \cdot \mathrm{d}\theta = \frac{2G\pi}{R}.$$

半圆弧对质点的引力为 $\boldsymbol{F} = \left(-\dfrac{4G}{R}, \dfrac{2G\pi}{R} \right)$.

小结与思考

1. 小结

计算对弧长的曲线积分的具体步骤是: "一代二换三定限".

(1) **代入曲线弧 L 的参数方程**: $x = \varphi(t)$, $y = \psi(t)$;

(2) **把 $\mathrm{d}s$ 换为** $\sqrt{\varphi'^2(t) + \psi'^2(t)}\mathrm{d}t$;

(3) **作从 α 到 β 的定积分**, 需要注意定积分的积分下限 α 要小于定积分的积分上限 β.

弧长的曲线积分的物理和几何应用可以是

(1) **平面曲线段的质量**

$$m = \int_L \mathrm{d}m = \int_L \mu(x,y)\mathrm{d}s.$$

(2) **曲边柱面的面积**

$$S = \int_L \mathrm{d}S = \int_L f(x,y)\mathrm{d}s.$$

(3) **平面曲线段的质心**

$$\bar{x} = \frac{\displaystyle\int_L x\mu(x,y)\mathrm{d}s}{\displaystyle\int_L \mu(x,y)\mathrm{d}s}, \quad \bar{y} = \frac{\displaystyle\int_L y\mu(x,y)\mathrm{d}s}{\displaystyle\int_L \mu(x,y)\mathrm{d}s}.$$

(4) **转动惯量**

$$I_x = \int_L y^2\mu(x,y)\mathrm{d}s, \quad I_y = \int_L x^2\mu(x,y)\mathrm{d}s.$$

(5) **平面曲线段对质点的引力**

$$\boldsymbol{F} = (F_x, F_y) = \left(\int_L \frac{G \cdot (x-x_0) \cdot \mu(x,y)}{r^3}\mathrm{d}s, \int_L \frac{G \cdot (y-y_0) \cdot \mu(x,y)}{r^3}\mathrm{d}s \right).$$

习 题 11-1

1. 计算 $\int_{\Gamma} xyz\mathrm{d}s$, Γ 为点 $O(0,0,0)$ 到点 $A(1,2,3)$ 的直线段.

2. 计算 $\int_{\Gamma} xy\mathrm{d}s$, 其中 Γ 为螺旋线 $x = \cos t, y = \sin t, z = t$ 中 $0 \leqslant t \leqslant 2\pi$ 的一段弧.

3. 若 C 是圆周 $x^2 + y^2 = R^2$, 计算 $\oint_C \sqrt{x^2 + y^2}\mathrm{d}s$.

4. 计算 $\int_{\Gamma} \dfrac{1}{x^2 + y^2 + z^2}\mathrm{d}s$, 其中 Γ 为曲线 $x = \mathrm{e}^t \cos t, y = \mathrm{e}^t, \sin t = \mathrm{e}^t$ 上相应于 t 从 0 到 2 的一段弧.

5. 计算 $\int_L xy\mathrm{d}s$, 其中 L 的参数方程为 $x = 5\cos t, y = 3\sin t \left(0 \leqslant t \leqslant \dfrac{\pi}{2}\right)$.

6. 计算 $\int_L \dfrac{xy}{\sqrt{x^2 + y^2}}\mathrm{d}s$, 其中 L 是圆周 $x^2 + y^2 = R^2$ 在第一象限内的部分.

7. 计算 $\int_{\Gamma} (x + 3y + 2z)\mathrm{d}s$, 其中曲线 Γ 的参数方程为 $x = 2t, y = 3t, z = 4t$ $(0 \leqslant t \leqslant 1)$ 的一段弧.

8. 求线密度是 1 半径为 a、中心角为 2φ 的均匀圆弧的质心.

9. 设螺旋形弹簧一圈的方程为 $x = a\cos t, y = a\sin t, z = kt$, 其中 $0 \leqslant t \leqslant 2\pi$, 它的线密度 $\mu(x, y, z) = x^2 + y^2 + z^2$, 求:

(1) 它关于轴的转动惯量;

(2) 它的质心.

11.2 对坐标的曲线积分

这一节, 我们从物理学中的变力沿着曲线做功出发, 讨论第二类曲线积分的概念及其计算方法.

教学目标: 1. 理解对坐标的曲线积分的概念, 了解对坐标的曲线积分的性质;

2. 了解两类曲线积分的关系;

3. 掌握对坐标的曲线积分的计算方法.

教学重点: 对坐标的曲线积分的概念及其计算.

教学难点: 两类曲线积分的关系, 对坐标的曲线积分的计算.

教学背景: 变力沿着平面 (空间) 曲线做功.

思政元素: 通过对坐标曲线积分的学习, 提升学生解决复杂工程问题的能力. 知识拓展 (逆向水流交汇会产生涡流, 那么与涡流强度有关的数学内容就是有向封闭曲线的环流量, 其方向与涡流方向的切向量方向一致, 而通过涡流边界线的流量, 方向与切向量垂直并且指向外侧.)

11.2.1　第二类曲线积分 (对坐标的曲线积分)

慕课11.2.1

1. 变力沿曲线所做的功

设一个质点在 xOy 面内受到力 $\boldsymbol{F}(x,y) = P(x,y)\boldsymbol{i} + Q(x,y)\boldsymbol{j}$ 的作用, 从点 $A = M_0$ 沿有向光滑曲线弧 L 移动到点 $B = M_n$, 其中函数 $P(x,y)$ 与 $Q(x,y)$ 在 L 上连续, 那么在上述移动过程中变力 $\boldsymbol{F}(x,y)$ 所做的功.

(1) **分割**　在 L 上任意插入 $n-1$ 个分点: $M_1, M_2, \cdots, M_{n-1}$, 记 $A = M_0$, $B = M_n$, 把 L 分成 n 个小弧段, 将有向曲线弧 L 分为 n 个小的曲线段, 记为 $\overparen{M_0M_1}, \overparen{M_1M_2}, \cdots, \overparen{M_{n-1}M_n}$, 第 i 个小弧段为 $\overparen{M_{i-1}M_i}$.

(2) **求近似**　由于 $\overparen{M_{i-1}M_i}$ 光滑而且很短, 利用有向直线段 $\overrightarrow{M_{i-1}M_i} = \Delta x_i\boldsymbol{i} + \Delta y_i\boldsymbol{j}$ 近似代替有向小曲线弧段 $\overparen{M_{i-1}M_i}$, 即 $\overparen{M_{i-1}M_i} \approx \overrightarrow{M_0M_1}$, 任取一点 $(\xi_i, \eta_i) \in \overparen{M_{i-1}M_i}$, 用在点 (ξ_i, η_i) 处的力 $\boldsymbol{F}(\xi_i, \eta_i) = P(\xi_i, \eta_i)\boldsymbol{i} + Q(\xi_i, \eta_i)\boldsymbol{j}$ 来近似代替这小弧段上各点处的力. 变力 $\boldsymbol{F}(x,y)$ 沿有向小曲线弧段 $\overparen{M_{i-1}M_i}$ 所做的功 ΔW_i 近似地等于恒力 $\boldsymbol{F}(\xi_i, \eta_i)$ 沿有向直线段 $\overrightarrow{M_{i-1}M_i}$ 所做的功: $\Delta W_i \approx \boldsymbol{F}(\xi_i, \eta_i) \cdot \overrightarrow{M_{i-1}M_i}$, 即 $\Delta W_i \approx P(\xi_i, \eta_i)\Delta x_i + Q(\xi_i, \eta_i)\Delta y_i$ (图 11-2-1).

(3) **求和**　变力 $\boldsymbol{F}(x,y)$ 在整条曲线段 L 的功 $W = \sum\limits_{i=1}^{n} \Delta W_i \approx \sum\limits_{i=1}^{n}[P(\xi_i, \eta_i)\Delta x_i + Q(\xi_i, \eta_i)\Delta y_i]$.

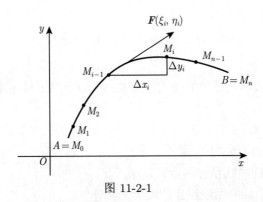

图 11-2-1

(4) **取极限**　令 $\lambda = \max\limits_{1 \leqslant i \leqslant n} \{|\overparen{M_{i-1}M_i}|\}$ (λ 表示 n 个小弧段中的最大长度), 变力 $\boldsymbol{F}$ 沿有向曲线弧所做的功

$$W = \lim_{\lambda \to 0} \sum_{i=1}^{n} [P(\xi_i, \eta_i)\Delta x_i + Q(\xi_i, \eta_i)\Delta y_i].$$

我们把这种 n 项和的极限问题, 总结为对坐标的曲线积分的概念.

2. 对坐标的曲线积分的概念

定义 11.2.1 设 L 为 xOy 面内从点 A 到点 B 的一条有向光滑曲线弧, 函数 $P(x,y)$ 与 $Q(x,y)$ 在 L 上有界. 在 L 上沿 L 的方向任意插入 $n-1$ 个分点: $M_1(x_1,y_1), M_2(x_2,y_2), \cdots, M_{n-1}(x_{n-1},y_{n-1})$, 记 $A=M_0$, $B=M_n$, 把 L 分成 n 个有向小弧段, 记为 $\overset{\frown}{M_0M_1}, \overset{\frown}{M_1M_2}, \cdots, \overset{\frown}{M_{n-1}M_n}$; 设 $\Delta x_i = x_i - x_{i-1}, \Delta y_i = y_i - y_{i-1}$, 任取一点 $(\xi_i, \eta_i) \in \overset{\frown}{M_{i-1}M_i}$, 令 $\lambda = \max\limits_{1 \leqslant i \leqslant n}\{|\overset{\frown}{M_{i-1}M_i}|\}$ (λ 表示 n 个小弧段中的最大长度). 如果当 $\lambda \to 0$ 时, $\lim\limits_{\lambda \to 0}\sum\limits_{i=1}^{n}P(\xi_i,\eta_i)\Delta x_i$ 总存在, 则称此极限为函数 $P(x,y)$ 在有向曲线弧 L 上**对坐标 x 的曲线积分**, 记作 $\displaystyle\int_L P(x,y)\mathrm{d}x$.

类似地, 如果 $\lim\limits_{\lambda \to 0}\sum\limits_{i=1}^{n}Q(\xi_i,\eta_i)\Delta y_i$ 总存在, 则称此极限为函数 $Q(x,y)$ 在有向曲线弧 L 上**对坐标 y 的曲线积分**, 记作 $\displaystyle\int_L Q(x,y)\mathrm{d}y$. 即

$$\int_L P(x,y)\mathrm{d}x = \lim_{\lambda \to 0}\sum_{i=1}^{n}P(\xi_i,\eta_i)\Delta x_i, \quad \int_L Q(x,y)\mathrm{d}y = \lim_{\lambda \to 0}\sum_{i=1}^{n}Q(\xi_i,\eta_i)\Delta y_i,$$

其中 $P(x,y), Q(x,y)$ 叫做**被积函数**, L 叫做**积分弧段**. 以上两个积分都称为**第二类曲线积分**.

我们总假定函数 $P(x,y)$ 与 $Q(x,y)$ 在 L 上连续, 常见的第二类曲线积分为以下代数和的形式:

$$\int_L P(x,y)\mathrm{d}x + \int_L Q(x,y)\mathrm{d}y,$$

并且合并在一起, 写成

$$\int_L P(x,y)\mathrm{d}x + \int_L Q(x,y)\mathrm{d}y = \int_L P(x,y)\mathrm{d}x + Q(x,y)\mathrm{d}y. \tag{11-2-1}$$

设向量值函数 $\boldsymbol{F}(x,y) = P(x,y)\boldsymbol{i} + Q(x,y)\boldsymbol{j}$, $\mathrm{d}\boldsymbol{r} = \mathrm{d}x\boldsymbol{i} + \mathrm{d}y\boldsymbol{j}$, 那么第二类曲线积分也可以写成向量形式:

$$\int_L \boldsymbol{F}(x,y) \cdot \mathrm{d}\boldsymbol{r} = \int_L P(x,y)\mathrm{d}x + Q(x,y)\mathrm{d}y$$

$$= \lim_{\lambda \to 0} \sum_{i=1}^{n} P(\xi_i, \eta_i) \Delta x_i + \lim_{\lambda \to 0} \sum_{i=1}^{n} Q(x, y) \Delta y_i.$$

类似地, 把定义 11.2.1 推广到三元函数 $P(x, y, z)$, $Q(x, y, z)$, $R(x, y, z)$, 在空间曲线弧上关于坐标的曲线积分合并写成

$$\int_{\Gamma} P(x, y, z)\mathrm{d}x + Q(x, y, z)\mathrm{d}y + R(x, y, z)\mathrm{d}z \quad \text{或} \quad \int_{\Gamma} \boldsymbol{A}(x, y, z) \cdot \mathrm{d}\boldsymbol{r},$$

其中 $\boldsymbol{A}(x, y, z) = P(x, y, z)\boldsymbol{i} + Q(x, y, z)\boldsymbol{j} + R(x, y, z)\boldsymbol{k}$, $\mathrm{d}\boldsymbol{r} = \mathrm{d}x\boldsymbol{i} + \mathrm{d}y\boldsymbol{j} + \mathrm{d}z\boldsymbol{k}$.

如果 L (或 Γ) 是分段光滑的, 我们规定函数在有向曲线弧 L (或 Γ) 上对坐标的曲线积分等于在光滑的各段上对坐标的曲线积分之和.

3. 对坐标的曲线积分的性质

性质 1   设 a, b 为常数, 则 $\displaystyle\int_{L} [a\boldsymbol{F}_1(x, y) + b\boldsymbol{F}_2(x, y)] \cdot \mathrm{d}\boldsymbol{r} = a\displaystyle\int_{L} \boldsymbol{F}_1(x, y) \cdot \mathrm{d}\boldsymbol{r}$
$+ b\displaystyle\int_{L} \boldsymbol{F}_2(x, y) \cdot \mathrm{d}\boldsymbol{r}$.

性质 2   若有向曲线弧 L 可分成两段光滑的有向曲线弧 L_1 和 L_2, 则

$$\int_{L} \boldsymbol{F}(x, y) \cdot \mathrm{d}\boldsymbol{r} = \int_{L_1} \boldsymbol{F}(x, y) \cdot \mathrm{d}\boldsymbol{r} + \int_{L_2} \boldsymbol{F}(x, y) \cdot \mathrm{d}\boldsymbol{r}$$

或

$$\int_{L} P\mathrm{d}x + Q\mathrm{d}y = \int_{L_1} P\mathrm{d}x + Q\mathrm{d}y + \int_{L_2} P\mathrm{d}x + Q\mathrm{d}y.$$

此性质可推广到 $L = L_1 + L_2 + \cdots + L_n$ 组成的曲线上.

性质 3   设 L 是有向曲线弧, L^- 是 L 的反向曲线弧, 则

$$\int_{L^-} \boldsymbol{F}(x, y) \cdot \mathrm{d}\boldsymbol{r} = -\int_{L} \boldsymbol{F}(x, y) \cdot \mathrm{d}\boldsymbol{r} \quad \text{或} \quad \int_{L^-} P\mathrm{d}x + Q\mathrm{d}y = -\int_{L} P\mathrm{d}x + Q\mathrm{d}y.$$

性质 3 表示, 当积分弧段的方向改变时, 对坐标的曲线积分要改变符号. 所以我们在计算对坐标的曲线积分时, **必须要注意积分弧段的方向**.

11.2.2 对坐标的曲线积分的计算法

定理 11.2.1 设函数 $P(x,y)$ 与 $Q(x,y)$ 在有向曲线弧 L 上

慕课11.2.2

有定义且连续, 曲线 L 的参数方程为 $\begin{cases} x = \varphi(t), \\ y = \psi(t), \end{cases} t: \alpha \to \beta$, 当参

数 t 单调地由 α 变成 β 时, 点 $M(x,y)$ 从 L 的起点 A 沿曲线弧 L 运动到终点 B, 若 $\varphi(t), \psi(t)$ 在 $[\alpha, \beta]$ 上具有一阶连续导数, 且 $\varphi'^2(t) + \psi'^2(t) \neq 0$, 则曲线积分 $\int_L P(x,y)\mathrm{d}x + \int_L Q(x,y)\mathrm{d}y$ 存在, 并且

$$\int_L P(x,y)\mathrm{d}x + \int_L Q(x,y)\mathrm{d}y$$
$$= \int_\alpha^\beta \left\{ P\left[\varphi(t), \psi(t)\right] \varphi'(t) + Q\left[\varphi(t), \psi(t)\right] \psi'(t) \right\} \mathrm{d}t. \tag{11-2-2}$$

计算对坐标的曲线积分 $\int_L P(x,y)\mathrm{d}x + \int_L Q(x,y)\mathrm{d}y$ 的**具体步骤**是

(1) 代入有向曲线弧 L 的参数方程: $x = \varphi(t), y = \psi(t)$;

(2) 把 $\mathrm{d}x$ 换为 $\varphi'(t)\mathrm{d}t$, 把 $\mathrm{d}y$ 换为 $\psi'(t)\mathrm{d}t$;

(3) 作从 L 的起点所对应的参数值 α 到 L 的终点所对应的参数值 β 的定积分.

需要注意定积分的积分下限 α 对应于 L 的起点, 上限 β 对应于 L 的终点, α 不一定小于 β. 如果空间有向曲线弧 Γ 由参数方程 $x = \varphi(t), y = \psi(t), z = \omega(t)$ 给出, 那么曲线积分

$$\int_\Gamma P(x,y,z)\mathrm{d}x + Q(x,y,z)\mathrm{d}y + R(x,y,z)\mathrm{d}z$$
$$= \int_\alpha^\beta \{P[\varphi(t), \psi(t), \omega(t)]\phi'(t) + Q[\varphi(t), \psi(t), \omega(t)]\varphi'(t)$$
$$+ R[\varphi(t), \psi(t), \omega(t)]\omega'(t)\}\mathrm{d}t.$$

这里下限 α 对应于 Γ 的起点, 上限 β 对应于 Γ 的终点.

11.2.3 两类曲线积分之间的联系

第一类曲线积分与第二类曲线积分的定义不同. 由于弧微分 $\mathrm{d}s$ 与它在坐标轴上的投影 $\mathrm{d}x, \mathrm{d}y, \mathrm{d}z$ 有密切联系, 因此两类曲线积分是可以互相转换的.

设函数 $P(x,y)$, $Q(x,y)$ 在 L 上连续, 有向光滑曲线弧 L 的起点为 A, 终点为 B. 曲线 L 的参数方程为 $\begin{cases} x=\varphi(t), \\ y=\psi(t), \end{cases}$ $t:\alpha\to\beta$, 起点 A、终点 B 分别对应参数 α, β. 不妨设 $\alpha<\beta$, 设函数 $\varphi(t)$, $\psi(t)$ 在 $[\alpha,\beta]$ 上具有一阶连续导数, 且 $\varphi'^2(t)+\psi'^2(t)\neq 0$. 于是

$$\int_L P(x,y)\mathrm{d}x + \int_L Q(x,y)\mathrm{d}y$$

$$=\int_\alpha^\beta \left\{ P\left[\varphi(t),\psi(t)\right]\varphi'(t) + Q\left[\varphi(t),\psi(t)\right]\psi'(t) \right\}\mathrm{d}t.$$

我们知道, 向量 $\boldsymbol{\tau}=\varphi'(t)\boldsymbol{i}+\psi'(t)\boldsymbol{j}$ 是曲线弧 L 在点 $M(\varphi(t),\psi(t))$ 处的一个切向量, 它的指向与参数 t 的增长方向一致, 当 $\alpha<\beta$ 时, 这个指向就是有向曲线弧 L 的方向, 称这种指向与有向曲线弧的方向一致的切向量为**有向曲线弧的切向量**. 那么切向量 $\boldsymbol{\tau}=\varphi'(t)\boldsymbol{i}+\psi'(t)\boldsymbol{j}$ 的方向余弦为 $\cos\alpha=\dfrac{\varphi'(t)}{\sqrt{\varphi'^2(t)+\psi'^2(t)}}$, $\cos\beta=\dfrac{\psi'(t)}{\sqrt{\varphi'^2(t)+\psi'^2(t)}}$.

由对弧长的曲线积分的计算公式可得

$$\int_L [P(x,y)\cos\alpha + Q(x,y)\cos\beta]\mathrm{d}s$$

$$=\int_\alpha^\beta \left\{ P[\varphi(t),\psi(t)]\frac{\varphi'(t)}{\sqrt{\varphi'^2(t)+\psi'^2(t)}} \right.$$

$$\left. + Q[\varphi(t),\psi(t)]\frac{\psi'(t)}{\sqrt{\varphi'^2(t)+\psi'^2(t)}} \right\}\sqrt{\varphi'^2(t)+\psi'^2(t)}\mathrm{d}t$$

$$=\int_\alpha^\beta \left\{ P\left[\varphi(t),\psi(t)\right]\varphi'(t) + Q\left[\varphi(t),\psi(t)\right]\psi'(t) \right\}\mathrm{d}t. \tag{11-2-3}$$

由此可见, 平面曲线 L 上的两类曲线积分之间有如下联系:

$$\int_L P\mathrm{d}x + Q\mathrm{d}y = \int_L (P\cos\alpha + Q\cos\beta)\mathrm{d}s.$$

注　当 $\alpha>\beta$ 时, 令 $u=-t$, A, B 对应 $u=-\alpha$, $u=-\beta$, 对参数 u 进行讨论即可.

类似地, 空间曲线 Γ 上的两类曲线积分之间有如下联系:

$$\int_{\Gamma} P\mathrm{d}x + Q\mathrm{d}y + R\mathrm{d}z = \int_{\Gamma}(P\cos\alpha + Q\cos\beta + R\cos\gamma)\mathrm{d}s, \qquad (11\text{-}2\text{-}4)$$

其中 $\alpha(x,y,z)$, $\beta(x,y,z)$, $\gamma(x,y,z)$ 为有向曲线弧 Γ 在点 (x,y,z) 处的切向量的方向角.

两类曲线积分之间的联系也可用向量的形式表达:

$$\int_{\Gamma} \boldsymbol{A} \cdot \mathrm{d}\boldsymbol{r} = \int_{\Gamma} \boldsymbol{A} \cdot \boldsymbol{\tau}\mathrm{d}s = \int_{\Gamma} \boldsymbol{A}_{\boldsymbol{\tau}}\mathrm{d}s, \qquad (11\text{-}2\text{-}5)$$

其中 $\boldsymbol{A} = (P,Q,R)$, $\boldsymbol{\tau} = (\cos\alpha, \cos\beta, \cos\gamma)$ 为有向曲线弧 Γ 在点 (x,y,z) 处的单位切向量, $\mathrm{d}\boldsymbol{r} = \boldsymbol{\tau}\mathrm{d}s = (\mathrm{d}x, \mathrm{d}y, \mathrm{d}z)$ 称为**有向曲线元**, $\boldsymbol{A}_{\boldsymbol{\tau}}$ 为向量 $\boldsymbol{A}$ 在向量 $\boldsymbol{\tau}$ 上的投影.

例 1 计算 $\displaystyle\int_{L} x^2 y\mathrm{d}x$, 其中 L 为 $y = |x|$ 上从点 $A(-1,1)$ 到点 $B(1,1)$ 的一段弧.

解 有向直线 L 分为 AO, OB 两段, 即 $L = AO + OB$, AO 的参数方程为
$$\begin{cases} x = x, \\ y = -x, \end{cases} x: -1 \to 0, \ OB \text{ 的参数方程为 } \begin{cases} x = x, \\ y = x, \end{cases} x: 0 \to 1, \text{ 如图 11-2-2. 所以}$$

$$\int_{L} x^2 y\mathrm{d}x = \int_{AO} x^2 y\mathrm{d}x + \int_{OB} x^2 y\mathrm{d}x$$
$$= \int_{-1}^{0} x^2(-x)\mathrm{d}x + \int_{0}^{1} x^2 \cdot x\mathrm{d}x = \frac{1}{2}.$$

例 2 计算 $\displaystyle\int_{L} y^2\mathrm{d}x$, 其中 L 为

(1) 半径为 a, 圆心在原点, 按逆时针方向绕行的上半圆周;

(2) 从点 $A(a,0)$ 沿 x 轴到点 $B(-a,0)$ 的直线段.

解 (1) L 是参数方程为 $\begin{cases} x = a\cos\theta, \\ y = a\sin\theta, \end{cases} \theta: 0 \to \pi$, 如图 11-2-3, 所以

$$\int_{L} y^2\mathrm{d}x = \int_{0}^{\pi} (a\sin\theta)^2(-a\sin\theta)\mathrm{d}\theta = a^3\int_{0}^{\pi}(1-\cos^2\theta)\mathrm{d}\cos\theta$$
$$= a^3\left(\cos\theta - \frac{1}{3}\cos^3\theta\right)\bigg|_{0}^{\pi} = -\frac{4}{3}a^3.$$

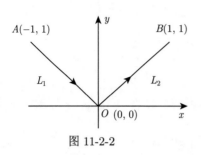

图 11-2-2

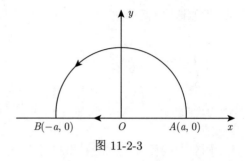

图 11-2-3

(2) L 的方程为 $y = 0$, x 从 a 变到 $-a$, 所以 $\displaystyle\int_L y^2 \mathrm{d}x = \int_a^{-a} 0 \mathrm{d}x = 0$.

从例 2 看出, 虽然两个曲线积分的被积函数相同, 起点和终点也相同, 但沿不同路径得到的值并不相等.

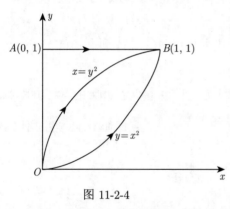

图 11-2-4

例 3　计算 $\displaystyle\int_L (x+y)\mathrm{d}x + (x-y)\mathrm{d}y$, 其中 L 为

(1) 抛物线 $y = x^2$ 上从 $O(0,0)$ 到 $B(1,1)$ 的一段弧 (图 11-2-4);

(2) 抛物线 $x = y^2$ 上从 $O(0,0)$ 到 $B(1,1)$ 的一段弧 (图 11-2-4);

(3) 有向折线 OAB, 其中 O, A, B 依次是点 $(0,0)$, $(0,1)$, $(1,1)$ (图 11-2-4).

解　(1) L: $y = x^2$, x 从 0 变到 1, 所以

$$\int_L (x+y)\mathrm{d}x + (x-y)\mathrm{d}y = \int_0^1 [(x+x^2) + (x - x^2) \cdot 2x]\mathrm{d}x$$

$$= \int_0^1 (x + 3x^2 - 2x^3)\mathrm{d}x = 1.$$

(2) $L: x = y^2$, y 从 0 变到 1, 所以

$$\int_L (x+y)\mathrm{d}x + (x-y)\mathrm{d}y = \int_0^1 [(y^2 + y) \cdot 2y + (y^2 - y)]\mathrm{d}y$$

$$= \int_0^1 (2y^3 + 3y^2 - y)\mathrm{d}y = 1.$$

(3) 有向折线 OAB, $\displaystyle\int_L (x+y)\mathrm{d}x + (x-y)\mathrm{d}y = \int_{OA} (x+y)\mathrm{d}x + (x-y)\mathrm{d}y +$

$\displaystyle\int_{AB} (x+y)\mathrm{d}x + (x-y)\mathrm{d}y$. 在 OA 上, $x=0$, y 从 0 变到 1, 所以

$$\int_{OA} (x+y)\mathrm{d}x + (x-y)\mathrm{d}y = \int_0^1 [y\cdot 0 + (-y)]\mathrm{d}y = -\frac{1}{2}.$$

在 AB 上, $y=1$, x 从 0 变到 1, 所以

$$\int_{AB} (x+y)\mathrm{d}x + (x-y)\mathrm{d}y = \int_0^1 [(x+1)+(x-1)\cdot 0]\mathrm{d}x = \frac{3}{2}.$$

从而 $\displaystyle\int_L (x+y)\mathrm{d}x + (x-y)\mathrm{d}y = -\frac{1}{2} + \frac{3}{2} = 1.$

从例 3 可以看出, 虽然路径不同, 但曲线积分的值可以相等.

关于第二类曲线积分的应用问题, 我们将在 11.5 节中利用元素法详细介绍.

小结与思考

1. 小结

计算对坐标的曲线积分 $\displaystyle\int_L P(x,y)\mathrm{d}x + \int_L Q(x,y)\mathrm{d}y$ 的**具体步骤**是: "一代二换三定限".

(1) 代入有向曲线弧 L 的参数方程: $x=\varphi(t)$, $y=\psi(t)$;

(2) 把 $\mathrm{d}x$ 换为 $\varphi'(t)\mathrm{d}t$, 把 $\mathrm{d}y$ 换为 $\psi'(t)\mathrm{d}t$;

(3) 作从 L 的**起点**所对应的参数值 α 到 L 的**终点**所对应的参数值 β 的定积分. 其中下限 α 对应于 L 的起点, 上限 β 对应于 L 的终点, α 不一定小于 β.

2. 思考

(1) 船员拉动行船靠岸, 是变力做功的问题, 同时也是对弧长的曲线积分, 请读者思考如何计算拉动行船靠岸所做的功?

(2) 对弧长的曲线积分的物理应用是平面流速为 v 的流体在单位时间内沿着有向曲线 L 的单位密度的流体质量, 那么如何计算流速场中沿着有向曲线 L 单位密度流体的质量?

数学文化

涡流是一种漩涡型的水漩, 又被称为海洋中的黑洞, 因为它们可以像宇宙空间的黑洞吸收光一样, 将周围的水吞噬. 这些巨大的海洋漩涡中心被循环的水路紧紧包围, 任何陷入其中的东西都难以逃脱. 涡流是两股或两股以上方向、流速、温度等存在差异的水流相互接触时互相吸引而缠绕在一起形成的螺旋状合流.

斯托克斯 (Stokes) 公式 (本章 11.5 节): 在速度为 v 的涡量场中, 沿任意封闭曲线的环流量 (流体质量) 等于通过这条封闭曲线所包围曲面面积的漩涡强度.

习　题　11-2

1. 计算 $\int_L (x^2 - 2xy^2)\mathrm{d}x + (y^2 - 2xy)\mathrm{d}y$, 其中 L 为抛物线 $y = x^2$ 上从点 $(-1, 1)$ 到点 $(1, 1)$ 的一段弧.

2. 计算 $\int_L 4xy\mathrm{d}x + 2x^2 y\mathrm{d}y$, L 为 $y = x^2$ 上由点 $(0, 0)$ 到点 $(1, 1)$ 的一段弧.

3. L 是椭圆 $\dfrac{x^2}{a^2} + \dfrac{y^2}{b^2} = 1$ 上由点 $A(a, 0)$ 经点 $B(0, b)$ 到点 $C(-a, 0)$ 的弧段, 计算 $\int_L (x^2 + 2xy)\mathrm{d}y$.

4. L 为圆 $x^2 + y^2 = a^2$ (按逆时针方向绕行), 计算 $\oint_L \dfrac{(x + y)\mathrm{d}x - (x - y)\mathrm{d}y}{x^2 + y^2}$.

5. 计算 $\int_\Gamma x^2 \mathrm{d}x + z\mathrm{d}y - y\mathrm{d}z$, 其中 Γ 为曲线 $x = k\theta, y = a\cos\theta = a\sin\theta$ 上对应 θ 从 0 到 π 的一段弧.

6. 计算 $\oint_L \dfrac{(x + 2y)\mathrm{d}x - (2x - y)\mathrm{d}y}{x^2 + y^2}$, 其中 L 为圆周 $x^2 + y^2 = 1$ 按逆时针方向绕行.

7. 计算 $\int_L \dfrac{x}{y}\mathrm{d}x + \dfrac{1}{y - a}\mathrm{d}y$, 其中 L 是摆线 $x = a(t - \sin t)$, $y = a(1 - \cos t)$ 上对应于 $t = \dfrac{\pi}{6}$ 到 $t = \dfrac{\pi}{3}$ 的一段弧.

8. 计算 $\int_\Gamma y^2 \mathrm{d}x + xy\mathrm{d}y + xz\mathrm{d}z$, 其中 Γ 是从原点 $(0, 0, 0)$ 到点 $(1, 1, 1)$ 的直线段.

9. 计算下列曲线积分:

(1) $\oint_L x\mathrm{d}y - y\mathrm{d}x$, 其中 L 为以点 $O(0, 0), A(2, 0), B(2, 3)$ 为顶点的三角形的正向;

(2) $\oint_L x\mathrm{d}y - y\mathrm{d}x$, 其中 L 为 xOy 平面上圆周 $(x - 1)^2 + y^2 = 2$ 按逆时针方向绕行;

(3) $\oint_L \dfrac{x\mathrm{d}x + y\mathrm{d}y}{x^2 + y^2}$, 其中 L 为 xOy 平面上圆周 $x^2 + y^2 = 1$ 按逆时针方向绕行.

11.3 格林公式及其应用

在一元函数积分学中, 牛顿-莱布尼茨公式 $\displaystyle\int_a^b F'(x)\mathrm{d}x = F(b) - F(a)$ 表示: $F'(x)$ 在区间 $[a,b]$ 上的积分可以通过它的原函数 $F(x)$ 在这个区间端点上的值来表达. 下面要介绍的格林 (Green) 公式表示: 在平面闭区域 D 上的二重积分可以通过沿闭区域 D 的边界曲线 L 上的曲线积分来表达.

教学目标:

1. 掌握格林公式并会运用平面曲线积分与路径无关的条件;

2. 会求全微分的原函数.

教学重点: 格林公式, 利用曲线积分与路径无关的条件计算对坐标的曲线积分.

教学难点: 应用格林公式计算对坐标的曲线积分.

教学背景: 沿着平面封闭曲线 L 的环流量等于每一点旋度在平面闭区域 D 上的二重积分.

思政元素: 通过对格林公式的学习, 提升学生解决复杂工程问题的能力, 实现知识拓展 (当内部每一点的旋度全部抵消时, 那么幸存的只有最大边界的环流量.)

11.3.1 格林公式

在介绍格林公式之前, 我们先介绍平面单连通区域的概念.

慕课11.3.1

设 D 为一平面区域, 如果区域 D 内任一闭曲线所围成的部分都属于 D, 则称 D 为平面**单连通区域** (图 11-3-1), 否则称为**复连通区域** (图 11-3-2). 从几何角度来看: 平面单连通区域就是不含有 "洞"(包括 "点洞") 的区域, 复连通区域是含有 "洞"(或 "点洞") 的区域.

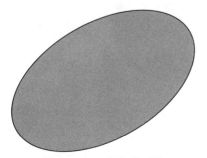

图 11-3-1　单连通区域

图 11-3-2　复连通区域

例如, 平面上的圆形区域 $\{(x,y)\,|\,x^2 + y^2 < 1\}$ 和半平面 $\{(x,y)\,|\,x > 0\}$ 都

是单连通区域, 而圆环形区域 $\{(x,y)\,|\,0 < x^2 + y^2 < 1\}$, $\{(x,y)\,|\,1 < x^2 + y^2 < 2\}$ 都是复连通区域.

由于我们讨论的曲线是有方向的, 为此规定区域 D 的边界曲线 L 的正向为: 当观察者沿着曲线 L 的某个方向前进时, 区域 D 总保持在这个方向的左侧. 与曲线 L 的正向相反的方向称为 L 的反向. 例如, 当 D 是单连通区域时, 边界曲线 L 的正向是逆时针方向 (图 11-3-3), 当 D 为复连通区域时, 外边界曲线 L 的正向是逆时针方向, 而内边界曲线的正向是顺时针方向 (图 11-3-4).

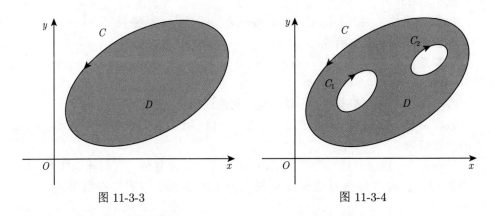

图 11-3-3   图 11-3-4

积分路径为闭曲线时, 可以考虑利用格林公式.

定理 11.3.1(格林公式)   设闭区域 D 由分段光滑的曲线 L 围成, 函数 $P(x,y)$ 和 $Q(x,y)$ 在 D 上具有一阶连续偏导数, 则有

$$\iint\limits_{D} \left(\frac{\partial Q}{\partial x} - \frac{\partial P}{\partial y} \right) \mathrm{d}x\mathrm{d}y = \oint_{L} P\mathrm{d}x + Q\mathrm{d}y, \tag{11-3-1}$$

其中 L 为 D 的取正向的边界曲线.

定积分的基本公式 $\displaystyle\int_{a}^{b} F'(x)\mathrm{d}x = F(b) - F(a)$ 指出: $F'(x)$ 在区间 $[a,b]$ 上的积分等于被积函数 $F'(x)$ 的原函数 $F(x)$ 在区间端点 (或边界上) 的值的差.

格林公式 $\displaystyle\iint\limits_{D} \left(\frac{\partial Q}{\partial x} - \frac{\partial P}{\partial y} \right) \mathrm{d}x\mathrm{d}y = \oint_{L} P\mathrm{d}x + Q\mathrm{d}y$ 可以理解为: 函数 $\dfrac{\partial Q}{\partial x} - \dfrac{\partial P}{\partial y}$ 在区域 D 上的二重积分等于 $P\mathrm{d}x + Q\mathrm{d}y$ 在区域边界闭曲线 L 上的曲线积分. 由此可以看出, 格林公式是定积分的基本公式在二维空间上的推广.

格林公式应用之一是求闭区域 D 的面积: 当 $P(x,y) = -y$, $Q(x,y) = x$ 时, 代入格林公式中, 有

$$S_D = \iint\limits_D \mathrm{d}x\mathrm{d}y = \oint_L x\mathrm{d}y = \oint_L (-y)\mathrm{d}x = \frac{1}{2}\oint_L x\mathrm{d}y - y\mathrm{d}x,$$

即计算区域 D 的面积可用区域 D 的边界闭曲线 L 上的曲线积分.

例如, 求椭圆 $x = a\cos\theta$, $y = b\sin\theta$ 所围成图形的面积 S_D, 根据格林公式知

$$S_D = \iint\limits_D \mathrm{d}x\mathrm{d}y = \frac{1}{2}\oint_L x\mathrm{d}y - y\mathrm{d}x$$

$$= \frac{1}{2}\left(\int_0^{2\pi} a\cos\theta \cdot b\cos\theta\mathrm{d}\theta + b\sin\theta \cdot a\sin\theta\mathrm{d}\theta\right) = \pi ab.$$

在区域内使得 $P(x,y)$, $Q(x,y)$, $\frac{\partial P}{\partial y}$, $\frac{\partial Q}{\partial x}$ 不连续的点称为**奇点**.

需要注意的是, 对于**复连通区域** D, 边界曲线不止一条封闭曲线, 格林公式 (11-3-1) 右端应该包括沿区域 D 的**全部边界**的曲线积分, 且边界的**方向**对于区域 D 来说都是**正向**.

如果封闭区域 D (如图 11-3-4) 是复连通区域, 则有

$$\iint\limits_D \left(\frac{\partial Q}{\partial x} - \frac{\partial P}{\partial y}\right)\mathrm{d}x\mathrm{d}y = \oint_C P\mathrm{d}x + Q\mathrm{d}y + \int_{C_1} P\mathrm{d}x + Q\mathrm{d}y + \int_{C_2} P\mathrm{d}x,$$

$$(11\text{-}3\text{-}2)$$

其中 C 为逆时针方向, C_1 与 C_2 为顺时针方向. 把公式 (11-3-2) 称为**复连通区域上的格林公式**.

例 1 计算 $\oint_L -y^2\mathrm{d}x + xy\mathrm{d}y$, 其中 L 为正向上半圆周 $x^2 + y^2 = 1$.

解 令 $P(x,y) = -y^2$, $Q(x,y) = xy$, 则 $\frac{\partial Q}{\partial x} - \frac{\partial P}{\partial y} = y - (-2y) = 3y$, 由格林公式

$$\oint_L -y^2\mathrm{d}x + xy\mathrm{d}y = \iint\limits_D 3y\mathrm{d}x\mathrm{d}y = \int_0^\pi \mathrm{d}\theta \int_0^1 3r\sin\theta \cdot r\mathrm{d}r$$

$$= 3\int_0^\pi \sin\theta\mathrm{d}\theta \int_0^1 r^2\mathrm{d}r = 2.$$

例 2 计算 $\iint\limits_D e^{-x^2}\mathrm{d}x\mathrm{d}y$, 其中 D 是以 $O(0,0)$, $A(1,0)$, $B(1,1)$ 为顶点的三角形闭区域 (图 11-3-5).

解　令 $P(x,y) = ye^{-x^2}$, $Q(x,y) = 0$, 则 $\dfrac{\partial Q}{\partial x} - \dfrac{\partial P}{\partial y} = -e^{-x^2}$, 由格林公式

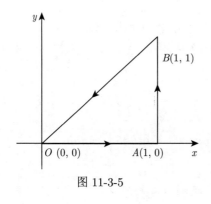

图 11-3-5

$$\iint\limits_D e^{-x^2}dxdy = \int_{OA+AB+BA} -ye^{-x^2}dx$$

$$= -\int_{BA} ye^{-x^2}dx$$

$$= -\int_1^0 xe^{-x^2}dx$$

$$= \int_0^1 xe^{-x^2}dx$$

$$= \frac{1}{2}\left(1 - \frac{1}{e}\right).$$

例 3　计算 $\oint_L \dfrac{xdy - ydx}{x^2 + y^2}$, 其中:

(1) L 为任何围绕原点 $(0,0)$ 的分段光滑闭曲线的正向;

(2) L 为任何不围绕原点的分段光滑闭曲线的正向.

解　设 L 所围的闭区域是 D, 令 $P(x,y) = -\dfrac{y}{x^2 + y^2}$, $Q(x,y) = \dfrac{x}{x^2 + y^2}$, 则

$$\frac{\partial Q}{\partial x} = \frac{y^2 - x^2}{(x^2 + y^2)^2} = \frac{\partial P}{\partial y},$$

当 $(0,0) \in D$ 时, 点 $(0,0)$ 为奇点. 利用 "**挖洞法**" 作一个位于闭区域是 D 内半径极小的圆: $l: x^2 + y^2 = \varepsilon^2$, 如图 11-3-6 所示. 由复连通区域上的格林公式

$$\oint_L Pdx + Qdy = \iint\limits_D \left(\frac{\partial Q}{\partial x} - \frac{\partial P}{\partial y}\right)dxdy,$$

得

$$\oint_{L+l} \frac{xdy - ydx}{x^2 + y^2} = \int_L \frac{xdy - ydx}{x^2 + y^2} + \int_l \frac{xdy - ydx}{x^2 + y^2} = 0,$$

所以

$$\oint_L \frac{xdy - ydx}{x^2 + y^2} = -\int_l \frac{xdy - ydx}{x^2 + y^2} = \int_{l^-} \frac{xdy - ydx}{x^2 + y^2}$$

$$= \int_0^{2\pi} \frac{\varepsilon^2 \cos^2 \theta + \varepsilon^2 \sin^2 \theta}{\varepsilon^2} d\theta = 2\pi.$$

当 $(0,0) \notin D$ 时, 由单连通区域上的格林公式:

$$\oint_L P\mathrm{d}x + Q\mathrm{d}y = \iint\limits_D \left(\frac{\partial Q}{\partial x} - \frac{\partial P}{\partial y} \right)\mathrm{d}x\mathrm{d}y,$$

得

$$\oint_L \frac{x\mathrm{d}y - y\mathrm{d}x}{x^2 + y^2} = \iint\limits_D \left(\frac{\partial Q}{\partial x} - \frac{\partial P}{\partial y} \right)\mathrm{d}x\mathrm{d}y = 0.$$

例 4 计算 $\displaystyle\int_L (x^2 - 3y)\mathrm{d}x + (y^2 + x)\mathrm{d}y$, 其中 L 是上半圆周 $y = \sqrt{4x - x^2}$ 从 $O(0,0)$ 到 $A(4,0)$.

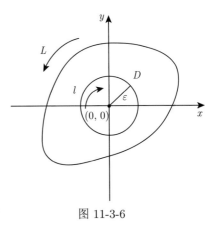

图 11-3-6

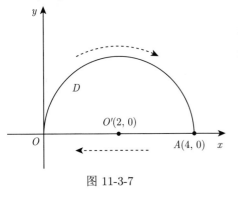

图 11-3-7

解 因为在上半圆曲线上计算曲线积分比较烦琐, 所以要用 "**补线法**", 画成封闭曲线, 再使用格林公式.

补出有向直线段 $\overrightarrow{OA}$: $\begin{cases} x = x, \\ y = 0, \end{cases}$ $x:$ $4 \to 0$, 则 L 与 AO 围成了封闭区域 D(如图 11-3-7).

令 $P(x,y) = x^2 - 3y, Q(x,y) = y^2 + x$, 得 $\dfrac{\partial P}{\partial y} = -3, \dfrac{\partial Q}{\partial x} = 1$, 由格林公式

$$\int_L (x^2 - 3y)\mathrm{d}x + (y^2 + x)\mathrm{d}y = \oint_{L+\overrightarrow{AO}} (x^2 - 3y)\mathrm{d}x + (y^2 + x)\mathrm{d}y$$

$$- \int_{\overrightarrow{AO}} (x^2 - 3y)\mathrm{d}x + (y^2 + x)\mathrm{d}y$$

$$= \iint\limits_D (1-(-3))\mathrm{d}x\mathrm{d}y + \int_{\overrightarrow{OA}} (x^2 - 3y)\mathrm{d}x + (y^2 + x)\mathrm{d}y$$

$$= 4\iint\limits_D \mathrm{d}x\mathrm{d}y + \int_0^4 x^2\mathrm{d}x = 8\pi + \frac{64}{3}.$$

例 5 计算 $\displaystyle\int_L \frac{-y}{(x^2+1)^2 + y^2}\mathrm{d}x + \frac{x+1}{(x^2+1)^2 + y^2}\mathrm{d}y$, 其中 L 是以原点为圆心, $R\,(R \neq 1)$ 为半径的圆周, 取逆时针方向.

解　因为圆周 L 的半径 $R \neq 1$, 所以要根据半径 R 的情况讨论: 令 $P(x, y) =$
$\dfrac{-y}{(x^2 + 1)^2 + y^2}$, $Q(x, y) = \dfrac{x + 1}{(x^2 + 1)^2 + y^2}$, 得

$$\frac{\partial P}{\partial y} = \frac{y^2 - (x + 1)^2}{((x^2 + 1)^2 + y^2)^2} = \frac{\partial Q}{\partial x},$$

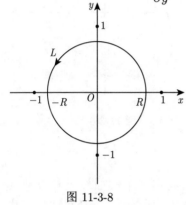

当 $R < 1$ 时, 如图 11-3-8, 在所围的有界闭区域 D 上, P, Q 具有一阶连续偏导数, 并且 $\dfrac{\partial P}{\partial y} = \dfrac{\partial Q}{\partial x}$, 由格林公式

$$\int_L \frac{-y}{(x^2 + 1)^2 + y^2}\mathrm{d}x + \frac{x + 1}{(x^2 + 1)^2 + y^2}\mathrm{d}y = 0.$$

当 $R > 1$ 时, 如图 11-3-9.

图 11-3-8

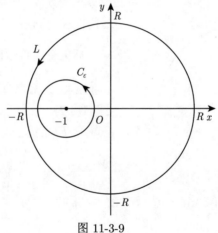

图 11-3-9

在所围的有界闭区域 D 上包含 "奇点"$(-1, 0)$, P, Q 在点 $(-1, 0)$ 无定义, P, Q 在 D 上不具有一阶连续偏导数, 所以不能在 D 上使用格林公式.

利用 "**挖洞法**" 作一个位于闭区域 D 内, 以 $(-1, 0)$ 为圆心, 半径极小的圆: $C_\varepsilon : (x + 1)^2 + y^2 = \varepsilon^2$, 由复连通区域的格林公式, 得

$$\oint_{L + C_\varepsilon^-} \frac{-y}{(x^2 + 1)^2 + y^2}\mathrm{d}x + \frac{x + 1}{(x^2 + 1)^2 + y^2}\mathrm{d}y$$

$$= \oint_L \frac{-y}{(x^2 + 1)^2 + y^2}\mathrm{d}x + \frac{x + 1}{(x^2 + 1)^2 + y^2}\mathrm{d}y$$

$$+ \int_{C_\varepsilon^-} \frac{-y}{(x^2+1)^2 + y^2} \mathrm{d}x + \frac{x+1}{(x^2+1)^2 + y^2} \mathrm{d}y$$

$$= 0.$$

所以

$$\oint_L \frac{-y}{(x^2+1)^2 + y^2} \mathrm{d}x + \frac{x+1}{(x^2+1)^2 + y^2} \mathrm{d}y$$

$$= - \oint_{C_\varepsilon^-} \frac{-y}{(x^2+1)^2 + y^2} \mathrm{d}x + \frac{x+1}{(x^2+1)^2 + y^2} \mathrm{d}y$$

$$= \oint_{C_\varepsilon} \frac{-y}{(x^2+1)^2 + y^2} \mathrm{d}x + \frac{x+1}{(x^2+1)^2 + y^2} \mathrm{d}y$$

$$= \frac{1}{\varepsilon^2} \oint_{C_\varepsilon} -y \mathrm{d}x + (x+1) \mathrm{d}y$$

$$= \frac{1}{\varepsilon^2} \iint\limits_{(x^2+1)^2 + y^2 \leqslant \varepsilon^2} 2 \mathrm{d}x \mathrm{d}y$$

$$= 2\pi.$$

11.3.2 平面上曲线积分与路径无关的条件

由 11.2 节例 2 可知, 曲线积分与所选择的曲线 L 有关, 由例 3 可知, 曲线积分与所选择的曲线 L 无关.

慕课11.3.3

什么是曲线积分与路径无关? 它表示的是曲线积分 $\int_{L_i} P(x,$ $y) \mathrm{d}x + Q(x,y) \mathrm{d}y$ 仅与路径 L_i 的起点 A、终点 B 有关系, 而与路径 L_i 的函数形式无关 (图 11-3-10), 即

$$\int_{L_1} P(x,y) \mathrm{d}x + Q(x,y) \mathrm{d}y = \int_{L_2} P(x,y) \mathrm{d}x + Q(x,y) \mathrm{d}y. \tag{11-3-3}$$

一般来讲, 函数的曲线积分与路径以及路径的起点、终点有关系. 但是在一定条件下, 曲线积分与积分曲线的起点和终点有关系, 而与路径无关.

设曲线积分 $\int_L P \mathrm{d}x + Q \mathrm{d}y$ 在 D 内与路径无关, 那么

$$\int_{L_1} P \mathrm{d}x + Q \mathrm{d}y = \int_{L_2} P \mathrm{d}x + Q \mathrm{d}y.$$

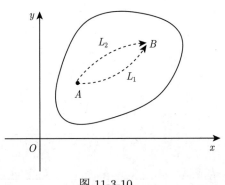

图 11-3-10

可以得出

$$\int_{L_1} P\mathrm{d}x + Q\mathrm{d}y - \int_{L_2} P\mathrm{d}x + Q\mathrm{d}y = 0,$$

从而

$$\int_{L_1+L_2^-} P\mathrm{d}x + Q\mathrm{d}y = \oint_C P\mathrm{d}x + Q\mathrm{d}y = 0,$$

其中 $C = L_1 + L_2^-$ 是区域 D 内一条正向封闭曲线.

因此, 在区域 D 内由曲线积分与路径无关可推得在 D 内沿封闭曲线积分为零. 反过来, 如果在区域 D 内沿任意封闭曲线积分为零, 也可推得在 D 内曲线积分与路径无关.

定理 11.3.2 设区域 D 是一个单连通区域, 函数 $P(x,y), Q(x,y)$ 在 D 内具有一阶连续偏导数, 则曲线积分 $\displaystyle\int_L P\mathrm{d}x + Q\mathrm{d}y$ 在 D 内与路径无关 (或沿 D 内任意闭曲线的曲线积分为零) 的充分必要条件是 $\dfrac{\partial Q}{\partial x} = \dfrac{\partial P}{\partial y}$ 在 D 内恒成立.

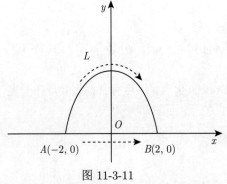

图 11-3-11

例 6 计算 $\displaystyle\int_L (1 + x^2 y)\mathrm{d}x + xy^2 \mathrm{d}y$, 其中 L 是椭圆 $\dfrac{x^2}{4} + y^2 = 1$ 在 xOy 面上方的部分, 方向从点 $A(-2,0)$ 到点 $B(2,0)$.

解 令 $P(x,y) = 1 + x^2 y$, $Q(x,y) = xy^2$, 得 $\dfrac{\partial P}{\partial y} = 2xy = \dfrac{\partial Q}{\partial x}$ 在整个 xOy 平面上成立, 于是曲线积分与路径无关, 于是取 x 轴上有向直线段 $\overrightarrow{AB}$ 作为积分路径 (如图 11-3-11).

直线段 $\overrightarrow{AB}$ 的参数方程: $\overrightarrow{AB} : \begin{cases} x = x, \\ y = 0, \end{cases}$ $x : -2 \to 2$, 从而

$$\int_L (1 + x^2 y)\mathrm{d}x + xy^2 \mathrm{d}y = \int_{\overrightarrow{AB}} (1 + x^2 y)\mathrm{d}x + xy^2 \mathrm{d}y = \int_{-2}^{2} 1\mathrm{d}x = 4.$$

11.3.3 二元函数的全微分求积

接下来讨论两个问题: ①函数 $P(x,y), Q(x,y)$ 满足什么条件时, 表达式 $P\mathrm{d}x + Q\mathrm{d}y$ 是某个二元函数 $u(x,y)$ 的全微分; ②求解全微分方程.

定理 11.3.3 设区域 D 是一个单连通区域, 函数 $P(x,y), Q(x,y)$ 在 D 内具有一阶连续偏导数, 则 $P\mathrm{d}x + Q\mathrm{d}y$ 在 D 内为某一个二元函数 $u(x,y)$ 的全微分的充分必要条件是 $\dfrac{\partial P}{\partial y} = \dfrac{\partial Q}{\partial x}$ 在 D 内恒成立, 并且

$$u(x,y) = \int_{(x_0, y_0)}^{(x,y)} P(x,y)\mathrm{d}x + Q(x,y)\mathrm{d}y. \tag{11-3-4}$$

推论 11.3.1 设区域 D 是一个单连通区域, 函数 $P(x,y), Q(x,y)$ 在 D 内具有一阶连续偏导数, 则曲线积分 $\displaystyle\int_L P\mathrm{d}x + Q\mathrm{d}y$ 与路径无关的充分必要条件是在 D 内存在函数 $u(x,y)$, 使

$$\mathrm{d}u(x,y) = P\mathrm{d}x + Q\mathrm{d}y, \tag{11-3-5}$$

而

$$u(x,y) = \int_{(x_0, y_0)}^{(x,y)} P(x,y)\mathrm{d}x + Q(x,y)\mathrm{d}y.$$

为了求出二元函数 $u(x,y)$, 取路径 $L_1 = \overrightarrow{AB} + \overrightarrow{BC}$ 为积分路径如图 11-3-12, 得

$$u(x,y) = \int_{x_0}^{x} P(x,y_0)\mathrm{d}x + \int_{y_0}^{y} Q(x,y)\mathrm{d}y,$$

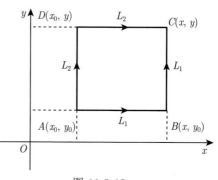

图 11-3-12

或者取路径 $L_2 = \overrightarrow{AD} + \overrightarrow{DC}$ 为积分路径, 如图 11-3-12, 那么函数 $u(x,y)$ 也可表为

$$u(x,y) = \int_{y_0}^{y} Q(x_0, y)\mathrm{d}y + \int_{x_0}^{x} P(x,y)\mathrm{d}x.$$

如果一阶微分方程 $P(x,y)\mathrm{d}x + Q(x,y)\mathrm{d}y = 0$ 的左端是某二元函数 $u(x,y)$ 的全微分, 即

$$\mathrm{d}u(x,y) = P(x,y)\mathrm{d}x + Q(x,y)\mathrm{d}y,$$

则称方程 $P(x,y)\mathrm{d}x + Q(x,y)\mathrm{d}y = 0$ 为**全微分方程**, $u(x,y) = C(C$ 是任意常数$)$ 是全微分方程的通解.

设开区域 D 是一个单连通区域, 函数 $P(x,y)$ 及 $Q(x,y)$ 在 D 内具有一阶连续偏导数, 则下面四个**曲线积分与路径无关的条件是**等价的:

(1) 沿 D 中任意光滑或者逐段光滑封闭曲线 C, 有 $\oint_C P\mathrm{d}x + Q\mathrm{d}y = 0$;

(2) 对 D 中任一分段光滑曲线 L, 曲线积分 $\int_L P\mathrm{d}x + Q\mathrm{d}y$ 与路径无关, 只与起点、终点有关;

(3) 被积多项式 $P\mathrm{d}x + Q\mathrm{d}y$ 在 D 内是某一个二元函数 $u(x,y)$ 的全微分, 即

$$\mathrm{d}u(x,y) = P\mathrm{d}x + Q\mathrm{d}y,$$

而全微分方程 $P\mathrm{d}x + Q\mathrm{d}y = 0$ 的通解为 $u(x,y) = C$;

(4) 在 D 内每一点都有 $\dfrac{\partial P}{\partial y} = \dfrac{\partial Q}{\partial x}$.

例 7　计算 $\int_L y\mathrm{d}x + (x+2)\mathrm{d}y$, 其中 L 是沿着 $y = x^3$ 从点 $O(0,0)$ 到点 $A(1,1)$ 的一段弧.

解　令 $P(x,y) = y$, $Q(x,y) = x + 2$, 得 $\dfrac{\partial P}{\partial y} = 1 = \dfrac{\partial Q}{\partial x}$ 在整个 xOy 平面上成立, 所以曲线积分路径无关, 以取直线段 $y = x$ 从点 $O(0,0)$ 到点 $A(1,1)$ 一段弧作为积分路径 (如图 11-3-13).

直线段 $y = x$ 的参数方程: $L_1 : \begin{cases} x = x, \\ y = x, \end{cases}$ $x : 0 \to 1$, 从而

$$\int_{L_1} x\mathrm{d}x + (x+2)\mathrm{d}x = \int_0^1 (2x+2)\mathrm{d}x$$

$$= 2\int_0^1 (x+1)\mathrm{d}x = 3.$$

例 8　求解全微分方程 $(xy^2 + y)\mathrm{d}x + (x^2y + x - 2y)\mathrm{d}y = 0$.

解　令 $P(x,y) = xy^2 + y$, $Q(x,y) = x^2y + x - 2y$, 得 $\dfrac{\partial P}{\partial y} = 2xy + 1 = \dfrac{\partial Q}{\partial x}$ 在整个 xOy 平面上成立, 所以存在二元函数 $u(x,y)$ 使得 $\mathrm{d}u(x,y) = P\mathrm{d}x + Q\mathrm{d}y$,

取路径 $L = \overrightarrow{OA} + \overrightarrow{AB}$ 为积分路径 (如图 11-3-14), 得

$$u(x,y) = \int_0^x P(x,0)\mathrm{d}x + \int_0^y Q(x,y)\mathrm{d}y = \int_0^y (x^2y + x - 2y)\mathrm{d}y = \frac{1}{2}x^2y^2 + xy - y^2,$$

所以通解是 $\dfrac{1}{2}x^2y^2 + xy - y^2 = C$.

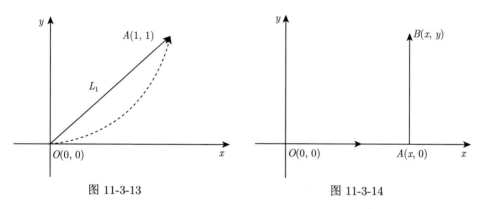

图 11-3-13   图 11-3-14

这种改变积分路径求全微分方程解的方法称为**特殊积分路径法**.

例 9　设 $P(x,y)\mathrm{d}x + Q(x,y)\mathrm{d}y = \dfrac{2x(1 - \mathrm{e}^y)}{(1 + x^2)^2}\mathrm{d}x + \dfrac{\mathrm{e}^y}{1 + x^2}\mathrm{d}y$, 求 $u(x,y)$, 使得 $\mathrm{d}u(x,y) = P(x,y)\mathrm{d}x + Q(x,y)\mathrm{d}y$.

解　由定理 11.3.3 及其推论, 令 $\dfrac{\partial u}{\partial y} = \dfrac{\mathrm{e}^y}{1 + x^2}$, 对 y 求积分, 得

$$u(x,y) = \frac{\mathrm{e}^y}{1 + x^2} + C(x), \tag{11-3-6}$$

其中 $C(x)$ 为关于 x 的任意函数.

令 $\dfrac{\partial u}{\partial x} = \dfrac{2x(1 - \mathrm{e}^y)}{(1 + x^2)^2}$, 由 (11-3-6) 式, 得 $\dfrac{\partial u(x,y)}{\partial x} = -\dfrac{2x\mathrm{e}^y}{(1 + x^2)^2} + C'(x)$, 所以

$$C'(x) = \frac{2x}{(1 + x^2)^2}.$$

进一步得

$$C(x) = \int C'(x)\mathrm{d}x = \int \frac{2x}{(1 + x^2)^2}\mathrm{d}x = -\frac{1}{1 + x^2} + C,$$

从而

$$u(x,y) = \frac{\mathrm{e}^y - 1}{1 + x^2} + C.$$

小结与思考

1. 小结

在应用格林公式计算曲线积分时应该注意以下三个方面内容:

(1) L 必须是封闭曲线, 如果不是封闭曲线, 需要补画辅助线使之变成封闭曲线;

(2) $P(x,y), Q(x,y)$ 在封闭曲线 L 所围成的区域 D 内一阶连续偏导数;

(3) 如果封闭曲线 L 所围成的区域 D 内包含 "奇点"($P(x,y), Q(x,y)$ 无定义, $P(x,y), Q(x,y)$ 偏导数不存在或者 $P(x,y), Q(x,y)$ 一阶偏导数不连续), 那么不能直接使用格林公式, 需要挖掉 "奇点" 后, 再使用格林公式.

判断积分是否与路径无关的方法主要有两个:

(1) 存在一条光滑或者逐段光滑封闭曲线 C, 有 $\oint_C P\mathrm{d}x + Q\mathrm{d}y \neq 0$;

(2) 封闭曲线 L 所围成的区域 D 内, $\dfrac{\partial P}{\partial y} \neq \dfrac{\partial Q}{\partial x}$.

当积分与路径无关时, 求曲线积分 $I = \displaystyle\int_{(x_0,y_0)}^{(x,y)} P(x,y)\mathrm{d}x + Q(x,y)\mathrm{d}y$ 及其原函数 $u(x,y)$ 的方法:

(1) 不定积分法. 根据 $\dfrac{\partial u}{\partial x} = P(x,y)$, 对 x 求积分, 得 $u(x,y) = \displaystyle\int P(x,y)\mathrm{d}x + C(y)$, 再根据 $\dfrac{\partial u}{\partial y} = \dfrac{\partial}{\partial y}\left(\displaystyle\int P(x,y)\mathrm{d}x\right) + C'(y)$, 求出 $C'(y)$, 进而求出 $u(x,y)$;

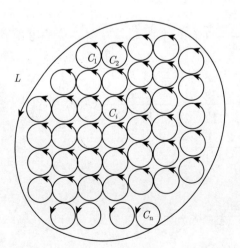

(2) 特殊积分路径法.

2. 思考

全微分方程求积, 可以利用特殊路径法求原函数 $u(x,y)$, 那么特殊路径法求解是否与起点 (x_0,y_0) 位置有关?

格林公式的物理解释:

设闭区域 D 由分段光滑的曲线 L 围成, 函数 $P(x,y)$ 和 $Q(x,y)$ 在 D 上具有一阶连续偏导数, 那么闭区域 D 内部每一点的旋度会全部抵消, 仅留下来最大边界 L 上的环流量 (如左图).

习 题 11-3

1. 计算曲线积分 $\oint_L (x^2y - 2y)\mathrm{d}x + \left(\dfrac{1}{3}x^3 - x\right)\mathrm{d}y$, 其中曲线 L 为由直线 $x = 1, y = x, y = 2x$ 所围三角形的正向边界.

2. 计算 $I = \int_L \left(x^2 + 2xy - \dfrac{\pi}{2}y\right)\mathrm{d}x + (x^2 + y^2)\mathrm{d}y$, 其中 L 为曲线 $y = \sin \dfrac{\pi}{2}x$ 由点 $(0,0)$ 到点 $(1,1)$ 一段弧.

3. 计算 $\oint_L (x+y)\mathrm{d}x - (x-y)\mathrm{d}y$, 其中 L 为椭圆 $\dfrac{x^2}{a^2} + \dfrac{y^2}{b^2} = 1$ 的逆时针方向.

4. 计算 $I = \oint_L x^2y\,\mathrm{d}x - xy^2\,\mathrm{d}y$, 其中 L 为圆 $x^2 + y^2 = a^2$ 的逆时针方向.

5. 计算 $\oint_L (2x - y + 4)\mathrm{d}x + (5y + 3x - 6)\mathrm{d}y$, 其中 L 是三顶点分别为 $(0,0)$, $(3,0)$ 和 $(3,2)$ 的三角形的正向边界.

6. 计算 $I = \oint_L (x^3y + \mathrm{e}^y)\mathrm{d}x + (xy^3 + x\mathrm{e}^y - 2y)\mathrm{d}y$, 其中 L 是圆周 $x^2 + y^2 = a^2$ 的顺时针方向.

7. 计算 $\oint_L \dfrac{y\mathrm{d}x - x\mathrm{d}y}{x^2 + y^2}$, 其中 L 为

(1) 圆周 $(x-1)^2 + (y-1)^2 = 1$ 的正向;

(2) 正方形边界 $|x| + |y| \leqslant 1$ 的正向;

(3) 椭圆 $4x^2 + 9y^2 = 36$ 的正向.

8. 计算 $\int_L (x^2 - y)\mathrm{d}x - (x + \sin^2 y)\mathrm{d}y$, 其中 L 是圆周 $y = \sqrt{2x - x^2}$ 上由点 $(0,0)$ 到点 $(1,1)$ 的一段弧.

9. 利用格林公式计算下列曲线积分:

(1) $\oint_L (2x - y + 4)\mathrm{d}x + (5y + 3x - 6)\mathrm{d}y$, 其中 L 是三顶点分别为 $(0,0)$, $(3,0)$ 和 $(3,2)$ 的三角形的正向边界;

(2) $\oint_L (x^2y\cos x + 2xy\sin x - y^2\mathrm{e}^x)\mathrm{d}x + (x^2\sin x - 2y\mathrm{e}^x)\mathrm{d}y$, 其中 L 为正向星形线 $x^{\frac{2}{3}} + y^{\frac{2}{3}} = a^{\frac{2}{3}}\,(a > 0)$;

(3) $\int_L (\mathrm{e}^y + y)\mathrm{d}x + (x\mathrm{e}^y - 2y)\mathrm{d}y$, 其中 L 为过三点 $A(1,1)$, $B(2,1)$, $C(2,3)$ 的圆周, 取正方向.

10. 验证下列曲线积分在整个 xOy 平面内与路径无关, 并计算积分值:

(1) $\displaystyle\int_{(1,1)}^{(2,3)} (2x + y)\mathrm{d}x + (x - 2y)\mathrm{d}y$;

(2) $\displaystyle\int_{(1,0)}^{(2,1)} (2xy - y^4 + 3)\mathrm{d}x - (x^2 - 4xy^3)\mathrm{d}y$.

11. 求下列全微分的原函数:

(1) $(3x - 2y)\mathrm{d}x + (-2x + \mathrm{e}^y)\mathrm{d}y$;

(2) $(2xy + x^2)\mathrm{d}x + x^2\mathrm{d}y$.

11.4　对面积的曲面积分

本节将把平面积分区域推广到空间曲面的情形, 称为曲面积分. 以下主要介绍曲面积分的概念、性质及其计算方法.

本节主要介绍对弧长的曲线积分、对坐标的曲线积分的内容.

教学目标:

1. 了解对面积的曲面积分的概念、性质;

2. 掌握对面积的曲面积分的计算方法.

教学重点: 曲面积分的计算方法.

教学难点: 对面积的曲线积分的计算.

教学背景: 空间有限光滑曲面的质量.

思政映射: 数学之美 (默比乌斯带), 知识拓展 (双侧曲面、单侧曲面).

11.4.1　对面积的曲面积分 (第一类曲面积分) 的概念

在 11.1 节第一类曲线积分的内容中, 我们是利用弧长的计算公式得到第一类曲线积分的计算公式, 下面我们利用类似的方法写出第一类曲面积分的计算公式.

慕课11.4

1. 空间光滑的曲面的质量

首先介绍空间光滑曲面的质量.

设 Σ 为空间有限光滑或逐片光滑密度不均匀的曲面, 其面密度 $\mu(x, y, z)$ 是连续函数, 求曲面的质量 m.

(1) **分割**　将 Σ 分为 n 个小的曲面块, 记为 $\Delta S_1, \Delta S_2, \cdots, \Delta S_n$, 同时 ΔS_i 也表示第 i 个小的曲面块的面积.

(2) **求近似**　由于 $\mu(x, y, z)$ 在 Σ 上连续, 当每一个小曲面块的直径 (曲面的直径是指曲面上任意两点间距离的最大值) 很小时, 小曲面块 ΔS_i 的质量的近似值为 $\Delta m_i \approx \mu(\xi_i, \eta_i, \zeta_i) \cdot \Delta S_i$, 如图 11-4-1 所示.

(3) **求和**　整块曲面的质量 $m \approx \sum\limits_{i=1}^{n} \mu(\xi_i, \eta_i, \zeta_i) \cdot \Delta S_i$.

(4) **取极限**　令 $\lambda = \max\limits_{1 \leqslant i \leqslant n} \{\Delta S_i\}$ (λ 表示 n 个小曲面块中的最大面积), 则曲面块 Σ 的质量为

$$m = \lim_{\lambda \to 0} \sum_{i=1}^{n} \mu(\xi_i, \eta_i, \zeta_i) \cdot \Delta S_i.$$

我们把这种 n 项和的极限问题, 总结为对面积的曲面积分的概念.

2. 对面积的曲面积分的概念

定义 11.4.1 设曲面 Σ 是光滑的, 函数 $f(x,y,z)$ 在 Σ 上有界, 把 Σ 任意分成 n 个小曲面块 $\Delta S_i(i=1,2,\cdots,n)$, ΔS_i 也表示第 i 个小曲面块的面积, 任取一点 $(\xi_i,\eta_i,\zeta_i)\in\Delta S_i$, 作乘积 $f(\xi_i,\eta_i,\zeta_i)\cdot\Delta S_i$, 并且求和 $\sum\limits_{i=1}^{n}f(\xi_i,\eta_i,\zeta_i)\cdot\Delta S_i$, 记 $\lambda=\max\limits_{1\leqslant i\leqslant n}\{\Delta S_i\}$ (λ 表示 n 个小曲面块

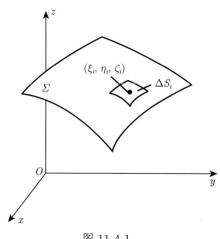

图 11-4-1

中的最大面积), 如果极限 $\lim\limits_{\lambda\to 0}\sum\limits_{i=1}^{n}f(\xi_i,\eta_i,$ $\zeta_i)\cdot\Delta S_i$ 存在, 则称此极限为函数 $f(x,y,$ $z)$ 在曲面 Σ 上**对面积的曲面积分**或**第一类曲面积分**, 记作 $\iint\limits_{\Sigma}f(x,y,z)\mathrm{d}S$, 即

$$\iint\limits_{\Sigma}f(x,y,z)\mathrm{d}S=\lim\limits_{\lambda\to 0}\sum\limits_{i=1}^{n}f(\xi_i,\eta_i,\zeta_i)\Delta S_i,$$

其中, Σ 称为积分曲面, $f(x,y,z)$ 称为被积函数, $\mathrm{d}S$ 称为曲面的面积元素.

可以证明, 当函数 $f(x,y,z)$ 在光滑曲面 Σ 上连续时, 对面积的曲面积分 $\iint\limits_{\Sigma}f(x,y,z)\mathrm{d}S$ 存在, 以后总是假定 $f(x,y,z)$ 在 Σ 上是连续的.

根据上述定义可知, 面密度为 $\mu(x,y,z)$ 的光滑曲面 Σ 的质量 m 可表示为

$$m=\iint\limits_{\Sigma}\mu(x,y,z)\mathrm{d}S.$$

特别地, 在定义中若令 $f(x,y,z)=1$, 则曲面 Σ 的面积为 $\iint\limits_{\Sigma}1\mathrm{d}S=\iint\limits_{\Sigma}\mathrm{d}S=S$.

如果曲面 Σ 是分片光滑的, 那么函数在曲面 Σ 上的对面积的曲面积分等于函数在各分片光滑曲面上对面积的曲面积分之和. 例如, 当曲面 $\Sigma=\Sigma_1+\Sigma_2$ 时, 有

$$\iint\limits_{\Sigma}f(x,y,z)\mathrm{d}S=\iint\limits_{\Sigma_1}f(x,y,z)\mathrm{d}S+\iint\limits_{\Sigma_2}f(x,y,z)\mathrm{d}S.$$

如果 Σ 为封闭曲面, 则对面积的曲面积分记作 $\oiint\limits_{\Sigma}f(x,y,z)\mathrm{d}S$.

11.4.2   对面积的曲面积分的基本性质

设 a, b 为常数, Σ 可分成两块光滑曲面 Σ_1 和 Σ_2(即 $\Sigma = \Sigma_1 + \Sigma_2$)

(1) $\iint\limits_{\Sigma} [af(x,y,z) + bg(x,y,z)]\,\mathrm{d}S = a \iint\limits_{\Sigma} f(x,y,z)\mathrm{d}S + b \iint\limits_{\Sigma} g(x,y,z)\mathrm{d}S.$

(2) $\iint\limits_{\Sigma} f(x,y,z)\mathrm{d}S = \iint\limits_{\Sigma_1} f(x,y,z)\mathrm{d}S + \iint\limits_{\Sigma_2} f(x,y,z)\mathrm{d}S.$

(3) $\iint\limits_{\Sigma} 1\mathrm{d}S = \iint\limits_{\Sigma} \mathrm{d}S = S$, 其中 S 为曲面 Σ 的面积.

(4) 设曲面 Σ 关于 xOy 面 (即关于变量 z) 对称, Σ_1 为 Σ 位于 xOy 平面上方的部分,

若 $f(x,y,-z) = -f(x,y,z)$, 则 $\iint\limits_{\Sigma} f(x,y,z)\mathrm{d}S = 0$;

若 $f(x,y,-z) = f(x,y,z)$, 则 $\iint\limits_{\Sigma} f(x,y,z)\mathrm{d}S = 2 \iint\limits_{\Sigma_1} f(x,y,z)\mathrm{d}S.$

积分曲面 Σ 由方程 $x = x(y,z)$ 或 $y = y(z,x)$ 给出, 那么曲面积分还有如下性质.

(5) 设曲面 Σ 关于 yOz 面 (即关于变量 x) 对称, Σ_1 为 Σ 位于 yOz 平面前侧的部分,

若 $f(-x,y,z) = -f(x,y,z)$, 则 $\iint\limits_{\Sigma} f(x,y,z)\mathrm{d}S = 0$;

若 $f(-x,y,z) = f(x,y,z)$, 则 $\iint\limits_{\Sigma} f(x,y,z)\mathrm{d}S = 2 \iint\limits_{\Sigma_1} f(x,y,z)\mathrm{d}S.$

(6) 设曲面 Σ 关于 xOz 面 (即关于变量 y) 对称, Σ_1 为 Σ 位于 xOz 平面右侧的部分,

若 $f(x,-y,z) = -f(x,y,z)$, 则 $\iint\limits_{\Sigma} f(x,y,z)\mathrm{d}S = 0$;

若 $f(x,-y,z) = f(x,y,z)$, 则 $\iint\limits_{\Sigma} f(x,y,z)\mathrm{d}S = 2 \iint\limits_{\Sigma_1} f(x,y,z)\mathrm{d}S.$

11.4.3   对面积的曲面积分的计算法

计算对面积的曲面积分的具体步骤是: 设空间曲面 Σ 的方程为 $z = z(x,y)$, Σ 在 xOy 面上的投影区域为 D_{xy}.

(1) 代入曲面 Σ 的方程 $z = z(x,y)$;

(2) 把 dS 换为 $\sqrt{1 + z_x^2(x,y) + z_y^2(x,y)}\mathrm{d}x\mathrm{d}y$;

(3) 作 Σ 在 xOy 面上的投影区域为 D_{xy} 上的二重积分

$$\iint\limits_{D_{xy}} f[x, y, z(x,y)]\sqrt{1 + z_x^2(x,y) + z_y^2(x,y)}\mathrm{d}x\mathrm{d}y. \tag{11-4-1}$$

特别地, 若曲面 Σ 在坐标面 xOy 内, 则 $\iint\limits_{\Sigma} f(x,y,z)\mathrm{d}S = \iint\limits_{D_{xy}} f(x,y,0)\mathrm{d}x\mathrm{d}y$;

若曲面 Σ 在平面 $z = z_0$ 内, 其与坐标面 xOy 平行, 则 $\iint\limits_{\Sigma} f(x,y,z)\mathrm{d}S = $

$\iint\limits_{D_{xy}} f(x,y,z_0)\mathrm{d}x\mathrm{d}y$.

第一类曲面积分计算公式有如下几个情形:

(1) 如果空间曲面 Σ 投影到 xOz 面, 那么曲面方程写为 $y = y(z,x)$, Σ 在 xOz 面上的投影区域为 D_{zx}, 则函数 $f(x,y,z)$ 在 Σ 上对面积的曲面积分为

$$\iint\limits_{\Sigma} f(x,y,z)\mathrm{d}S = \iint\limits_{D_{zx}} f[x, y(z,x), z]\sqrt{1 + y_z^2(z,x) + y_x^2(z,x)}\mathrm{d}z\mathrm{d}x.$$

(2) 如果空间曲面 Σ 投影到 yOz 面, 那么曲面方程写为 $x = x(z,y)$, Σ 在 yOz 面上的投影区域为 D_{yz}, 则函数 $f(x,y,z)$ 在 Σ 上对面积的曲面积分为

$$\iint\limits_{\Sigma} f(x,y,z)\mathrm{d}S = \iint\limits_{D_{yz}} f[x(y,z), y, z]\sqrt{1 + x_y^2(y,z) + x_z^2(y,z)}\mathrm{d}y\mathrm{d}z.$$

(3) 积分曲面为**封闭曲面** (或者 $z = z(x,y)$ 为**多值函数**) 的计算: 要对**封闭曲面进行分块**, 使 $z = z(x,y)$ 在分块曲面上为单值函数, 然后逐片积分、求和.

例 1 计算曲面积分 $\iint\limits_{\Sigma} (x+y+z)\mathrm{d}S$,

(1) Σ 为平面 $x + \dfrac{y}{2} + \dfrac{z}{3} = 1$ 在第一卦限中的部分;

(2) Σ 为平面 $y + z = 5$ 被柱面 $x^2 + y^2 = 25$ 所截得的部分.

解 (1) 曲面 Σ 的方程为 $z = 3 - 3x - \dfrac{3y}{2}$, 它在 xOy 面上的投影区域为由直线 $x = 0, y = 0$ 及 $x + \dfrac{y}{2} = 1$ 所围成的三角形闭区域 (图 11-4-2), $D_{xy} = \{(x,y) | 0 \leqslant x \leqslant 1, 0 \leqslant y \leqslant 2 - 2x\}$.

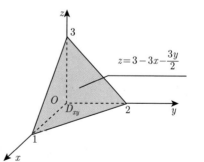

图 11-4-2

又 $\sqrt{1 + z_x^2(x,y) + z_y^2(x,y)} = \sqrt{1 + 9 + \dfrac{9}{4}} = \dfrac{7}{2}$, 由公式 (11-4-1), 得

$$\iint\limits_{\Sigma} (x+y+z)\mathrm{d}S = \iint\limits_{D_{xy}} \left(x+y+3-3x-\frac{3y}{2}\right) \cdot \frac{7}{2}\mathrm{d}x\mathrm{d}y = \frac{7}{2}\iint\limits_{D_{xy}} \left(3-2x-\frac{y}{2}\right)\mathrm{d}x\mathrm{d}y$$

$$= \frac{7}{2}\int_0^1 \mathrm{d}x \int_0^{2-2x} \left(3-2x-\frac{y}{2}\right)\mathrm{d}y = 7.$$

(2) 曲面 Σ 的方程为 $z=5-y$, 它在 xOy 面上的投影为圆形闭区域, 如图 11-4-3. $D_{xy} = \{(x,y)\,|\,x^2+y^2 \leqslant 25\}$. 又 $\sqrt{1 + z_x^2(x,y) + z_y^2(x,y)} = \sqrt{1 + 0^2 + (-1)^2} = \sqrt{2}$, 由公式 (11-4-1) 及极坐标, 得

$$\iint\limits_{\Sigma} (x+y+z)\mathrm{d}S = \iint\limits_{D_{xy}} \sqrt{2}(x+y+5-y)\mathrm{d}x\mathrm{d}y$$

$$= \sqrt{2}\iint\limits_{D_{xy}} (5+x)\mathrm{d}x\mathrm{d}y$$

$$= \sqrt{2}\int_0^{2\pi} \mathrm{d}\theta \int_0^5 (5 + r\cos\theta) \cdot r\mathrm{d}r = 125\sqrt{2}\pi.$$

例 2　计算曲面积分 $\oiint\limits_{\Sigma} z^2\mathrm{d}S$, 其中 Σ 为球面 $x^2+y^2+z^2 = 9$ 被平面 $z = 1$ 所截的顶部与平面 $z = 1$ 所围成的边界曲面.

解　设 Σ_1 和 Σ_2 分别是边界曲面在球面 $x^2 + y^2 + z^2 = 9$ 与平面 $z = 1$ 上的部分, 那么边界曲面 $\Sigma = \Sigma_1 + \Sigma_2$ 在 xOy 面上的投影区域为 $D_{xy} = \{(x,y)\,|\,x^2+y^2 \leqslant 8\}$, 如图 11-4-4.

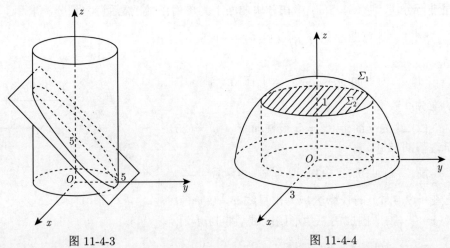

图 11-4-3　　　　　　　　　　　　　　　　　图 11-4-4

(1) Σ_1 的方程为 $z=\sqrt{9-x^2-y^2}$, 又 $\dfrac{\partial z}{\partial x}=\dfrac{-x}{\sqrt{3^2-x^2-y^2}}$, $\dfrac{\partial z}{\partial y}=\dfrac{-y}{\sqrt{3^2-x^2-y^2}}$,

$dS=\sqrt{1+\left(\dfrac{\partial z}{\partial x}\right)^2+\left(\dfrac{\partial z}{\partial y}\right)^2}dxdy=\dfrac{3}{\sqrt{3^2-x^2-y^2}}dxdy$, 那么

$$\iint\limits_{\Sigma_1} z^2 dS=\iint\limits_{D_{xy}}(9-x^2-y^2)\dfrac{3}{\sqrt{3^2-x^2-y^2}}dxdy$$

$$=3\iint\limits_{D_{xy}}\sqrt{9-x^2-y^2}dxdy$$

$$=3\int_0^{2\pi}d\theta\int_0^{2\sqrt{2}}\sqrt{9-r^2}\cdot rdr=52\pi.$$

(2) Σ_2 的方程为 $z=1$, $dS=\sqrt{1+0^2+0^2}dxdy=dxdy$, 那么

$$\iint\limits_{\Sigma_2} z^2 dS=\iint\limits_{D_{xy}}1^2 dS=\iint\limits_{D_{xy}}dxdy=8\pi,$$

所以

$$\oiint\limits_{\Sigma} z^2 dS=\iint\limits_{\Sigma_1} z^2 dS+\iint\limits_{\Sigma_2} z^2 dS=52\pi+8\pi=60\pi.$$

例 3 已知物体的形状为圆锥面 $z=\sqrt{x^2+y^2}$ 介于 $z=0$, $z=1$ 之间的部分, 并且每点的密度等于该点到原点距离的平方, 试求该物体的质量 m.

解 由题设可知, 物体的密度为

$$\mu(x,y,z)=x^2+y^2+z^2.$$

设物体所占空间曲面 Σ 在 xOy 面上投影区域为 $D=\{(x,y)|x^2+y^2\leqslant 1\}$, 如图 11-4-5, 并且可知圆锥面 $z=\sqrt{x^2+y^2}$ 的面积元素为

$$dS=\sqrt{1+\dfrac{x^2}{x^2+y^2}+\dfrac{y^2}{x^2+y^2}}dxdy=\sqrt{2}dxdy,$$

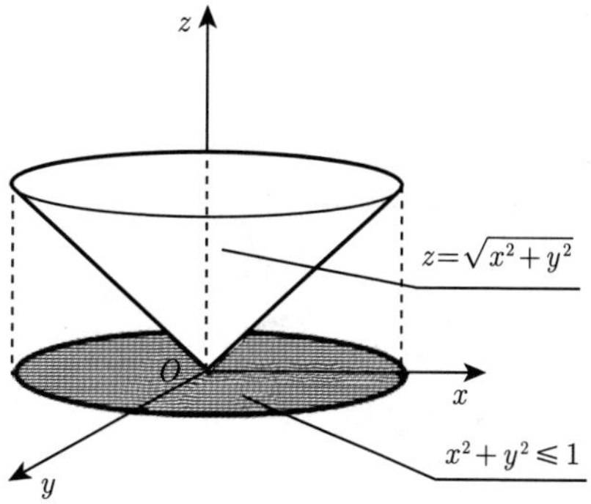

图 11-4-5

所求物体的质量为

$$m=\iint\limits_{\Sigma}(x^2+y^2+z^2)dS=\iint\limits_{D}2(x^2+y^2)\sqrt{2}dxdy=2\sqrt{2}\int_0^{2\pi}d\theta\int_0^1 r^2\cdot rdr=\sqrt{2}\pi.$$

11.4.4 对面积的曲线积分的应用

在第一类曲线积分中, 我们介绍了定积分的元素法, 这种方法同样可以应用到第一类曲面积分的物理应用和几何应用.

1. 空间曲面块的质量

设 Σ 为空间直角坐标系 $Oxyz$ 内有限的曲面块, 其面密度为 $\mu(x, y, z)$ 在 Σ 上连续, 利用元素法, 在 Σ 上任取一小曲面块 dS, 同时也表示小曲面块的面积, 当 dS 的面积很小时, 小曲面块的质量可用 $\mu(x, y, z)dS$ 近似表示, 即

$$\Delta m \approx \mu(x, y, z)dS.$$

将 $\mu(x, y, z)dS$ 称为质量元素, 记为 dm, 对质量元素 dm 在曲线 Σ 上作积分, 得到曲面 Σ 的质量 m, 即

$$m = \iint\limits_{\Sigma} \mu(x, y, z)dS.$$

例 4   设物体的形状为旋转抛物面 $z = \dfrac{1}{2}(x^2 + y^2)$ 在 $x^2 + y^2 \leqslant 2$ 的部分, 且其面密度为 $\mu(x, y, z) = z$, 求旋转抛物面的质量 m.

解   由题设可知, 旋转抛物面 $z = \dfrac{1}{2}(x^2 + y^2)$ 在 $x^2 + y^2 \leqslant 2$ 的部分在 xOy 面上的投影区域为 $D = \{(x, y)|x^2 + y^2 \leqslant 2\}$, 如图 11-4-6, 并且可知旋转抛物面 $z = \dfrac{1}{2}(x^2 + y^2)$ 的面积元素为

$$dS = \sqrt{1 + \left(\frac{\partial z}{\partial x}\right)^2 + \left(\frac{\partial z}{\partial y}\right)^2}dxdy$$

$$= \sqrt{1 + x^2 + y^2}dxdy,$$

由物体的密度为 $\mu(x, y, z) = z$, 所求物体的质量为

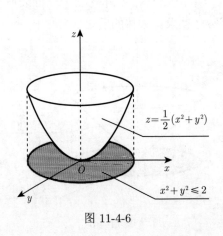

图 11-4-6

$$m = \iint\limits_{\Sigma} zdS = \iint\limits_{D} \frac{1}{2}(x^2 + y^2)\sqrt{1 + x^2 + y^2}dxdy$$

$$= \frac{1}{2} \int_0^{2\pi} \mathrm{d}\theta \int_0^{\sqrt{2}} r^3 \cdot \sqrt{1 + r^2} \mathrm{d}r$$

$$= \frac{2\pi}{15}(6\sqrt{3} + 1).$$

2. 空间曲面块的质心

设 Σ 为空间直角坐标系 $Oxyz$ 内有限的光滑曲面, 其面密度函数 $\mu(x, y, z)$ 在 Σ 上连续, 利用元素法, 在 Σ 上任取一小曲面块 $\mathrm{d}S$, 那么曲面 Σ 的质量为

$$m = \iint\limits_{\Sigma} \mu(x, y, z)\mathrm{d}S.$$

关于 xOy 面、yOz 面、zOx 面的静矩元素分别是

$$m_z = z\mu(x, y, z)\mathrm{d}S, \quad m_x = x\mu(x, y, z)\mathrm{d}S, \quad m_y = y\mu(x, y, z)\mathrm{d}S,$$

那么质心 $(\bar{x}, \bar{y}, \bar{z})$ 的坐标分量公式为

$$\bar{x} = \frac{\iint\limits_{\Sigma} x\mu(x, y, z)\mathrm{d}S}{\iint\limits_{\Sigma} \mu(x, y, z)\mathrm{d}S}, \quad \bar{y} = \frac{\iint\limits_{\Sigma} y\mu(x, y, z)\mathrm{d}S}{\iint\limits_{\Sigma} \mu(x, y, z)\mathrm{d}S}, \quad \bar{z} = \frac{\iint\limits_{\Sigma} z\mu(x, y, z)\mathrm{d}S}{\iint\limits_{\Sigma} \mu(x, y, z)\mathrm{d}S}.$$

当 Σ 的密度均匀时, 质心 $(\bar{x}, \bar{y}, \bar{z})$ 即为形心, 它的坐标分量为

$$\bar{x} = \frac{\iint\limits_{\Sigma} x \,\mathrm{d}S}{\iint\limits_{\Sigma} \mathrm{d}S}, \quad \bar{y} = \frac{\iint\limits_{\Sigma} y \,\mathrm{d}S}{\iint\limits_{\Sigma} \mathrm{d}S}, \quad \bar{z} = \frac{\iint\limits_{\Sigma} z \,\mathrm{d}S}{\iint\limits_{\Sigma} \mathrm{d}S}.$$

例 5 计算曲面积分 $\iint\limits_{\Sigma} (x + y + z)\mathrm{d}S$, 其中 Σ 为球面 $x^2 + y^2 + z^2 = a^2$ 上 $z \geqslant h$ 的部分 $(0 < h < a)$.

解 根据形心公式

$$\bar{x} = \frac{\iint\limits_{\Sigma} x \,\mathrm{d}S}{\iint\limits_{\Sigma} \mathrm{d}S}, \quad \bar{y} = \frac{\iint\limits_{\Sigma} y \,\mathrm{d}S}{\iint\limits_{\Sigma} \mathrm{d}S}, \quad \bar{z} = \frac{\iint\limits_{\Sigma} z \,\mathrm{d}S}{\iint\limits_{\Sigma} \mathrm{d}S}.$$

因为球面 $x^2 + y^2 + z^2 = a^2$ 上 $z \geqslant h$ 的部分是关于 yOz 面、zOx 面对称, 得 $\bar{x} = \bar{y} = 0$, 所以

$$\iint\limits_{\varSigma} x\mathrm{d}S = 0, \quad \iint\limits_{\varSigma} y\mathrm{d}S = 0,$$

又由于球面 $\varSigma$ 在 xOy 面投影区域为 $\{(x,y)|x^2 + y^2 \leqslant a^2 - h^2\}$, 得

$$I = \iint\limits_{\varSigma} (x + y + z)\mathrm{d}S = \iint\limits_{\varSigma} z\,\mathrm{d}S = \iint\limits_{D_{xy}} a\,\mathrm{d}x\mathrm{d}y = a\pi\left(a^2 - h^2\right).$$

3. 空间曲面块的转动惯量

$\varSigma$ 为空间直角坐标系 $Oxyz$ 内有限的光滑曲面, 其面密度函数 $\mu(x,y,z)$ 在 $\varSigma$ 上连续, 那么曲面 $\varSigma$ 的质量

$$m = \iint\limits_{\varSigma} \mu(x,y,z)\mathrm{d}S.$$

假设 $\varSigma$ 为空间直角坐标系 $Oxyz$ 内有限的光滑曲面, 其面密度函数 $\mu(x,y,z)$ 在 $\varSigma$ 上连续, 利用元素法, 在 $\varSigma$ 上任取一小曲面块 $\mathrm{d}S$, 质量元素为 $\mu(x,y,z)\mathrm{d}S$, 那么 $\forall P(x,y,z) \in \varSigma$ 关于 x 轴、y 轴、z 轴的转动惯量元素是

$$\mathrm{d}I_x = \left(y^2 + z^2\right)\mu(x,y,z)\mathrm{d}S, \quad \mathrm{d}I_y = \left(x^2 + z^2\right)\mu(x,y,z)\mathrm{d}S,$$

$$\mathrm{d}I_z = \left(x^2 + y^2\right)\mu(x,y,z)\mathrm{d}S,$$

那么 x 轴、y 轴、z 轴的转动惯量为

$$I_x = \iint\limits_{\varSigma} \left(y^2 + z^2\right)\mu(x,y,z)\mathrm{d}S, \quad I_y = \iint\limits_{\varSigma} \left(x^2 + z^2\right)\mu(x,y,z)\mathrm{d}S,$$

$$I_z = \iint\limits_{\varSigma} \left(x^2 + y^2\right)\mu(x,y,z)\mathrm{d}S.$$

例 6　求面密度为 μ_0 的均匀半球壳 $x^2 + y^2 + z^2 = a^2 (z \geqslant 0)$ 关于 z 轴的转动惯量.

解　由已知半球壳方程为 $x^2 + y^2 + z^2 = a^2$, 得

$$\mathrm{d}S = \sqrt{1 + \frac{x^2 + y^2}{a^2 - x^2 - y^2}}\mathrm{d}x\mathrm{d}y,$$

以及转动惯量元素

$$\mathrm{d}I_z = \left(x^2 + y^2\right)\mu(x,y,z)\mathrm{d}S,$$

那么关于 z 轴的转动惯量为

$$I_z = \iint\limits_{\Sigma} \left(x^2 + y^2\right)\mu_0\,\mathrm{d}S = \mu_0 \iint\limits_{x^2+y^2\leqslant a^2} \left(x^2 + y^2\right)\sqrt{1 + \frac{x^2 + y^2}{a^2 - x^2 - y^2}}\,\mathrm{d}x\mathrm{d}y$$

$$= \mu_0 \iint\limits_{x^2+y^2\leqslant a^2} \left(x^2 + y^2\right)\frac{a}{\sqrt{a^2 - x^2 - y^2}}\,\mathrm{d}x\mathrm{d}y$$

$$= a\mu_0 \int_0^{2\pi}\mathrm{d}\theta \int_0^a \frac{r^2}{\sqrt{a^2 - r^2}}r\,\mathrm{d}r$$

$$\xlongequal{r=a\sin t} 2\pi a\mu_0 \int_0^{\frac{\pi}{2}} \frac{a^3\sin^3 t}{a\cos t}\cdot a\cos t\,\mathrm{d}t$$

$$= \frac{4}{3}\pi a^4\mu_0.$$

4. 空间曲面块的对质点的引力

下面讨论 $Oxyz$ 空间直角坐标系内有限的曲面块 Σ 对于其外一点 $P_0(x_0, y_0, z_0)$ 处单位质量的质点的引力问题.

设 Σ 为 $Oxyz$ 空间直角坐标系内有限的曲面块, 其面密度为 $\mu(x,y,z)$ 在 Σ 上连续, 利用元素法, 在 Σ 上任取一小曲面块 $\mathrm{d}S$, 当 $\mathrm{d}S$ 的长度很小时, 对于 $\forall P(x,y,z) \in \mathrm{d}S$, 小曲面块的质量可用 $\mu(x,y,z)\mathrm{d}S$ 近似表示, 即

$$\Delta M \approx \mu(x,y,z)\mathrm{d}S.$$

根据空间直角坐标系内两点之间的引力公式, 可知这条小曲面块 $\mathrm{d}S$ 对于单位质量的质点 $P_0(x_0, y_0, z_0)$ 的引力的元素为

$$\mathrm{d}\boldsymbol{F} = (\mathrm{d}F_x, \mathrm{d}F_y, \mathrm{d}F_z)$$

$$= \left(\frac{G\cdot(x - x_0)\cdot\mu(x,y,z)}{r^3}\mathrm{d}S, \frac{G\cdot(y - y_0)\cdot\mu(x,y,z)}{r^3}\mathrm{d}S, \right.$$

$$\left.\frac{G\cdot(z - z_0)\cdot\mu(x,y,z)}{r^3}\mathrm{d}S\right),$$

引力元素的坐标分量为

$$\mathrm{d}F_x = \frac{G\cdot\mu(x,y,z)\mathrm{d}S}{r^2}\cdot\cos\alpha, \quad \mathrm{d}F_y = \frac{G\cdot\mu(x,y,z)\mathrm{d}S}{r^2}\cdot\cos\beta,$$

$$\mathrm{d}F_z = \frac{G \cdot \mu(x,y,z)\mathrm{d}S}{r^2} \cdot \cos\gamma,$$

点 $P(x,y,z)$ 到点 $P_0(x_0,y_0,z_0)$ 距离为

$$r = \sqrt{(x-x_0)^2 + (y-y_0)^2 + (z-z_0)^2},$$

向量 $\overrightarrow{P_0P}$ 的方向余弦为 $\cos\alpha = \dfrac{x-x_0}{r}$, $\cos\beta = \dfrac{y-y_0}{r}$, $\cos\gamma = \dfrac{z-z_0}{r}$, G 为引力常数.

对 $\mathrm{d}F_x$, $\mathrm{d}F_y$, $\mathrm{d}F_z$ 在曲面 Σ 上分别积分, 得到曲面块 Σ 对于其外一点 $P_0(x_0,y_0,z_0)$ 处单位质量的质点的引力

$$\boldsymbol{F} = (F_x, F_y, F_z)$$

$$= \left(\iint\limits_{\Sigma} \frac{G \cdot (x-x_0) \cdot \mu(x,y,z)}{r^3}\mathrm{d}S, \iint\limits_{\Sigma} \frac{G \cdot (y-y_0) \cdot \mu(x,y,z)}{r^3}\mathrm{d}S, \right.$$

$$\left. \iint\limits_{\Sigma} \frac{G \cdot (z-z_0) \cdot \mu(x,y,z)}{r^3}\mathrm{d}S \right).$$

例 7　设曲面 Σ 是圆柱面 $x^2 + y^2 = z^2$ 介于平面 $z = a$ 与平面 $z = b$ 之间的部分, 其密度 μ 为常数 k, 求曲面对原点处单位质量的质点的引力.

解　由题设知, 引力元素的坐标分量为

$$\mathrm{d}F_x = \frac{G \cdot x \cdot \mu(x,y,z)}{r^3}\mathrm{d}S = \frac{k \cdot G \cdot x}{r^3}\mathrm{d}S,$$

$$\mathrm{d}F_y = \frac{G \cdot y \cdot \mu(x,y,z)}{r^3}\mathrm{d}S = \frac{k \cdot G \cdot y}{r^3}\mathrm{d}S,$$

$$\mathrm{d}F_z = \frac{G \cdot z \cdot \mu(x,y,z)}{r^3}\mathrm{d}S = \frac{k \cdot G \cdot z}{r^3}\mathrm{d}S,$$

在曲面 Σ 上对 $\mathrm{d}F_x$, $\mathrm{d}F_y$, $\mathrm{d}F_z$ 分别积分

$$\boldsymbol{F} = \left(\iint\limits_{\Sigma} \frac{G \cdot x \cdot k}{r^3}\mathrm{d}S, \iint\limits_{\Sigma} \frac{G \cdot y \cdot k}{r^3}\mathrm{d}S, \iint\limits_{\Sigma} \frac{G \cdot z \cdot k}{r^3}\mathrm{d}S \right).$$

因为曲面 Σ 关于 yOz 面、xOz 面对称, 根据奇偶对称性, 得

$$F_x = 0, \quad F_y = 0.$$

曲面 Σ 在面上的投影区域, 得

$$
\begin{aligned}
F_z &= \iint\limits_{\Sigma} \frac{kGz}{(x^2+y^2+z^2)^{\frac{3}{2}}}\,\mathrm{d}S \\
&= kG \iint\limits_{D} \frac{1}{2\,(x^2+y^2)}\mathrm{d}x\mathrm{d}y \\
&= \frac{kG}{2} \int_0^{2\pi} \mathrm{d}\theta \int_a^b \frac{1}{r}\,\mathrm{d}r \\
&= \pi kG \ln \frac{b}{a}.
\end{aligned}
$$

曲面 Σ 对质点的引力为 $\boldsymbol{F} = \left(0, 0, \pi kG \ln \dfrac{b}{a}\right)$.

小结与思考

1. 小结

计算对面积的曲面积分相当于在曲面 Σ 上计算二重积分, 那么具体计算步骤是: "一代二换三定限". 设曲面 Σ 的方程为 $z = z(x,y)$, Σ 在 xOy 面上的投影区域为 D_{xy}.

(1) 代入曲面 Σ 的方程 $z = z(x,y)$;

(2) 把 $\mathrm{d}S$ 换为 $\sqrt{1 + z_x^2(x,y) + z_y^2(x,y)}\mathrm{d}x\mathrm{d}y$;

(3) 计算 Σ 在 xOy 面上的投影区域为 D_{xy} 上的二重积分

$$
\iint\limits_{D_{xy}} f[x,y,z(x,y)]\sqrt{1 + z_x^2(x,y) + z_y^2(x,y)}\mathrm{d}x\mathrm{d}y.
$$

2. 思考

1. 设有一分布着质量的曲面 Σ, 密度函数为 $\mu(x,y,z)$, 试用对面积的曲面积分表示 Σ 的质心.

2. 设有一分布着质量的曲面 Σ, 密度函数为 $\mu(x,y,z)$, 试用对面积的曲面积分表示 Σ 对 x 轴的转动惯量.

数学文化

默比乌斯环是只有一个表面的无限循环的封闭圆环, 它由德国数学家、天文学家默比乌斯和德国数学家约翰·李斯丁在 1858 年独立发现. 我们可以用一条纸带旋转 180° 再把两端粘上之后制作出来, 纸带会从正反两表面变成只有一个表面. 如果一个人站在默比乌斯环的表面, 沿着同一个方向行走, 那么他永远不会停

下来, 所以默比乌斯环常被误认为是无穷大符号的创立来源. 实际上, 无穷大是在 1655 年由英国人沃利斯创立的, 它比默比乌斯环早了 200 年. 但是默比乌斯环是循环再生标志的创立来源.

默比乌斯环　　　　　　　　　　　　　　　循环再生标志

习 题 11-4

1. 计算 $\iint\limits_{\Sigma} x\mathrm{d}S$, 其中 Σ 为平面 $2x + 3y + z = 6$ 在第一卦限中的部分.

2. 计算 $\iint\limits_{\Sigma} x^2\mathrm{d}S$, 其中 Σ 为圆柱面 $x^2 + y^2 = 1$ 介于 $z = 0$ 与 $z = 1$ 之间的部分.

3. 计算 $\iint\limits_{\Sigma} z^2\mathrm{d}S$, 其中 Σ 为球面 $x^2 + y^2 + z^2 = 1$ 在第一卦限的部分.

4. 计算曲面积分 $\iint\limits_{\Sigma} (2xy - 2x^2 - x + z)\mathrm{d}S$, 其中 Σ 为平面 $2x + 2y + z = 6$ 在第一卦限的部分.

5. 计算曲面积分 $\iint\limits_{\Sigma} (x + y + z)\mathrm{d}S$, 其中 Σ 是锥面 $z = \sqrt{x^2 + y^2}$ 介于平面 $z = 1$ 及 $z = 2$ 之间的部分.

6. 计算 $\oiint\limits_{\Sigma} (x + y + z)\mathrm{d}S$, 其中 Σ 为立体 $0 \leqslant x \leqslant 1$, $0 \leqslant y \leqslant 1$, $0 \leqslant z \leqslant 1$ 的表面.

7. 计算下列曲面积分:

(1) $\iint\limits_{\Sigma} xyz\mathrm{d}S$, 其中 Σ 为平面 $\dfrac{x}{2} + \dfrac{y}{3} + \dfrac{z}{4} = 1$ 在第一卦限的部分;

(2) $\iint\limits_{\Sigma} (2x + y + z)\mathrm{d}S$, 其中 Σ 为球面 $x^2 + y^2 + z^2 = 1$ 在 $\dfrac{1}{4} \leqslant z \leqslant 1$ 之间的部分;

(3) $\iint\limits_{\Sigma} (x^2 + y^2)\mathrm{d}S$, 其中 Σ 是锥面 $z = \sqrt{x^2 + y^2}$ 及平面 $z = 1$ 所围区域的边界曲面.

8. 求椭圆柱面 $\dfrac{x^2}{5} + \dfrac{y^2}{9} = 1$ 位于平面 xOy 上方和平面 $z = y$ 下方的那部分面积.

11.5 对坐标的曲面积分

教学目标:

1. 了解对坐标的曲面积分的概念、性质及两类曲面积分的关系;
2. 掌握计算对坐标的曲面积分的方法;
3. 理解和掌握高斯公式, 会用高斯公式计算曲面积分;
4. 理解和掌握斯托克斯公式, 会用斯托克斯公式计算曲线积分.

教学重点: 对坐标的曲面积分的概念、计算, 高斯公式, 斯托克斯公式.

教学难点: 对坐标的曲面积分的计算, 两类曲面积分的关系, 利用高斯公式计算曲面积分, 利用斯托克斯公式计算曲面积分.

教学背景: 单位时间内流向空间有向曲面 Σ 指定侧的流体质量等于散度的三重积分, 沿着空间封闭光滑曲线 Γ 的环流量等于流向空间有向曲面 Σ 指定侧的流体的质量.

思政元素: "飞流直下三千尺, 疑是银河落九天" 展现了流向曲面一侧的流量 "垂落平铺" 的过程.

11.5.1 对坐标的曲面积分 (第二类曲面积分) 的概念和性质

设曲面 Σ 是光滑的, 首先定义曲面的侧、有向曲面.

通过曲面上法向量的指向来定出曲面的侧这样的曲面称为**有向曲面**.

慕课11.5.1

设 Σ 为光滑曲面, 点 P_0 为 Σ 上任意一定点, Γ 为曲面内通过点 P_0 的一条连续封闭曲线, 设 $\boldsymbol{n}_1$ 为曲面 Σ 在点 P_0 处选定了方向的法向量, 如果点 P_0 沿着曲线 Γ 单方向行走一周再回到点 P_0, 点 P_0 的法向量方向不变, 则称 Σ 为双侧曲面, 如果回到点 P_0 时, 点 P_0 的法向量方向相反, 则称 Σ 为单侧曲面. 我们研究的曲面都是双侧的 (如图 11-5-1). 默比乌斯环是单侧曲面 (如图 11-5-2).

设 $\boldsymbol{n} = (\cos\alpha, \cos\beta, \cos\gamma)$ 为曲面上的法向量, 如果曲面的方程为 $z = z(x, y)$, 曲面分为**上侧**与**下侧**, 曲面的上侧 $\cos\gamma > 0$, 在曲面的下侧 $\cos\gamma < 0$.

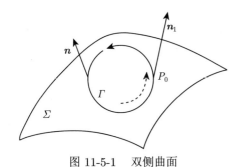

图 11-5-1　双侧曲面

图 11-5-2　默比乌斯环 (单侧曲面)

如果曲面的方程为 $y = y(z, x)$, 则曲面分为**左侧**与**右侧**, 在曲面的右侧 $\cos \beta > 0$, 在曲面的左侧 $\cos \beta < 0$. 如果曲面的方程为 $x = x(y, z)$, 则曲面分为**前侧**与**后侧**, 在曲面的前侧 $\cos \alpha > 0$, 在曲面的后侧 $\cos \alpha < 0$. 闭曲面有**内侧**与**外侧**之分.

设 Σ 是有向曲面, 在 Σ 上取小曲面块 ΔS, 把 ΔS 投影到 xOy 面上得一投影区域, 记为 $(\Delta \sigma)_{xy}$. 假定 ΔS 上各点处的法向量与 z 轴的夹角 γ 的余弦 $\cos \gamma$ 有相同的符号 (即 $\cos \gamma$ 都是正的或都是负的). 我们规定 ΔS 在 xOy 面上的**投影** $(\Delta S)_{xy}$ 为

$$(\Delta S)_{xy} = \begin{cases} (\Delta \sigma)_{xy}, & \cos \gamma > 0, \\ -(\Delta \sigma)_{xy}, & \cos \gamma < 0, \\ 0, & \cos \gamma \equiv 0, \end{cases}$$

其中 $\cos \gamma \equiv 0$ 也就是 $(\Delta \sigma_i)_{xy} = 0$ 的情形.

类似地, 可以定义 ΔS 在 yOz 面及在 zOx 面上的投影 $(\Delta S)_{yz}$ 及 $(\Delta S)_{zx}$.

1. 对坐标的曲面积分的物理意义: 流量

单位时间内流向 Σ 指定侧的流体的质量称为流量, 记作 Φ.

设稳定流动密度 $\mu(x, y, z)$ 是 1 的不可压缩流体的速度场为

$$\boldsymbol{v}(x, y, z) = P(x, y, z)\boldsymbol{i} + Q(x, y, z)\boldsymbol{j} + R(x, y, z)\boldsymbol{k},$$

Σ 是速度场中的有向曲面块, 函数 $P(x, y, z)$, $Q(x, y, z)$, $R(x, y, z)$ 都在 Σ 上连续, 求在单位时间内流向 Σ 指定侧的流量 Φ.

如果流体流过平面上面积为 S 的一个闭区域, 且流体在这闭区域上各点处的流速为 (常向量) $\boldsymbol{v}$, 设 $\boldsymbol{n}$ 为该平面的单位法向量, 那么单位时间内流过这闭区域的流体组成一个底面积为 S、斜高为 $|\boldsymbol{v}|$ 的斜柱体 (如图 11-5-3).

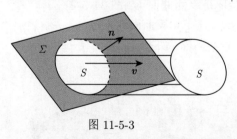

当 $(\widehat{\boldsymbol{v}, \boldsymbol{n}}) < \dfrac{\pi}{2}$ 时, 通过闭区域 S 流向 $\boldsymbol{n}$ 所指一侧的流量 Φ 是斜柱体的体积为 $S|\boldsymbol{v}| \cos \theta = S\boldsymbol{v} \cdot \boldsymbol{n}$.

当 $(\widehat{\boldsymbol{v}, \boldsymbol{n}}) = \dfrac{\pi}{2}$ 时, 通过闭区域 S 流向 $\boldsymbol{n}$ 所指一侧的流量 Φ 为零, 即 $S|\boldsymbol{v}| \cos \theta = S\boldsymbol{v} \cdot \boldsymbol{n} = 0$.

图 11-5-3

当 $(\widehat{\boldsymbol{v}, \boldsymbol{n}}) > \dfrac{\pi}{2}$ 时, $S\boldsymbol{v} \cdot \boldsymbol{n} < 0$, 这时我们仍把 $S\boldsymbol{v} \cdot \boldsymbol{n}$ 称为流体通过闭区域 S 流向 $\boldsymbol{n}$ 所指一侧的流量, 它表示流体通过闭区域 S 实际上流向 $-\boldsymbol{n}$ 所指一侧, 且流向 $-\boldsymbol{n}$ 所指一侧的流量为 $-S\boldsymbol{v} \cdot \boldsymbol{n}$. 因此, 不论 $(\widehat{\boldsymbol{v}, \boldsymbol{n}})$ 为何值, 流体通过闭区域 S 流向 $\boldsymbol{n}$ 所指一侧的流量均为 $S\boldsymbol{v} \cdot \boldsymbol{n}$.

当平面变成空间曲面块, 且流速 $\boldsymbol{v}$ 不是常向量时, 那么所求流量不能直接用上述方法计算. 要用极限的方法求单位时间内流向 Σ 指定侧的流量 Φ.

设 Σ 是 $\mathbf{R}^3$ 中的有侧曲面, 流体的流速为 $\boldsymbol{v}(x,y,z) = P(x,y,z)\boldsymbol{i} + Q(x,y,z)\boldsymbol{j} + R(x,y,z)\boldsymbol{k}$, 且 Σ 是光滑的, $\boldsymbol{v}$ 是连续的, 以下计算单位时间内流过指定侧的曲面的流量 Φ.

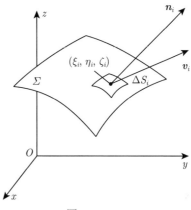

图 11-5-4

(1) **分割**　将 Σ 分为 n 个小的曲面块, 记为 $\Delta S_1, \Delta S_2, \cdots, \Delta S_n$, $\Delta S_i(i = 1, 2, \cdots, n)$ 也是小的曲面块的面积.

(2) **求近似**　由于 $\boldsymbol{v}(x,y,z)$ 在 Σ 上连续, 当每一个小曲面块 ΔS_i 的直径很小时, 我们就可以用 ΔS_i 上一点 (ξ_i, η_i, ζ_i) 处的流速

$$\boldsymbol{v}_i = \boldsymbol{v}(\xi_i, \eta_i, \zeta_i) = P(\xi_i, \eta_i, \zeta_i)\boldsymbol{i} + Q(\xi_i, \eta_i, \zeta_i)\boldsymbol{j} + R(\xi_i, \eta_i, \zeta_i)\boldsymbol{k}$$

代替 ΔS_i 上其他各点处的流速, 用点 (ξ_i, η_i, ζ_i) 处曲面 Σ 的单位法向量 $\boldsymbol{n}_i = \cos\alpha_i\boldsymbol{i} + \cos\beta_i\boldsymbol{j} + \cos\gamma_i\boldsymbol{k}$ 代替 ΔS_i 上其他各点处的单位法向量, 那么通过 ΔS_i 流向指定侧的流量 Φ_i 的近似值为 $\boldsymbol{v}_i \cdot \boldsymbol{n}_i\Delta S_i$, 即 $\Phi_i \approx \boldsymbol{v}_i \cdot \boldsymbol{n}_i\Delta S_i$(如图 11-5-4).

(3) **求和**　通过 Σ 流向指定侧的流量

$$\Phi \approx \sum_{i=1}^n \boldsymbol{v}_i \cdot \boldsymbol{n}_i\Delta S_i$$

$$= \sum_{i=1}^n [P(\xi_i, \eta_i, \zeta_i)\cos\alpha_i + Q(\xi_i, \eta_i, \zeta_i)\cos\beta_i + R(\xi_i, \eta_i, \zeta_i)\cos\gamma_i]\Delta S_i, \quad (11\text{-}5\text{-}1)$$

其中 $\cos\alpha_i \cdot \Delta S_i \approx (\Delta S)_{yz}$, $\cos\beta_i \cdot \Delta S_i \approx (\Delta S)_{zx}$, $\cos\gamma_i \cdot \Delta S_i \approx (\Delta S)_{xy}$, (11-5-1) 式可以写成

$$\Phi \approx \sum_{i=1}^n [P(\xi_i, \eta_i, \zeta_i)(\Delta S_i)_{yz} + Q(\xi_i, \eta_i, \zeta_i)(\Delta S_i)_{zx} + R(\xi_i, \eta_i, \zeta_i)(\Delta S_i)_{xy}].$$

(4) **取极限**　令 $\lambda = \max_{1 \leqslant i \leqslant n}\{\Delta S_i\}$($\lambda$ 表示 n 个小曲面块中的最大面积), 则单位时间内流过指定侧的曲面 Σ 的**流量**为

$$\Phi = \lim_{\lambda \to 0} \sum_{i=1}^n [P(\xi_i, \eta_i, \zeta_i)(\Delta S_i)_{yz} + Q(\xi_i, \eta_i, \zeta_i)(\Delta S_i)_{zx} + R(\xi_i, \eta_i, \zeta_i)(\Delta S_i)_{xy}].$$

2. 对坐标的曲面积分的概念

定义 11.5.1　设 Σ 为**光滑**的**有向曲面**, 函数 $R(x,y,z)$ 在 Σ 上有界. 把 Σ 任意分成 n 个小曲面块 ΔS_i, ΔS_i 也表示第 i 块小曲面块的面积, ΔS_i 在 xOy 面上的投影为 $(\Delta S_i)_{xy}$, 任意一点 $(\xi_i, \eta_i, \zeta_i) \in \Delta S_i$, 作乘积 $R(\xi_i, \eta_i, \zeta_i)(\Delta S_i)_{xy}$, 并且求和 $\sum\limits_{i=1}^{n} R(\xi_i, \eta_i, \zeta_i)(\Delta S_i)_{xy}$, 记 $\lambda = \max\limits_{1 \leqslant i \leqslant n}\{\Delta S_i\}$ (λ 表示 n 个小曲面块中的最大面积), 如果极限 $\lim\limits_{\lambda \to 0} \sum\limits_{i=1}^{n} R(\xi_i, \eta_i, \zeta_i)(\Delta S_i)_{xy}$ 存在, 则称此极限为函数 $R(x,y,z)$ 在有向曲面 Σ 上**对坐标** x, y 的曲面积分或**第二类曲面积分**, 记作

$$\iint\limits_{\Sigma} R(x,y,z)\mathrm{d}x\mathrm{d}y, \tag{11-5-2}$$

即 $\iint\limits_{\Sigma} R(x,y,z)\mathrm{d}x\mathrm{d}y = \lim\limits_{\lambda \to 0} \sum\limits_{i=1}^{n} R(\xi_i, \eta_i, \zeta_i)(\Delta S_i)_{xy}$, 其中 Σ 称为积分曲面, $R(x,y,z)$ 称为被积函数, $\mathrm{d}x\mathrm{d}y$ 称为曲面的面积元素.

类似地, 连续函数 $P(x,y,z)$ 在有向曲面 Σ 上**对坐标** y, z 的**曲面积分**

$$\iint\limits_{\Sigma} P(x,y,z)\mathrm{d}y\mathrm{d}z = \lim\limits_{\lambda \to 0} \sum\limits_{i=1}^{n} P(\xi_i, \eta_i, \zeta_i)(\Delta S_i)_{yz}.$$

连续函数 $Q(x,y,z)$ 在有向曲面 Σ 上**对坐标** z, x 的**曲面积分**

$$\iint\limits_{\Sigma} Q(x,y,z)\mathrm{d}z\mathrm{d}x = \lim\limits_{\lambda \to 0} \sum\limits_{i=1}^{n} Q(\xi_i, \eta_i, \zeta_i)(\Delta S_i)_{zx}.$$

以上三个曲面积分都称为**第二类曲面积分**.

以后总假定 $P(x,y,z)$, $Q(x,y,z)$, $R(x,y,z)$ 在 Σ 上连续, 它们对坐标的曲面积分在应用上出现较多的是合并的式子

$$\iint\limits_{\Sigma} P(x,y,z)\mathrm{d}y\mathrm{d}z + \iint\limits_{\Sigma} Q(x,y,z)\mathrm{d}z\mathrm{d}x + \iint\limits_{\Sigma} R(x,y,z)\mathrm{d}x\mathrm{d}y,$$

通常简单表示为

$$\iint\limits_{\Sigma} P(x,y,z)\mathrm{d}y\mathrm{d}z + Q(x,y,z)\mathrm{d}z\mathrm{d}x + R(x,y,z)\mathrm{d}x\mathrm{d}y. \tag{11-5-3}$$

设 Σ 上一侧的流速为 $\boldsymbol{F}(x, y, z) = (P(x, y, z), Q(x, y, z), R(x, y, z))$, 令 $\mathrm{d}\boldsymbol{s} = \boldsymbol{n} \cdot \mathrm{d}s = (\mathrm{d}y\mathrm{d}z, \mathrm{d}z\mathrm{d}x, \mathrm{d}x\mathrm{d}y)$, Σ 正侧的单位法向量 $\boldsymbol{n} = (\cos\alpha, \cos\beta, \cos\gamma)$, 则对坐标的曲面积分可以写成向量形式:

$$\iint\limits_{\Sigma} \boldsymbol{F} \cdot \boldsymbol{n}\mathrm{d}s = \iint\limits_{\Sigma} \boldsymbol{F} \cdot \mathrm{d}\boldsymbol{s} = \iint\limits_{\Sigma} P(x,y,z)\mathrm{d}y\mathrm{d}z + Q(x,y,z)\mathrm{d}z\mathrm{d}x + R(x,y,z)\mathrm{d}x\mathrm{d}y,$$

或者写成

$$\iint\limits_{\Sigma} \boldsymbol{F} \cdot \boldsymbol{n}\mathrm{d}s = \iint\limits_{\Sigma} \boldsymbol{F} \cdot \mathrm{d}\boldsymbol{s} = \iint\limits_{\Sigma} [P(x,y,z)\cos\alpha + Q(x,y,z)\cos\beta + R(x,y,z)\cos\gamma]\mathrm{d}S.$$

定义 11.5.2 设流体的流速为 $\boldsymbol{F}(x,y,z) = \{P(x,y,z), Q(x,y,z), R(x,y,z)\}$, 其中 $P(x,y,z)$, $Q(x,y,z)$, $R(x,y,z)$ 连续可导, Σ 是 $\mathbf{R}^3$ 中的有侧曲面, $\boldsymbol{n} = (\cos\alpha, \cos\beta, \cos\gamma)$ 为曲面 Σ 的单位法向量, 则向量场 $\boldsymbol{F}(x,y,z)$ 流过指定侧的有侧曲面 Σ 的**流量 (通量)** Φ 为

$$\Phi = \iint\limits_{\Sigma} \boldsymbol{F} \cdot \boldsymbol{n}\mathrm{d}S = \iint\limits_{\Sigma} P(x,y,z)\mathrm{d}y\mathrm{d}z + Q(x,y,z)\mathrm{d}z\mathrm{d}x + R(x,y,z)\mathrm{d}x\mathrm{d}y. \quad (11\text{-}5\text{-}4)$$

3. 对坐标的曲面积分的基本性质

设有向曲面 Σ 可分成两块有向光滑曲面 Σ_1 和 Σ_2 (即 $\Sigma = \Sigma_1 + \Sigma_2$), Σ^- 为 Σ 的反向曲面.

(1)
$$\iint\limits_{\Sigma} P(x,y,z)\mathrm{d}y\mathrm{d}z + Q(x,y,z)\mathrm{d}z\mathrm{d}x + R(x,y,z)\mathrm{d}x\mathrm{d}y$$

$$= \iint\limits_{\Sigma_1} P(x,y,z)\mathrm{d}y\mathrm{d}z + Q(x,y,z)\mathrm{d}z\mathrm{d}x + R(x,y,z)\mathrm{d}x\mathrm{d}y$$

$$+ \iint\limits_{\Sigma_2} P(x,y,z)\mathrm{d}y\mathrm{d}z + Q(x,y,z)\mathrm{d}z\mathrm{d}x + R(x,y,z)\mathrm{d}x\mathrm{d}y.$$

(2)
$$\iint\limits_{\Sigma^-} P(x,y,z)\mathrm{d}y\mathrm{d}z + Q(x,y,z)\mathrm{d}z\mathrm{d}x + R(x,y,z)\mathrm{d}x\mathrm{d}y$$

$$= -\iint\limits_{\Sigma} P(x,y,z)\mathrm{d}y\mathrm{d}z + Q(x,y,z)\mathrm{d}z\mathrm{d}x + R(x,y,z)\mathrm{d}x\mathrm{d}y.$$

当积分曲面改变侧时, 对坐标的曲面积分要改变符号.

$$\iint\limits_{\Sigma^-} P(x,y,z)\mathrm{d}y\mathrm{d}z = -\iint\limits_{\Sigma} P(x,y,z)\mathrm{d}y\mathrm{d}z,$$

$$\iint\limits_{\Sigma^-} Q(x,y,z)\mathrm{d}z\mathrm{d}x = -\iint\limits_{\Sigma} Q(x,y,z)\mathrm{d}z\mathrm{d}x,$$

$$\iint\limits_{\Sigma^-} R(x,y,z)\mathrm{d}z\mathrm{d}x = -\iint\limits_{\Sigma} R(x,y,z)\mathrm{d}z\mathrm{d}x.$$

(3) 如果 Σ 为母线平行于 z 轴的柱面, 则对任意函数 $R(x,y,z)$, 都有

$$\iint\limits_{\Sigma} R(x,y,z)\mathrm{d}x\mathrm{d}y = 0.$$

(4) 设有向曲面 Σ 关于 xOy 面 (即关于变量 z) 对称, Σ_1 为 Σ 位于 xOy 平面上侧的部分,

若 $R(x,y,-z) = R(x,y,z)$, 则 $\iint\limits_{\Sigma} R(x,y,z)\mathrm{d}x\mathrm{d}y = 0$;

若 $R(x,y,-z) = -R(x,y,z)$, 则 $\iint\limits_{\Sigma} R(x,y,z)\mathrm{d}x\mathrm{d}y = 2\iint\limits_{\Sigma_1} R(x,y,z)\mathrm{d}x\mathrm{d}y.$

(5) 设曲面 Σ 关于 yOz 面 (即关于变量 x) 对称, Σ_1 为 Σ 位于 yOz 平面前侧的部分,

若 $P(-x,y,z) = P(x,y,z)$, 则 $\iint\limits_{\Sigma} P(x,y,z)\mathrm{d}y\mathrm{d}z = 0$;

若 $P(-x,y,z) = -P(x,y,z)$, 则 $\iint\limits_{\Sigma} P(x,y,z)\mathrm{d}y\mathrm{d}z = 2\iint\limits_{\Sigma_1} P(x,y,z)\mathrm{d}y\mathrm{d}z.$

(6) 设曲面 Σ 关于 xOz 面 (即关于变量 y) 对称, Σ_1 为 Σ 位于 xOz 平面右侧的部分,

若 $Q(x,-y,z) = Q(x,y,z)$, 则 $\iint\limits_{\Sigma} Q(x,y,z)\mathrm{d}z\mathrm{d}x = 0$;

若 $Q(x,-y,z) = -Q(x,y,z)$, 则 $\iint\limits_{\Sigma} Q(x,y,z)\mathrm{d}z\mathrm{d}x = 2\iint\limits_{\Sigma_1} Q(x,y,z)\mathrm{d}z\mathrm{d}x.$

11.5.2 对坐标的曲面积分的计算法

慕课11.5.2

定理 11.5.1 设积分曲面 Σ 是由方程 $z = z(x,y)$ 给出, Σ 在 xOy 面上的投影区域为 D_{xy}, 函数 $z = z(x,y)$ 在 D_{xy} 上具有一阶连续偏导数, 被积函数 $R(x,y,z)$ 在 Σ 上连续, 则有

$$\iint\limits_{\Sigma} R(x,y,z)\mathrm{d}x\mathrm{d}y = \pm \iint\limits_{D_{xy}} R[x,y,z(x,y)]\mathrm{d}x\mathrm{d}y, \tag{11-5-5}$$

其中当积分曲面 Σ 取**上侧**时, 即 $\cos\gamma > 0$, 积分前取 "+"; 当 Σ 取**下侧**时, 积分前取 "−".

类似地, 如果 Σ 由 $x = x(y,z)$ 给出, 则有

$$\iint\limits_{\Sigma} P(x,y,z)\mathrm{d}y\mathrm{d}z = \pm \iint\limits_{D_{yz}} P[x(y,z),y,z]\mathrm{d}y\mathrm{d}z. \tag{11-5-6}$$

当积分曲面 Σ 取**前侧**时, 即 $\cos\alpha > 0$, 积分前取 "+" 号; 当积分曲面 Σ 取**后侧**, 即 $\cos\alpha < 0$, 积分前取 "−".

如果 Σ 由 $y = y(x,z)$ 给出, 则有

$$\iint\limits_{\Sigma} Q(x,y,z)\mathrm{d}z\mathrm{d}x = \pm \iint\limits_{D_{zx}} Q[x,y(z,x),z]\mathrm{d}z\mathrm{d}x. \tag{11-5-7}$$

当积分曲面 Σ 取**右侧**时, 即 $\cos\beta > 0$, 积分前取 "+" 号; 当积分曲面 Σ 取**左侧**, 即 $\cos\beta < 0$, 积分前取 "−".

还可以联合起来计算:

$$\iint\limits_{\Sigma} P(x,y,z)\mathrm{d}y\mathrm{d}z + Q(x,y,z)\mathrm{d}z\mathrm{d}x + R(x,y,z)\mathrm{d}x\mathrm{d}y$$

$$= \pm \iint\limits_{D_{xy}} \left[P[x,y,z(x,y)]\cdot\left(-\frac{\partial z}{\partial x}\right) + Q[x,y,z(x,y)]\cdot\left(-\frac{\partial z}{\partial y}\right) + R[x,y,z(x,y)] \right]\mathrm{d}x\mathrm{d}y$$

$$= \pm \iint\limits_{D_{yz}} \left[P[x(y,z),y,z] + Q[x,y,z(x,y)]\cdot\left(-\frac{\partial x}{\partial y}\right) + R[x(y,z),y,z]\cdot\left(-\frac{\partial x}{\partial z}\right) \right]\mathrm{d}y\mathrm{d}z$$

$$= \pm \iint\limits_{D_{zx}} \left[P[x,y(x,z),z]\cdot\left(-\frac{\partial y}{\partial x}\right) + Q[x,y(x,z),z] + R[x,y(x,z),z]\cdot\left(-\frac{\partial y}{\partial z}\right) \right]\mathrm{d}z\mathrm{d}x. \tag{11-5-8}$$

例 1 计算曲面积分 $\iint\limits_{\Sigma} x^2\mathrm{d}y\mathrm{d}z + y^2\mathrm{d}z\mathrm{d}x + z^2\mathrm{d}x\mathrm{d}y$, 其中 Σ 是平面 $x=0$, $y=0$, $z=0$, $x=a$, $y=a$, $z=a$ 所围闭区域 Ω 的边界曲面的外侧.

解　由题意, 闭区域 $\Omega = \{(x,y,z)|0 \leqslant x \leqslant a, 0 \leqslant y \leqslant a, 0 \leqslant z \leqslant a\}$ 由

$\Sigma_1 = \{(x,y,z)|y = 0, 0 \leqslant x \leqslant a, 0 \leqslant z \leqslant a\}$ 的左侧;

$\Sigma_2 = \{(x,y,z)|x = a, 0 \leqslant y \leqslant a, 0 \leqslant z \leqslant a\}$ 的前侧;

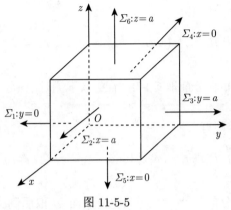

图 11-5-5

$\Sigma_3 = \{(x,y,z)|y = a, 0 \leqslant x \leqslant a, 0 \leqslant z \leqslant a\}$ 的右侧;

$\Sigma_4 = \{(x,y,z)|x = 0, 0 \leqslant y \leqslant a, 0 \leqslant z \leqslant a\}$ 的后侧;

$\Sigma_5 = \{(x,y,z)|z = 0, 0 \leqslant x \leqslant a, 0 \leqslant y \leqslant a\}$ 的下侧;

$\Sigma_6 = \{(x,y,z)|z = a, 0 \leqslant x \leqslant a, 0 \leqslant y \leqslant a\}$ 的上侧所围 (如图 11-5-5), 由积分的可加性,

(1) 在 Σ_1 和 Σ_3 上分别是 $y = 0$, $y = a$, 所以

$$\iint\limits_{\Sigma} x^2 \mathrm{d}y\mathrm{d}z + y^2\mathrm{d}z\mathrm{d}x + z^2\mathrm{d}x\mathrm{d}y = \iint\limits_{\Sigma} y^2\mathrm{d}z\mathrm{d}x = \iint\limits_{\Sigma_1} y^2\mathrm{d}z\mathrm{d}x + \iint\limits_{\Sigma_3} y^2\mathrm{d}z\mathrm{d}x$$

$$= -\iint\limits_{D_{xz}} 0^2\mathrm{d}z\mathrm{d}x + \iint\limits_{D_{xz}} a^2\mathrm{d}z\mathrm{d}x = a^2 \iint\limits_{D_{xz}} 1\mathrm{d}z\mathrm{d}x = a^4,$$

(2) 在 Σ_2 和 Σ_4 上分别是 $x = 0$, $x = a$, 所以

$$\iint\limits_{\Sigma} x^2\mathrm{d}y\mathrm{d}z + y^2\mathrm{d}z\mathrm{d}x + z^2\mathrm{d}x\mathrm{d}y = \iint\limits_{\Sigma} x^2\mathrm{d}y\mathrm{d}z = \iint\limits_{\Sigma_2} x^2\mathrm{d}y\mathrm{d}z + \iint\limits_{\Sigma_4} x^2\mathrm{d}y\mathrm{d}z$$

$$= \iint\limits_{D_{yz}} a^2\mathrm{d}z\mathrm{d}x + \iint\limits_{D_{yz}} 0^2\mathrm{d}z\mathrm{d}x = a^4.$$

(3) 在 Σ_5 和 Σ_6 上分别是 $z = 0$, $z = a$, 所以

$$\iint\limits_{\Sigma} x^2\mathrm{d}y\mathrm{d}z + y^2\mathrm{d}z\mathrm{d}x + z^2\mathrm{d}x\mathrm{d}y = \iint\limits_{\Sigma} z^2\mathrm{d}x\mathrm{d}y = \iint\limits_{\Sigma_5} z^2\mathrm{d}x\mathrm{d}y + \iint\limits_{\Sigma_6} z^2\mathrm{d}x\mathrm{d}y$$

$$= \iint\limits_{D_{xy}} 0^2\mathrm{d}x\mathrm{d}y + \iint\limits_{D_{xy}} a^2\mathrm{d}x\mathrm{d}y = a^4,$$

所以 $\displaystyle\iint\limits_{\Sigma} x^2\mathrm{d}y\mathrm{d}z + y^2\mathrm{d}z\mathrm{d}x + z^2\mathrm{d}x\mathrm{d}y = \iint\limits_{\Sigma} x^2\mathrm{d}y\mathrm{d}z + \iint\limits_{\Sigma} y^2\mathrm{d}z\mathrm{d}x + \iint\limits_{\Sigma} z^2\mathrm{d}x\mathrm{d}y = 3a^4.$

例 2 计算曲面积分 $\iint\limits_{\Sigma}(x^2+y^2+z^2)\mathrm{d}x\mathrm{d}y$, 其中 Σ 是由平面 $z=1$, $z=2$, 圆柱面 $x^2+y^2=1$ 所围闭区域, 且取外侧.

解 由题意, 有向曲面 Σ 由

$\Sigma_1=\{(x,y,z)|z=2,x^2+y^2\leqslant 1\}$ 的上侧,

$\Sigma_2=\{(x,y,z)|z=1,x^2+y^2\leqslant 1\}$ 的下侧,

$\Sigma_3=\{(x,y,z)|x^2+y^2=1,1\leqslant z\leqslant 2\}$ 指向圆柱体 $x^2+y^2=1$ 的**外侧**所围 (如图 11-5-6), 由积分的可加性,

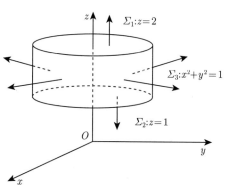

图 11-5-6

$$\iint\limits_{\Sigma}(x^2+y^2+z^2)\mathrm{d}x\mathrm{d}y=\iint\limits_{\Sigma_1}(x^2+y^2+z^2)\mathrm{d}x\mathrm{d}y+\iint\limits_{\Sigma_2}(x^2+y^2+z^2)\mathrm{d}x\mathrm{d}y$$
$$+\iint\limits_{\Sigma_3}(x^2+y^2+z^2)\mathrm{d}x\mathrm{d}y.$$

(1) Σ_1 在 xOy 面上的投影区域 $D_{xy}=\{(x,y)|x^2+y^2\leqslant 1\}$, 且方向向上, 所以

$$\iint\limits_{\Sigma_1}(x^2+y^2+z^2)\mathrm{d}x\mathrm{d}y=\iint\limits_{D_{xy}}(x^2+y^2+2^2)\mathrm{d}x\mathrm{d}y=\int_0^{2\pi}\mathrm{d}\theta\int_0^1(r^2+4)r\mathrm{d}r=\frac{9\pi}{2}.$$

(2) Σ_2 在 xOy 面上的投影区域 $D_{xy}=\{(x,y)|x^2+y^2\leqslant 1\}$, 且方向向下, 所以

$$\iint\limits_{\Sigma_2}(x^2+y^2+z^2)\mathrm{d}x\mathrm{d}y=-\iint\limits_{D_{xy}}(x^2+y^2+1^2)\mathrm{d}x\mathrm{d}y=-\int_0^{2\pi}\mathrm{d}\theta\int_0^1(r^2+1)r\mathrm{d}r=-\frac{3\pi}{2}.$$

(3) 由 Σ_3 法向量的方向余弦 $\cos\gamma=0$, 得 $\iint\limits_{\Sigma_3}(x^2+y^2+z^2)\mathrm{d}x\mathrm{d}y=0$, 所以

$$\iint\limits_{\Sigma}(x^2+y^2+z^2)\mathrm{d}x\mathrm{d}y=\frac{9\pi}{2}-\frac{3\pi}{2}=3\pi.$$

例 3　计算曲面积分 $\displaystyle\iint\limits_{\Sigma}\frac{x\mathrm{d}y\mathrm{d}z+z^2\mathrm{d}x\mathrm{d}y}{x^2+y^2+z^2}$, 其中 Σ 是由平面 $z=R,\ z=$
$-R(R>0)$, 圆柱面 $x^2+y^2=R^2$ 所围闭区域的外侧.

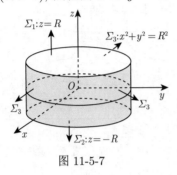

图 11-5-7

解　由题意, 有向曲面 Σ 由
$$\Sigma_1=\{(x,y,z)|z=R,x^2+y^2\leqslant R^2\}$$
的上侧,
$$\Sigma_2=\{(x,y,z)|z=-R,x^2+y^2\leqslant$$
$R^2\}$ 的下侧,
$$\Sigma_3=\{(x,y,z)|x^2+y^2=R^2,-R\leqslant$$
$z\leqslant R\}$ 指向圆柱体 $x^2+y^2=1$ 的外侧所
围 (如图 11-5-7), 由积分的可加性,

$$\iint\limits_{\Sigma}\frac{x\mathrm{d}y\mathrm{d}z+z^2\mathrm{d}x\mathrm{d}y}{x^2+y^2+z^2}=\iint\limits_{\Sigma_1}\frac{x\mathrm{d}y\mathrm{d}z+z^2\mathrm{d}x\mathrm{d}y}{x^2+y^2+z^2}+\iint\limits_{\Sigma_2}\frac{x\mathrm{d}y\mathrm{d}z+z^2\mathrm{d}x\mathrm{d}y}{x^2+y^2+z^2}$$
$$+\iint\limits_{\Sigma_3}\frac{x\mathrm{d}y\mathrm{d}z+z^2\mathrm{d}x\mathrm{d}y}{x^2+y^2+z^2}.$$

(1) Σ_1 与 Σ_2 在 yOz 面上的投影区域为直线段, 所以

$$\iint\limits_{\Sigma_1}\frac{x\mathrm{d}y\mathrm{d}z+z^2\mathrm{d}x\mathrm{d}y}{x^2+y^2+z^2}+\iint\limits_{\Sigma_2}\frac{x\mathrm{d}y\mathrm{d}z+z^2\mathrm{d}x\mathrm{d}y}{x^2+y^2+z^2}=\iint\limits_{\Sigma_1}\frac{z^2\mathrm{d}x\mathrm{d}y}{x^2+y^2+z^2}+\iint\limits_{\Sigma_2}\frac{z^2\mathrm{d}x\mathrm{d}y}{x^2+y^2+z^2},$$

并且 $R(x,y,-z)=R(x,y,z)$, 由性质 4, 得 $\displaystyle\iint\limits_{\Sigma_1}\frac{z^2\mathrm{d}x\mathrm{d}y}{x^2+y^2+z^2}+\iint\limits_{\Sigma_2}\frac{z^2\mathrm{d}x\mathrm{d}y}{x^2+y^2+z^2}=0.$

(2) Σ_3 关于面 yOz 对称, 令 $\Sigma_3:x=\pm\sqrt{R^2-y^2},\Sigma_3':x=\sqrt{R^2-y^2},P(x,y,z)$
$=x$, 显然 $P(-x,y,z)=-P(x,y,z)$, 由性质 5, 得 $\displaystyle\iint\limits_{\Sigma_3}\frac{x\mathrm{d}y\mathrm{d}z}{x^2+y^2+z^2}=2\iint\limits_{\Sigma_3'}\frac{x\mathrm{d}y\mathrm{d}z}{x^2+y^2+z^2},$

同时根据 Σ_3 法向量的方向余弦 $\cos\gamma=0$, 得 $\displaystyle\iint\limits_{\Sigma_3}\frac{z^2\mathrm{d}x\mathrm{d}y}{x^2+y^2+z^2}=0.$

那么
$$\iint\limits_{\Sigma_3'}\frac{x\mathrm{d}y\mathrm{d}z}{x^2+y^2+z^2}=\int_{-R}^{R}\mathrm{d}y\int_{-R}^{R}\frac{\sqrt{R^2-y^2}}{R^2+z^2}\mathrm{d}z=4\int_{0}^{R}\sqrt{R^2-y^2}\mathrm{d}y\int_{0}^{R}\frac{1}{R^2+z^2}\mathrm{d}z$$

$$=\left[4\cdot\frac{\pi R^2}{4}\cdot\frac{1}{R}\arctan\frac{z}{R}\right]\Bigg|_{0}^{R}=\frac{\pi^2 R}{4}.$$

所以

$$\iint\limits_{\varSigma_3} \frac{x\mathrm{d}y\mathrm{d}z}{x^2+y^2+z^2} = 2\iint\limits_{\varSigma'_3} \frac{x\mathrm{d}y\mathrm{d}z}{x^2+y^2+z^2} = \frac{\pi^2 R}{2}.$$

11.5.3 两类曲面积分的关系

定理 11.5.2 设 $\varSigma$ 为分片光滑的有向曲面, 曲面 $\varSigma$ 上任意一点 $M(x,y,z)$ 的单位法向量为 $\boldsymbol{n} = (\cos\alpha, \cos\beta, \cos\gamma)$, 如果函数 $P(x,y,z)$, $Q(x,y,z)$, $R(x,y,z)$, 均在 $\varSigma$ 上连续, 则

$$\iint\limits_{\varSigma} P(x,y,z)\mathrm{d}y\mathrm{d}z + Q(x,y,z)\mathrm{d}z\mathrm{d}x + R(x,y,z)\mathrm{d}x\mathrm{d}y$$

$$= \iint\limits_{\varSigma} [P(x,y,z)\cos\alpha + Q(x,y,z)\cos\beta + R(x,y,z)\cos\gamma]\mathrm{d}S, \qquad (11\text{-}5\text{-}9)$$

其中等式成立与曲面 $\varSigma$ 选择的侧无关.

记 $\mathrm{d}\boldsymbol{S} = \boldsymbol{n}\mathrm{d}S = (\mathrm{d}x\mathrm{d}y, \mathrm{d}y\mathrm{d}z, \mathrm{d}z\mathrm{d}x)$ 为有向面积元素, 其中 $\mathrm{d}x\mathrm{d}y, \mathrm{d}y\mathrm{d}z, \mathrm{d}z\mathrm{d}x$ 分别为 $\mathrm{d}\boldsymbol{S}$ 在 xOy, yOz, xOz 面上的投影, 那么 $\mathrm{d}y\mathrm{d}z = \cos\alpha\mathrm{d}S$, $\mathrm{d}z\mathrm{d}x = \cos\beta\mathrm{d}S$, $\mathrm{d}x\mathrm{d}y = \cos\gamma\mathrm{d}S$, 或者可以写为 $\mathrm{d}y\mathrm{d}z = \dfrac{\cos\alpha}{\cos\gamma}\mathrm{d}x\mathrm{d}y, \mathrm{d}z\mathrm{d}x = \dfrac{\cos\beta}{\cos\gamma}\mathrm{d}x\mathrm{d}y$.

那么第二类曲面积分也可以记为

$$\iint\limits_{\varSigma} P(x,y,z)\mathrm{d}y\mathrm{d}z + Q(x,y,z)\mathrm{d}z\mathrm{d}x + R(x,y,z)\mathrm{d}x\mathrm{d}y$$

$$= \pm\iint\limits_{D_{xy}} \left[P[x,y,z(x,y)]\cdot\left(-\frac{\partial z}{\partial x}\right) + Q[x,y,z(x,y)]\cdot\left(-\frac{\partial z}{\partial y}\right) + R[x,y,z(x,y)] \right]\mathrm{d}x\mathrm{d}y$$

$$= \pm\iint\limits_{D_{yz}} \left[P[x(y,z),y,z] + Q[x,y,z(x,y)]\cdot\left(-\frac{\partial x}{\partial y}\right) + R[x(y,z),y,z]\cdot\left(-\frac{\partial x}{\partial z}\right) \right]\mathrm{d}y\mathrm{d}z$$

$$= \pm\iint\limits_{D_{zx}} \left[P[x,y(x,z),z]\cdot\left(-\frac{\partial y}{\partial x}\right) + Q[x,y(x,z),z] + R[x,y(x,z),z]\cdot\left(-\frac{\partial y}{\partial z}\right) \right]\mathrm{d}z\mathrm{d}x.$$

$$(11\text{-}5\text{-}10)$$

例 4 计算曲面积分 $\oiint\limits_{\varSigma} xz\mathrm{d}x\mathrm{d}y + xy\mathrm{d}y\mathrm{d}z + yz\mathrm{d}z\mathrm{d}x$, 其中 $\varSigma$ 是平面 $x = 0$, $y = 0$, $z = 0$, $x + y + z = 1$ 所围成的空间区域的整个边界曲面的外侧.

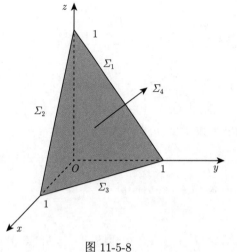

图 11-5-8

解 Σ 由平面 $\Sigma_1 : x = 0$, $\Sigma_2 : y = 0$, $\Sigma_3 : z = 0$, $\Sigma_4 : x + y + z = 1$ 分片组成 (如图 11-5-8), 且 $\displaystyle\iint\limits_{\Sigma_1} = \iint\limits_{\Sigma_2} = \iint\limits_{\Sigma_3} = 0$, 所以

$$\oiint\limits_{\Sigma} xz\mathrm{d}x\mathrm{d}y + xy\mathrm{d}y\mathrm{d}z + yz\mathrm{d}z\mathrm{d}x$$

$$= \iint\limits_{\Sigma_4} xz\mathrm{d}x\mathrm{d}y + xy\mathrm{d}y\mathrm{d}z + yz\mathrm{d}z\mathrm{d}x.$$

根据两类曲面的关系, 将 $\displaystyle\iint\limits_{\Sigma_4} xz\mathrm{d}x\mathrm{d}y$ $+ xy\mathrm{d}y\mathrm{d}z + yz\mathrm{d}z\mathrm{d}x$ 化为关于坐标 x 和 y 的曲面积分, 由于曲面 $\Sigma_4 : x + y + z = 1$ 上任意一点 $M(x, y, z)$ 的单位法向量为

$$\boldsymbol{n} = (\cos\alpha, \cos\beta, \cos\gamma) = \left(\frac{1}{\sqrt{3}}, \frac{1}{\sqrt{3}}, \frac{1}{\sqrt{3}}\right),$$

得

$$\mathrm{d}y\mathrm{d}z = \frac{\cos\alpha}{\cos\gamma}\mathrm{d}x\mathrm{d}y = \mathrm{d}x\mathrm{d}y, \quad \mathrm{d}z\mathrm{d}x = \frac{\cos\beta}{\cos\gamma}\mathrm{d}x\mathrm{d}y = \mathrm{d}x\mathrm{d}y,$$

所以

$$\iint\limits_{\Sigma_4} xz\mathrm{d}x\mathrm{d}y + xy\mathrm{d}y\mathrm{d}z + yz\mathrm{d}z\mathrm{d}x = \iint\limits_{\Sigma_4} (xz + xy + yz)\mathrm{d}x\mathrm{d}y$$

$$= \iint\limits_{D_{xy}} (x(1 - x - y) + xy + y(1 - x - y))\,\mathrm{d}x\mathrm{d}y$$

$$= \int_0^1 \mathrm{d}x \int_0^{1-x} (-x^2 - y^2 - xy + x + y)\mathrm{d}y = \frac{1}{8}.$$

11.5.4　高斯公式

　　格林公式表达了平面闭区域上的二重积分与其边界曲线上的曲线积分之间的关系, 而我们将要介绍的高斯公式给出了空间闭区域上的三重积分与其边界曲面上的曲面积分之间的关系.

慕课11.6

定理 11.5.3(高斯公式) 设空间闭区域 Ω 是由分片光滑的闭曲面 Σ 所围成, 函数 $P(x,y,z)$, $Q(x,y,z)$, $R(x,y,z)$ 在 Ω 上具有一阶连续偏导数, 则有

$$\oiint_{\Sigma} P\mathrm{d}y\mathrm{d}z + Q\mathrm{d}z\mathrm{d}x + R\mathrm{d}x\mathrm{d}y = \pm \iiint_{\Omega} \left(\frac{\partial P}{\partial x} + \frac{\partial Q}{\partial y} + \frac{\partial R}{\partial z} \right) \mathrm{d}V \qquad (11\text{-}5\text{-}11)$$

或者

$$\oiint_{\Sigma} (P\cos\alpha + Q\cos\beta + R\cos\gamma)\,\mathrm{d}S = \pm \iiint_{\Omega} \left(\frac{\partial P}{\partial x} + \frac{\partial Q}{\partial y} + \frac{\partial R}{\partial z} \right) \mathrm{d}V, \quad (11\text{-}5\text{-}12)$$

其中 Σ 取外侧时, 取 "+" 号, 反之取 "−" 号.

在应用高斯公式计算第二类曲面积分时应该注意以下三个方面内容:

(1) 空间区域 Ω 必须是封闭区域, 如果不是封闭区域, 需要补画辅助面使之变成封闭区域, 然后在三重积分计算结果中减去在辅助面的积分值;

(2) 要求函数 $P(x,y,z)$, $Q(x,y,z)$, $R(x,y,z)$ 在闭曲面 Σ 所围成的区域 Ω 上具有一阶连续偏导数;

(3) 要求封闭区域 Ω 的方向指向外侧, 如果封闭区域指向内侧, 高斯公式取负号.

下面给出几个应用高斯公式计算第二类曲面积分的例子.

例 5 计算曲面积分 $\oiint_{\Sigma}(x-y)\mathrm{d}x\mathrm{d}y$
$+(y-z)x\mathrm{d}y\mathrm{d}z$, 其中 Σ 为柱面 $x^2+y^2=1$ 及平面 $z=0$, $z=1$ 所围成的闭区域 Ω 的整个边界曲面的外侧, 如图 11-5-9 所示.

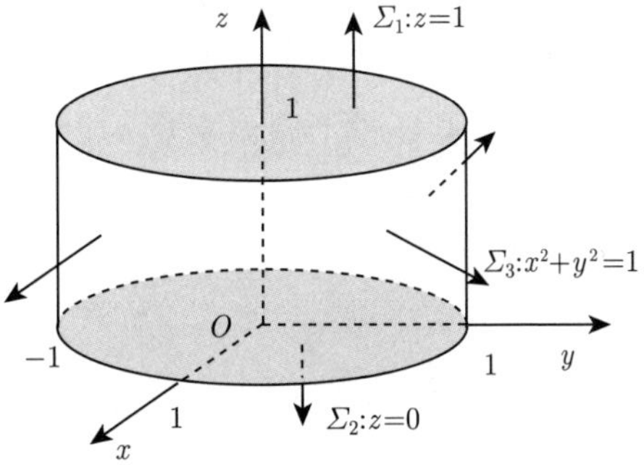

解 由题意, 闭区域

$\Omega = \{(x,y,z)|x^2+y^2 \leqslant 1, 0 \leqslant z \leqslant 1\}$

$\quad = \{(r,\theta,z)|0 \leqslant r \leqslant 1, 0 \leqslant \theta \leqslant 2\pi,$

$\qquad 0 \leqslant z \leqslant 1\}.$

图 11-5-9

设函数 $P(x,y,z) = x(y-z)$, $Q(x,y,z) = 0$, $R(x,y,z) = x-y$ 在 Ω 上具有一阶连续偏导数, 且 $\dfrac{\partial P}{\partial x} = y-z$, $\dfrac{\partial Q}{\partial y} = \dfrac{\partial R}{\partial z} = 0$, 由高斯公式知, $\oiint_{\Sigma}(x-y)\mathrm{d}x\mathrm{d}y +$

$(y-z)x\mathrm{d}y\mathrm{d}z = \iiint_{\Omega}(y-z)\mathrm{d}V.$ 根据柱面坐标, 得

$$\iiint\limits_{\Omega} (y-z)\mathrm{d}V = \int_0^1 \mathrm{d}r \int_0^{2\pi} \mathrm{d}\theta \int_0^1 (r\sin\theta - z)r\mathrm{d}z = -\frac{\pi}{2}.$$

例 6　计算曲面积分 $\oiint\limits_{\Sigma} x^3 \mathrm{d}y\mathrm{d}z + y^3\mathrm{d}z\mathrm{d}x + x^3\mathrm{d}x\mathrm{d}y$, 其中 Σ 为球面 $x^2 + y^2 + z^2 = a^2$ 的外侧 (图 11-5-10).

解　由题意, 闭区域 $\Omega = \{(x,y,z)|x^2+y^2+z^2 \leqslant a^2\} = \{(r,\theta,z)|0 \leqslant r \leqslant a, 0 \leqslant \theta \leqslant 2\pi, 0 \leqslant \varphi \leqslant \pi\}$. 设函数 $P(x,y,z) = x^3, Q(x,y,z) = y^3, R(x,y,z) = z^3$ 在 Ω 上具有一阶连续偏导数, 且 $\dfrac{\partial P}{\partial x} = 3x^2, \dfrac{\partial Q}{\partial y} = 3y^2, \dfrac{\partial R}{\partial z} = 3z^2$, 由高斯公式及球面坐标

$$\oiint\limits_{\Sigma} x^3\mathrm{d}y\mathrm{d}z + y^3\mathrm{d}z\mathrm{d}x + x^3\mathrm{d}x\mathrm{d}y = \iiint\limits_{\Omega} (3x^2 + 3y^2 + 3z^2)\mathrm{d}V$$

$$= 3\int_0^{2\pi}\mathrm{d}\theta\int_0^{\pi}\mathrm{d}\varphi\int_0^a r^4\sin\varphi\mathrm{d}r = \frac{12\pi a^5}{5}.$$

例 7　计算曲面积分 $\iint\limits_{\Sigma} yz\mathrm{d}z\mathrm{d}x + 2\mathrm{d}x\mathrm{d}y$, 其中 Σ 为球面 $x^2 + y^2 + z^2 = 4^2 (z \geqslant 0)$ 的外侧 (图 11-5-11).

解　曲面 Σ 不是封闭曲面, 不能直接利用高斯公式, 利用 "补面法". 设 Σ_1: $z = 0(x^2 + y^2 \leqslant 4)$ 取下侧, 则 Σ 与 Σ_1 构成一个封闭曲面, 记它们围成的空间闭区域为 $\Omega = \{(x,y,z)|x^2+y^2+z^2 \leqslant 4^2, z \geqslant 0\}$, 那么,

$$\iint\limits_{\Sigma} yz\mathrm{d}z\mathrm{d}x + 2\mathrm{d}x\mathrm{d}y = \oiint\limits_{\Sigma+\Sigma_1} yz\mathrm{d}z\mathrm{d}x + 2\mathrm{d}x\mathrm{d}y - \iint\limits_{\Sigma_1} yz\mathrm{d}z\mathrm{d}x + 2\mathrm{d}x\mathrm{d}y.$$

利用高斯公式

$$\oiint\limits_{\Sigma+\Sigma_1} yz\mathrm{d}z\mathrm{d}x + 2\mathrm{d}x\mathrm{d}y = \iiint\limits_{\Omega} z\mathrm{d}V = \int_0^2 z\mathrm{d}z\iint\limits_{x^2+y^2\leqslant 4-z^2}\mathrm{d}x\mathrm{d}y = \pi\int_0^2 z(4-z^2)\mathrm{d}z = 4\pi,$$

而

$$\iint\limits_{\Sigma_1} yz\mathrm{d}z\mathrm{d}x + 2\mathrm{d}x\mathrm{d}y = 2\iint\limits_{\Sigma_1}\mathrm{d}x\mathrm{d}y = -2\iint\limits_{x^2+y^2\leqslant 4}\mathrm{d}x\mathrm{d}y = -8\pi,$$

所以 $\iint\limits_{\Sigma} yz\mathrm{d}z\mathrm{d}x + 2\mathrm{d}x\mathrm{d}y = 12\pi.$

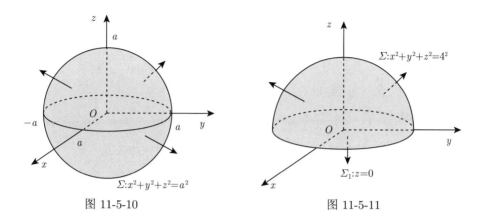

图 11-5-10   图 11-5-11

11.5.5 斯托克斯公式

格林公式表达了平面闭区域上的二重积分与其边界曲线上的曲线积分之间的关系, 斯托克斯公式把曲面上曲面积分与沿着的边界曲线的曲线积分联系在一起.

慕课11.7.1

定理 11.5.4(斯托克斯公式) 设 Γ 为分段光滑的空间有向闭曲线, Σ 是以 Γ 为边界的分片光滑的有向曲面, Γ 的正向与 Σ 的侧符合右手规则, 函数 $P(x,y,z)$, $Q(x,y,z)$, $R(x,y,z)$ 在曲面 Σ(连同边界 Γ) 上具有一阶连续偏导数, 则有

$$\iint\limits_{\Sigma} \left(\frac{\partial R}{\partial y} - \frac{\partial Q}{\partial z}\right) \mathrm{d}y\mathrm{d}z + \left(\frac{\partial P}{\partial z} - \frac{\partial R}{\partial x}\right) \mathrm{d}z\mathrm{d}x + \left(\frac{\partial Q}{\partial x} - \frac{\partial P}{\partial y}\right) \mathrm{d}x\mathrm{d}y$$

$$= \oint_{\Gamma} P\mathrm{d}x + Q\mathrm{d}y + R\mathrm{d}z. \tag{11-5-13}$$

公式 (11-5-13) 称为斯托克斯公式.

为了方便记忆, 把斯托克斯公式写成行列式:

$$\iint\limits_{\Sigma} \begin{vmatrix} \mathrm{d}y\mathrm{d}z & \mathrm{d}z\mathrm{d}x & \mathrm{d}x\mathrm{d}y \\ \dfrac{\partial}{\partial x} & \dfrac{\partial}{\partial y} & \dfrac{\partial}{\partial z} \\ P & Q & R \end{vmatrix} = \oint_{\Gamma} P\mathrm{d}x + Q\mathrm{d}y + R\mathrm{d}z.$$

利用两类曲面积的关系, 斯托克斯公式也可写成

$$\iint\limits_{\Sigma} \begin{vmatrix} \cos\alpha & \cos\beta & \cos\gamma \\ \dfrac{\partial}{\partial x} & \dfrac{\partial}{\partial y} & \dfrac{\partial}{\partial z} \\ P & Q & R \end{vmatrix} \mathrm{d}S = \oint_{\Gamma} P\mathrm{d}x + Q\mathrm{d}y + R\mathrm{d}z,$$

其中 $\boldsymbol{n} = (\cos\alpha, \cos\beta, \cos\gamma)$ 为有向曲面 Σ 在点 (x, y, z) 处的单位法向量, 即

$$\iint\limits_{\Sigma} \left[\left(\frac{\partial R}{\partial y} - \frac{\partial Q}{\partial z} \right) \cos\alpha + \left(\frac{\partial P}{\partial z} - \frac{\partial R}{\partial x} \right) \cos\beta + \left(\frac{\partial Q}{\partial x} - \frac{\partial P}{\partial y} \right) \cos\gamma \right] \mathrm{d}S$$

$$= \oint_{\Gamma} P\mathrm{d}x + Q\mathrm{d}y + R\mathrm{d}z.$$

当 Σ 是 xOy 面上的有界闭区域时, 斯托克斯公式化为格林公式.

例 8　计算曲线积分 $\oint_{\Gamma} z\mathrm{d}x + x\mathrm{d}y + y\mathrm{d}z$, 其中 Γ 为平面 $x + y + z = 1$ 被三个坐标面所截成的三角形的整个边界, 它的方向与这个三角形上侧的法向量符合右手规则.

解　如图 11-5-12 和图 11-5-13 所示, 利用斯托克斯公式, 得

$$\oint_{\Gamma} z\mathrm{d}x + x\mathrm{d}y + y\mathrm{d}z = \iint\limits_{\Sigma} \mathrm{d}y\mathrm{d}z + \mathrm{d}z\mathrm{d}x + \mathrm{d}x\mathrm{d}y,$$

由转换投影公式

$$\iint\limits_{\Sigma} \mathrm{d}y\mathrm{d}z + \mathrm{d}z\mathrm{d}x + \mathrm{d}x\mathrm{d}y = \iint\limits_{D_{xy}} \left[\left(-\frac{\partial z}{\partial x} \right) + \left(-\frac{\partial z}{\partial y} \right) + 1 \right] \mathrm{d}x\mathrm{d}y$$

$$= 3 \iint\limits_{D_{xy}} \mathrm{d}x\mathrm{d}y = \frac{3}{2}.$$

所以 $\oint_{\Gamma} z\mathrm{d}x + x\mathrm{d}y + y\mathrm{d}z = \frac{3}{2}.$

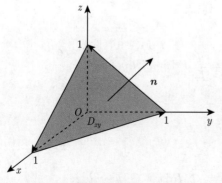

图 11-5-12

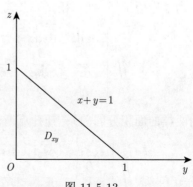

图 11-5-13

例 9　计算曲线积分 $\oint_{\Gamma} (y-z)\mathrm{d}x + (z-x)\mathrm{d}y + (x-y)\mathrm{d}z$, 其中 Γ 为平面 $x+z=1$ 与柱面 $x^2+y^2=1$ 的交线, 从 z 轴正向看去为逆时针方向.

解　令 $I = \oint_{\Gamma} (y-z)\mathrm{d}x + (z-x)\mathrm{d}y + (x-y)\mathrm{d}z$, $P(x,y,z) = y-z$, $Q(x,y,z) = z-x$, $R(x,y,z) = x-y$. 根据右手规则, 平面 $x+z=1$ 上以 Γ 为边界的曲面 Σ, 方向取上侧, 那么在有向曲面 Σ 上,

$$\frac{\partial R}{\partial y} - \frac{\partial Q}{\partial z} = -2, \quad \frac{\partial P}{\partial z} - \frac{\partial R}{\partial x} = -2, \quad \frac{\partial Q}{\partial x} - \frac{\partial P}{\partial y} = -2.$$

由斯托克斯公式, 得

$$I = -2 \iint_{\Sigma} \mathrm{d}y\mathrm{d}z + \mathrm{d}z\mathrm{d}x + \mathrm{d}x\mathrm{d}y.$$

因为 Σ 在 xOy 面上的投影区域为

$$D_{xy} = \{(x,y) | x^2 + y^2 \leqslant 1\},$$

所以 Σ 的方程为

$$z = 1-x, \quad (x,y) \in D_{xy},$$

得 Σ 的单位法向量 $\boldsymbol{n} = (\cos\alpha, \cos\beta, \cos\gamma) = \dfrac{1}{\sqrt{2}}(1,0,1)$, 所以

$$\begin{aligned}
I &= -2 \iint_{\Sigma} \mathrm{d}y\mathrm{d}z + \mathrm{d}z\mathrm{d}x + \mathrm{d}x\mathrm{d}y \\
&= -2 \iint_{\Sigma} (\cos\alpha + \cos\beta + \cos\gamma)\mathrm{d}S \\
&= -2 \iint_{D_{xy}} \frac{\sqrt{2}}{\cos\gamma}\mathrm{d}x\mathrm{d}y \\
&= -4\pi.
\end{aligned}$$

11.5.6　对坐标的曲面积分的应用

为了研究物理现象, 需要掌握发生该物理现象的各种物理量的分布情况和它们随时间变化的规律. 我们把物理量在空间或者一部分空间上的分布称为场. 如果

描述场的物理量是数量, 则称这个场为数量场; 如果描述场的物理量是向量, 则称这个场为向量场或者矢量场.

例如, 在空间区域 Ω 上给定一个数量函数 $u(x, y, z)$, $(x, y, z) \in \Omega$, 且 $u(x, y, z)$ 在 Ω 上具有一阶连续偏导数, 也就是在空间区域 Ω 上给定了一个数量场.

在空间区域 Ω 上给定一个向量函数

$$\boldsymbol{F}(x, y, z) = (P(x, y, z), Q(x, y, z), R(x, y, z)), \quad (x, y, z) \in \Omega,$$

且 $P(x, y, z)$, $Q(x, y, z)$, $R(x, y, z)$ 为定义在 Ω 上具有一阶连续偏导数, 也就是在空间区域 Ω 上给定了一个向量场.

下面我们介绍几个空间直角坐标系下的场的物理量.

1. 通量 (流量)、散度

设 $\boldsymbol{F}(x, y, z) = (P(x, y, z), Q(x, y, z), R(x, y, z))$ 为给定区域 Ω 上的向量场, Σ 为 Ω 内的一块有向光滑曲面, $\boldsymbol{n} = (\cos\alpha, \cos\beta, \cos\gamma)$ 为有向光滑曲面 Σ 指向一侧的单位法向量, 那么向量场 $\boldsymbol{F}(x, y, z)$ 流过 Σ 指定侧的**流量 (通量)** 可以写成

$$\Phi = \iint\limits_{\Sigma} (P(x, y, z)\cos\alpha + Q(x, y, z)\cos\beta + R(x, y, z)\cos\gamma)\,\mathrm{d}S.$$

该流量也可以表示为向量形式

$$\Phi = \iint\limits_{\Sigma} \boldsymbol{F} \cdot \mathrm{d}\boldsymbol{S} = \iint\limits_{\Sigma} \boldsymbol{F} \cdot \boldsymbol{n}\,\mathrm{d}S,$$

其中 $\mathrm{d}S = (\mathrm{d}y\mathrm{d}z, \mathrm{d}z\mathrm{d}x, \mathrm{d}x\mathrm{d}y)$.

定义 11.5.3 设向量场 $\boldsymbol{F}(x, y, z) = (P(x, y, z), Q(x, y, z), R(x, y, z))$, 则称数量函数 $\dfrac{\partial P}{\partial x} + \dfrac{\partial Q}{\partial y} + \dfrac{\partial R}{\partial z}$ 为向量场 $\boldsymbol{F}$ 的**散度**, 记为 $\mathrm{div}\boldsymbol{F}(x, y, z)$, 即

$$\mathrm{div}\boldsymbol{F}(x, y, z) = \frac{\partial P}{\partial x} + \frac{\partial Q}{\partial y} + \frac{\partial R}{\partial z}. \tag{11-5-14}$$

事实上, 高斯公式物理意义表示: 如果空间区域 Ω 是由分片光滑的闭曲面 Σ 所围成, $\boldsymbol{n} = (\cos\alpha, \cos\beta, \cos\gamma)$ 为有向封闭曲面 Σ 的单位法向量, Σ 的方向指向外侧, 那么向量场 $\boldsymbol{F}(x, y, z)$ 流过 Σ 外侧的**流量 (通量)** Φ 可以写成散度在封闭区域 Ω 内的三重积分, 即

$$\oiint\limits_{\Sigma} (P\cos\alpha + Q\cos\beta + R\cos\gamma)\,\mathrm{d}S = \iiint\limits_{\Omega} \left(\frac{\partial P}{\partial x} + \frac{\partial Q}{\partial y} + \frac{\partial R}{\partial z}\right)\mathrm{d}V.$$

例 10 求万有引力场 $\boldsymbol{F}(x,y,z) = -\dfrac{m}{r^3}(x,y,z)$ 的散度.

解 设 $\Omega = \{(x,y,z)|x^2 + y^2 + z^2 \neq 0\}$, $P(x,y,z) = -\dfrac{mx}{r^3}$, $Q(x,y,z) = -\dfrac{my}{r^3}$, $R(x,y,z) = -\dfrac{mz}{r^3}$, 其中 $r = \sqrt{x^2 + y^2 + z^2} \neq 0$, 那么 $P(x,y,z), Q(x,y,z),$ $R(x,y,z)$ 在 Ω 上具有一阶连续偏导数, 得

$$\frac{\partial P}{\partial x} = -\frac{mr^2 - 3mx^2}{r^5}, \quad \frac{\partial Q}{\partial y} = -\frac{mr^2 - 3my^2}{r^5}, \quad \frac{\partial R}{\partial y} = -\frac{mr^2 - 3mz^2}{r^5},$$

所以引力场 $\boldsymbol{F}$ 的散度

$$\mathrm{div}\boldsymbol{F}(x,y,z) = -\frac{3mr^2 - 3m(x^2 + y^2 + z^2)}{r^5} = 0.$$

如果向量场 $\boldsymbol{F}(x,y,z)$ 中任意一点 $P(x,y,z)$, 都有 $\mathrm{div}\boldsymbol{F}(x,y,z) = 0$, 则称向量场 $\boldsymbol{F}(x,y,z)$ 为无源场, 例 10 为**无源场**.

当向量场 $\boldsymbol{F}(x,y,z)$ 中任意一点 $P(x,y,z)$, 都有 $\mathrm{div}\boldsymbol{F}(P) > 0$, 表示在单位时间内有一定数量的流体从点 P 处流出; 如果 $\mathrm{div}\boldsymbol{F}(P) < 0$, 表示在单位时间内有一定数量的流体从点 P 处流入.

2. 环流量、旋度

设 $\boldsymbol{F}(x,y,z) = (P(x,y,z), Q(x,y,z), R(x,y,z))$ 为给定区域 Ω 上的向量场, 其中 $P(x,y,z), Q(x,y,z), R(x,y,z)$ 连续可导, $\varGamma$ 是 Ω 上的有向封闭曲线, 则向量场 $\boldsymbol{F}(x,y,z)$ 沿着有向闭曲线 $\varGamma$ 的**环流量**为

$$\varPhi = \oint_{\varGamma} P\mathrm{d}x + Q\mathrm{d}y + R\mathrm{d}z.$$

该环流量也可以表示为向量形式

$$\varPhi = \oint_{\varGamma} \boldsymbol{F} \cdot \mathrm{d}\boldsymbol{s} = \oint_{\varGamma} \boldsymbol{F} \cdot \boldsymbol{s}\mathrm{d}s,$$

其中 $\mathrm{d}\boldsymbol{s} = (\mathrm{d}x, \mathrm{d}y, \mathrm{d}z)$, $\boldsymbol{s} = (\cos\alpha, \cos\beta, \cos\gamma)$ 为 $\varGamma$ 上的单位切向量.

定义 11.5.4 向量 $\begin{vmatrix} \boldsymbol{i} & \boldsymbol{j} & \boldsymbol{k} \\ \dfrac{\partial}{\partial x} & \dfrac{\partial}{\partial y} & \dfrac{\partial}{\partial z} \\ P & Q & R \end{vmatrix}$ 称为向量场 $\boldsymbol{F}(x,y,z)$ 的**旋度**, 记为

$\mathbf{rot}\boldsymbol{F}(x,y,z)$, 即

$$\mathbf{rot}\boldsymbol{F}(x,y,z) = \begin{vmatrix} \boldsymbol{i} & \boldsymbol{j} & \boldsymbol{k} \\ \dfrac{\partial}{\partial x} & \dfrac{\partial}{\partial y} & \dfrac{\partial}{\partial z} \\ P & Q & R \end{vmatrix}. \tag{11-5-15}$$

关于环流量与旋度的物理解释:

如果向量场 $\boldsymbol{v}(x,y,z)$ 为稳定的不可压缩的流速场, 那么环流量 $\oint_L \boldsymbol{v}\cdot\mathrm{d}\boldsymbol{s}$ 表示流速为 $\boldsymbol{v}$ 的流体在单位时间内沿着封闭曲线 Γ 环绕的流体总质量, 而旋度 $\mathbf{rot}\boldsymbol{v}(x,y,z)$ 表示流体沿着封闭曲线 Γ 环绕时旋转的强弱程度. 如果任意一点 $P(x,y,z)\in\boldsymbol{v}(x,y,z)$, 都有 $\mathbf{rot}\boldsymbol{v}(P)=0$, 说明流体流动不会形成涡旋 (不发生旋转), 此时称向量场 $\boldsymbol{v}(x,y,z)$ 为**无旋场**.

在 11.5.5 节中斯托克斯公式可以写成行列式:

$$\iint\limits_{\Sigma} \begin{vmatrix} \mathrm{d}y\mathrm{d}z & \mathrm{d}z\mathrm{d}x & \mathrm{d}x\mathrm{d}y \\ \dfrac{\partial}{\partial x} & \dfrac{\partial}{\partial y} & \dfrac{\partial}{\partial z} \\ P & Q & R \end{vmatrix} = \oint_{\Gamma} P\mathrm{d}x + Q\mathrm{d}y + R\mathrm{d}z,$$

以及利用两类曲面积分的关系, 斯托克斯公式也可写成

$$\iint\limits_{\Sigma} \begin{vmatrix} \cos\alpha & \cos\beta & \cos\gamma \\ \dfrac{\partial}{\partial x} & \dfrac{\partial}{\partial y} & \dfrac{\partial}{\partial z} \\ P & Q & R \end{vmatrix}\mathrm{d}S = \oint_{\Gamma} P\mathrm{d}x + Q\mathrm{d}y + R\mathrm{d}z,$$

那么利用向量场的旋度公式, 我们可以将斯托克斯公式写成

$$\Phi = \oint_{\Gamma} \boldsymbol{F}\cdot\mathrm{d}\boldsymbol{s} = \iint\limits_{\Sigma} \mathbf{rot}\boldsymbol{F}\cdot\mathrm{d}\boldsymbol{S} = \iint\limits_{\Sigma} \mathbf{rot}\boldsymbol{F}\cdot\boldsymbol{n}\mathrm{d}S.$$

事实上, 斯托克斯公式在稳定的不可压缩的流速场 $\boldsymbol{v}(x,y,z)$ 中, 流体在单位时间内沿着封闭曲线 Γ 环绕的流体总质量, 等于旋度 $\mathbf{rot}\boldsymbol{v}(x,y,z)$ 在 Γ 所围成的任意有向封闭曲面 Σ 的单位法向量 $\boldsymbol{n}=(\cos\alpha,\cos\beta,\cos\gamma)$ 上的投影通过有向曲面 Σ 的流量, 其中 Γ 的正向与 Σ 的单位法向量 $\boldsymbol{n}$ 的方向符合右手规则.

例 11　求向量场 $\boldsymbol{F}(x,y,z)=(x-z,x^3+yz,-3xy^2)$ 的旋度及沿着闭曲线 Γ 逆时针方向的环流量, 其中 Γ 为锥面 $z=2-\sqrt{x^2+y^2}$ 与 xOy 面的交线.

解 由旋度的计算公式, 得

$$\mathbf{rot}\boldsymbol{F}(x,y,z) = \begin{vmatrix} \boldsymbol{i} & \boldsymbol{j} & \boldsymbol{k} \\ \dfrac{\partial}{\partial x} & \dfrac{\partial}{\partial y} & \dfrac{\partial}{\partial z} \\ x-z & x^3+yz & -3xy^2 \end{vmatrix} = (-6xy-y)\boldsymbol{i} + (-1-3y^2)\boldsymbol{j} + 3x^2\boldsymbol{k}.$$

设曲面 Σ 为以 Γ 为边界的 xOy 面上的区域, 那么 Σ 在 xOy 面上的投影区域为 $D_{xy} = \{(x,y)|x^2+y^2 \leqslant 4\}$ 及 Σ 的方程为 $z=0$ $(x^2+y^2 \leqslant 4)$, Σ 为有向封闭曲面.

令 Σ 的单位法向量 $\boldsymbol{n}=(0,0,1)$, Γ 的正向与 Σ 的单位法向量 $\boldsymbol{n}$ 的方向符合右手规则. 由斯托克斯公式

$$\oint_{\Gamma} \boldsymbol{F} \cdot \mathrm{d}\boldsymbol{s} = \iint_{\Sigma} \mathbf{rot}\boldsymbol{F} \cdot \boldsymbol{n}\mathrm{d}S = \iint_{\Sigma} 3x^2 \mathrm{d}S$$

$$= \iint_D 3x^2 \mathrm{d}x\mathrm{d}y$$

$$= 3\int_0^{2\pi} \mathrm{d}\theta \int_0^2 r^2\cos^2\theta \cdot r\mathrm{d}r$$

$$= 12\pi.$$

小结与思考

1. 小结

计算对坐标的曲面积分的具体计算步骤是: "一投二换三定号". 设曲面 Σ 的方程为 $z=z(x,y)$, Σ 在 xOy 面上的投影区域为 D_{xy}.

(1) 把 Σ 投影到 xOy 面上为 D_{xy}.

(2) 把 $\mathrm{d}y\mathrm{d}z$, $\mathrm{d}z\mathrm{d}x$, 用以下两个式子 $\mathrm{d}y\mathrm{d}z = \dfrac{\cos\alpha}{\cos\gamma}\mathrm{d}x\mathrm{d}y$, $\mathrm{d}z\mathrm{d}x = \dfrac{\cos\beta}{\cos\gamma}\mathrm{d}x\mathrm{d}y$ 换掉, 并且**代入**曲面 Σ 的方程 $z=z(x,y)$.

(3) 当积分曲面 Σ 取**上侧**时, 即 $\cos\gamma > 0$, 积分前取 "**+**"; 当 Σ 取**下侧**时, 积分前取 "**−**".

应用高斯公式计算第二类曲面积分时应该注意以下三个方面内容:

(1) 空间区域 Ω 必须是封闭区域, 如果不是封闭区域, 需要补画辅助面使之变成封闭区域, 然后在三重积分计算结果中减去在辅助面的积分值;

(2) 要求函数 $P(x,y,z)$, $Q(x,y,z)$, $R(x,y,z)$ 在闭曲面 Σ 所围成的区域 Ω 上具有一阶连续偏导数;

(3) 要求封闭区域 Ω 的方向指向外侧, 如果封闭区域指向内侧, 高斯公式取负号.

高斯公式物理意义表示: 向量场 $\boldsymbol{F}(x,y,z)$ 流过 Σ 外侧的**流量** Φ 可以写成散度在封闭区域 Ω 内的三重积分.

应用斯托克斯公式计算第二类曲线积分时应该注意以下三个方面内容:

(1) 空间曲线 Γ 必须是**封闭曲线**, 如果不是封闭曲线, 需要补画辅助线使之变成封闭曲线;

(2) 要求空间曲线 Γ 方向为**正向**封闭曲线;

(3) 函数 $P(x,y,z)$, $Q(x,y,z)$, $R(x,y,z)$ 在空间曲线 Γ 所围的闭曲面 Σ 上具有一阶**连续偏导数**.

2. 思考

请分别举出一个无旋场和无源场的例子.

数学文化

德天瀑布位于广西壮族自治区崇左市大新县硕龙镇德天村, 中国与越南边境处的归春河上游, 瀑布气势磅礴、蔚为壮观, 与紧邻的越南板约瀑布相连, 是亚洲第一、世界第四大跨国瀑布, 年均水**流量**约为贵州黄果树瀑布的三倍, 为中国国家 5A 级旅游景区.

描写瀑布的经典名句 "**飞流直下三千尺, 疑是银河落九天**" 展现了流水流向有向曲面一侧的流量 "**垂落平铺**" 的过程.

习 题 11-5

1. 计算 $\displaystyle\iint\limits_{\Sigma} x^2 y^2 z \mathrm{d}x\mathrm{d}y$, 其中 Σ 是球面 $x^2 + y^2 + z^2 = R^2$ 的下半部分的下侧.

2. 计算 $\displaystyle\iint\limits_{\Sigma} z\mathrm{d}x\mathrm{d}y + x\mathrm{d}y\mathrm{d}z + y\mathrm{d}z\mathrm{d}x$, 其中 Σ 是柱面 $x^2 + y^2 = 1$ 被平面 $z = 0$ 及 $z = 3$ 所截得的在第一卦限内的部分的前侧.

3. 计算 $\displaystyle\oiint\limits_{\Sigma} x^2 \mathrm{d}y\mathrm{d}z + y^2 \mathrm{d}z\mathrm{d}x + z^2 \mathrm{d}x\mathrm{d}y$, 其中 Σ 为平面 $x = 0$, $y = 0$, $z = 0$, $x = a$, $y = a$, $z = a$ 所围成的立体的表面的外侧.

4. 计算 $\displaystyle\oint\limits_{\Gamma} y\mathrm{d}x + z\mathrm{d}y + x\mathrm{d}z$, 其中 Γ 为圆周 $x^2 + y^2 + z^2 = a^2$, $x + y + z = 0$, 若从 x 轴的正向看去, 这圆周是取逆时针方向.

5. $\displaystyle\oint\limits_{\Gamma} (y - z)\mathrm{d}x + (z - x)\mathrm{d}y + (x - y)\mathrm{d}z$, 其中 Γ 为椭圆 $x^2 + y^2 = a^2$, $\dfrac{x}{a} + \dfrac{y}{b} = 1 (a > 0, b > 0)$, 若从 x 轴的正向看去, 这圆周是取逆时针方向.

6. 利用斯托克斯公式计算下列曲线积分:

(1) $\oint_{\Gamma} (y+z)\mathrm{d}x + (z+x)\mathrm{d}y + (x+y)\mathrm{d}z$, 其中 Γ 为圆周 $x^2+y^2+z^2=1, x+y+z=0$, 从 x 轴的正向看去, 这圆周是取逆时针方向;

(2) $\oint_{\Gamma} x^2 y^3 \mathrm{d}x + \mathrm{d}y + z\mathrm{d}z$, 其中 Γ 为圆周 $x^2+y^2=1, z=0$, 从 z 轴的正向看去, 这圆周是取逆时针方向.

7. 求下列向量 $\boldsymbol{A}(x,y,z) = (2x+3z)\boldsymbol{i} - (xz+y)\boldsymbol{j} + (y^2+2z)\boldsymbol{k}$ 穿过曲面 Σ 为立方体 $0 \leqslant x \leqslant a, 0 \leqslant y \leqslant a, 0 \leqslant z \leqslant a$ 的全表面, 流向外侧的通量.

8. 求向量场 $\boldsymbol{A}(x,y,z) = \mathrm{e}^{xy}\boldsymbol{i} + \cos(xy)\boldsymbol{j} + \cos(xz^2)\boldsymbol{k}$ 的散度.

9. 求下列向量场 $\boldsymbol{A}(x,y,z) = (2z-3y)\boldsymbol{i} + (3x-z)\boldsymbol{j} + (y-2x)\boldsymbol{k}$ 的旋度.

10. 求下列向量场 $\boldsymbol{A}(x,y,z) = -y\boldsymbol{i} + x\boldsymbol{j} + c\boldsymbol{k}$ 沿闭曲线 Γ 为圆周 $x^2+y^2=1, z=0$ (从 z 轴正向看 Γ 依逆时针方向) 的环流量.

11.6 利用 MATLAB 计算曲线和曲面积分

教学目标: 掌握 MATLAB 求线面积分的方法.

教学重点: MATLAB 求曲线积分、曲面积分的命令语句.

教学难点: MATLAB 求曲线积分、曲面积分.

教学背景: MATLAB 在定积分、二重积分、三重积分的应用.

思政元素: 通过数学实验, 锻炼学生实践能力, 应用数学软件解决数学问题, 增强学生投身专业研究的使命感.

MATLAB 没有提供可以直接使用的命令函数来解决曲线积分和曲面积分问题, 一般要先将曲线积分和曲面积分转化为定积分或二重积分来计算.

11.6.1 求对弧长的曲线积分

例 1 计算 $\displaystyle\int_{L} y^2 \mathrm{d}s, L: x=2\cos t, y=3\sin t, t \in [-2\pi, 2\pi]$.

解 利用公式 $\displaystyle\int_{L} f(x,y)\mathrm{d}s = \int_{a}^{b} f(x(t), y(t)) \sqrt{(x'(t))^2 + (y'(t))^2}\,\mathrm{d}t$ 进行计算:

程序为

```
syms t;x=2*cos(t);y=3*sin(t);
z=0;f=y^2;int(y^2*sqrt(diff(x,t)^2+diff(y,t)^2),t,-2*pi,2*pi)
```

结果为

```
16*pi
```

例 2　计算曲线积分 $\displaystyle\int_L \left(x^2 + y^2 + z^2\right)\mathrm{d}s$, 其中 L 为螺旋线 $x = a\cos t$, $y = a\sin t$, $z = kt$ 上相应于 t 从 0 到 2π 的一段弧.

解　输入以下命令.

```
>>syms x y z k a t
>> x=a * cos(t);
>>y=a * sin(t);
>>z=k*t;
>>dx=diff(x);
>>dy =diff(y);
>>dz=diff(z);
>>int((x^2+y^2+z^2) * sqrt(dx^2+dy^2+dz^2),t,0,2* pi)
```

运算结果如下

```
ans =
(2 * pi * （3*a^2+4 *pin2 * k^2）  * (a^2+k^2)^(1/2))/3
```

即计算结果: $\dfrac{2}{3}\pi\sqrt{a^2+k^2}\left(3a^2 + 4\pi^2 k^2\right)$.

11.6.2　求对坐标的曲线积分

例 3　计算 $\displaystyle\int_L 2xy\mathrm{d}x + 3x^2\mathrm{d}y$, 其中 L 为抛物线 $y = x^2$ 上从 $O(0,0)$ 到 $B(1,1)$ 的一段弧;

解　利用公式 $\displaystyle\int_L P(x,y)\,\mathrm{d}x + Q(x,y)\,\mathrm{d}y = \int_\alpha^\beta [P(x(t),y(t))\,x'(t) + Q(x(t),y(t))\,y'(t)]\,\mathrm{d}t$ 计算, 程序为

```
syms t;x=t;y=t^2;
p=2*x*y;q=3*x^2;
int(p*diff(x,t)+q*diff(y,t),t,0,1)
```

结果为

```
ans=2
```

例 4　计算曲线积分 $\displaystyle\oint_L \left(xy^2 - 4y^3\right)\mathrm{d}x + \left(x^2 y + \sin y\right)\mathrm{d}y$, 其中 L 为圆周 $x^2 + y^2 = a^2$, 取逆时针为正向.

解　取 $a = 1$. 输入以下命令, 画出积分曲线, 输出结果如图 11-6-1 所示.

```
>>t=0:0.01:2 * pi;
```

```
>> x=cos(t);y=sin(t);
>>plot(x,y);
>> axis equal
```

积分的计算方法有以下两种.

(1) 直接计算.

```
>> syms x y t a
>>x=a * cos(t);
>>y=a * sin(t);
>> dx =diff(x);
>>dy =diff(y);
>> int((x*y^2-4 *y^3) * dx+(x^2 *y+sin(y)) * dy,t,0,2 * pi);
```

运算结果如下

```
ans
=3*a^4*pi
```

即计算结果: $3a^4\pi$.

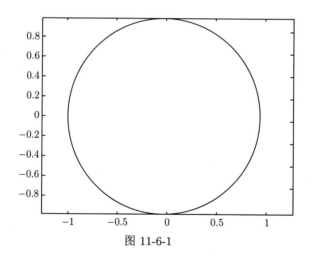

图 11-6-1

(2) 利用格林公式计算.

```
>>syms x y r t a
>>p=x*y^2-4 *y^3;
>>q=x^2 *y +sin(y);
>>d=diff(q,x)-diff(p,y);
>>u=r * cos(t);
>>v=r * sin(t);
```

```
>> g=subs(d,[x y],[u v]);
>>int(int( g*r,t,0,2 *pi),r,0,a)
```

运算结果如下

```
ans
=3*a^4*pi
```

即计算结果: $3a^4\pi$.

11.6.3　曲面积分

例 5　计算曲面积分 $\displaystyle\iint\limits_{\Sigma}\frac{1}{z}\mathrm{d}s$, 其中 Σ 是球面 $x^2+y^2+z^2=a^2$ 被平面 $z=h\,(0\leqslant h\leqslant a)$ 截得的顶部.

解　需要先将对面积的曲面积分化为二重积分再化为二次积分

$$\iint\limits_{\Sigma} f(x,y,z)\,\mathrm{d}s = \iint\limits_{D} f(x,y,z(x,y))\sqrt{1+z_x^2(x,y)+z_y^2(x,y)}\mathrm{d}x\mathrm{d}y.$$

再用程序求解.
Σ 的方程为 $z=\sqrt{a^2-x^2-y^2}$, 故

$$\sqrt{1+z_x^2+z_y^2}=\frac{a}{\sqrt{a^2-x^2-y^2}},\quad \iint\limits_{\Sigma}\frac{1}{z}\mathrm{d}s=\iint\limits_{D}\frac{a\mathrm{d}x\mathrm{d}y}{a^2-x^2-y^2}$$

$$=a\int_0^{2\pi}\mathrm{d}\theta\int_0^{\sqrt{a^2-h^2}}\frac{r\mathrm{d}r}{a^2-r^2}.$$

程序为

```
syms a r t h;
f=a*int(int('r/(a^2-r^2)',r,0,sqrt(a^2-h^2)),t,0,2*pi)
```

结果为

```
f =a*(-log(h\verb|^|2)*pi+log(a\verb|^|2)*pi)
```

例 6　利用高斯公式计算曲面积分 $\displaystyle\iint\limits_{\Sigma} xz^2\mathrm{d}y\mathrm{d}z+\left(x^2y-z^3\right)\mathrm{d}z\mathrm{d}x+$ $(2xy+y^3z)\mathrm{d}x\mathrm{d}y$, 其中 Σ 为上半球体 $0\leqslant z\leqslant\sqrt{a^2-x^2-y^2}$ 的表面, 取外侧.

解　输入以下命令.

```
>> syms x y z u v t a
>>p=x*z^2;
>>q=x^2*y-z^3;
>>r=2*x*x+y^3*z;
>>dpx =diff(p,x);
>>dqy =diff(q,y);
>>drz =diff(r,z);
>>f=dpx+dgy +drz;
>>m=t * sin(u) * cos(v);
>>n=t * sin(u) * sin(v);
>>l=t *cos(u);
>> g=subs(f,[x y z],[m n l]);
>> int( int(int(g *t^2 * sin(u),u,0,pi/2),v,0,2 * pi),t,0,a)
```

运算结果如下

```
ans
=(4 * pi *a^5)/15
```

即计算结果:$\dfrac{4}{15}\pi a^5$.

总 习 题 11

1. 设 L 为正向圆周 $x^2 + y^2 = 2$ 在第一象限中的部分, 则曲线积分 $\displaystyle\int_L xdy - 2ydx$ 的值为_____.

2. 已知曲线 L 的方程为 $y = 1 - |x|, x \in [-1,1]$, 起点是 $(-1,0)$, 终点是 $(1,0)$, 则曲线积分 $\displaystyle\int_L xydx + x^2dy = $_____.

3. 设曲面 Σ 是 $z = \sqrt{4 - x^2 - y^2}$ 的上侧, 则 $\displaystyle\iint\limits_{\Sigma} xydydz + xdzdx + x^2dxdy$ = _____.

4. 计算下列曲线积分:

(1) $\displaystyle\int_L (x - 2y + 1)ds$, 其中 L 为连接两点 $(0, 0)$, $(2, 1)$ 的直线段;

(2) $\displaystyle\int_L \frac{xy}{\sqrt{x^2 + y^2}}ds$, 其中 L 是圆周 $x^2 + y^2 = R^2$ 在第一象限内的部分;

(3) 计算 $\displaystyle\int_{\Gamma} (x + 3y + 2z)ds$, 其中曲线 Γ 的参数方程为 $x = 2t, y = 3t, z = 4t(0 \leqslant t \leqslant 1)$ 的一段弧.

5. 计算下列曲线积分:

(1) $\displaystyle\int_L 2xydx + x^2dy$, 其中 L 为抛物线 $y = x^2$ 上从点 $(-1,1)$ 到点 $(1,1)$ 的一段弧;

(2) $\displaystyle\int_L \sqrt{y}\mathrm{d}x + (x^2 + y)\mathrm{d}y$, 其中 L 为 $x = t^2, y = t^3$ 上由 $t_1 = 0$ 到 $t_2 = 1$ 的一段弧;

(3) $\displaystyle\int_L (\mathrm{e}^y + y)\mathrm{d}x + (x\mathrm{e}^y - 2y)\mathrm{d}y$, 其中 L 为过三点 $A(1,1), B(2,1), C(2,3)$ 的圆周, 取正方向;

(4) 计算曲线积分 $\displaystyle\int_L \sin 2x\mathrm{d}x + 2(x^2 - 1)y\mathrm{d}y$, 其中 L 是曲线 $y = \sin x$ 上从点 $(0,0)$ 到点 $(\pi, 0)$ 的一段;

(5) 计算曲面积分 $I = \displaystyle\oint_L \frac{x\mathrm{d}y - y\mathrm{d}x}{4x^2 + y^2}$, 其中 L 是以点 $(1,0)$ 为中心, R 为半径的圆周 $R > 1$ 取逆时针方向.

6. 计算下列曲面积分:

(1) $\displaystyle\iint_\Sigma xyz\mathrm{d}S$, 其中 Σ 为平面 $\dfrac{x}{2} + \dfrac{y}{3} + \dfrac{z}{4} = 1$ 在第一卦限的部分;

(2) $\displaystyle\iint_\Sigma (2x + y + z)\mathrm{d}S$, 其中 Σ 为球面 $x^2 + y^2 + z^2 = 1$ 在 $\dfrac{1}{4} \leqslant z \leqslant 1$ 之间的部分;

(3) $\displaystyle\iint_\Sigma (x^2 + y^2)\mathrm{d}S$, 其中 Σ 是锥面 $z = \sqrt{x^2 + y^2}$ 及平面 $z = 1$ 所围区域的边界曲面;

(4) $\displaystyle\iint_\Sigma \frac{1}{x^2 + y^2 + z^2}\mathrm{d}S$, 其中 Σ 是介于平面 $z = 0$ 及 $z = H$ 之间的圆柱面 $x^2 + y^2 = R^2$.

7. 计算下列曲面积分:

(1) $\displaystyle\iint_\Sigma (y^2 - z)\mathrm{d}y\mathrm{d}z + (z^2 - x)\mathrm{d}z\mathrm{d}x + (x^2 - y)\mathrm{d}x\mathrm{d}y$ 其中 Σ 为锥面 $z = \sqrt{x^2 + y^2}(0 \leqslant z \leqslant h)$ 的外侧;

(2) $\displaystyle\iint_\Sigma x\mathrm{d}y\mathrm{d}z + y\mathrm{d}z\mathrm{d}x + z\mathrm{d}x\mathrm{d}y$, 其中 Σ 为半球面 $z = \sqrt{R^2 - x^2 - y^2}$ 的上侧;

(3) 计算曲面积分 $I = \displaystyle\oiint_\Sigma \frac{x\mathrm{d}y\mathrm{d}z + y\mathrm{d}z\mathrm{d}x + z\mathrm{d}x\mathrm{d}y}{(x^2 + y^2 + z^2)^{\frac{3}{2}}}$, 其中 Σ 是曲面 $2x^2 + 2y^2 + z^2 = 4$ 的外侧.

8. 验证下列曲线积分在整个 xOy 面内与路径无关, 并计算积分值:

(1) $\displaystyle\int_{(1,1)}^{(2,3)} (2x + y)\mathrm{d}x + (x - 2y)\mathrm{d}y$;

(2) $\displaystyle\int_{(0,0)}^{(1,1)} (3x^2 - 2xy + y^2)\mathrm{d}x - (x^2 - 2xy + 3y^2)\mathrm{d}y$.

9. 求下列全微分的原函数:

(1) $(3x - 2y)\mathrm{d}x + (-2x + \mathrm{e}^y)\mathrm{d}y$;

(2) $(2xy + x^2)\mathrm{d}x + x^2\mathrm{d}y$.

10. 已知某质点在力 $\boldsymbol{F}(x,y) = (\mathrm{e}^y + 2x)\boldsymbol{i} + (x\mathrm{e}^y - y)\boldsymbol{j}$ 的作用下, 沿着抛物线 $y = 4x^2 - 3$ 从点 $(0, -3)$ 移动到点 $(1,1)$, 求力所做的功.

第 11 章思维导图

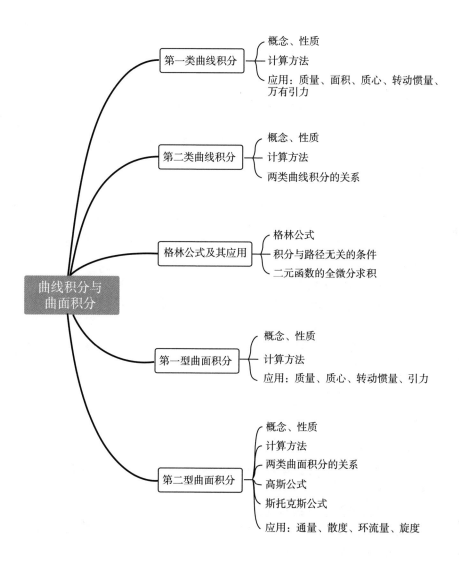

第 12 章 无 穷 级 数

无穷级数简称为级数, 它是高等数学的一个重要内容, 是研究函数和进行数值计算的重要工具. 它在数学和工程技术中有着广泛的应用. 本章先介绍常数项级数, 然后研究幂级数和傅里叶级数, 并着重讨论如何将函数展开成幂级数和傅里叶级数的问题.

一、教学基本要求

1. 理解常数项级数收敛、发散以及收敛级数的和的概念, 掌握级数的基本性质及收敛的必要条件.

2. 掌握几何级数与 p 级数的收敛与发散的条件.

3. 掌握正项级数收敛性的比较判别法和比值判别法, 会用根值判别法.

4. 掌握交错级数的莱布尼茨判别法.

5. 了解任意项级数绝对收敛与条件收敛的概念, 以及绝对收敛与条件收敛的关系.

6. 了解函数项级数的收敛域及和函数的概念.

7. 理解幂级数收敛半径的概念, 并掌握幂级数的收敛半径、收敛区间及收敛域的求法.

8. 了解幂级数在其收敛区间内的一些基本性质 (和函数的连续性、逐项微分和逐项积分), 会求一些幂级数在收敛区间内的和函数, 并会由此求出某些常数项级数的和.

9. 了解函数展开为泰勒级数的充分必要条件.

10. 掌握 e^x, $\sin x$, $\cos x$, $\ln(1+x)$ 和 $(1+x)^\alpha$ 等函数的麦克劳林展开式, 会用它们将一些简单函数间接展开成幂级数.

11. 了解傅里叶级数的概念和函数展开为傅里叶级数的狄利克雷定理, 会将定义在 $[-l, l]$ 上的函数展开为傅里叶级数, 会将定义在 $[0, l]$ 上的函数展开为正弦级数与余弦级数, 会写出傅里叶级数的和的表达式.

二、教 学 重 点

1. 级数的基本性质及收敛的必要条件.

2. 正项级数收敛性的比较判别法、比值判别法和根值判别.

3. 交错级数的莱布尼茨判别法.

4. 幂级数的收敛半径、收敛区间及收敛域.

5. $e^x, \sin x, \cos x, \ln(1+x)$ 和 $(1+x)^d$ 的麦克劳林展开式.

6. 傅里叶级数.

三、教 学 难 点

1. 比较判别法的极限形式.

2. 莱布尼茨判别法.

3. 任意项级数的绝对收敛与条件收敛.

4. 函数项级数的收敛域及和函数.

5. 泰勒级数.

6. 傅里叶级数的狄利克雷定理.

12.1 常数项级数的概念和性质

教学目标: 1. 理解常数项级数收敛、发散以及收敛级数的和的概念;

2. 掌握级数的基本性质及收敛的必要条件;

3. 掌握几何级数的收敛与发散的条件.

教学重点: 级数收敛与发散概念, 级数的基本性质及收敛的必要条件.

教学难点: 用级数收敛性及基本性质判别一些级数的收敛性问题.

教学背景: 数列的极限, 函数的极限.

思政元素: 割圆术, 我国魏晋时代的刘徽, 就曾经用无穷级数的概念来近似计算圆的面积. 从有限多个数的和到无穷多个数的和, 数项级数体现了有限与无限、从特殊到一般的认知规律, 体现了辩证唯物主义思想; 调和级数, 虽然调和级数的通项趋于零, 然而其和却是趋于无穷大, 也就是说调和级数可以超过任意大的正数. 调和级数里蕴含的精神, 积微成著, 日有所进, 终有所成.

12.1.1 常数项级数的概念

《庄子·天下篇》中写道 "一尺之棰, 日取其半, 万世不竭", 就是说一根一尺长的木棍, 每天截掉剩下的一半, 这样的过程可以永无止境地下去. 如果把每天截取的棒长相加, 到第 n 天所得之棒长之和为

慕课12.1.1

$$S_n = \frac{1}{2} + \frac{1}{2^2} + \frac{1}{2^3} + \cdots + \frac{1}{2^n}.$$

显然总的棒长小于 1, 并且 n 的值越大, 其数值越接近于 1; 当 $n \to \infty$ 时, S_n 的极限为 1. 此时上式中的加项无穷增多, 成为无穷多个数相加的式子, 这便是级数.

再比如, 将 $\dfrac{1}{3}$ 化为小数时, 就会出现无限循环小数 $0.\dot{3} = \dfrac{1}{3}$, 现在我们把 $0.\dot{3}$ 写成以下表现形式:

$$0.3 = \frac{3}{10},$$
$$0.33 = 0.3 + 0.03 = \frac{3}{10} + \frac{3}{100} = \frac{3}{10} + \frac{3}{10^2},$$
$$0.333 = 0.3 + 0.03 + 0.033 = \frac{3}{10} + \frac{3}{100} + \frac{3}{1000} = \frac{3}{10} + \frac{3}{10^2} + \frac{3}{10^3},$$
$$\cdots\cdots$$

进而我们可以得到以下表达式:

$$0.\underbrace{333\cdots3}_{n\text{个}} = \frac{3}{10} + \frac{3}{10^2} + \frac{3}{10^3} + \cdots + \frac{3}{10^n}.$$

当 $n \to \infty$ 时, 得

$$0.\dot{3} = \frac{3}{10} + \frac{3}{10^2} + \frac{3}{10^3} + \cdots + \frac{3}{10^n} + \cdots,$$

即

$$\frac{1}{3} = \frac{3}{10} + \frac{3}{10^2} + \frac{3}{10^3} + \cdots + \frac{3}{10^n} + \cdots.$$

这样, $\dfrac{1}{3}$ 这个有限的数就表示成无穷多个数相加的形式.

由此, 我们可以看到, 无穷多个数相加可能得到一个确定的有限数, 所以无穷多个数相加在一定条件下是有意义的; 再者, 一个有限数也可能用无穷多个数和的形式表示出来.

为了讨论无穷多个数依次相加的问题, 我们引出无穷级数的概念.

定义 12.1.1   对于给定一个数列 $\{u_n\}$, 称表达式 $u_1 + u_2 + u_3 + \cdots + u_n + \cdots$ 为无穷级数, 简称**级数**, 记作 $\displaystyle\sum_{n=1}^{\infty} u_n$, 其中第 n 项 u_n 叫做级数的**一般项**. 其前 n 项的和 $S_n = u_1 + u_2 + u_3 + \cdots + u_n$ 为级数 $\displaystyle\sum_{n=1}^{\infty} u_n$ 的**部分和**.

无穷级数的定义在形式上表达了无穷多个数相加的 "和", 我们从有限和来理解无穷多个 "和" 的含义.

级数 $\sum\limits_{n=1}^{\infty} u_n$ 的前 n 项的和称为级数的**部分和**, 记作

$$S_n = u_1 + u_2 + u_3 + \cdots + u_n = \sum_{i=1}^{n} u_i,$$

当 n 依次取 $1, 2, 3, \cdots$ 时, 它们构成一个新的数列:

$$S_1 = u_1, S_2 = u_1 + u_2, S_3 = u_1 + u_2 + u_3, \cdots, S_n = u_1 + u_2 + u_3 + \cdots + u_n, \cdots.$$

根据这个数列有没有极限, 我们引进无穷级数 (1) 的收敛与发散的概念.

定义 12.1.2 如果级数 $\sum\limits_{n=1}^{\infty} u_n$ 的部分和数列 $S_n = u_1 + u_2 + u_3 + \cdots + u_n + \cdots$

有极限 s, 即 $\lim\limits_{n \to \infty} S_n = s$, 则称级数 $\sum\limits_{n=1}^{\infty} u_n$ 收敛, 极限 s 称为级数的**和**, 写成

$s = \sum\limits_{n=1}^{\infty} u_n$; 如果 $\lim\limits_{n \to \infty} S_n$ 不存在, 称级数 $\sum\limits_{n=1}^{\infty} u_n$ 发散.

当级数收敛时, 其部分和 S_n 是级数的和 s 的近似值, 它们之间的差值

$$r_n = s - S_n = u_{n+1} + u_{n+2} + \cdots$$

叫做级数的**余项**. 显然 $\lim\limits_{n \to \infty} r_n = 0$. 用部分和 S_n 代替级数的和 s 的误差就是余项 r_n 的绝对值, 即误差是 $|r_n|$.

例 1 讨论级数 $\sum\limits_{n=1}^{\infty} \dfrac{1}{n(n+1)}$ 的收敛性.

解 由

$$\sum_{n=1}^{\infty} \frac{1}{n(n+1)} = \frac{1}{1 \cdot 2} + \frac{1}{2 \cdot 3} + \cdots + \frac{1}{n(n+1)} + \cdots,$$

令

$$u_n = \frac{1}{n(n+1)} = \frac{1}{n} - \frac{1}{(n+1)},$$

得

$$\begin{aligned}
S_n &= \frac{1}{1 \cdot 2} + \frac{1}{2 \cdot 3} + \cdots + \frac{1}{n(n-1)} \\
&= \left(1 - \frac{1}{2}\right) + \left(\frac{1}{2} - \frac{1}{3}\right) + \cdots + \left(\frac{1}{n} - \frac{1}{n+1}\right) \\
&= 1 - \frac{1}{n+1}.
\end{aligned}$$

根据 $\lim\limits_{n\to\infty} S_n = \lim\limits_{n\to\infty}\left(1 - \dfrac{1}{n+1}\right) = 1.$ 所以级数收敛, 其和为 1.

例 2　讨论等比级数 (又称为几何级数).

$$\sum_{n=0}^{\infty} aq^n = a + aq + aq^2 + \cdots + aq^n + \cdots \quad (a \neq 0)$$

的敛散性.

解　设 $|q| \neq 1$, 则部分和为 $S_n = a + aq + aq^2 + \cdots + aq^n = \dfrac{a(1-q^n)}{1-q}$.

若 $|q| < 1$, 有 $\lim\limits_{n\to\infty} q^n = 0$, 则 $\lim\limits_{n\to\infty} S_n = \lim\limits_{n\to\infty} \dfrac{a(1-q^n)}{1-q} = \dfrac{a}{1-q}$;

若 $|q| > 1$, 有 $\lim\limits_{n\to\infty} q^n = \infty$, 则 $\lim\limits_{n\to\infty} S_n = \infty$;

若 $q = 1$, 有 $S_n = na$, 则 $\lim\limits_{n\to\infty} S_n = \infty$;

若 $q = -1$, 则级数变为 $S_n = \underbrace{a - a + a - a + \cdots + a}_{n\uparrow} = \dfrac{1}{2}a[1 - (-1)^n]$, 显然 $\lim\limits_{n\to\infty} S_n$ 不存在.

综上所述得到: 当 $|q| < 1$ 时, 等比数收敛; 当 $|q| \geqslant 1$ 时, 级数发散.

例 3　证明级数 $\sum\limits_{n=1}^{\infty} n$ 是发散的.

证明　因为级数的部分和为 $S_n = 1 + 2 + 3 + \cdots + n = \dfrac{n(n+1)}{2}$, $\lim\limits_{n\to\infty} S_n = \infty$, 所以级数 $\sum\limits_{n=1}^{\infty} n$ 发散.

例 4　判断级数 $\sum\limits_{n=1}^{\infty} \ln \dfrac{n+1}{n}$ 的敛散性.

解　原级数的通项 $u_n = \ln \dfrac{n+1}{n} = \ln(n+1) - \ln n$, 则有部分和为

$$S_n = (\ln 2 - \ln 1) + (\ln 3 - \ln 2) + \cdots + [\ln(n+1) - \ln n]$$
$$= \ln(n+1) \to \infty \quad (n \to \infty),$$

故原级数发散.

例 5　讨论调和级数 $1 + \dfrac{1}{2} + \dfrac{1}{3} + \cdots + \dfrac{1}{n} + \cdots$ 的敛散性.

解法一　用反例证明.

假设调和级数 $\sum\limits_{i=1}^{n} \dfrac{1}{n}$ 收敛, 记其部分和为 S_n, 并设 $\lim\limits_{n\to\infty} S_n = s$, 于是有

$$\lim_{n\to\infty} S_{2n} = s.$$

一方面 $\lim_{n\to\infty} (S_{2n} - S_n) = 0$; 另一方面,

$$S_{2n} - S_n = \frac{1}{n+1} + \frac{1}{n+2} + \cdots + \frac{1}{n+n} > \frac{n}{n+n} = \frac{1}{2}.$$

由极限的保号性, $\lim_{n\to\infty} (S_{2n} - S_n) \geqslant \frac{1}{2}$, 由此得到矛盾, 故调和级数 $\sum_{i=1}^{n} \frac{1}{n}$ 发散.

解法二 考虑曲线 $y = \frac{1}{x}$ 与直线 $x = n, x = n+1$, 以及 x 轴所围曲边梯形的面积 $\int_{n}^{n+1} \frac{1}{x} \mathrm{d}x$, 因为

$$\frac{1}{n} > \int_{n}^{n+1} \frac{1}{x} \mathrm{d}x = \ln(n+1) - \ln n,$$

所以

$$1 + \frac{1}{2} + \frac{1}{3} + \cdots + \frac{1}{n} > (\ln 2 - \ln 1) + (\ln 3 - \ln 2) + \cdots + [\ln(n+1) - \ln n]$$

$$= \ln(n+1) \to \infty \quad (n \to \infty),$$

故当 $n \to \infty$ 时, S_n 的极限不存在, 因此调和级数是发散的.

12.1.2 常数项级数的性质

性质 1(级数收敛的必要条件) 如果级数 $\sum_{n=1}^{\infty} u_n$ 收敛, 则它的

一般项 u_n 趋于 0, 即 $\lim_{n\to\infty} u_n = 0$.

慕课12.1.2

证明 设 $\sum_{n=1}^{\infty} u_n = s$, 其部分和为 S_n, 则由 $u_n = S_n - S_{n-1}$, 得

$$\lim_{n\to\infty} u_n = \lim_{n\to\infty} S_n - \lim_{n\to\infty} S_{n-1} = s - s = 0.$$

推论 若 $\lim_{n\to\infty} u_n \neq 0$, 则级数 $\sum_{n=1}^{\infty} u_n$ 发散.

注 若 $\lim_{n\to\infty} u_n = 0$, 则级数 $\sum_{n=1}^{\infty} u_n$ 不一定收敛.

例如, 调和级数 $\sum_{n=1}^{\infty} \frac{1}{n}$ 是发散的.

性质 2　若级数 $\sum\limits_{n=1}^{\infty} u_n$ 收敛于和 s, 则级数 $\sum\limits_{n=1}^{\infty} ku_n$ 也收敛, 其和为 ks (k 为非零常数).

证明　设 S_n 与 T_n 分别是级数 $\sum\limits_{n=1}^{\infty} u_n$ 与级数 $\sum\limits_{n=1}^{\infty} ku_n$ 的部分和, 则

$$T_n = ku_1 + ku_2 + \cdots + ku_n = kS_n,$$

于是

$$\lim_{n \to \infty} T_n = \lim_{n \to \infty} kS_n = ks,$$

即级数 $\sum\limits_{n=1}^{\infty} ku_n$ 收敛于和 ks.

性质 3　如果级数 $\sum\limits_{n=1}^{\infty} u_n$ 与 $\sum\limits_{n=1}^{\infty} v_n$ 都收敛, 其和分别为 s, σ, 则级数 $\sum\limits_{n=1}^{\infty} (u_n + v_n)$ 也收敛, 其和为 $s + \sigma$.

证明　设级数 $\sum\limits_{n=1}^{\infty} u_n$ 与 $\sum\limits_{n=1}^{\infty} v_n$ 的部分和分别为 S_n, T_n, 则级数 $\sum\limits_{n=1}^{\infty} (u_n + v_n)$ 的部分和为

$$R_n = (u_1 + v_1) + (u_2 + v_2) + \cdots + (u_n + v_n)$$

$$= (u_1 + u_2 + \cdots + u_n) + (v_1 + v_2 + \cdots + v_n) = S_n + T_n.$$

于是

$$\lim_{n \to \infty} R_n = \lim_{n \to \infty} (S_n + T_n) = \lim_{n \to \infty} S_n + \lim_{n \to \infty} T_n = s + \sigma,$$

即级数 $\sum\limits_{n=1}^{\infty} (u_n + v_n)$ 收敛于和 $s + \sigma$.

注　(1) 若两个级数的和收敛, 那么这两个级数不一定收敛, **例如** $\sum\limits_{n=1}^{\infty} a_n = \sum\limits_{n=1}^{\infty} \ln\left(1 + \dfrac{1}{n}\right)$, $\sum\limits_{n=1}^{\infty} b_n = \sum\limits_{n=1}^{\infty} \left[-\ln\left(1 + \dfrac{1}{n}\right)\right]$, 两个级数都发散, 而 $\sum\limits_{n=1}^{\infty} (a_n + b_n) = 0$ 收敛.

(2) 如果一个级数收敛, 另外一个级数发散, 那么其和一定是发散的.

例如, 已知 $\sum\limits_{n=1}^{\infty} u_n$ 收敛, $\sum\limits_{n=1}^{\infty} v_n$ 发散, 若其和 $\sum\limits_{n=1}^{\infty} w_n = \sum\limits_{n=1}^{\infty} (u_n + v_n)$ 收敛, 则

$\sum\limits_{n=1}^{\infty} (w_n - u_n) = \sum\limits_{n=1}^{\infty} v_n$ 也收敛, 这与 $\sum\limits_{n=1}^{\infty} v_n$ 发散矛盾, 所以其和一定是发散的.

性质 4 在级数中去掉、加上或者改变有限项, 不会改变该级数的收敛性.

证明 只需证明级数的前面部分去掉或加上有限项的情形, 因为有限项的情形可看作去掉或加上有限项, 然后重复有限次的情形. 设将级数

$$u_1 + u_2 + \cdots + u_{k-1} + u_k + u_{k+1} + \cdots$$

去掉前 k 项, 得级数

$$u_{k+1} + u_{k+2} + \cdots + u_{k+n} + \cdots,$$

所以新级数的部分和记作 $\sigma_n = s_{k+n} - s_k$, 所以当 $n \to \infty$ 时, σ_n 与 s_n 同时有极限或同时没有极限, 所以在级数中随意去掉一项不会改变其收敛性.

性质 5 收敛级数加括号成为新的级数后仍然收敛, 且其和不变.

证明 设级数 $\sum\limits_{n=1}^{\infty} u_n$ 收敛, 其和为 s, 将级数加括号后得到新的级数为

$$(u_1 + u_2 + \cdots + u_{n_1}) + (u_{n_1+1} + \cdots + u_{n_2}) + \cdots + (u_{n_{m-1}+1} + \cdots + u_{n_m}) = \sum\limits_{m=1}^{\infty} v_m.$$

级数 $\sum\limits_{m=1}^{\infty} v_m$ 的前 m 项和

$$\sigma_m = (u_1 + u_2 + \cdots + u_{n_1}) + (u_{n_1+1} + \cdots + u_{n_2}) + \cdots + (u_{n_{m-1}+1} + \cdots + u_{n_m}) = s_{n_m},$$

其中 s_{n_m} 是级数 $\sum\limits_{n=1}^{\infty} u_n$ 的前 n_m 项部分和, 当 $m \to \infty$ 时, $n_m \to \infty$, 于是

$$\lim_{m \to \infty} \sigma_m = \lim_{n_m \to \infty} s_{n_m} = \lim_{n \to \infty} s_n = s,$$

即加括号后得到的级数收敛, 且其和不变.

注 性质 5 成立的前提是级数收敛, 否则结论不成立, 如级数 $(1-1)+(1-1)+\cdots+(1-1)+\cdots$ 是收敛于 0, 但是级数 $\sum\limits_{n=1}^{\infty} (-1)^{n-1} = 1-1+1-1+\cdots+(-1)^{n-1}+\cdots$ 是发散的.

推论　如果加括号后所成的级数发散, 则原级数也发散.

例 6　判断级数 $\displaystyle\sum_{n=1}^{\infty} \dfrac{n}{2n+1}$ 敛散性.

解　由性质 1 的推论可知, 级数的一般项不趋于零, 则级数一定是发散的.

级数 $\displaystyle\sum_{n=1}^{\infty} \dfrac{n}{2n+1}$ 的一般项为 $u_n = \dfrac{n}{2n+1}$, 当 $n \to \infty$ 时, 不趋于零, 因此该级数是发散的.

例 7　求级数 $\displaystyle\sum_{n=1}^{\infty} \left(\dfrac{1}{2^n} + \dfrac{1}{n(n+1)} \right)$ 的和.

解　根据等比级数, 得 $\displaystyle\sum_{n=1}^{\infty} \dfrac{1}{2^n} = \dfrac{\frac{1}{2}}{1 - \frac{1}{2}} = 1$, 而 $\displaystyle\sum_{n=1}^{\infty} \dfrac{1}{n(n+1)} = 1$, 所以

$$\sum_{n=1}^{\infty} \left[\dfrac{1}{2^n} + \dfrac{1}{n(n+1)} \right] = \sum_{n=1}^{\infty} \dfrac{1}{2^n} + \sum_{n=1}^{\infty} \dfrac{1}{n(n+1)} = 2.$$

例 8　已知 $\displaystyle\sum_{n=1}^{\infty} (2a_n + 1)$ 收敛, 求 $\displaystyle\lim_{n \to \infty} n \sin \dfrac{4a_n}{n}$.

解　因为 $\displaystyle\sum_{n=1}^{\infty} (2a_n + 1)$ 收敛, 所以 $\displaystyle\lim_{n \to \infty} (2a_n + 1) = 0$. 那么 $\displaystyle\lim_{n \to \infty} a_n = -\dfrac{1}{2}$.

由等价代换公式,

$$\lim_{n \to \infty} n \sin \dfrac{4a_n}{n} = \lim_{n \to \infty} \left(n \cdot \dfrac{4a_n}{n} \right) = \lim_{n \to \infty} 4a_n = -2.$$

小结与思考

1. 小结

无穷级数是高等数学的一个重要组成部分, 它是表示函数、研究函数的性质以及进行数值计算的一种工具. 本节先给出常数项级数的概念, 在此基础上给出收敛级数的基本性质, 特别是级数收敛的必要条件作为判断级数发散的有力工具.

2. 思考

两个发散的级数逐项相加所得的新级数是否发散?

数学文化

中国魏晋时期的数学家刘徽早在公元 263 年创立了 "割圆术"(如下图), 其要旨是用圆内接正多边形去逐步逼近圆, 从而求得圆的面积. 所谓 "割圆术", 是用圆

内接正多边形的周长去无限逼近圆周并以此求取圆周率的方法. "割之弥细, 所失弥少, 割之又割, 以至于不可割, 则与圆合体, 而无所失矣." 这种 "割圆术" 就已经建立了级数的思想方法, 即无限多个数的累加问题.

将一个函数展开成无穷级数的概念最早来自 14 世纪印度的马德哈瓦, 他首先发展了幂级数的概念, 对泰勒级数、麦克劳林级数、无穷级数的有理数逼近等做了研究. 同时, 他也开始讨论判断无穷级数的敛散性方法. 到了 19 世纪, 高斯、欧拉、柯西等各自给出了各种判别级数审敛法则, 使级数理论全面发展起来. 中国传统数学在幂级数理论研究上可谓一枝独秀, 清代数学家董祐诚、坎各达等运用具有传统数学特色的方法对三角函数、对数

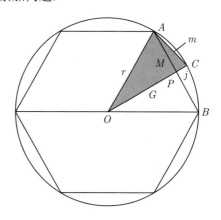

函数等初等函数幂级数展开问题进行了深入的研究. 级数可以用来表示函数、研究函数的性质, 也是进行数值计算的一种工具, 如今自然科学、工程技术和数学本身方面都有广泛的作用.

习 题 12-1

1. 用定义判定下列级数的敛散性:

(1) $\sum_{n=1}^{\infty} \dfrac{n}{(n+1)!}$;

(2) $\sum_{n=1}^{\infty} \ln\left(1+\dfrac{1}{n}\right)$;

(3) $\sum_{n=1}^{\infty} \dfrac{(-1)^{n-1}}{5^n}$;

(4) $\sum_{n=1}^{\infty}\left(\dfrac{1}{\sqrt{n}+\sqrt{n-1}}\right)$.

2. 判别下列级数的收敛性:

(1) $\sum_{n=1}^{\infty}\left[\dfrac{1}{2^n}+\dfrac{(-1)^n}{3^n}\right]$;

(2) $\sum_{n=1}^{\infty}(-1)^{n-1}\dfrac{n}{n+1}$;

(3) $\sum_{n=1}^{\infty}\left(\dfrac{1}{3n}+\dfrac{2^n}{3^n}\right)$;

(4) $\sum_{n=1}^{\infty}\dfrac{1}{1+2+\cdots+n}$.

3. 若级数 $\sum_{n=1}^{\infty} u_n$ 发散, 是否必有 $\lim_{n\to\infty} u_n \neq 0$?

4. 若级数 $\sum_{n=1}^{\infty} u_n$ 与级数 $\sum_{n=1}^{\infty} v_n$ 均发散, 那么级数 $\sum_{n=1}^{\infty}(u_n+v_n)$ 是否也发散?

5. 若级数 $\sum_{n=1}^{\infty} u_n$ 收敛, 而级数 $\sum_{n=1}^{\infty} v_n$ 发散, 试证明级数 $\sum_{n=1}^{\infty}(u_n+v_n)$ 发散.

12.2　常数项级数的审敛法

教学目标：

1. 掌握级数的收敛与发散的条件;

2. 掌握正项级数收敛性的比较审敛法和比值审敛法, 会用根值审敛法;

3. 掌握交错级数的莱布尼茨判别法;

4. 了解任意项级数绝对收敛与条件收敛的概念, 以及绝对收敛与条件收敛的关系.

　　教学重点： 比较审敛法、比值审敛法、根值审敛法、莱布尼茨判别法、绝对收敛与条件收敛.

　　教学难点： 比较审敛法、比值审敛法、根值审敛法、莱布尼茨判别法的灵活运用.

　　教学背景： 级数的概念和性质.

　　思政元素： 科赫 (Koch) 发现的一条封闭且具有无限长度、有限面积的曲线, 通过计算科赫曲线的长感受数学理性思维的力量.

　　关于常数项级数, 我们最关心的问题是级数是否收敛, 以及如果级数收敛的话和是多少. 因此, 级数理论主要研究的问题之一是判别级数的敛散性. 本节讨论各项都是非负数的级数, 这种级数称为正项级数. 研究正项级数的敛散性十分重要, 因为许多其他级数的敛散性问题都可归结为正项级数的敛散性问题.

12.2.1　正项级数及其审敛法

慕课12.2.1

　　定义 12.2.1　设级数 $\sum\limits_{n=1}^{\infty} u_n$, 若 $u_n \geqslant 0 \ (n = 1, 2, \cdots)$, 则称级数 $\sum\limits_{n=1}^{\infty} u_n$ 为正项级数.

　　定理 12.2.1　正项级数 $\sum\limits_{n=1}^{\infty} u_n$ 收敛的充分必要条件是它的部分和数列 $\{S_n\}$ 有界.

　　证明　必要性. 已知正项级数 $\sum\limits_{n=1}^{\infty} u_n$ 收敛, 则它的部分和 $\{S_n\}$ 有极限, 因此 $\{S_n\}$ 有界.

　　充分性. 已知正项级数的部分和 $\{S_n\}$ 有界, 那么正项级数部分和 $\{S_n\}$ 单调增加, 所以 $\lim\limits_{n \to \infty} S_n = s$, 故 $\sum\limits_{n=1}^{\infty} u_n$ 收敛.

由此可知, 如果正项级数的部分和数列 $\{S_n\}$ 无界, 则级数 $\sum\limits_{n=1}^{\infty} u_n$ 一定发散,

且有 $S_n \to \infty (n \to \infty)$, 即 $\sum\limits_{n=1}^{\infty} u_n = +\infty$.

定理 12.2.2(比较审敛法) 设正项级数 $\sum\limits_{n=1}^{\infty} u_n$ 与 $\sum\limits_{n=1}^{\infty} v_n$, 且 $u_n \leqslant v_n$ $(n = 1, 2, \cdots)$,

(1) 如果 $\sum\limits_{n=1}^{\infty} v_n$ 收敛, 则 $\sum\limits_{n=1}^{\infty} u_n$ 收敛;

(2) 如果 $\sum\limits_{n=1}^{\infty} u_n$ 发散, 则 $\sum\limits_{n=1}^{\infty} v_n$ 发散.

证明 (1) 设 $\sum\limits_{n=1}^{\infty} u_n$ 的部分和为 $\{S_n\}$, $\sum\limits_{n=1}^{\infty} b_n = \sigma$, 显然 $S_n \leqslant \sigma$, 即 $\{S_n\}$ 有

界, 所以 $\sum\limits_{n=1}^{\infty} u_n$ 收敛.

(2) 反证: 若 $\sum\limits_{n=1}^{\infty} v_n$ 收敛, 则 $\sum\limits_{n=1}^{\infty} u_n$ 收敛, 与已知矛盾.

推论 设 $\sum\limits_{n=1}^{\infty} u_n, \sum\limits_{n=1}^{\infty} v_n$ 都是正项级数, 如果级数 $\sum\limits_{n=1}^{\infty} v_n$ 收敛, 且存在正整

数 N, 使当 $n \geqslant N$ 时, 有 $u_n \leqslant k v_n (k > 0)$ 成立, 那么级数 $\sum\limits_{n=1}^{\infty} u_n$ 收敛; 如果级数

$\sum\limits_{n=1}^{\infty} v_n$ 发散, 且当 $n \geqslant N$ 时, 有 $a_n \geqslant k b_n (k > 0)$ 成立, 那么级数 $\sum\limits_{n=1}^{\infty} u_n$ 发散.

例 1 讨论 p 级数 $\sum\limits_{n=1}^{\infty} \dfrac{1}{n^p}$ 的敛散性.

解 (1) 设 $p > 1$, 当 $k - 1 \leqslant x \leqslant k$ 时, 有 $\dfrac{1}{k^p} \leqslant \dfrac{1}{x^p}$, 所以

$$\frac{1}{k^p} = \int_{k-1}^{k} \frac{1}{k^p} \mathrm{d}x \leqslant \int_{k-1}^{k} \frac{1}{x^p} \mathrm{d}x \quad (k = 2, 3, \cdots),$$

$$S_n = 1 + \frac{1}{2^p} + \frac{1}{3^p} + \cdots + \frac{1}{n^p} \leqslant 1 + \sum_{k=2}^{n} \int_{k-1}^{k} \frac{1}{x^p} \mathrm{d}x = 1 + \int_{1}^{n} \frac{1}{x^p} \mathrm{d}x$$

$$= 1 + \frac{1}{p-1}\left(1 - \frac{1}{n^{p-1}}\right) < 1 + \frac{1}{p-1} \quad (n = 2, 3, \cdots),$$

说明 $\{S_n\}$ 有界, 因此 p 级数 $\sum\limits_{n=1}^{\infty} \dfrac{1}{n^p}$ 收敛.

(2) 当 $p \leqslant 1$ 时, 得 $\dfrac{1}{n^p} > \dfrac{1}{n} > 0$, 所以 $\sum\limits_{n=1}^{\infty} \dfrac{1}{n^p}$ 发散.

综上所述, 我们得到 $\sum\limits_{n=1}^{\infty} \dfrac{1}{n^p}$, 当 $p > 1$ 时收敛, 当 $p \leqslant 1$ 时发散.

比较审敛法是判断级数敛散性的重要方法, 当一个级数的敛散性不容易判断时, 可以考虑找到另一个敛散性已知的级数与其进行比较. 常用的参考级数包括几何级数、调和级数和 p 级数等.

例 2 判定级数 $\sum\limits_{n=1}^{\infty} \dfrac{1}{2n-1}$ 的敛散性.

解 因为 $u_n = \dfrac{1}{2n-1} > \dfrac{1}{2n}$, 级数 $\sum\limits_{n=1}^{\infty} \dfrac{1}{n}$ 是发散的, 故 $\sum\limits_{n=1}^{\infty} \dfrac{1}{2n}$ 也是发散的, 由比较审敛法知级数 $\sum\limits_{n=1}^{\infty} \dfrac{1}{2n-1}$ 发散.

例 3 判定级数 $\sum\limits_{n=1}^{\infty} \left(\dfrac{n}{2n+1}\right)^n$ 的敛散性.

解 因为 $u_n = \left(\dfrac{n}{2n+1}\right)^n < \left(\dfrac{1}{2}\right)^n$, 而等比级数 $\sum\limits_{n=1}^{\infty} \left(\dfrac{1}{2}\right)^n$ 是收敛的, 故级数 $\sum\limits_{n=1}^{\infty} \left(\dfrac{n}{2n+1}\right)^n$ 也收敛.

例 4 判定级数 $\sum\limits_{n=1}^{\infty} \dfrac{1}{(n+1)(2n+1)}$ 的敛散性.

解 一般项 $u_n = \dfrac{1}{(n+1)(2n+1)} < \dfrac{1}{2n^2}$, 且 p 级数 $\sum\limits_{n=1}^{\infty} \dfrac{1}{n^2}$ 是收敛的, 由比较审敛法级数 $\sum\limits_{n=1}^{\infty} \dfrac{1}{(n+1)(2n+1)}$ 收敛.

下面, 我们不加证明地给出级数比较审敛法的极限形式.

定理 12.2.3(比较审敛法的极限形式) 设 $\sum\limits_{n=1}^{\infty} u_n$, $\sum\limits_{n=1}^{\infty} v_n$ 都是正项级数, 且 $\lim\limits_{n \to \infty} \dfrac{u_n}{v_n} = l$ 存在或为无穷大, 即 $0 \leqslant l \leqslant +\infty$.

(1) 如果 $0 < l < +\infty$, 则级数 $\sum\limits_{n=1}^{\infty} u_n$ 与级数 $\sum\limits_{n=1}^{\infty} v_n$ 同时收敛或同时发散;

(2) 如果 $l = 0$, 且级数 $\sum\limits_{n=1}^{\infty} v_n$ 收敛, 那么级数 $\sum\limits_{n=1}^{\infty} u_n$ 收敛;

(3) 如果 $l = +\infty$, 且级数 $\sum\limits_{n=1}^{\infty} v_n$ 发散, 那么级数 $\sum\limits_{n=1}^{\infty} u_n$ 发散.

例 5 判定级数 $\sum\limits_{n=1}^{\infty} \sin \dfrac{1}{n}$ 的敛散性.

解 因为 $\lim\limits_{n \to \infty} \dfrac{\sin \dfrac{1}{n}}{\dfrac{1}{n}} = 1$, 而级数 $\sum\limits_{n=1}^{\infty} \dfrac{1}{n}$ 是发散的, 所以级数 $\sum\limits_{n=1}^{\infty} \sin \dfrac{1}{n}$ 也

发散.

例 6 判定级数 $\sum\limits_{n=1}^{\infty} \ln\left(1 + \dfrac{1}{n^p}\right)$ 的敛散性 $(p > 0)$.

解 因为 $\lim\limits_{n \to \infty} \dfrac{\ln\left(1 + \dfrac{1}{n^p}\right)}{\dfrac{1}{n^p}} = 1$, 所以 $\sum\limits_{n=1}^{\infty} \ln\left(1 + \dfrac{1}{n^p}\right)$ 与 $\sum\limits_{n=1}^{\infty} \dfrac{1}{n^p}$ 同时收敛

或同时发散.

当 $p > 1$ 时, $\sum\limits_{n=1}^{\infty} \dfrac{1}{n^p}$ 收敛, 于是 $\sum\limits_{n=1}^{\infty} \ln\left(1 + \dfrac{1}{n^p}\right)$ 收敛;

当 $p \leqslant 1$ 时, $\sum\limits_{n=1}^{\infty} \dfrac{1}{n^p}$ 发散, 于是 $\sum\limits_{n=1}^{\infty} \ln\left(1 + \dfrac{1}{n^p}\right)$ 发散.

用比较审敛法和极限形式, 需要寻找参考级数与其比较. 能不能通过级数自身的特点来判断级数的敛散性呢, 下面介绍比值审敛法.

定理 12.2.4 (比值审敛性, 也称达朗贝尔判别法) 设正项级数 $\sum\limits_{n=1}^{\infty} u_n$, 且

$\lim\limits_{n \to \infty} \dfrac{u_{n+1}}{u_n} = p$ 存在或为无穷大, 即 $0 \leqslant p \leqslant +\infty$. 则

(1) 如果 $p < 1$, 则级数 $\sum\limits_{n=1}^{\infty} u_n$ 收敛;

(2) 如果 $p > 1$, 则级数 $\sum\limits_{n=1}^{\infty} u_n$ 发散;

(3) 如果 $p = 1$, 则级数 $\sum\limits_{n=1}^{\infty} u_n$ 可能收敛也可能发散.

证明 (1) 当 $p < 1$ 时, 取一个适当小的正数 ε, 使得 $p + \varepsilon = r < 1$, 根据极限定义, 存在正整数 m, 当 $n \geqslant m$ 时, 有不等式 $\dfrac{u_{n+1}}{u_n} < p + \varepsilon = r$. 那么

$$u_{m+1} < ru_{m,m+2} < ru_{m+1} < r^2 u_m, \cdots, {}_{m+k} < r^k u_m, \cdots. 而级数 \sum_{k=1}^{\infty} r^k u_m 收$$

敛 (公比 $r < 1$), 所以 $\displaystyle\sum_{n=1}^{\infty} u_n$ 收敛.

(2) 当 $p > 1$ 时, 取一个适当小的正数 ε, 使得 $p - \varepsilon > 1$, 当 $n > m$ 时, 有不等式 $\dfrac{u_{n+1}}{u_n} > p - \varepsilon > 1$, 也就是 $u_{n+1} > u_n$, 从而 $\displaystyle\lim_{n \to \infty} u_n \neq 0$, 所以 $\displaystyle\sum_{n=1}^{\infty} u_n$ 发散.

(3) 当 $p = 1$ 时, 级数可能收敛, 也可能发散.

例 7 判定级数 $\displaystyle\sum_{n=1}^{\infty} \dfrac{n!}{2^n}$ 的敛散性.

解 因为 $\displaystyle\lim_{n \to \infty} \dfrac{u_{n+1}}{u_n} = \lim_{n \to \infty} \dfrac{(n+1)!}{2^{n+1}} \cdot \dfrac{2^n}{n!} = \lim_{n \to \infty} \dfrac{n+1}{2} = \infty$, 所以级数 $\displaystyle\sum_{n=1}^{\infty} \dfrac{n!}{2^n}$ 发散.

例 8 判定级数 $\displaystyle\sum_{n=1}^{\infty} \dfrac{2^n \cdot n!}{n^n}$ 的敛散性.

解 因为 $\dfrac{u_{n+1}}{u_n} = \dfrac{2^{n+1} \cdot (n+1)!}{(n+1)^{n+1}} \cdot \dfrac{n^n}{2^n \cdot n!} = 2 \cdot \left(\dfrac{n}{n+1}\right)^n = 2 \cdot \dfrac{1}{\left(1 + \dfrac{1}{n}\right)^n}$,

所以 $\displaystyle\lim_{n \to \infty} \dfrac{u_{n+1}}{u_n} = \lim_{n \to \infty} \dfrac{2}{\left(1 + \dfrac{1}{n}\right)^n} = \dfrac{2}{\mathrm{e}} < 1$, 故级数 $\displaystyle\sum_{n=1}^{\infty} \dfrac{2^n \cdot n!}{n^n}$ 收敛.

例 9 判定级数 $\displaystyle\sum_{n=1}^{\infty} \dfrac{n^2}{\left(2 + \dfrac{1}{n}\right)^n}$ 的敛散性.

解 由于 $\dfrac{n^2}{\left(2 + \dfrac{1}{n}\right)^n} < \dfrac{n^2}{2^n}$, 下面判别级数 $\displaystyle\sum_{n=1}^{\infty} \dfrac{n^2}{2^n}$ 的敛散性.

因为 $\displaystyle\lim_{n \to \infty} \dfrac{u_{n+1}}{u_n} = \lim_{n \to \infty} \dfrac{(n+1)^2}{2^{n+1}} \cdot \dfrac{2^n}{n^2} = \lim_{n \to \infty} \dfrac{1}{2} \left(1 + \dfrac{1}{n}\right)^2 = \dfrac{1}{2} < 1$, 根据比值审敛法知, 级数 $\displaystyle\sum_{n=1}^{\infty} \dfrac{n^2}{2^n}$ 收敛, 再由比较审敛法, 级数 $\displaystyle\sum_{n=1}^{\infty} \dfrac{n^2}{\left(2 + \dfrac{1}{n}\right)^n}$ 收敛.

定理 12.2.5(根值审敛法, 也叫柯西判别法) 设正项级数 $\sum\limits_{n=1}^{\infty} u_n$, 且 $\lim\limits_{n\to\infty} \sqrt[n]{u_n}$ $= p$ 存在或为无穷大, 即 $0 \leqslant p \leqslant +\infty$,

(1) 如果 $0 \leqslant p < 1$, 则级数 $\sum\limits_{n=1}^{\infty} u_n$ 收敛;

(2) 如果 $1 < p \leqslant +\infty$, 则级数 $\sum\limits_{n=1}^{\infty} u_n$ 发散;

(3) 当 $p = 1$ 时, 级数 $\sum\limits_{n=1}^{\infty} u_n$ 可能收敛也可能发散.

例 10 判定级数 $\sum\limits_{n=1}^{\infty} \left(\dfrac{2n+1}{3n+1}\right)^n$ 的敛散性.

解 因 $\lim\limits_{n\to\infty} \sqrt[n]{u_n} = \lim\limits_{n\to\infty} \dfrac{2n+1}{3n+1} = \dfrac{2}{3} < 1$, 由根值审敛法知, 级数 $\sum\limits_{n=1}^{\infty} \left(\dfrac{2n+1}{3n+1}\right)^n$ 收敛.

例 11 判定级数 $\sum\limits_{n=1}^{\infty} \dfrac{2^n}{3^{\ln n}}$ 的敛散性.

解 由于 $\lim\limits_{n\to\infty} \sqrt[n]{u_n} = \lim\limits_{n\to\infty} \dfrac{2}{3^{\frac{\ln n}{n}}} = 2 > 1$, 由根值审敛法知, 级数 $\sum\limits_{n=1}^{\infty} \dfrac{2^n}{3^{\ln n}}$ 收敛.

定理 12.2.6(极限审敛法) 设 $\sum\limits_{n=1}^{\infty} u_n$ 的正项级数,

(1) 如果存在常数 $p > 1$, $\lim\limits_{n\to\infty} n^p u_n = l$ 存在, 即 $0 \leqslant l < +\infty$, 则 $\sum\limits_{n=1}^{\infty} u_n$ 收敛;

(2) 如果 $\lim\limits_{n\to\infty} n u_n = l > 0$ 存在或为无穷大, 即 $0 < l \leqslant +\infty$, 则 $\sum\limits_{n=1}^{\infty} u_n$ 发散.

例 12 判定级数 $\sum\limits_{n=1}^{\infty} \ln\left(1 + \dfrac{1}{n^2}\right)$ 的敛散性.

解 因为 $\lim\limits_{n\to\infty} n^2 u_n = \lim\limits_{n\to\infty} n^2 \ln\left(1 + \dfrac{1}{n^2}\right) = \lim\limits_{n\to\infty} n^2 \cdot \dfrac{1}{n^2} = 1$, 根据极限审敛法知, 级数 $\ln\left(1 + \dfrac{1}{n^2}\right)$ 收敛.

比较审敛法及其极限形式、比值审敛法、根值审敛法均只适用于正项级数或只有有限多项负数的级数. 达朗贝尔审敛法和柯西审敛法实质上是将级数与几何级数相比较. 极限审敛法实质上是将级数与 p 级数相比较.

关于正项级数敛散性具体判别方法如下:

(1) 若 $\lim\limits_{n\to\infty} u_n \neq 0$, 则 $\sum\limits_{n=1}^{\infty} u_n$ 发散; 否则需要进一步判断.

(2) 根据正项级数的部分和是否有界判断部分和是否有极限.

(3) 若 $\sum\limits_{n=1}^{\infty} u_n$ 为正项级数, 则先化简一般项 u_n, 可以用比值审敛法和根值审敛法, 如果值为 1, 再根据级数特点选择其他判别法.

下面讨论一种特殊的级数——交错级数.

12.2.2 交错级数及其审敛性

定义 12.2.2   如果数列 $\{u_n\}$ 的每一项都大于零, 则称级数

慕课12.2.2

$$\sum_{n=1}^{\infty}(-1)^{n-1}u_n = u_1 - u_2 + u_3 - u_4 + \cdots \text{ 或 } \sum_{n=1}^{\infty}(-1)^n u_n = -u_1 + u_2$$

$- u_3 + u_4 - \cdots$ 为交错级数.

定理 12.2.7(莱布尼茨定理)   如果交错级数 $\sum\limits_{n=1}^{\infty}(-1)^{n-1}u_n$ 满足条件: (1) $u_n \geqslant u_{n+1}$; (2) $\lim\limits_{n\to\infty} u_n = 0$, 则级数 $\sum\limits_{n=1}^{\infty}(-1)^{n-1}u_n$ 收敛, 且其和 $s \leqslant u_1$, 其余项 r_n 的绝对值 $|r_n| \leqslant u_{n+1}$.

证明   设前 n 项部分和为 S_n.

由 $S_{2n} = (u_1 - u_2) + (u_3 - u_4) + \cdots + (u_{2n-1} - u_{2n})$ 及

$$S_{2n} = u_1 - (u_2 - u_3) + (u_4 - u_5) + \cdots + (u_{2n-2} - u_{2n-1}) - u_{2n}$$

看出数列 $\{S_{2n}\}$ 单调增加且有界 $S_{2n} < u_1$, 所以收敛.

设 $S_{2n} \to s(n \to \infty)$, 则也有

$$S_{2n+1} = S_{2n} + u_{2n+1} \to s \quad (n \to \infty),$$

所以 $S_n \to s(n \to \infty)$. 从而级数是收敛的, 且 $S_n < u_1$.

因为 $|r_n| = u_{n+1} + u_{n+2} + \cdots$ 也是收敛的交错级数, 所以 $|r_n| \leqslant u_{n+1}$.

例 13   判定级数 $\sum\limits_{n=1}^{\infty}(-1)^{n-1}\dfrac{1}{n+1}$ 的敛散性.

解 $\sum\limits_{n=1}^{\infty}(-1)^{n-1}\dfrac{1}{n+1}$ 是交错级数, 并且满足 $u_n = \dfrac{1}{n+1} > u_{n+1} = \dfrac{1}{n+2}$

$(n = 1, 2, \cdots)$, $u_n = \dfrac{1}{n+1} \to 0$, 所以 $\displaystyle\sum_{n=1}^{\infty} (-1)^{n-1} \dfrac{1}{n+1}$ 收敛, 且其和 $S < \dfrac{1}{2}$,

$|r_n| \leqslant \dfrac{1}{n+2}$.

例 14 判定级数 $\displaystyle\sum_{n=1}^{\infty} (-1)^{n-1} \dfrac{n}{3^n}$ 的敛散性.

解 因为 $u_n = \dfrac{n}{3^n}$, $u_{n+1} = \dfrac{n+1}{3^{n+1}}$, 所以 $u_{n+1} - u_n = \dfrac{n+1}{3^{n+1}} - \dfrac{n}{3^n} = \dfrac{-2n+1}{3^{n+1}}$

$\leqslant 0$, 从而 $u_n \geqslant u_{n+1}$, 且 $\displaystyle\lim_{n\to\infty} u_n = \lim_{n\to\infty} \dfrac{n+1}{3^{n+1}} = 0$, 所以级数 $\displaystyle\sum_{n=1}^{\infty} (-1)^{n-1} \dfrac{n}{3^n}$

收敛.

注 (1) 莱布尼茨定理中要求 u_n 单调递减的条件不是多余的. 例如, 级数

$$1 - \frac{1}{5} + \frac{1}{2} - \frac{1}{5^2} + \cdots + \frac{1}{n} - \frac{1}{5^n} + \cdots$$

是发散的, 虽然它的一般项 $u_n = \dfrac{1}{n} - \dfrac{1}{5^n} \to 0$, 但是 u_n 的单调递减性当每一项由

$-\dfrac{1}{5^n}$ 变到 $\dfrac{1}{n+1}$ 时就被破坏了.

(2) 另一方面, u_n 单调递减的条件也不是必要的. 例如, 级数

$$1 - \frac{1}{2^2} + \frac{1}{3^3} - \frac{1}{4^2} + \cdots + \frac{1}{(2n-1)^3} - \frac{1}{(2n)^2} + \cdots$$

是收敛的, 但其一般项 u_n 趋于零时并不具有单调递减性. 由上说明了莱布尼茨定理是判别交错级数的充分非必要条件.

12.2.3 绝对收敛与条件收敛

现在我们讨论一般项级数 $\displaystyle\sum_{n=1}^{\infty} u_n$, 它的各项为任意实数.

慕课12.2.3

定义 12.2.3 设级数 $\displaystyle\sum_{n=1}^{\infty} u_n$ 为一般项级数, 如果级数 $\displaystyle\sum_{n=1}^{\infty} |u_n|$ 也收敛, 那么

称级数 $\displaystyle\sum_{n=1}^{\infty} u_n$ **绝对收敛**, 如果级数 $\displaystyle\sum_{n=1}^{\infty} u_n$ 收敛, 而级数 $\displaystyle\sum_{n=1}^{\infty} |u_n|$ 发散, 称级数

$\displaystyle\sum_{n=1}^{\infty} u_n$ 条件收敛.

例如, $\displaystyle\sum_{n=1}^{\infty} (-1)^{n-1} \dfrac{1}{n^2}$ 绝对收敛, 而 $\displaystyle\sum_{n=1}^{\infty} (-1)^{n-1} \dfrac{1}{n}$ 条件收敛.

级数绝对收敛与级数收敛有以下重要关系.

定理 12.2.8　如果级数 $\sum\limits_{n=1}^{\infty} u_n$ **绝对收敛**, 那么级数 $\sum\limits_{n=1}^{\infty} u_n$ 一定收敛.

证明　令

$$v_n = \frac{1}{2}(u_n + |u_n|) \quad (n = 1, 2, \cdots).$$

显然 $v_n \geqslant 0$, 且 $v_n \leqslant |u_n|(n = 1, 2, \cdots)$. 因为 $\sum\limits_{n=1}^{\infty} |u_n|$ 收敛, 由比较审敛法

知, 级数 $\sum\limits_{n=1}^{\infty} v_n$ 收敛. 从而级数 $\sum\limits_{n=1}^{\infty} 2v_n$ 也收敛, 而 $u_n = 2v_n - |u_n|$, 由此得

$$\sum_{n=1}^{\infty} u_n = \sum_{n=1}^{\infty} 2v_n - \sum_{n=1}^{\infty} |u_n|,$$

所以级数 $\sum\limits_{n=1}^{\infty} u_n$ 收敛.

例 15　判定级数 $\sum\limits_{n=1}^{\infty} \frac{\sin n\alpha}{n^2}$ 的收敛性.

解　因为 $\left| \frac{\sin n\alpha}{n^2} \right| \leqslant \frac{1}{n^2}$, 而级数 $\sum\limits_{n=1}^{\infty} \frac{1}{n^2}$ 收敛, 所以级数 $\sum\limits_{n=1}^{\infty} \left| \frac{\sin n\alpha}{n^2} \right|$ 也收敛,

因此级数 $\sum\limits_{n=1}^{\infty} \frac{\sin n\alpha}{n^2}$ 绝对收敛.

例 16　讨论 $\sum\limits_{n=1}^{\infty} \frac{(-1)^n}{n^p}$ 的敛散性.

解　(1) 当 $p > 1$ 时, $\left| \frac{(-1)^n}{n^p} \right| \leqslant \frac{1}{n^p}$, 而级数 $\sum\limits_{n=1}^{\infty} \frac{1}{n^p}$ 收敛, 所以级数 $\sum\limits_{n=1}^{\infty} \frac{(-1)^n}{n^p}$

绝对收敛.

(2) 当 $0 < p \leqslant 1$ 时, 级数 $\sum\limits_{n=1}^{\infty} \left| \frac{(-1)^n}{n^p} \right| = \sum\limits_{n=1}^{\infty} \frac{1}{n^p}$ 发散, 而 $\sum\limits_{n=1}^{\infty} \frac{(-1)^n}{n^p}$ 是交错

级数, $u_n = \frac{1}{n^p} \to 0(n \to \infty)$, $u_n = \frac{1}{n^p} > \frac{1}{(n+1)^p} = u_{n+1}$, 所以级数 $\sum\limits_{n=1}^{\infty} \frac{(-1)^n}{n^p}$

条件收敛.

(3) 当 $p \leqslant 0$ 时, $\frac{1}{n^p} \nrightarrow 0$, 所以级数 $\sum\limits_{n=1}^{\infty} \frac{(-1)^n}{n^p}$ 发散.

对于任意项级数 $\sum\limits_{n=1}^{\infty} u_n$, 如果我们用正项级数审敛法判定级数 $\sum\limits_{n=1}^{\infty} |u_n|$ 收敛, 那么此级数一定收敛, 这就使得很多级数的敛散性判定问题, 转化成正项级数的敛散性判定问题.

虽然由级数 $\sum\limits_{n=1}^{\infty} |u_n|$ 发散, 不能断定级数 $\sum\limits_{n=1}^{\infty} u_n$ 也发散. 但是, 如果用比值审敛法 (或根值审敛法) 判定级数 $\sum\limits_{n=1}^{\infty} |u_n|$ 发散, 那么我们可以断定级数 $\sum\limits_{n=1}^{\infty} u_n$ 必定发散. 这是因为 $\lim\limits_{n\to\infty} \left| \dfrac{u_{n+1}}{u_n} \right| = \rho > 1$ 或者 $\lim\limits_{n\to\infty} \sqrt[n]{|u_n|} = \rho > 1$, 可以推知 $\lim\limits_{n\to\infty} |u_n| \neq 0$, 从而 $\lim\limits_{n\to\infty} u_n \neq 0$, 因此级数 $\sum\limits_{n=1}^{\infty} u_n$ 发散. 由此可以得到下面的推论.

推论 设 $\sum\limits_{n=1}^{\infty} u_n$ 是任意项级数, 如果 $\lim\limits_{n\to\infty} |\dfrac{u_{n+1}}{u_n}| = \rho$ (或 $\lim\limits_{n\to\infty} \sqrt[n]{|u_n|} = \rho$), 则

(1) 当 $\rho < 1$ 时, 级数 $\sum\limits_{n=1}^{\infty} u_n$ 绝对收敛;

(2) 当 $\rho > 1$ 时, 级数 $\sum\limits_{n=1}^{\infty} u_n$ 发散;

(3) 当 $\rho = 1$ 时, 级数 $\sum\limits_{n=1}^{\infty} u_n$ 可能收敛, 也可能发散.

例 17 判定级数 $\sum\limits_{n=1}^{\infty} (-1)^n \dfrac{1}{2^n} \left(1 + \dfrac{1}{n}\right)^{n^2}$ 的收敛性.

解 $|u_n| = \dfrac{1}{2^n} \left(1 + \dfrac{1}{n}\right)^{n^2}$, 由

$$\lim\limits_{n\to\infty} \sqrt[n]{|u_n|} = \lim\limits_{n\to\infty} \dfrac{1}{2} \left(1 + \dfrac{1}{n}\right)^n = \dfrac{e}{2} > 1,$$

可知 $\lim\limits_{n\to\infty} u_n \neq 0$, 因此级数 $\sum\limits_{n=1}^{\infty} (-1)^n \dfrac{1}{2^n} \left(1 + \dfrac{1}{n}\right)^{n^2}$ 发散.

小结与思考

1. 小结
常数项级数审敛法一般流程 (如下图)

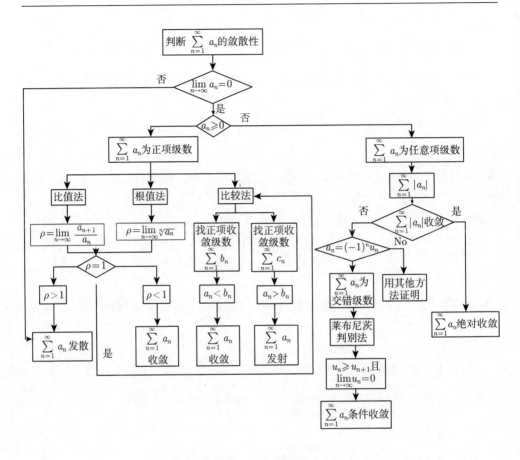

2. 思考

如果正项级数 $\sum\limits_{n=1}^{\infty} u_n$ 收敛, 是否可以得到 $\lim\limits_{n\to\infty} \dfrac{u_{n+1}}{u_n} > 1$?

数学文化

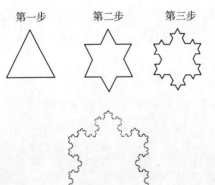

1904 年瑞典数学家科赫发现的一条封闭且具有无限长度、有限面积的曲线. 作为等比级数敛散性的应用. 科赫曲线 (如左图) 作为一个反常的几何现象, 其面积是有限值, 其周长是等比级数 $\sum\limits_{n=1}^{\infty} 3\left(\dfrac{4}{3}\right)^n$.

该等比级数的公比 $q = \dfrac{4}{3} > 1$, 故级数 $\displaystyle\sum_{n=1}^{\infty} 3\left(\dfrac{4}{3}\right)^n$ 发散, 其周长为无穷.

习 题 12-2

1. 用比较审敛法 (或极限形式) 判定下列级数的敛散性.

(1) $\displaystyle\sum_{n=1}^{\infty} \dfrac{1}{n^3 + 1}$;

(2) $\displaystyle\sum_{n=1}^{\infty} \sin\dfrac{\pi}{2^n}$;

(3) $\displaystyle\sum_{n=1}^{\infty} \tan\dfrac{1}{n^2}$;

(4) $\displaystyle\sum_{n=1}^{\infty} \dfrac{1}{\sqrt{n+1}}$;

(5) $\displaystyle\sum_{n=1}^{\infty} \dfrac{n^2 + 1}{n(n+1)(n+5)}$;

(6) $\displaystyle\sum_{n=1}^{\infty} \dfrac{1}{3^n - n}$.

2. 用比值法判定下列级数的敛散性.

(1) $\displaystyle\sum_{n=1}^{\infty} \dfrac{n!}{n^n}$;

(2) $\displaystyle\sum_{n=1}^{\infty} \dfrac{3^n}{n \cdot 2^n}$;

(3) $\displaystyle\sum_{n=1}^{\infty} \dfrac{n+1}{2^n}$;

(4) $\displaystyle\sum_{n=1}^{\infty} n^2 \sin\dfrac{\pi}{2^n}$;

(5) $\displaystyle\sum_{n=1}^{\infty} \dfrac{3^n n!}{n^n}$;

(6) $\displaystyle\sum_{n=1}^{\infty} \dfrac{1 \cdot 3 \cdot 5 \cdot \cdots \cdot (2n-1)}{5^n n!}$.

3. 用根值法判定下列级数的敛散性.

(1) $\displaystyle\sum_{n=1}^{\infty} \dfrac{[\ln(n+1)]^n}{n^n}$;

(2) $\displaystyle\sum_{n=1}^{\infty} \left(\dfrac{n+1}{3n+1}\right)^n$;

(3) $\displaystyle\sum_{n=1}^{\infty} \left(\dfrac{n}{5n+1}\right)^{3n-1}$;

(4) $\displaystyle\sum_{n=1}^{\infty} \dfrac{2^n}{n^2}$.

4. 判定下列级数的敛散性, 如果收敛, 是绝对收敛还是条件收敛.

(1) $\displaystyle\sum_{n=1}^{\infty} (-1)^n \dfrac{n}{4^n}$;

(2) $\displaystyle\sum_{n=1}^{\infty} (-1)^{n-1} \tan\dfrac{1}{n^p}$;

(3) $\displaystyle\sum_{n=1}^{\infty} (-1)^n \dfrac{3^{n^2}}{n!}$;

(4) $\displaystyle\sum_{n=1}^{\infty} \dfrac{\sin nx}{n^\lambda} (\lambda > 1)$;

(5) $\displaystyle\sum_{n-1}^{\infty} (-1)^{n-1} \dfrac{\ln n}{n}$;

(6) $\displaystyle\sum_{n=1}^{\infty} (-1)^{n-1} \dfrac{1}{\sqrt{n}}$.

5. 讨论级数 $\displaystyle\sum_{n=1}^{\infty} n^\alpha \beta^n$ 的收敛性, 其中 α 为任意实数, β 为非负实数.

6. 设 $\displaystyle\sum_{n=1}^{\infty} (-1)^n a_n 3^n$ 收敛, 试证明级数 $\displaystyle\sum_{n=1}^{\infty} a_n$ 绝对收敛.

7. 设 $a_n > 0, b_n > 0$, 且满足

$$\frac{a_{n+1}}{a_n} \leqslant \frac{b_{n+1}}{b_n}, \quad n = 1, 2, \cdots.$$

试证明: (1) 若级数 $\sum\limits_{n=1}^{\infty} b_n$ 收敛, 则级数 $\sum\limits_{n=1}^{\infty} a_n$ 也收敛; (2) 若级数 $\sum\limits_{n=1}^{\infty} a_n$ 发散, 则级数 $\sum\limits_{n=1}^{\infty} b_n$ 发散.

12.3　幂　级　数

教学目标: 了解函数展开为泰勒级数的充分必要条件, 掌握常用函数 e^x, $\sin x$, $\cos x$, $\ln(1+x)$ 和 $(1+x)^{\alpha}$ 的麦克劳林展开式, 会用它们将一些简单函数间接展开成幂级数.

教学重点: 函数展开成幂级数的间接展开法, 收敛域.

教学难点: 函数展开成幂级数的间接展开法.

教学背景: 函数的近似计算, 泰勒公式.

思政元素: "无限" 与 "有限" 的辩证统一; 清代李善兰对幂级数研究的贡献.

前面讨论了数项级数的敛散性, 在自然科学和工程技术中还用到一般项是函数的级数, 即函数项级数.

12.3.1　函数项级数的概念

对于给定一个定义在区间 I 上的函数列 $\{u_n(x)\}$, 由该函数列构成的表达式

慕课12.3.1

$$u_1(x) + u_2(x) + \cdots + u_n(x) + \cdots$$

称为定义在区间 I 上的**函数项级数**, 记为 $\sum\limits_{n=1}^{\infty} u_n(x)$, 称 $S_n(x) = u_1(x) + u_2(x) + \cdots + u_n(x)$ 是函数项级数的**部分和**.

对于区间 I 内任一点 x_0, 由函数项级数 $\sum\limits_{n=1}^{\infty} u_n(x)$ 可得一个常数项级数

$$\sum_{n=1}^{\infty} u_n(x_0) = u_1(x_0) + u_2(x_0) + u_3(x_0) + \cdots + u_n(x_0) + \cdots.$$

如果常数项级数 $\sum\limits_{n=1}^{\infty} u_n(x_0)$ 收敛, 即 $\lim\limits_{n\to\infty} S_n(x_0)$ 存在, 则称函数项级数 $\sum\limits_{n=1}^{\infty} u_n(x)$ 在点 x_0 收敛, x_0 称为该函数项级数的**收敛点**, 如果 $\lim\limits_{n\to\infty} S_n(x_0)$ 不

存在, 则称函数项级数 $\sum\limits_{n=1}^{\infty} u_n(x)$ 在点 x_0 发散. 函数项级数 $\sum\limits_{n=1}^{\infty} u_n(x)$ 的收敛点的全体, 称为函数项级数 $\sum\limits_{n=1}^{\infty} u_n(x)$ 的**收敛域**, 全体发散点的集合称为**发散域**.

设函数项级数 $\sum\limits_{n=1}^{\infty} u_n(x)$ 的收敛域为 D, 则对 D 内的每一点 x, $\lim\limits_{n\to\infty} S_n(x)$ 存在, 记作 $\lim\limits_{n\to\infty} S_n(x) = s(x)$, 它是 x 的函数, 称 $s(x)$ 为函数项 $\sum\limits_{n=1}^{\infty} u_n(x)$ 的**和函数**, 称 $r_n(x) = s(x) - S_n(x) = u_{n+1}(x) + u_{n+2}(x) + \cdots$ 为函数项级数 $\sum\limits_{n=1}^{\infty} u_n(x)$ 的**余项**, 对于收敛域上的每一点 x, 有

$$\lim_{n\to\infty} r_n(x) = 0.$$

例 1　求级数 $\sum\limits_{n=1}^{\infty} \dfrac{(-1)^n}{n} \left(\dfrac{1}{1+x}\right)^n$ 的收敛域.

解　由比值审敛法知

$$\lim_{n\to\infty} \left| \frac{u_{n+1}(x)}{u_n(x)} \right| = \lim_{n\to\infty} \frac{n}{n+1} \frac{1}{|1+x|} = \frac{1}{|1+x|}.$$

(1) 当 $\dfrac{1}{|1+x|} < 1$, 即 $x > 0$ 或 $x < -2$ 时, 原级数绝对收敛;

(2) 当 $\dfrac{1}{|1+x|} > 1$, 即 $-2 < x < 0$ 时, 原级数发散;

(3) 当 $\dfrac{1}{|1+x|} < 1$ 时, 即 $x = 0$ 或 $x = -2$. 当 $x = 0$ 时, 原级数 $\sum\limits_{n=1}^{\infty} \dfrac{(-1)^n}{n}$ 收敛; 当 $x = -2$ 时, 原级数 $\sum\limits_{n=1}^{\infty} \dfrac{1}{n}$ 发散.

故原级数的收敛域为 $(-\infty, -2) \cup [0, +\infty)$.

下面, 我们讨论一种特殊的函数项级数——幂级数.

12.3.2　幂级数及其收敛性

函数项中最简单而常见的一类级数就是各项都是常数乘以幂函数的的函数项级数, 这是一类最重要的函数项级数.

定义 12.3.1   形如 $\sum\limits_{n=0}^{\infty} a_n x^n = a_0 + a_1 x + a_2 x^2 + \cdots + a_n x^n + \cdots$ 的级数称为 x 的幂级数, 其中 $a_0, a_1, a_2, \cdots, a_n, \cdots$ 称为幂级数的系数. 形如

$$\sum_{n=0}^{\infty} b_n (x-x_0)^n = b_0 + b_1(x-x_0) + b_2(x-x_0)^2 + \cdots + b_n(x-x_0)^n + \cdots$$

的级数称为 $(x-x_0)$ 的幂级数.

下面我们研究 x 的幂级数 $\sum\limits_{n=0}^{\infty} a_n x^n$ 的敛散性.

定理 12.3.1(阿贝尔定理)   如果级数 $\sum\limits_{n=0}^{\infty} a_n x^n$, 当 $x = x_0(x_0 \neq 0)$ 时收敛, 那么对于一切适合不等式 $|x| < |x_0|$ 的 x, 幂级数 $\sum\limits_{n=0}^{\infty} a_n x^n$ 绝对收敛; 反之, 如果 $\sum\limits_{n=0}^{\infty} a_n x^n$, 当 $x = x_0$ 时发散, 那么对于一切适合不等式 $|x| > |x_0|$ 的 x, 幂级数 $\sum\limits_{n=0}^{\infty} a_n x^n$ 都发散.

证明   因为 $\sum\limits_{n=1}^{\infty} a_n x_0^n$ 收敛, 有 $\lim\limits_{n \to \infty} a_n x_0^n = 0$, 于是存在一个常数 M, 使得 $|a_n x_0^n| \leqslant M (n = 0, 1, 2, \cdots)$, 所以

$$|a_n x^n| = \left| a_n x_0^n \cdot \frac{x^n}{x_0^n} \right| = |a_n x_0^n| \left| \frac{x}{x_0} \right|^n \leqslant M \left| \frac{x}{x_0} \right|^n.$$

当 $|x| < |x_0|$ 时, 等比级数 $\sum\limits_{n=0}^{\infty} M \left| \frac{x}{x_0} \right|^n$ 收敛, 所以 $\sum\limits_{n=0}^{\infty} |a_n x^n|$ 收敛, 即绝对收敛.

定理 12.3.1 的第二部分利用反证法证明, 假设当 $x = x_0$ 时, $\sum\limits_{n=0}^{\infty} a_n x^n$ 发散, 存在一点 $x_1, |x_1| > |x_0|$, 使级数收敛, 则根据定理 12.3.1 的第一部分, 有当 $x = x_0$ 时收敛, 这与假设矛盾, 定理得证.

由阿贝尔定理可知, 如果幂级数 $\sum\limits_{n=0}^{\infty} a_n x^n$ 在点 $x = x_0$ 处收敛, 则对于开区间 $(-|x_0|, |x_0|)$ 内的任何 x, 幂级数 $\sum\limits_{n=0}^{\infty} a_n x^n$ 绝对收敛; 如果幂级数在点 $x = x_0 \neq 0$

处发散, 则对于闭区间 $[-|x_0|, |x_0|]$ 以外的任何点 x, 幂级数 $\sum\limits_{n=0}^{\infty} a_n x^n$ 发散.

这就说明, 幂级数收敛一共三种情况: 收敛域仅为 $x = 0$; 收敛域为整个数轴; 存在一个 R, 在区间 $(-R, R)$ 内部处处绝对收敛, 在区间 $[-R, R]$ 外处处发散, 在分界点 $x = R$ 和 $x = -R$ 处幂级数 $\sum\limits_{n=0}^{\infty} a_n x^n$ 可能是收敛的, 也可能是发散的.

如果 $\sum\limits_{n=0}^{\infty} a_n x^n$ 在 x_0 收敛, 则级数必在开区间 $(-|x_0|, |x_0|)$ 内绝对收敛, 当点 $x(x < |x_0|)$ 沿 x 轴向右移动, 区间关于原点对称的左、右两侧不断扩大, 在不能无限延伸时, 会遇到一点 $x = R$, 使级数 $\sum\limits_{n=0}^{\infty} a_n x^n$ 在开区间 $(-R, R)$ 内绝对收敛, 当 $|x| > R$ 时, 幂级数发散, 称 R 为幂级数的**收敛半径**.

定义 12.3.2 如果幂级数 $\sum\limits_{n=0}^{\infty} a_n x^n$ 在 $(-R, R)$ 内绝对收敛 $(R > 0)$, 当 $|x| > R$ 时发散, 则称 R 为幂级数 $\sum\limits_{n=0}^{\infty} a_n x^n$ 的收敛半径. 开区间 $(-R, R)$ 为幂级数 $\sum\limits_{n=0}^{\infty} a_n x^n$ 的收敛区间.

注 (1) 如果幂级数 $\sum\limits_{n=0}^{\infty} a_n x^n$ 仅在点 $x = 0$ 处收敛, 或幂级数 $\sum\limits_{n=0}^{\infty} a_n x^n$ 在一切 x 都收敛, 我们分别规定收敛半径 $R = 0$ 与 $R = \infty$.

(2) 所有收敛点的集合称为幂级数 $\sum\limits_{n=0}^{\infty} a_n x^n$ 的收敛域, 收敛域可能是 $(-R, R)$, $[-R, R)$, $(-R, R]$, $[-R, R]$ 这四个区间之一.

关于幂级数 $\sum\limits_{n=0}^{\infty} a_n x^n$ 收敛半径 R 的求法, 有下面的定理.

定理 12.3.2 对于级数 $\sum\limits_{n=0}^{\infty} a_n x^n$, 如果 $\lim\limits_{n \to \infty} \left| \dfrac{a_{n+1}}{a_n} \right| = \rho$, 则

$$R = \lim_{n \to \infty} \left| \frac{a_n}{a_{n+1}} \right| = \begin{cases} \dfrac{1}{\rho}, & \rho \neq 0, \\ +\infty, & \rho = 0, \\ 0, & \rho = +\infty. \end{cases}$$

证明　考察幂级数 $\sum\limits_{n=0}^{\infty} a_n x^n$ 的各项取绝对值所成的级数 $\sum\limits_{n=0}^{\infty} |a_n x^n|$, 其相邻

两项之比为 $\dfrac{|a_{n+1} x^{n+1}|}{|a_n x^n|} = \left| \dfrac{a_{n+1}}{a_n} \right| |x|.$

(1) 如果 $\lim\limits_{n\to\infty} \left| \dfrac{a_{n+1}}{a_n} \right| |x| = \rho|x| (\rho \neq 0)$, 那么当 $\rho|x| < 1$, 即 $|x| < \dfrac{1}{\rho}$ 时,

$\sum\limits_{n=0}^{\infty} a_n x^n$ 绝对收敛; 当 $\rho|x| > 1$, 即 $|x| > \dfrac{1}{\rho}$ 时, 级数 $\sum\limits_{n=0}^{\infty} a_n x^n$ 发散, 所以 $R = \dfrac{1}{\rho}$

是 $\sum\limits_{n=0}^{\infty} a_n x^n$ 的收敛半径.

(2) 当 $\rho = 0$ 时, 对任何 x 都有 $\rho|x| < 1$, 于是 $R = +\infty$.

(3) 如果 $\rho = +\infty$, 那么除 $x = 0$ 外的其他一切 x, $\rho|x| > 1$, $\sum\limits_{n=0}^{\infty} a_n x^n$ 发散,

所以 $R = 0$.

例 2　求 $\sum\limits_{n=1}^{\infty} (-1)^n \dfrac{x^n}{n^2}$ 的收敛半径及收敛域.

解　因为 $\rho = \lim\limits_{n\to\infty} \left| \dfrac{a_{n+1}}{a_n} \right| = \lim\limits_{n\to\infty} \left| \dfrac{(-1)^{n+1} \dfrac{1}{(n+1)^2}}{(-1)^n \dfrac{1}{n^2}} \right| = 1$, 所以收敛半径

$R = \dfrac{1}{\rho} = 1$. 对于端点 $x = -1$, 级数 $\sum\limits_{n=1}^{\infty} (-1)^n \dfrac{(-1)^n}{n^2} = \sum\limits_{n=1}^{\infty} \dfrac{1}{n^2}$ 收敛; 当 $x = 1$ 时,

级数 $\sum\limits_{n=1}^{\infty} (-1)^n \dfrac{1}{n^2}$ 收敛. 所以, 幂级数 $\sum\limits_{n=1}^{\infty} (-1)^n \dfrac{x^n}{n^2}$ 的收敛域是 $[-1, 1]$.

例 3　求幂级数 $\sum\limits_{n=1}^{\infty} (-1)^{n-1} \dfrac{x^n}{\sqrt{n}}$ 的收敛区间.

解　因为 $\rho = \lim\limits_{n\to\infty} \left| \dfrac{a_{n+1}}{a_n} \right| = \lim\limits_{n\to\infty} \dfrac{\sqrt{n}}{\sqrt{n+1}} = 1$, 所以收敛半径 $R = \dfrac{1}{\rho} = 1$, 收

敛区间为 $(-1, 1)$.

例 4　求幂级数 $\sum\limits_{n=0}^{\infty} \dfrac{x^n}{n!}$ 的收敛域.

解　因为 $R = \lim\limits_{n\to\infty} \left| \dfrac{a_n}{a_{n+1}} \right| = \lim\limits_{n\to\infty} \left| \dfrac{\dfrac{1}{n!}}{\dfrac{1}{(n+1)!}} \right| = +\infty$, 所以收敛域是 $(-\infty, +\infty)$.

例 5 求幂级数 $\sum\limits_{n=0}^{\infty} \dfrac{(-1)^n}{3^n} x^{2n+1}$ 的收敛半径.

解 设 $u_n(x) = \dfrac{(-1)^n}{3^n} x^{2n+1}$, 因为 $\lim\limits_{n\to\infty} \left| \dfrac{u_{n+1}(x)}{u_n(x)} \right| = \lim\limits_{n\to\infty} \left| \dfrac{\dfrac{(-1)^{n+1}}{3^{n+1}} x^{2n+3}}{\dfrac{(-1)^n}{3^n} x^{2n+1}} \right| =$

$\dfrac{1}{3} |x|^2 < 1$, 得 $|x| < \sqrt{3}$, 所以收敛半径为 $R = \sqrt{3}$.

注 当幂级数 $\sum\limits_{n=0}^{\infty} a_n x^n$ 仅缺少有限项时, 定理 12.3.2 成立; 当幂级数 $\sum\limits_{n=0}^{\infty} a_n x^n$

缺无限项时, 例如, 幂级数 $\sum\limits_{n=0}^{\infty} a_n x^{2n+1}$ 的收敛半径不能利用定理 12.3.2 求出. 此时

要用比值审敛法: 设 $u_n(x) = a_n x^{2n+1}$, 考察 $\lim\limits_{n\to\infty} \left| \dfrac{u_{n+1}(x)}{u_n(x)} \right|$, 如果 $\lim\limits_{n\to\infty} \left| \dfrac{u_{n+1}(x)}{u_n(x)} \right| <$

1, 那么幂级数 $\sum\limits_{n=0}^{\infty} |u_n(x)|$ 收敛; 如果 $\lim\limits_{n\to\infty} \left| \dfrac{u_{n+1}(x)}{u_n(x)} \right| > 1$, 那么 $\sum\limits_{n=0}^{\infty} |u_n(x)|$ 发散.

例 6 求幂级数 $\sum\limits_{n=0}^{\infty} \dfrac{x^{2n}}{4^n}$ 的收敛区间.

解 幂级数 $\sum\limits_{n=0}^{\infty} \dfrac{x^{2n}}{4^n}$ 是缺少奇数次幂的幂级数, 利用比值审敛法, 因为

$\lim\limits_{n\to\infty} \left| \dfrac{u_{n+1}(x)}{u_n(x)} \right| = \lim\limits_{n\to\infty} \left| \dfrac{\dfrac{x^{2n+2}}{4^{n+1}}}{\dfrac{x^{2n}}{4^n}} \right| = \dfrac{1}{4}(x)^2 < 1$, 得 $|x| < 2$, 所以幂级数 $\sum\limits_{n=0}^{\infty} \dfrac{x^{2n}}{4^n}$

的收敛区间为 $(-2, 2)$.

12.3.3 幂级数的性质

1. 幂级数的代数运算

设幂级数 $\sum\limits_{n=0}^{\infty} a_n x^n$ 和 $\sum\limits_{n=0}^{\infty} b_n x^n$ 的收敛区间分别为 $(-R_1, R_1)$

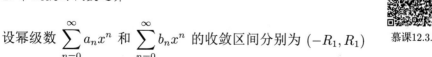

慕课12.3.2

与 $(-R_2, R_2)$, 这里 $R_1 > 0$, $R_2 > 0$.

(1) **加法** 两个收敛的幂级数相加 (减) 仍为收敛的幂级数, 等于它们对应项的系数相加 (减) 作为系数的幂级数, 其收敛半径为这两个收敛幂级数收敛半径的最小值, 即

$$\sum_{n=0}^{\infty} a_n x^n \pm \sum_{n=0}^{\infty} b_n x^n = \sum_{n=0}^{\infty} (a_n x^n \pm b_n x^n), \quad R = \min(R_1, R_2).$$

(2) **乘法**　两个收敛的幂级数之积仍收敛, 其收敛半径为这两个收敛幂级数收敛半径的最小值, 即

$$\left(\sum_{n=0}^{\infty} a_n x^n\right) \cdot \left(\sum_{n=0}^{\infty} b_n x^n\right) = \sum_{n=0}^{\infty} c_n x^n, \quad R = \min(R_1, R_2)$$

$$\left(\text{其中 } c_n = a_0 b_n + a_1 b_{n-1} + \cdots + a_n b_0 = \sum_{k=0}^{n} a_k b_{n-k}\right).$$

(3) **除法**　$\dfrac{\sum\limits_{n=0}^{\infty} a_n x^n}{\sum\limits_{n=0}^{\infty} b_n x^n} = \sum\limits_{n=0}^{\infty} c_n x^n$ $\left(\text{收敛域内} \sum\limits_{n=0}^{\infty} b_n x^n \neq 0\right)$, 其中系数 c_n 可通

过比较等式 $\left(\sum\limits_{n=0}^{\infty} b_n x^n\right) \cdot \left(\sum\limits_{n=0}^{\infty} c_n x^n\right) = \sum\limits_{n=0}^{\infty} a_n x^n$ 两边的系数来决定.

2. 幂级数的分析运算及和函数的性质

性质 1　幂级数 $\sum\limits_{n=0}^{\infty} a_n x^n$ 的和函数 $s(x)$ 在其收敛域上连续.

性质 2　幂级数 $\sum\limits_{n=0}^{\infty} a_n x^n$ 的和函数 $s(x)$ 在其收敛域 I 内可积, 并有逐项积分公式

$$\int_0^x s(t)\mathrm{d}t = \int_0^x \left[\sum_{n=0}^{\infty} a_n t^n\right] \mathrm{d}t = \sum_{n=0}^{\infty} \int_0^x a_n t^n \mathrm{d}t = \sum_{n=0}^{\infty} \frac{a_n}{n+1} x^{n+1} \quad (x \in I),$$

逐项积分后所得到的幂级数收敛半径不变, 收敛域不会缩小.

性质 3　幂级数 $\sum\limits_{n=0}^{\infty} a_n x^n$ 的和函数 $s(x)$ 在其收敛区间 I 内可导, 并且可以逐项求导, 求导后的级数的收敛半径不变, 其收敛域不会扩大.

例 7　求幂级数 $\sum\limits_{n=1}^{\infty} \dfrac{x^n}{n}$ 的和函数, 并求级数 $\sum\limits_{n=1}^{\infty} \dfrac{1}{n \cdot 2^n}$ 的和.

解 先求收敛域, 因为 $\rho = \lim\limits_{n\to\infty}\left|\dfrac{a_{n+1}}{a_n}\right| = \lim\limits_{n\to\infty}\dfrac{n+1}{n} = 1$, 所以收敛半径 $R = \dfrac{1}{\rho} = 1$, 收敛区间为 $(-1,1)$.

当 $x = 1$ 时, 级数 $\sum\limits_{n=1}^{\infty}\dfrac{1}{n}$ 发散, 当 $x = -1$ 时, 级数 $\sum\limits_{n=1}^{\infty}\dfrac{(-1)^n}{n}$ 收敛, 所以收敛域为 $[-1,1)$.

设幂级数 $\sum\limits_{n=1}^{\infty}\dfrac{x^n}{n}$ 的和函数为 $s(x)$, 即

$$s(x) = \sum_{n=1}^{\infty}\frac{x^n}{n}, \quad x \in [-1,1),$$

两边对 x 逐项求导数,

$$s'(x) = \sum_{n=1}^{\infty} x^{n-1} = \frac{1}{1-x}, \quad s(x) = \int_0^x \frac{1}{1-x}\mathrm{d}x + s(0) = -\ln(1-x),$$

其中 $s(0) = 0$, 即 $\sum\limits_{n=1}^{\infty}\dfrac{x^n}{n} = -\ln(1-x)$. 级数

$$\sum_{n=1}^{\infty}\frac{1}{n\cdot 2^n} = s\left(\frac{1}{2}\right) = -\ln\left(1 - \frac{1}{2}\right) = \ln 2.$$

例 8 求幂级数 $\sum\limits_{n=0}^{\infty}\dfrac{x^n}{n+1}$ 的和函数.

解 先求收敛域. 由 $\lim\limits_{n\to\infty}\left|\dfrac{a_{n+1}}{a_n}\right| = \lim\limits_{n\to\infty}\dfrac{n+1}{n+2} = 1$ 得收敛半径 $R = 1$.

在端点 $x = -1$ 处, 幂级数成为 $\sum\limits_{n=0}^{\infty}\dfrac{(-1)^n}{n+1}$, 是收敛的交错级数; 在端点 $x = 1$ 处, 幂级数成为 $\sum\limits_{n=0}^{\infty}\dfrac{1}{n+1}$, 是发散的. 因此收敛域为 $I = [-1,1)$.

设和函数为 $s(x)$, 即 $s(x) = \sum\limits_{n=1}^{\infty}\dfrac{x^n}{n+1}, x \in [-1,1)$. 于是

$$xs(x) = \sum_{n=1}^{\infty}\frac{x^{n+1}}{n+1}.$$

逐项求导, 并由 $\dfrac{1}{1-x} = 1 + x + x^2 + \cdots + x^n + \cdots (-1 < x < 1)$, 得

$$[xs(x)]' = \sum_{n=0}^{\infty} \left(\frac{x^{n+1}}{n+1} \right)' = \sum_{n=0}^{\infty} x^n = \frac{1}{1-x} \quad (|x| < 1).$$

对上式从 0 到 x 积分, 得 $xs(x) = \displaystyle\int_0^x \frac{1}{1-x} \mathrm{d}x = -\ln(1-x)(-1 \leqslant x \leqslant 1)$.

于是, 当 $x \neq 0$ 时, 有 $s(x) = -\dfrac{1}{x} \ln(1-x)$. 而 $s(0)$ 可由 $s(0) = a_0 = 1$ 得出, 故

$$s(x) = \begin{cases} -\dfrac{1}{x} \ln(1-x), & x \in [-1, 0) \cup (0, 1), \\ 1, & x = 0. \end{cases}$$

例 9　求幂级数 $\displaystyle\sum_{n=1}^{\infty} nx^{n-1}$ 的和函数, 并求级数 $\displaystyle\sum_{n=1}^{\infty} \frac{n}{2^n}$ 的和.

解　先求收敛域. 因为 $\rho = \displaystyle\lim_{n \to \infty} \left| \frac{a_{n+1}}{a_n} \right| = \lim_{n \to \infty} \frac{n+1}{n} = 1$, 所以收敛半径 $R = \dfrac{1}{\rho} = 1$, 收敛区间为 $(-1, 1)$.

当 $x = 1$ 时, 级数 $\displaystyle\sum_{n=1}^{\infty} 1$ 发散, 当 $x = -1$ 时, 级数 $\displaystyle\sum_{n=1}^{\infty} (-1)^n$ 发散, 所以收敛域为 $(-1, 1)$.

设幂级数 $\displaystyle\sum_{n=1}^{\infty} nx^{n-1}$ 的和函数为 $s(x)$, 即

$$s(x) = \sum_{n=1}^{\infty} nx^{n-1}, \quad x \in (-1, 1),$$

两边对 x 逐项求积分得

$$\int_0^x s(x)\mathrm{d}x = \sum_{n=1}^{\infty} \int_0^x nx^{n-1}\mathrm{d}x = \sum_{n=1}^{\infty} x^n = \frac{x}{1-x}.$$

所以 $s(x) = \left(\dfrac{x}{1-x} \right)' = \dfrac{1}{(1-x)^2}$, 即 $\displaystyle\sum_{n=1}^{\infty} nx^{n-1} = \frac{1}{(1-x)^2}, x \in (-1, 1)$.

令 $x = \dfrac{1}{2}$, 得 $\displaystyle\sum_{n=1}^{\infty} \frac{n}{2^n} = \frac{\dfrac{1}{2}}{\left(1 - \dfrac{1}{2} \right)^2} = 2$.

例 10　求幂级数 $1 + \displaystyle\sum_{n=1}^{\infty} (-1)^n \frac{x^{2n}}{2n} (|x| < 1)$ 的和函数 $f(x)$.

解

$$f(x) = 1 + \sum_{n=1}^{\infty} (-1)^n \frac{x^{2n}}{2n}, \quad |x| < 1,$$

$$f'(x) = \left(1 + \sum_{n=1}^{\infty} (-1)^n \frac{x^{2n}}{2n}\right)' = \sum_{n=1}^{\infty} (-1)^n \left(\frac{x^{2n}}{2n}\right)' = \sum_{n=1}^{\infty} (-1)^n x^{2n-1}$$

$$= x \sum_{n=1}^{\infty} (-1)^n x^{2n-2} = x \sum_{n=0}^{\infty} (-1)^{n+1} x^{2n} = -\frac{x}{1+x^2},$$

$$f(x) = f(0) + \int_0^x f'(x)\mathrm{d}x = 1 + \int_0^x \left(-\frac{x}{1+x^2}\right) \mathrm{d}x$$

$$= 1 - \frac{1}{2} \ln\left(1 + x^2\right), \quad -1 < x < 1.$$

例 11 假设银行的年存款利率为 5%, 且以年复利计息, 某人一次性将一笔资金存入银行, 若要保证自存入之后起, 此人或他人第 n 年 $(n = 1, 2, \cdots)$ 年年都能从银行中提取 n 万元, 则其存入的本金多少钱?

解 第 1 年末提取的 1 万元的现值为 a_1, 则 $a_1 + 0.05a_1 = 1$, 即 $a_1 = \dfrac{1}{1.05}$;

第 2 年末提取的 2 万元的现值为 a_2, 则 $1.05^2 a_2 = 2$, 即 $a_2 = \dfrac{2}{1.05^2}$;

$\cdots\cdots$

第 n 年末提取的 n 万元的现值为 a_n, 则 $1.05^n a_n = n$, 即 $a_n = \dfrac{n}{1.05^n}$.

综上可知, 此人存入的资金至少为

$$a_1 + \cdots + a_n + \cdots = \frac{1}{1.05} + \cdots + \frac{n}{1.05^n} + \cdots.$$

考虑

$$s(x) = \sum_{n=1}^{\infty} n x^n = x \sum_{n=1}^{\infty} n x^{n-1} = x \left(\frac{x}{1-x}\right)' = \frac{x}{(1-x)^2},$$

则

$$\frac{1}{1.05} + \cdots + \frac{n}{1.05^n} + \cdots = s\left(\frac{1}{1.05}\right) = \frac{\dfrac{1}{1.05}}{\left(1 - \dfrac{1}{1.05}\right)^2} = 420 \ (万元).$$

小结与思考

1. 小结

幂级数在解决数学、物理和其他应用问题中有着广泛的应用. 本节要求掌握幂级数的收敛半径的求法, 会利用阿贝尔定理判断幂级数的敛散性, 会利用逐项可积和逐项可导求幂级数的和函数.

2. 思考

幂级数 $\sum\limits_{n=1}^{\infty} x_n$ 在 $x = x_0$ 分别是收敛、发散、条件收敛时, 讨论收敛半径 r 和 $|x_0|$ 的大小关系.

数学文化

李善兰, 原名李心兰, 浙江海宁人, 是中国近代著名的教育家、数学家. 在清朝时期李善兰对幂级数进行了深入的研究, 他创立了二次平方根的幂级数展开式, 研究各种三角函数、反三角函数和对数函数的幂级数展开式, 这是李善兰也是 19 世纪中国数学界最重大的成就.

习　题　12-3

1. 求下列幂级数的收敛区间.

(1) $\sum\limits_{n=0}^{\infty} (-1)^n \dfrac{x^{2n+1}}{2n+1}$;

(2) $\sum\limits_{n=1}^{\infty} \dfrac{2n-1}{2^n} x^{2n-2}$;

(3) $\sum\limits_{n=0}^{\infty} \dfrac{(2n)!}{(n!)^2} x^{2n}$;

(4) $\sum\limits_{n=1}^{\infty} \dfrac{(x-5)^n}{n}$;

(5) $\sum\limits_{n=1}^{\infty} \dfrac{2^n x^n}{n^2+1}$;

(6) $\sum\limits_{n=1}^{\infty} \dfrac{x^n}{2^n \cdot n}$.

2. 求下列级数的收敛域.

(1) $\sum\limits_{n=1}^{\infty} \dfrac{n(n-1)}{2^n} x^n$;

(2) $\sum\limits_{n=0}^{\infty} (-1)^n \dfrac{x^{n+1}}{n+1}$;

(3) $\sum\limits_{n=1}^{\infty} \dfrac{1}{n^2 \cdot 3^n} x^{2n+1}$;

(4) $\sum\limits_{n=1}^{\infty} \dfrac{1}{3^{x \ln n}} (a^{\ln b} = b^{\ln a})$.

3. 利用逐项求导或逐项积分求下列幂级数的和函数.

(1) $\sum\limits_{n=1}^{\infty} (n+1)x^n$, $|x| < 1$;

(2) $\sum\limits_{n=0}^{\infty} \dfrac{x^{2n+1}}{2n+1}$, $|x| < 1$;

(3) $\sum\limits_{n=1}^{\infty} \dfrac{n(n+1)}{2} x^{n-1}, |x| < 1$;

(4) $\sum\limits_{n=1}^{\infty} \dfrac{x^n}{n+1}, |x| < 1$;

(5) 求幂级数 $\sum\limits_{n=0}^{\infty} \left(n^2 - n + 1\right) x^n$ 的和函数, 并求级数 $\sum\limits_{n=0}^{\infty} (-1)^n \dfrac{n^2 - n + 1}{2^n}$ 的和.

4. 设 $\sum\limits_{n=1}^{\infty} a_n x^n$ 在 $x = -3$ 处条件收敛, 证明其收敛半径为 $R = 3$.

5. 设 $\lim\limits_{n \to \infty} \left| \dfrac{a_{n+1}}{a_n} \right| = 2$, 求级数 $\sum\limits_{n=0}^{\infty} a_n x^{2n+1}$ 的收敛半径 R.

6. 设级数 $\sum\limits_{n=0}^{\infty} a_n (x - 2)^n$ 在点 $x = -2$ 处收敛, 判断级数在点 $x = 5$ 处的敛散性.

12.4 函数展开为幂级数

教学目标: 1. 理解常数项级数收敛、发散以及收敛级数的和的概念;

2. 掌握级数的基本性质及收敛的必要条件;

3. 掌握几何级数的收敛与发散的条件.

教学重点: 级数收敛与发散概念, 级数的基本性质及收敛的必要条件.

教学难点: 用级数收敛性及基本性质判别一些级数的收敛性问题.

教学背景: 数列的极限, 函数的极限.

思政元素: 近似计算; 级数展开与转化的思想方法: 直接展开法遇到困难时, 间接展开法运用变量代换、逐项求导积分等方法, 将未知函数转化成已知展开式的函数, 进而得到幂级数展开式的方法.

前面讨论了幂级数的收敛域及其和函数的性质, 任意一个幂级数都对应着一个和函数 $s(x)$, 现在我们研究与之相反的问题: 给定一个函数 $f(x)$, 它满足什么条件时, 能和一个幂级数相等? 也就是找到这样一个幂级数, 它在某区间内收敛, 且其和恰好就是给定的函数 $f(x)$. 如果能找到这样的幂级数, 我们就说, 函数 $f(x)$ 在该区间内能展开成幂级数. 为解决此问题, 我们先介绍一个预备知识——泰勒公式.

12.4.1 泰勒公式

假设函数 $f(x)$ 在 x_0 的某邻域 $U(x_0)$ 内具有 $n+1$ 阶导数, 则对于任一 $x \in U(x_0)$ 有

慕课12.4.1

$$f(x) = f(x_0) + f'(x_0)(x - x_0) + \frac{f''(x_0)}{2!}(x - x_0)^2 + \cdots + \frac{f^{(n)}(x_0)}{n!}(x - x_0)^n + R_n(x),$$

其中 $R_n(x) = \dfrac{f^{(n+1)}(\xi)}{(n+1)!}(x-x_0)^{n+1}$ 称为拉格朗日型余项, 而 ξ 为介于 x_0 与 x 之间的某个值, 这个公式称为带有拉格朗日型余项的 n 阶泰勒公式.

n 阶泰勒公式也可写成

$$f(x)=f(x_0)+f'(x_0)(x-x_0)+\frac{f''(x_0)}{2!}(x-x_0)^2+\cdots+\frac{f^{(n)}(x_0)}{n!}(x-x_0)^n+o[(x-x_0)^n],$$

其中 $R_n(x) = o[(x-x_0)^n]$ 称为佩亚诺型余项, 这个公式称为带有佩亚诺型余项的 n 阶泰勒公式.

在泰勒公式中, 当取 $x_0 = 0$, 表达式

$$f(x) = f(0) + f'(0)x + \frac{f''(0)}{2!}x^2 + \cdots + \frac{f^{(n)}(0)}{n!}x^n + \frac{f^{(n+1)}(\theta x)}{(n+1)!}x^{n+1}(0 < \theta < 1)$$

称为拉格朗日型余项的麦克劳林公式, 以及

$$f(x) = f(0) + f'(0)x + \frac{f''(0)}{2!}x^2 + \cdots + \frac{f^{(n)}(0)}{n!}x^n + o(x^n)$$

称为佩亚诺型余项的麦克劳林公式.

本节研究一个函数 $f(x)$ 在某个区间内是否能表示成幂级数, 即研究这个函数在某个区间内可以表示成收敛的幂级数形式. 这里涉及如下几个问题:

(1) 函数 $f(x)$ 在满足什么条件的时候可以展开成幂级数?

$$f(x) = a_0 + a_1(x-x_0) + a_2(x-x_0)^2 + \cdots + a_n(x-x_0)^n + \cdots.$$

(2) 系数 $a_n(n = 0, 1, 2, \cdots)$ 如何确定?

(3) 函数 $f(x)$ 如果可以展开, 它的幂级数展开式唯一吗?

12.4.2　函数展成幂级数

假设函数 $f(x)$ 在点 x_0 的某邻域 $U(x_0)$ 内能展开成幂级数, 即

慕课12.4.2

$$f(x)=a_0+a_1(x-x_0)+a_2(x-x_0)^2+\cdots+a_n(x-x_0)^n+\cdots, \quad x \in U(x_0),$$
$$(12\text{-}4\text{-}1)$$

那么, 根据和函数的性质, 可知 $f(x)$ 在 $U(x_0)$ 内应具有任意阶导数, 且

$$f^{(n)}(x) = n!a_n + (n+1)!a_{n+1}(x-x_0) + \frac{(n+2)!}{2!}a_{n+2}(x-x_0)^2 + \cdots.$$

由此可得 $f^{(n)}(x_0) = n!a_n(n = 0, 1, 2, \cdots)$, 于是 $a_n = \dfrac{f^{(n)}(x_0)}{n!}$.

说明如果函数 $f(x)$ 有幂级数展开式 (12-4-1), 那么该幂级数的系数 $a_n = \dfrac{f^{(n)}(x_0)}{n!}$, 函数 $f(x)$ 可写为

$$f(x) = f(x_0) + f'(x_0)(x - x_0) + \frac{1}{2!}f''(x_0)(x - x_0)^2 + \cdots + \frac{1}{n!}f^{(n)}(x_0)(x - x_0)^n + \cdots,$$

即

$$f(x) = \sum_{n=0}^{\infty} \frac{1}{n!}f^{(n)}(x_0)(x - x_0)^n. \tag{12-4-2}$$

从而函数展开为幂级数

$$f(x) = \sum_{n=0}^{\infty} \frac{1}{n!}f^{(n)}(x_0)(x - x_0)^n, \quad x \in U(x_0) \tag{12-4-3}$$

若函数 $f(x)$ 在点 x_0 的某邻域 $U(x_0)$ 内有定义, 且具有任意阶导数, 则幂级数 (12-4-2) 称为函数 $f(x)$ 在点 x_0 处的**泰勒级数**, 展开式 (12-4-3) 称为函数 $f(x)$ 在点 x_0 处的**泰勒展开式**.

由此可知, 如果函数 $f(x)$ 在 x_0 处任意阶可导, 就可以写出 $f(x)$ 在 x_0 点处的泰勒级数 (12-4-2). 但是级数 (12-4-2) 不一定收敛, 收敛也未必收敛于 $f(x)$. 下面给出函数 $f(x)$ 在 $U(x_0)$ 内能展开成幂级数的条件.

定理 12.4.1(泰勒收敛定理) 函数 $f(x)$ 在点 x_0 的邻域 $U(x_0)$ 内能展开成泰勒级数 $\displaystyle\sum_{n=0}^{\infty} \frac{a_n}{n!}(x - x_0)^n$ 的充分必要条件是函数 $f(x)$ 在 x_0 的某一邻域 $U(x_0)$ 内具有任意阶导数, 且任意 $x \in U(x_0)$, 有

$$\lim_{n \to \infty} R_n(x) = 0,$$

其中 $R_n(x)$ 为 $f(x)$ 在点 x_0 的 n 阶泰勒公式余项, 系数 a_n 等于 $\dfrac{f^{(n)}(x_0)}{n!}$.

证明 记 $R_n(x) = f(x) - P_n(x)$, 其中 $P_n(x) = f(x_0) + f'(x_0)(x - x_0) + \dfrac{1}{2!}f''(x_0)(x - x_0)^2 + \cdots + \dfrac{1}{n!}f^{(n)}(x_0)(x - x_0)^n$, 称为函数 $f(x)$ 的 n 次泰勒多项式, $R_n(x)$ 为余项.

根据级数收敛的定义, 对任意的 $x \in U(x_0)$,

$$\sum_{n=0}^{\infty} \frac{1}{n!}f^{(n)}(x_0)(x - x_0)^n = f(x)$$

$$\Leftrightarrow \lim_{n \to \infty} P_n(x) = f(x)$$

$$\Leftrightarrow \lim_{n \to \infty} f(x) - P_n(x) = \lim_{n \to \infty} R_n(x) = 0.$$

从而定理得证.

注意到, 当 $n = 0$ 时, 泰勒公式即为拉格朗日公式, 所以泰勒定理可以看作拉格朗日定理向高阶导数方向的推广;

当 $x_0 = 0$ 时, 则变为带拉格朗日型余项的麦克劳林公式:

$$f(x) = f(0) + \frac{f'(0)}{1!}x + \cdots + \frac{f^{(n)}(0)}{n!}x^n + \frac{f^{(n+1)}(\theta x)}{(n+1)!}x^{n+1}, \quad \theta \in (0, 1).$$

称这种形式的余项 $R_n(x)$ 为**拉格朗日型余项**. 并称带有这种形式余项的**泰勒公式**为**带有拉格朗日型余项的泰勒公式**. 拉格朗日型余项还可写为

$$R_n(x) = \frac{f^{(n+1)}(a + \theta(x-a))}{(n+1)!}(x-a)^{n+1} \quad \theta \in (0, 1).$$

$a = 0$ 时, 称上述泰勒公式为**麦克劳林公式**, 此时余项常写为

$$R_n(x) = \frac{1}{(n+1)!}f^{(n+1)}(\theta x)x^{n+1}, \quad 0 < \theta < 1.$$

把函数 $f(x)$ 展开成 x 的幂级数, 可以通过适当的替换转换为麦克劳林展开式, 展开方法包括直接法和间接法.

1. 直接展开法

要把函数 $f(x)$ 展开成 x 的幂级数, 需要以下四步.

第一步: 求出 $f(x)$ 的各阶导数 $f'(x), f''(x), \cdots, f^{(n)}(x), \cdots$.

第二步: 求出函数 $f(x)$ 及其各阶导数在 $x = 0$ 处的值 $f(0), f'(0), f''(0), \cdots, f^{(n)}(0), \cdots$.

第三步: 写出幂级数 $f(0) + f'(0)x + \frac{f''(0)}{2!}x^2 + \cdots + \frac{f^{(n)}(0)}{n!}x^n + \cdots$, 并求出收敛半径 R.

第四步: 利用余项 $R_n(x)$ 的表达式 $R_n(x) = \frac{f^{(n+1)}(\theta x)}{(n+1)!}x^{n+1}(0 < \theta < 1)$. 考察余项 $R_n(x)$ 的极限是否为 0, 如果 $\lim_{n \to \infty} R_n(x) = 0$, 则 $f(x) = \sum_{n=0}^{\infty} \frac{f^{(n)}(0)}{n!}x^n$.

例 1　将函数 $f(x) = \mathrm{e}^x$ 展开成 x 的幂级数.

解 设函数 $f(x)$ 在 **R** 内具有任意阶导数, 那么 $\forall x \in \mathbf{R}$, 有 $f^{(n)}(x) = \mathrm{e}^x$, $f^{(n)}(0) = \mathrm{e}^0 = 1(n = 0, 1, 2, \cdots)$,

$$|R_n(x)| = \left| \frac{\mathrm{e}^\xi}{(n+1)!} x^{n+1} \right| < \mathrm{e}^{|x|} \frac{|x|^{n+1}}{(n+1)!}.$$

因为对任何有限的数 x, $\displaystyle\sum_{n=0}^{\infty} \frac{\mathrm{e}^{|x|} |x|^{n+1}}{(n+1)!}$ 都是收敛的, 所以 $\displaystyle\lim_{n \to \infty} \frac{\mathrm{e}^{|x|} |x|^{n+1}}{(n+1)!} = 0$, 即 $\displaystyle\lim_{n \to \infty} R_n(x) = 0$, 故

$$\mathrm{e}^x = \sum_{n=0}^{\infty} \frac{1}{n!} x^n \quad (-\infty < x < +\infty). \tag{12-4-4}$$

例 2 将函数 $f(x) = \sin x$ 展开成 x 的幂级数.

解 设函数 $f(x)$ 在 **R** 内具有任意阶导数, 那么 $\forall x \in \mathbf{R}$, 有 $f^{(n)}(x) = \sin\left(x + \dfrac{n}{2}\pi\right)(n = 1, 2, \cdots)$, 于是有

$$f^{(n)}(0) = \sin \frac{n\pi}{2} = \begin{cases} 0, & n = 2k, \\ (-1)^k, & n = 2k + 1(k = 0, 1, 2, \cdots), \end{cases}$$

以及泰勒公式可知, $\forall x \in \mathbf{R}$ 有

$$f(x) = f(0) + f'(0)x + \frac{1}{2!}f''(0)x^2 + \cdots + \frac{1}{n!}f^{(n)}(0)x^n + R_n(x),$$

其中 $|R_n(x)| = \left| \dfrac{\sin\left[\xi + \dfrac{(n+1)}{2}\pi\right]}{(n+1)!} x^{n+1} \right| \leqslant \dfrac{|x|^{n+1}}{(n+1)!} \to 0 \ (n \to \infty, 0 < \xi < x)$,

因此得 $\sin x$ 的展开式

$$\sin x = x - \frac{x^3}{3!} + \frac{x^5}{5!} - \cdots + (-1)^n \frac{x^{2n+1}}{(2n+1)!} + \cdots \quad (-\infty < x < +\infty). \tag{12-4-5}$$

例 3 将函数 $f(x) = (1+x)^m$ 展开成 x 的幂级数, 其中 m 为任意实数.

解 $f'(x) = m(1+x)^{m-1}$,

$f''(x) = m(m-1)(1+x)^{m-2}$,

......

$f'''(x) = m(m-1)\cdots(m-n+1)(1+x)^{m-n}$,

......

$f(0) = 1, f'(0) = m, f''(0) = m(m-1), \cdots, f^{(n)}(0) = m(m-1)\cdots(m-n+1)$,

于是得级数

$$f(x) = (1+x)^m = 1+mx+\frac{m(m-1)}{2!}x^2+\cdots+\frac{m(m-1)\cdots(m-n+1)}{n!}x^n+\cdots,$$

$$(12\text{-}4\text{-}6)$$

其收敛半径 $R = \lim\limits_{n\to\infty}\left|\dfrac{a_n}{a_{n+1}}\right| = \lim\limits_{n\to\infty}\left|\dfrac{n+1}{m-n}\right| = 1$, 收敛区间为 $(-1,1)$.

为了避免直接研究余项, 设该级数在 $(-1,1)$ 内收敛到函数 $F(x)$,

$$F(x) = 1+mx+\frac{m(m-1)}{2!}x^2+\cdots+\frac{m(m-1)\cdots(m-n+1)}{n!}x^n+\cdots \quad (-1<x<1).$$

下面证明 $F(x) = (1+x)^m$.

两边求导, 得

$$F'(x) = m\left[1+\frac{m-1}{1}x+\cdots+\frac{(m-1)\cdots(m-n+1)}{(n-1)!}x^{n-1}+\cdots\right],$$

两边各乘以 $(1+x)$, 并把含有 $x^n(n=1,2,\cdots)$ 的两项合并起来, 根据恒等式

$$\frac{(m-1)\cdots(m-n+1)}{(n-1)!} + \frac{(m-1)\cdots(m-n+1)}{n!}$$

$$= \frac{m(m-1)\cdots(m-n+1)}{n!} \quad (n=1,2,\cdots),$$

可得

$$(1+x)F'(x) = m\left[1+mx+\frac{m(m-1)}{2!}x^2+\cdots\right.$$

$$\left.+\frac{m(m-1)\cdots(m-n+1)}{n!}x^n+\cdots\right] = mF(x).$$

令 $\varphi(x) = \dfrac{F(x)}{(1+x)^m}, \varphi(0) = F(0) = 1$,

$$\varphi'(x) = \frac{(1+x)^m F'(x) - m(1+x)^{m-1}F(x)}{(1+x)^{2m}}$$

$$= \frac{(1+x)^{m-1}[(1+x)F'(x) - mF(x)]}{(1+x)^{2m}} = 0,$$

所以 $\varphi(x) = c$, 由 $\varphi(0) = 1$, 从而 $\varphi(x) = 1$, 即 $F(x) = (1+x)^m$,

$$(1+x)^m = 1+mx+\frac{m(m-1)}{2!}x^2+\cdots$$

$$+\frac{m(m-1)\cdots(m-n+1)}{n!}x^n+\cdots \quad (-1<x<1).$$

特别地, 当 $m = -1$ 时, $\dfrac{1}{1+x} = 1 - x + x^2 + \cdots + (-1)^n x^n + \cdots (-1 < x < 1)$;

当 $m = \dfrac{1}{2}$ 时, $\sqrt{1+x} = 1 + \dfrac{1}{2}x - \dfrac{1}{2 \cdot 4}x^2 + \dfrac{1}{2 \cdot 4 \cdot 6}x^3 - \dfrac{1}{2 \cdot 4 \cdot 6 \cdot 8}x^4 + \cdots (-1 \leqslant x \leqslant 1)$;

当 $m = -\dfrac{1}{2}$ 时, $\dfrac{1}{\sqrt{1+x}} = 1 - \dfrac{1}{2}x + \dfrac{1 \cdot 3}{2 \cdot 4}x^2 + \dfrac{1 \cdot 3 \cdot 5}{2 \cdot 4 \cdot 6}x^3 - \dfrac{1 \cdot 3 \cdot 5 \cdot 7}{2 \cdot 4 \cdot 6 \cdot 8}x^4 + \cdots (-1 < x \leqslant 1)$.

2. 间接展开法

由于函数的幂级数展开式是唯一的, 所以还可以利用一些已知函数展开式及幂级数的性质, 将所给函数展开成幂级数, 这种方法称为间接展开法.

根据如下已知的幂级数, 可以得到很多函数的幂级数.

$$\mathrm{e}^x = 1 + x + \frac{1}{2!}x^2 + \cdots + \frac{1}{n!}x^n + \cdots, \quad x \in (-\infty, +\infty); \tag{12-4-7}$$

$$\sin x = x - \frac{1}{3!}x^3 + \frac{1}{5!}x^5 - \cdots + (-1)^n \frac{x^{2n+1}}{(2n+1)!} + \cdots, \quad x \in (-\infty, +\infty); \tag{12-4-8}$$

$$\frac{1}{1-x} = 1 + x + x^2 + \cdots + x^n + \cdots, \quad x \in (-1, 1). \tag{12-4-9}$$

例 4 将 $f(x) = a^x$ 展开成 x 的幂级数.

解 由已知 $\mathrm{e}^x = \displaystyle\sum_{n=0}^{\infty} \frac{1}{n!}x^n (-\infty < x < +\infty)$, 得

$$f(x) = a^x = \mathrm{e}^{x \ln a} = \sum_{n=0}^{\infty} \frac{\ln^n a}{n!}x^n \quad (-\infty < x < +\infty). \tag{12-4-10}$$

例 5 将 $f(x) = \cos x$ 展开成 x 的幂级数.

解 因为 $\sin x = x - \dfrac{x^3}{3!} + \dfrac{x^5}{5!} - \cdots + (-1)^n \dfrac{x^{2n+1}}{(2n+1)!} + \cdots (-\infty < x < +\infty)$, 两边求导, 得

$$\cos x = 1 - \frac{x^2}{2!} + \frac{x^4}{4!} - \cdots + (-1)^n \frac{x^{2n}}{(2n)!} + \cdots \quad (-\infty < x + \infty). \tag{12-4-11}$$

例 6 将 $\ln(1+x)$, $\arctan x$, $\ln \dfrac{1+x}{1-x}$ 展开成 x 的幂级数.

解 由 $\dfrac{1}{1-x} = 1 + x + x^2 + \cdots + x^n + \cdots, x \in (-1, 1)$, 得

(1) $\dfrac{1}{1+x} = 1 - x + x^2 - x^3 + \cdots + (-1)^n x^n + \cdots (-1 < x < 1)$; $\tag{12-4-11}$

(2) $\dfrac{1}{1+x^2} = 1 - x^2 + x^4 - x^6 + \cdots + (-1)^n x^{2n} + \cdots (-1 < x < 1);$ (12-4-12)

(3) $\dfrac{1}{1-x^2} = 1 + x^2 + x^4 + \cdots + x^{2n} + \cdots (-1 < x < 1).$ (12-4-13)

将表达式 (12-4-11), (12-4-12), (12-4-13) 两端分别从 0 积分到 x, 再考察级数在区间端点处的敛散性, 得

(4) $\ln(1+x) = x - \dfrac{1}{2}x^2 + \dfrac{1}{3}x^3 - \cdots + (-1)^n \dfrac{x^{n+1}}{n+1} + \cdots (-1 < x \leqslant 1);$

(5) $\arctan x = x - \dfrac{1}{3}x^3 + \dfrac{1}{5}x^5 - \cdots + (-1)^n \dfrac{x^{2n+1}}{2n+1} + \cdots (-1 \leqslant x \leqslant 1);$

(6) $\ln \dfrac{1+x}{1-x} = 2\left(x + \dfrac{x^2}{3} + \dfrac{x^5}{5} + \cdots + \dfrac{x^{2n+1}}{2n+1} + \cdots \right) (-1 < x < 1).$

例 7 将 $\sin x$ 展开成 $\left(x - \dfrac{\pi}{4} \right)$ 的幂级数.

解 由已知

$$\sin x = \sin\left[\dfrac{\pi}{4} + \left(x - \dfrac{\pi}{4} \right) \right] = \dfrac{\sqrt{2}}{2}\left[\cos\left(x - \dfrac{\pi}{4} \right) + \sin\left(x - \dfrac{\pi}{4} \right) \right],$$

$$\cos\left(x - \dfrac{\pi}{4} \right) = 1 - \dfrac{1}{2!}\left(x - \dfrac{\pi}{4} \right)^2 + \dfrac{1}{4!}\left(x - \dfrac{\pi}{4} \right)^4 - \cdots (-\infty < x < +\infty),$$

$$\sin\left(x - \dfrac{\pi}{4} \right) = \left(x - \dfrac{\pi}{4} \right) - \dfrac{1}{3!}\left(x - \dfrac{\pi}{4} \right)^3 + \dfrac{1}{5!}\left(x - \dfrac{\pi}{4} \right)^5 - \cdots (-\infty < x < +\infty),$$

得

$$\sin x = \dfrac{\sqrt{2}}{2}\left[1 + \left(x - \dfrac{\pi}{4} \right) - \dfrac{1}{2!}\left(x - \dfrac{\pi}{4} \right)^2 - \dfrac{1}{3!}\left(x - \dfrac{\pi}{4} \right)^3 + \dfrac{1}{4!}\left(x - \dfrac{\pi}{4} \right)^4 \right.$$
$$\left. + \dfrac{1}{5!}\left(x - \dfrac{\pi}{4} \right)^5 - \cdots \right] \quad (-\infty < x < +\infty).$$

例 8 将 $f(x) = \dfrac{1}{2+x}$ 展成 x 的幂级数.

解 $f(x) = \dfrac{1}{2} \cdot \dfrac{1}{1 + \dfrac{x}{2}} = \dfrac{1}{2} \displaystyle\sum_{n=0}^{\infty} (-1)^n \left(\dfrac{x}{2} \right)^n = \sum_{n=0}^{\infty} (-1)^n \dfrac{x^n}{2^{n+1}} \quad (-2 < x < 2).$

12.4.3 函数的幂级数展开式的应用, 近似计算

有了函数的幂级数展开式, 就可进行近似计算. 在展开式有效的区间上, 函数值可以近似地利用这个级数按精确度要求计算出来.

慕课12.5

例 9 计算 $\ln 2$ 的近似值, 精确到 10^{-4}.

解 在 $\ln(1+x)$ 的幂级数展开式中, 令 $x = 1$, 得

$$\ln 2 = 1 - \frac{1}{2} + \frac{1}{3} - \frac{1}{4} + \cdots + (-1)^n \frac{1}{n+1} + \cdots,$$

取前 n 项的和作为 $\ln 2$ 的近似值, 那么误差 $|R_n| < \dfrac{1}{n+1}$.

要使 $|R_n| < 10^{-4}$, 需取 $n = 10000$ 项进行计算, 但是计算量较大. 因此我们设法用收敛得较快的级数来计算, 根据例 5 中求得的公式

$$\ln \frac{1+x}{1-x} = 2\left(x + \frac{x^3}{3} + \frac{x^5}{3} + \cdots\right) \quad (-1 < x < 1),$$

令 $\dfrac{1+x}{1-x} = 2$, 那么 $x = \dfrac{1}{3} \in (-1,1)$, 代入 $x = \dfrac{1}{3}$ 到上式, 得

$$\ln 2 = 2\left(\frac{1}{3} + \frac{1}{3} \cdot \frac{1}{3^7} + \frac{1}{5} \cdot \frac{1}{3^5} + \frac{1}{7} \cdot \frac{1}{3^7} + \cdots\right),$$

如果取前 4 项的和作为 $\ln 2$ 的近似值, 则误差

$$|R_4| = 2\left(\frac{1}{9} \cdot \frac{1}{3^9} + \frac{1}{11} \cdot \frac{1}{3^{11}} + \frac{1}{13} \cdot \frac{1}{3^{13}} + \cdots\right) < \frac{2}{3^{11}}\left[1 + \frac{1}{9} + \left(\frac{1}{9}\right)^2 + \cdots\right]$$

$$= \frac{2}{3^{11}} \cdot \frac{1}{1 - \frac{1}{9}} = \frac{1}{4 \cdot 3^9} = \frac{1}{78732} < \frac{1}{2} \times 10^{-4},$$

于是, 有

$$\ln 2 = 2\left(\frac{1}{3} + \frac{1}{3} \cdot \frac{1}{3^3} + \frac{1}{5} \cdot \frac{1}{3^5} + \frac{1}{7} \cdot \frac{1}{3^7}\right)$$

$$\approx 2(0.33333 + 0.01235 + 0.00082 + 0.00007) \approx 0.6931.$$

例 10　计算 $\sqrt[5]{246}$ 的近似值 (精确到 0.0001).

解　因为 $\sqrt[5]{246} = \sqrt[5]{3^5 + 3} = 3\left(1 + \dfrac{1}{3^4}\right)^{\frac{1}{5}}$, 由公式 (12-4-6) 知 $m = \dfrac{1}{5}, x = \dfrac{1}{3^4}$, 则

$$\sqrt[5]{246} = 3\left[1 + \frac{1}{5}\frac{1}{3^4} + \frac{\frac{1}{5}\left(\frac{1}{5} - 1\right)}{2!}\left(\frac{1}{3^4}\right)^2 + \frac{\frac{1}{5}\left(\frac{1}{5} - 1\right)\left(\frac{1}{5} - 2\right)}{3!}\left(\frac{1}{3^4}\right)^3\right.$$

$$+\frac{\frac{1}{5}\left(\frac{1}{5}-1\right)\left(\frac{1}{5}-2\right)\left(\frac{1}{5}-3\right)}{4!}\left(\frac{1}{3^4}\right)^4+\cdots\Bigg]$$

$$=3\left(1+\frac{1}{5}\frac{1}{3^4}-\frac{1\cdot4}{5^2\cdot2!}\frac{1}{3^8}+\frac{1\cdot4\cdot9}{5^3\cdot3!}\frac{1}{3^{12}}-\frac{1\cdot4\cdot9\cdot14}{5^4\cdot4!}\frac{1}{3^{16}}+\cdots\right).$$

为了达到精确度, 首先我们应该判断, 取几项可以使舍弃的误差不超过 0.00001(也叫截断误差).

如我们取前 2 项, 截断误差 $|r|\leqslant\dfrac{1\cdot4}{5^2\cdot2!}\dfrac{1}{3^8}<\dfrac{1}{20000}=0.00005$, 所以

$$\sqrt[5]{246}\approx3\left(1+\frac{1}{5}\frac{1}{3^4}\right).$$

为使 "四舍五入" 引起的误差 (叫舍入误差) 与截断误差之和不超过 10^{-4}, 计算时应取 5 位小数, 然后再四舍五入, 因此最后得 $\sqrt[5]{246}\approx3.0074$.

例 11　计算积分 $\displaystyle\int_0^1\frac{\sin x}{x}\mathrm{d}x$ 的近似值, 精确到 10^{-4}.

解　由于 $\displaystyle\lim_{x\to\infty}\frac{\sin x}{x}=1$, 如果定义函数 $\dfrac{\sin x}{x}$ 在 $x=0$ 处的值为 1, 则它在积分区间 $[0,1]$ 上连续. 展开被积函数, 有

$$\frac{\sin x}{x}=1-\frac{x^2}{3!}+\frac{x^4}{5!}-\frac{x^6}{7!}+\cdots\quad(-\infty<x<\infty).$$

在区间 $[0,1]$ 上逐项积分, 得

$$\int_0^1\frac{\sin x}{x}\mathrm{d}x=1-\frac{1}{3\cdot3!}+\frac{1}{5\cdot5!}-\frac{1}{7\cdot7!}+\cdots.$$

根据交错级数的误差估计, 因为第四项的绝对值满足 $\dfrac{1}{7\cdot7!}<\dfrac{1}{30000}<\dfrac{1}{2}\times10^{-4}$, 所以取前 3 项的和作为积分的近似值 $\displaystyle\int_0^1\frac{\sin x}{x}\mathrm{d}x\approx1-\frac{1}{3\cdot3!}+\frac{1}{5\cdot5!}\approx0.9461$.

小结与思考

1. 小结

泰勒公式的实质是用多项式近似函数. 几个常用的展开式

(1) $\dfrac{1}{1-x}=1+x+x^2+\cdots+x^n+\cdots\quad(-1<x<1)$;

(2) $\mathrm{e}^x=1+x+\dfrac{x^2}{2!}+\cdots+\dfrac{x^n}{n!}+\cdots\quad(-\infty<x<+\infty)$;

(3) $\sin x = x - \dfrac{x^3}{3!} + \cdots + \dfrac{(-1)^{n-1}x^{2n-1}}{(2n-1)!} + \cdots \quad (-\infty < x < +\infty);$

(4) $\cos x = 1 - \dfrac{x^2}{2!} + \cdots + \dfrac{(-1)^{n-1}x^{2n}}{(2n)!} + \cdots \quad (-\infty < x < +\infty);$

(5) $\ln(1+x) = x - \dfrac{x^2}{2} + \cdots + \dfrac{(-1)^{n-1}x^n}{n} + \cdots \quad (-1 < x \leqslant 1);$

(6) $(1+x)^\alpha = 1 + \alpha x + \dfrac{\alpha(\alpha-1)}{2!}x^2 + \cdots + \dfrac{\alpha(\alpha-1)\cdots(\alpha-n+1)}{n!}x^n$
$\qquad + \cdots \quad (-1 < x < 1),$

其中 $(1+x)^\alpha$ 的泰勒级数收敛域随 α 的改变而改变, 但收敛区间都是 $(-1,1)$. 其中最常用的是 $\alpha = -1$ 时的情形:

$$\frac{1}{1+x} = \sum_{n=0}^{\infty}(-1)^n x^n, \quad \frac{1}{1-x} = \sum_{n=0}^{\infty} -x^n, \quad x \in (-1,1).$$

2. 思考

函数 $f(x)$ 的泰勒级数和 $f(x)$ 的泰勒展开式一样吗? 二者有何联系?

数学文化

泰勒, 英国数学家, 主要以泰勒公式和泰勒级数出名.

麦克劳林, 英国数学家, 是牛顿晚年的学生, 牛顿以伯乐的眼光发现了麦克劳林. 麦克劳林去世后, 他的墓志铭刻着: 曾蒙牛顿推荐.

泰勒

麦克劳林

习 题 12-4

1. 展开下列函数为 x 的幂级数, 并写出其收敛区间.

(1) $x^2 e^{x^2}$;   (2) $\sin \dfrac{x}{2}$;   (3) $\cos^2 x$;   (4) $\ln(2+x)$.

2. 将 $f(x) = x \arctan x$ 展开成 x 的幂级数.

3. 将 $f(x) = \ln(x + \sqrt{1+x^2})$ 展开成 x 的幂级数.

4. 将 $\ln(1+x)$ 展开成 $(x-2)$ 的幂级数.

5. 将函数 $f(x) = \dfrac{1}{x^2 + 3x + 2}$ 展开成 $x-1$ 的幂级数.

$$f(x) = \frac{1}{x^2+3x+2} = \sum_{n=0}^{\infty} (-1)^n \left(\frac{1}{2^{n+1}} - \frac{1}{3^{n+1}} \right)(x-1)^n \quad (-1 < x < 3).$$

6. 将 $f(x) = \cos x$ 展开成 $x + \dfrac{\pi}{3}$ 的幂级数.

$$f(x) = \cos x = \frac{1}{2} \sum_{n=0}^{\infty} (-1)^n \left[\frac{\left(x+\frac{\pi}{3}\right)^{2n}}{(2n)!} + \sqrt{3}\frac{\left(x+\frac{\pi}{3}\right)^{2n+1}}{(2n+1)!} \right] \quad (-\infty < x < +\infty).$$

7. 将 $f(x) = \displaystyle\int_0^x \frac{\sin t}{t}\mathrm{d}t$ 展开成 x 的幂级数.

8. 已知幂级数 $\displaystyle\sum_{n=1}^{\infty} \frac{n+1}{n!}x^n$, 求和函数及级数 $\displaystyle\sum_{n=1}^{\infty} \frac{n+1}{n!}$ 的和.

9. 计算 $\sqrt{\mathrm{e}}$ 的近似值 (精确到 0.001).

10. 利用函数的幂级数展开式求下列函数值的近似值.

(1) 求 $\sin 1°$, 精确到 10^{-4};

(2) 求 $\sqrt[3]{1.015}$, 精确到 10^{-3};

(3) $\ln 3$(误差不超过 0.0001).

11. 计算下列定积分 $\displaystyle\int_0^1 \mathrm{e}^{-x^2}\mathrm{d}x$ 的近似值, 要求误差不超过 0.001.

12. 已知 $\displaystyle\sum_{n=1}^{\infty} \frac{(-1)^{n+1}}{n^2} = \frac{\pi^2}{12}$, 求 $\displaystyle\int_0^1 \frac{\ln(1+x)}{x}\mathrm{d}x$.

12.5　傅里叶级数

教学目标: 了解傅里叶级数的概念和函数展开为傅里叶级数的狄利克雷定理, 会将定义在 $[-l, l]$ 上的函数展开为傅里叶级数.

教学重点:

1. 函数的傅里叶级数的展开;

2. 函数展开成正弦级数或余弦级数;

3. 函数的傅里叶级数展开以及定义在 $[0, l]$ 上的函数展开为正弦级数与余弦级数.

教学难点:

1. 函数的傅里叶级数的展开;

2. 函数展开成正弦级数或余弦级数;

3. 函数的傅里叶级数展开以及 $[0, l]$ 上的函数展开为正弦级数与余弦级数.

教学背景: 三角函数, 级数展开式.

思政元素: 傅里叶级数问题的物理意义. 不同频率的正弦波叠加成方波, 函数的整体逼近思想.

一类由三角函数组成的函数项级数——傅里叶级数, 是研究周期运动的重要工具. 本节主要讨论, 一个非正弦周期函数在什么条件下可以展开为傅里叶级数, 展开后收敛情况如何.

12.5.1 三角级数、三角函数系的正交性

周期函数是客观世界中周期运动的数学表述, 如物体挂在弹簧上做简谐振动、单摆振动、无线电电子振荡器的电子振荡等, 大多可以表述为

慕课12.7.1

$$f(x) = A\sin(\omega t + \psi),$$

这里 t 表示时间, A 表示振幅, ω 为角频率, ψ 为初相 (与考察时设置原点位置有关), y 表示动点的位置.

然而, 世界上许多周期信号并非正弦函数那么简单, 如方波、三角波等. 能否用一系列的三角函数 $A_n\sin(n\omega t + \psi_n)$ 之和来表示复杂的周期函数呢? 正弦函数 $\sin x$ 是最简单的周期函数, 首先研究三角函数系.

函数列 $\cos x$, $\sin x$, $\cos 2x$, $\sin 2x$, $\cdots$, $\cos nx$, $\sin nx$, $\cdots$ 称为**三角函数系**.

三角函数系中任何不同的两个函数的乘积在区间 $[-\pi, \pi]$ 上的积分等于零, 称为三角函数系的**正交性**, 即

$$\int_{-\pi}^{\pi} \cos nx \mathrm{d}x = 0 \quad (n = 1,\ 2,\ \cdots);$$

$$\int_{-\pi}^{\pi} \sin nx \mathrm{d}x = 0 \quad (n = 1,\ 2,\ \cdots);$$

$$\int_{-\pi}^{\pi} \cos nx \sin kx \mathrm{d}x = 0 \quad (n,\ k = 1,\ 2,\ \cdots);$$

$$\int_{-\pi}^{\pi} \cos kx \cos nx \mathrm{d}x = 0 \quad (k,\ n = 1,\ 2,\ 3,\ \cdots,\ k \neq n);$$

$$\int_{-\pi}^{\pi} \sin kx \sin nx \mathrm{d}x = 0 \quad (k,\ n = 1,\ 2,\ 3,\ \cdots,\ k \neq n).$$

在三角函数系中, 两个相同函数的乘积在 $[-\pi, \pi]$ 上的积分不等于零, 即

$$\int_{-\pi}^{\pi} 1^2 \mathrm{d}x = 2\pi; \quad \int_{-\pi}^{\pi} \sin^2 nx \mathrm{d}x = \pi; \quad \int_{-\pi}^{\pi} \cos^2 nx \mathrm{d}x = \pi \quad (n = 1,\ 2,\ \cdots).$$

12.5.2 函数展成傅里叶级数

能否将非正弦的周期函数展开为简单的周期函数呢? 例如, 将一个周期 $T = \dfrac{2\pi}{\omega}$ 的函数 $f(x)$ 用一列周期为 $T = 2\pi$ 的正弦函数 $A_n \sin(n\omega t + \psi_n)$ 来表示, 即

$$f(x) = A_0 + \sum_{n=1}^{\infty} A_n \sin(n\omega t + \psi_n),$$

其中 A_0, A_n, ψ_n 都是常数, 右侧级数整理如下:

$$A_0 + \sum_{n=1}^{\infty} (A_n \sin \psi_n \cos n\omega t + A_n \cos \psi_n \sin n\omega t).$$

令 $A_0 = \dfrac{a_0}{2}, a_n = A_n \sin \psi_n, b_n = A_n \cos \psi_n$, 则有

$$\frac{a_0}{2} + \sum_{n=1}^{\infty} (a_n \cos n\omega t + b_n \sin n\omega t),$$

称为三角级数. 令 $x = \omega t$, 则三角级数化为

$$\frac{a_0}{2} + \sum_{n=1}^{\infty} (a_n \cos nx + b_n \sin nx),$$

其中 $\cos nx, \sin nx$ 都是周期为 $T = 2\pi$ 的三角函数.

接下来我们讨论的是以 2π 为周期的函数 $f(x)$ 能否展成三角级数

$$\frac{a_0}{2} + \sum_{n=1}^{\infty} (a_n \cos nx + b_n \sin nx), \tag{12-5-1}$$

如果能展成三角级数 (12-5-1), 那么系数 $a_0, a_1, b_1, a_2, b_2, \cdots$ 如何计算? 以及函数 $f(x)$ 什么条件下可以展开成三角级数?

首先假设

$$f(x) = \frac{a_0}{2} + \sum_{n=1}^{\infty} (a_n \cos nx + b_n \sin nx), \tag{12-5-2}$$

而且进一步假设右边的级数可以逐项积分, 先求 a_0.

根据三角函数系的正交性对方程 (12-5-2) 两边从 $-\pi$ 积分到 π, 有

$$\int_{-\pi}^{\pi} f(x)\mathrm{d}x = \frac{1}{2} \int_{-\pi}^{\pi} a_0 \mathrm{d}x + 0, \quad a_0 = \frac{1}{\pi} \int_{-\pi}^{\pi} f(x)\mathrm{d}x.$$

为了求 a_n, 用 $\cos nx$ 乘以 (12-5-2) 式两边, 再从 $-\pi$ 积分到 π, 得

$$\int_{-\pi}^{\pi} f(x)\cos nx \mathrm{d}x$$

$$=\frac{a_0}{2}\int_{-\pi}^{\pi}\cos nx\mathrm{d}x$$

$$+\sum_{k=1}^{\infty}\left(a_k\int_{-\pi}^{\pi}\cos kx\cos x\mathrm{d}x+b_k\int_{-\pi}^{\pi}\sin kx\cos nx\mathrm{d}x\right).$$

由三角函数系的正交性, 等式右端除 $k=n$ 的一项外, 其余各项都为零, 所以

$$\int_{-\pi}^{\pi} f(x)\cos nx\mathrm{d}x=a_n\int_{-\pi}^{\pi}\cos^2 nx\mathrm{d}x=a_n\pi,$$

于是 $a_n=\dfrac{1}{\pi}\displaystyle\int_{-\pi}^{\pi} f(x)\cos nx\mathrm{d}x(n=1,2,\cdots).$

类似地, 用 $\sin nx$ 乘 (12-5-2) 式的两边, 再从 $-\pi$ 到 π 积分, 得

$$b_n=\frac{1}{\pi}\int_{-\pi}^{\pi} f(x)\sin nx\mathrm{d}x\quad(n=1,2,\cdots).$$

由于 $n=0$ 时, a_n 的表达式正是 a_0, 因此得

$$\begin{cases}a_n=\dfrac{1}{\pi}\displaystyle\int_{-\pi}^{\pi} f(x)\cos nx\mathrm{d}x\quad(n=0,1,2,\cdots),\\ b_n=\dfrac{1}{\pi}\displaystyle\int_{-\pi}^{\pi} f(x)\sin nx\mathrm{d}x\quad(n=1,2,\cdots),\end{cases}\tag{12-5-3}$$

称为函数 $f(x)$ 的**傅里叶系数**, 将这些系数代入式 (12-5-1) 的右端得到三角级数.

定义 12.5.1 三角级数 $\dfrac{a_0}{2}+\displaystyle\sum_{n=1}^{\infty}(a_n\cos nx+b_n\sin nx)$, a_n, b_n 由 (12-5-2) 式确定, 称为函数 $f(x)$ 的傅里叶级数.

一个定义在 $(-\infty,+\infty)$ 上的以 2π 为周期的可积函数 $f(x)$, 一定可以作出 $f(x)$ 的傅里叶级数, 然而 $f(x)$ 的傅里叶级数是否一定收敛? 如果收敛, 它是否一定收敛于 $f(x)$?

下面我们不加证明地给出一个收敛定理.

定理 12.5.1(收敛定理, 狄利克雷充分条件) 设 $f(x)$ 是以 2π 为周期的函数, 如果它满足

(1) 在一个周期内连续或只有有限个第一类间断点;

(2) 在一个周期内至多只有有限个极值点,

则 $f(x)$ 的傅里叶级数收敛, 且当 x 是 $f(x)$ 的连续点时, 级数收敛于 $f(x)$, 当 x 是 $f(x)$ 的间断点时, 级数收敛于 $\frac{1}{2}[f(x-0)+f(x+0)]$, 记作

$$f(x) = \frac{a_0}{2} + \sum_{n=1}^{\infty}(a_n\cos nx + b_n\sin nx) = \begin{cases} f(x), & x\text{为连续点}, \\ \frac{1}{2}[f(x-0)+f(x+0)], & x\text{为间断点}. \end{cases}$$

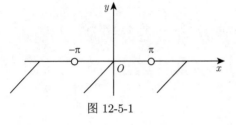

图 12-5-1

这个定理表明, 函数展成三角级数, 要求的条件很低, 函数具有至多有限个第一类间断点, 并且不做无限次振荡, 函数就可以展成三角级数, 并且在连续点处收敛于该点的函数值, 在间断点处收敛于该点左极限和右极限的算术平均值.

例 1　设 $f(x)$ 是以 2π 为周期的函数, 它在 $[-\pi, \pi)$ 上的表达式为

$$f(x) = \begin{cases} x, & -\pi \leqslant x < 0, \\ 0, & 0 \leqslant x < \pi, \end{cases}$$

将 $f(x)$ 展成傅里叶级数.

解　因为 $f(x)$ 满足收敛定理的条件, 且它在点 $x = (2k+1)\pi(k = 0, \pm 1, \pm 2, \cdots)$ 处不连续, 所以 $f(x)$ 的傅里叶级数在 $x = (2k+1)\pi$ 处收敛于

$$\frac{f(\pi-0)+f(-\pi+0)}{2} = \frac{0-\pi}{2} = -\frac{\pi}{2},$$

在连续点 $x[x \neq (2k+1)\pi]$ 收敛于 $f(x)$,

$$a_n = \frac{1}{\pi}\int_{-\pi}^{\pi} f(x)\cos nx \mathrm{d}x = \frac{1}{\pi}\int_{-\pi}^{0} x\cos nx \mathrm{d}x$$

$$= \frac{1}{\pi}\left(\frac{x\sin nx}{n}\right)\Big|_{-\pi}^{0} + \left(\frac{\cos nx}{n^2}\right)\Big|_{-\pi}^{0}$$

$$= \frac{1}{n^2\pi}(1-\cos n\pi) = \begin{cases} \frac{2}{n^2\pi}, & n = 1, 3, 5, \cdots, \\ 0, & n = 2, 4, 6, \cdots, \end{cases}$$

$$a_0 = \frac{1}{\pi}\int_{-\pi}^{\pi} f(x)\mathrm{d}x = \frac{1}{\pi}\int_{-\pi}^{0} x\mathrm{d}x = -\frac{\pi}{2},$$

$$b_n = \frac{1}{\pi}\int_{-\pi}^{\pi} f(x)\sin nx \mathrm{d}x = \frac{1}{\pi}\int_{-\pi}^{0} x\sin nx \mathrm{d}x$$

$$= \frac{1}{\pi}\left(-\frac{x\cos nx}{n}+\frac{\sin nx}{n^2}\right)\Bigg|_{-\pi}^{0}=\frac{(-1)^{n+1}}{n},$$

$$f(x)=-\frac{\pi}{4}+\frac{2}{\pi}\sum_{k=1}^{\infty}\frac{1}{(2k-1)^2}\cos(2k-1)x$$

$$+\sum_{k=1}^{\infty}\frac{(-1)^{n-1}}{n}\sin nx \quad (-\infty<x<+\infty; x\neq\pm\pi,\ \pm3,\cdots).$$

12.5.3 奇函数或偶函数的傅里叶级数

设 $f(x)$ 是奇函数, 则

慕课12.7.2

$$a_n=\frac{1}{\pi}\int_{-\pi}^{\pi}f(x)\cos nx\mathrm{d}x=0,$$

$$b_n=\frac{2}{\pi}\int_{0}^{\pi}f(x)\sin nx\mathrm{d}x \quad (n=0,1,2,\cdots).$$

于是奇函数 $f(x)$ 的傅里叶级数只含正弦项, 因此叫正弦级数,

$$f(x)=\sum_{n=1}^{\infty}b_n\sin nx.$$

如果 $f(x)$ 是偶函数, 则

$$a_n=\frac{2}{\pi}\int_{0}^{\pi}f(x)\cos nx\mathrm{d}x,$$

$$b_n=\frac{1}{\pi}\int_{-\pi}^{\pi}f(x)\sin nx\mathrm{d}x=0 \quad (n=0,1,2,\cdots).$$

于是偶函数 $f(x)$ 的傅里叶级数只含余弦项, 因此叫余弦级数,

$$f(x)=\frac{a_0}{2}\sum_{n=1}^{\infty}a_n\cos nx.$$

例 2 (脉冲矩形波) 将 $f(x)=\begin{cases}-1, & -\pi<x<0,\\ 1, & 0<x<\pi,\\ 0, & x=0,\ \pm\pi\end{cases}$ 展成傅里叶级数

(图 12-5-2).

解 在 $[-\pi,\pi]$ 上将 $f(x)$ 展成傅里叶级数, 这是一个奇函数, 因此 $a_n=0(n=0,1,2,\cdots)$.

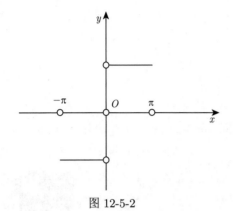

图 12-5-2

$$b_n = \frac{2}{\pi} \int_0^\pi f(x) \sin x \mathrm{d}x = \frac{2}{\pi} \int_0^\pi \sin x \mathrm{d}x$$

$$= \frac{2}{n\pi}(1 - \cos n\pi) = \begin{cases} 0, & n\text{为偶数}, \\ \dfrac{4}{n\pi}, & n\text{为奇数}, \end{cases}$$

于是在 $[-\pi, \pi]$ 有 $f(x) = \dfrac{4}{\pi}\left(\dfrac{\sin x}{1} \right.$

$$\left. + \frac{\sin 3x}{3} + \frac{\sin 5x}{5} + \cdots \right), x \in [-\pi, \pi].$$

展开式的图像如图 12-5-3.

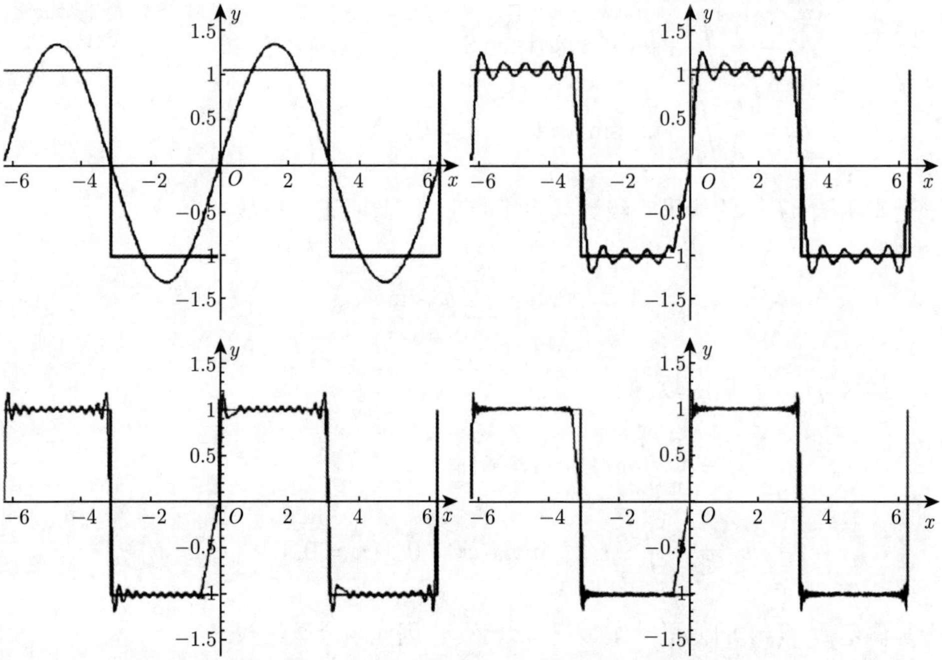

图 12-5-3　不同频率的正弦波叠加成方波图

例 3　将函数 $f(x) = 1 - x^2 (0 \leqslant x \leqslant \pi)$ 展开成余弦级数, 并计算级数 $\sum\limits_{n=1}^{\infty} \dfrac{(-1)^{n-1}}{n^2}$ 的和.

解　由于

$$a_0 = \frac{2}{\pi} \int_0^\pi \left(1 - x^2\right) \mathrm{d}x = 2 - \frac{2\pi^2}{3},$$

$$a_n = \frac{2}{\pi} \int_0^\pi \left(1 - x^2\right) \cos nx \mathrm{d}x = (-1)^{n+1} \frac{4}{n^2}, \quad n = 1, 2, \cdots,$$

所以

$$f(x) = \frac{a_0}{2} + \sum_{n=1}^{\infty} a_n \cos nx = 1 - \frac{\pi^2}{3} + 4\sum_{n=1}^{\infty} \frac{(-1)^{n+1}}{n^2} \cos nx, \quad 0 \leqslant x \leqslant \pi.$$

令 $x = 0$, 有

$$f(0) = 1 - \frac{\pi^2}{3} + 4\sum_{n=1}^{\infty} \frac{(-1)^{n+1}}{n^2}.$$

又 $f(0) = 1$, 所以 $\displaystyle\sum_{n=1}^{\infty} \frac{(-1)^{n+1}}{n^2} = \frac{\pi^2}{12}.$

例 4 将函数 $f(x) = 2 + |x|, -1 \leqslant x \leqslant 1$ 展开成以 2 为周期的傅里叶级数, 并计算 $\displaystyle\sum_{n=0}^{\infty} \frac{1}{n^2}.$

解 由于 $f(x)$ 是偶函数, 所以 $b_n = 0, n = 1, 2, \cdots,$

$$a_0 = 2\int_0^1 (2+x)\mathrm{d}x = 5,$$

$$a_n = 2\int_0^1 (x+2)\cos n\pi x \mathrm{d}x = \frac{2(\cos n\pi - 1)}{n^2\pi^2}, \quad n = 1, 2, \cdots,$$

所以

$$f(x) = \frac{5}{2} - \frac{4}{\pi^2} \sum_{k=0}^{\infty} \frac{1}{(2k+1)^2} \cos(2k+1)\pi x.$$

令 $x = 0$, 则可求出 $\displaystyle\sum_{k=0}^{\infty} \frac{1}{(2k+1)^2} = \frac{\pi^2}{8}$, 又

$$\sum_{n=0}^{\infty} \frac{1}{n^2} = \sum_{k=0}^{\infty} \frac{1}{(2k+1)^2} + \sum_{k=1}^{\infty} \frac{1}{(2k)^2} = \sum_{k=0}^{\infty} \frac{1}{(2k+1)^2} + \frac{1}{4}\sum_{k=1}^{\infty} \frac{1}{k^2},$$

所以 $\displaystyle\sum_{n=0}^{\infty} \frac{1}{n^2} = \frac{4}{3}\sum_{k=0}^{\infty} \frac{1}{(2k+1)^2} = \frac{\pi^2}{6}.$

例 5 将函数 $f(x) = \begin{cases} x, & -\pi \leqslant x \leqslant 0, \\ 0, & 0 < x \leqslant \pi \end{cases}$ 展开成以 2π 为周期的傅里叶级数, 并计算 $\displaystyle\sum_{n=0}^{\infty} \frac{1}{(2n+1)^2}.$

解 代入公式有 $a_0 = \dfrac{1}{\pi}\displaystyle\int_{-\pi}^{\pi} f(x)\mathrm{d}x = \dfrac{1}{\pi}\displaystyle\int_0^{\pi} x\mathrm{d}x = -\dfrac{\pi}{2},$

$$a_n = \frac{1}{\pi} \int_{-\pi}^{\pi} f(x) \cos nx \mathrm{d}x = \frac{1}{n\pi} \int_{-\pi}^{0} x \mathrm{d} \sin nx$$

$$= \frac{1}{n\pi} \left(x \sin nx \Big|_{-\pi}^{0} - \int_{-\pi}^{0} \sin nx \mathrm{d}x \right) = \frac{1}{n^2\pi} \cos nx \Big|_{-\pi}^{0} = \frac{1-(-1)^n}{n^2\pi},$$

$$b_n = \frac{1}{\pi} \int_{-\pi}^{\pi} f(x) \sin nx \mathrm{d}x = -\frac{1}{n\pi} \int_{-\pi}^{0} x \mathrm{d} \cos nx$$

$$= -\frac{1}{n\pi} \left(x \cos nx \Big|_{-\pi}^{0} - \int_{-\pi}^{0} \cos nx \mathrm{d}x \right) = -\frac{(-1)^n}{n},$$

所以 $f(x) = -\dfrac{\pi}{4} + \displaystyle\sum_{n=1}^{\infty} \left[\dfrac{1-(-1)^n}{n^2\pi} \cos nx - \dfrac{(-1)^n}{n} \sin nx \right], x \in [-\pi, \pi]$, 故

$$f(0) = -\frac{\pi}{4} + \sum_{n=1}^{\infty} \frac{1-(-1)^n}{n^2\pi} = -\frac{\pi}{4} + \sum_{n=0}^{\infty} \frac{2}{(2n+1)^2\pi}.$$

又 $f(0) = 0$, 所以有 $\displaystyle\sum_{n=0}^{\infty} \frac{2}{(2n+1)^2\pi} = \frac{\pi}{4}$, 从而 $\displaystyle\sum_{n=0}^{\infty} \frac{1}{(2n+1)^2} = \frac{\pi^2}{8}$.

由以上两个例题知

$$\sum_{n=1}^{\infty} \frac{1}{(2n)^2} = \frac{\pi^2}{6} - \frac{\pi^2}{8} = \frac{\pi^2}{24}.$$

慕课12.8

12.5.4 函数的奇延拓或偶延拓

如果 $f(x)$ 在区间 $[0, l]$ 给出, 那么可以把 $f(x)$ 延拓到区间 $[-l, 0]$, 补充 $f(x)$ 在 $[-l, 0)$ 上的定义, 得到定义在区间 $[-l, l]$ 的函数 $F(x)$, 它在区间 $[0, l]$ 上与 $f(x)$ 重合, 如果 $F(x)$ 已经在区间 $[-l, l]$ 上展成傅里叶级数, 那么 $f(x)$ 也就在区间 $[0, l]$ 展成傅里叶级数. 为了方便, 我们往往需要把 $f(x)$ 展成正弦级数或余弦级数, 这就是函数的奇延拓或函数的偶延拓.

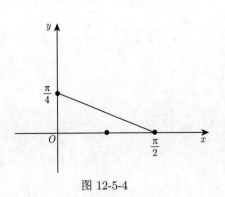

图 12-5-4

例 6 设 $f(x) = \dfrac{\pi}{4} - \dfrac{1}{2}x$, 其中 $0 \leqslant x \leqslant \pi$ (图 12-5-4).

(1) 试将 $f(x)$ 展成正弦级数;

(2) 试将 $f(x)$ 展成余弦级数;

(3) 试求 $\sum\limits_{k=1}^{\infty} \dfrac{(-1)^{k+1}}{2k-1}$ 的值.

解 (1) 将 $f(x)$ 进行奇延拓, 则 $a_n = 0 (n = 0,\ 1,\ 2,\ \cdots)$,

$$b_n = \frac{2}{\pi} \int_0^\pi f(x) \sin nx \mathrm{d}x = \frac{2}{\pi} \int_0^\pi \left(\frac{\pi}{4} - \frac{1}{2}x \right) \sin nx \mathrm{d}x$$

$$= \frac{2}{n\pi} \left\{ \left[\left(\frac{1}{2}x - \frac{\pi}{4} \right) \cos nx \right]_0^\pi - \int_0^\pi \cos nx \mathrm{d}\frac{1}{2}x \right\}$$

$$= \frac{1+(-1)^n}{2n} = \begin{cases} 0, & n\text{奇}, \\ \dfrac{1}{n}, & n\text{偶}. \end{cases}$$

所以 $f(x) = \sum\limits_{n=1}^{\infty} \dfrac{1}{2n} \sin 2nx, x \in [0, \pi]$.

因为 $f(x)$ 在 $[0, \pi]$ 上连续, 所以 $f(x) = \sum\limits_{n=1}^{\infty} \dfrac{1}{2n} \sin 2nx$.

(2) 将 $f(x)$ 进行偶延拓, $b_n = 0$,

$$a_0 = \frac{2}{\pi} \int_0^\pi f(x) \mathrm{d}x = \frac{2}{\pi} \int_0^\pi \left(\frac{\pi}{4} - \frac{1}{2}x \right) \mathrm{d}x = 0,$$

$$a_n = \frac{2}{\pi} \int_0^\pi \left(\frac{\pi}{4} - \frac{x}{2} \right) \cos nx \mathrm{d}x = \frac{1}{n^2\pi}[1-(-1)^n] = \begin{cases} \dfrac{2}{n^2\pi}, & n\text{奇}, \\ 0, & n\text{偶}. \end{cases}$$

所以 $f(x) = \dfrac{2}{\pi} \sum\limits_{k=1}^{\infty} \dfrac{1}{(2k-1)^2} \cos(2k-1)x, x \in [0, \pi]$.

(3) 由 (1) 知, 对于任意 $x \in [0, \pi]$ 有

$$f(x) = \sum_{n=1}^{\infty} \frac{1}{2n} \sin 2nx, \quad \text{即} \quad \frac{\pi}{4} - \frac{1}{2}x = \sum_{n=1}^{\infty} \frac{1}{2n} \sin 2nx.$$

令 $x = \dfrac{\pi}{4}$, 则 $\dfrac{\pi}{4} - \dfrac{1}{2} \cdot \dfrac{\pi}{4} = \sum\limits_{n=1}^{\infty} \dfrac{1}{2n} \sin \dfrac{n\pi}{2}$.

所以 $\dfrac{\pi}{8} = \dfrac{1}{2} \left(1 - \dfrac{1}{3} + \dfrac{1}{5} - \dfrac{1}{7} + \cdots \right)$, 故 $\sum\limits_{k=1}^{\infty} \dfrac{(-1)^{k+1}}{2k-1} = \dfrac{\pi}{4}$.

12.5.5　周期为 $2l$ 的周期函数的傅里叶级数

实际问题中所遇到的周期函数, 它的周期不一定是 2π. 例如矩形波, 它的周期是 $T = \dfrac{2\pi}{\omega}$. 怎样把周期为 $2l$ 的周期函数 $f(x)$ 展开成三角级数呢? 可以通过自变量的变量代换来实现.

我们希望能把周期为 $2l$ 的周期函数 $f(x)$ 展开成三角级数, 为此先把周期为 $2l$ 的周期函数 $f(x)$ 变换为周期为 2π 的周期函数.

令 $x = \dfrac{l}{\pi}t$ 及 $f(x) = f\left(\dfrac{l}{\pi}t\right) = F(t)$, 则 $F(t)$ 是以 2π 为周期的函数. 这是因为 $F(t + 2\pi) = f\left[\dfrac{l}{\pi}(t + 2\pi)\right] = f\left(\dfrac{l}{\pi}t + 2l\right) = f\left(\dfrac{l}{\pi}t\right) = F(t)$. 于是当 $F(t)$ 满足收敛定理的条件时, $F(t)$ 可展开成傅里叶级数:

$$F(t) = \frac{a_0}{2} + \sum_{n=1}^{\infty}(a_n \cos nt + b_n \sin nt),$$

其中

$$a_n = \frac{1}{\pi}\int_{-\pi}^{\pi} F(t)\cos nt\, dt \quad (n = 0, 1, 2, 3, \cdots),$$

$$b_n = \frac{1}{\pi}\int_{-\pi}^{\pi} F(t)\sin nt\, dt \quad (n = 1, 2, 3, \cdots).$$

从而有如下定理:

定理 12.5.2　如果 $f(x)$ 在 $[-l, l]$ 上满足如下的狄利克雷条件:

(1) 连续或只有有限个第一类间断点;

(2) 只有有限个极值点,

则 $f(x)$ 的傅里叶级数在 $[-l, l]$ 上收敛, 且

$$\frac{a_0}{2} + \sum_{n=1}^{\infty}\left(a_n\cos\frac{n\pi x}{l} + b_n\sin\frac{n\pi x}{l}\right) = \begin{cases} f(x), & x \text{ 为连续点,} \\ \dfrac{f(x-0) + f(x+0)}{2}, & x \text{ 为间断点.} \end{cases}$$

其中

$$a_n = \frac{1}{l}\int_{-l}^{l} f(x)\cos\frac{n\pi x}{l}\, dx \quad (n = 0, 1, 2, \cdots),$$

$$b_n = \frac{1}{l}\int_{-l}^{l} f(x)\sin\frac{n\pi x}{l}\, dx \quad (n = 0, 1, 2, \cdots).$$

当 $f(x)$ 为奇函数时, $f(x) = \sum_{n=1}^{\infty} b_n\sin\frac{n\pi x}{l}$, 其中

$$b_n = \frac{2}{l} \int_0^l f(x) \sin \frac{n\pi x}{l} \mathrm{d}x (n = 1,\ 2, 3, \cdots);$$

当 $f(x)$ 为偶函数时, $f(x) = \frac{a_0}{2} + \sum_{n=1}^{\infty} a_n \cos \frac{n\pi x}{l}$, 其中

$$a_n = \frac{2}{l} \int_0^l f(x) \cos \frac{n\pi x}{l} \mathrm{d}x (n = 0,\ 1,\ 2,\ \cdots).$$

注 作变量代换 $t = \dfrac{\pi x}{l}$, 于是区间 $-l \leqslant x \leqslant l$ 就变成 $-\pi \leqslant t \leqslant \pi$.

例 7 将周期为 $2l$ 的函数 $f(x) = |x|$ $(-l \leqslant x \leqslant l)$ 展成傅里叶级数 (图 12-5-5).

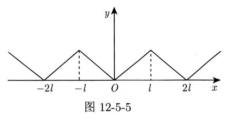

图 12-5-5

解 由于 $f(x) = |x|$ 是一个偶函数, 所以 $b_n = 0$,

$$a_0 = \frac{2}{l} \int_0^l x \mathrm{d}x = l,$$

$$a_n = \frac{2}{l} \int_0^l x \cos \frac{n\pi x}{l} \mathrm{d}x = \frac{2l}{\pi^2} \int_0^\pi x \cos nx \mathrm{d}x = \begin{cases} 0, & n\text{偶}, \\ -\dfrac{4l}{\pi^2 n^2}, & n\text{奇}, \end{cases}$$

那么在 $(-\infty, +\infty)$ 内, 有 $f(x) = \dfrac{l}{2} - \dfrac{4l}{\pi^2} \left(\cos \dfrac{\pi x}{l} + \dfrac{1}{3^2} \cos \dfrac{3\pi x}{l} + \cdots \right)$.

例 8 设 $f(x)$ 是周期为 4 的周期函数, 它在 $[-2, 2)$ 上的表达式为

$$f(x) = \begin{cases} 0, & -2 \leqslant x < 0, \\ k, & 0 \leqslant x < 2 \end{cases} \qquad (\text{常数 } k \neq 0).$$

将 $f(x)$ 展开成傅里叶级数.

解 这里 $l = 2$.

$$a_n = \frac{1}{2} \int_0^2 k \cos \frac{n\pi x}{2} \mathrm{d}x = \left(\frac{k}{n\pi} \sin \frac{n\pi x}{2} \right) \Big|_0^2 = 0 \quad (n \neq 0);$$

$$a_0 = \frac{1}{2} \int_{-2}^0 0 \mathrm{d}x + \frac{1}{2} \int_0^2 k \mathrm{d}x = k;$$

$$b_n = \frac{1}{2} \int_0^2 k \sin \frac{n\pi x}{2} \mathrm{d}x = \left(-\frac{k}{n\pi} \cos \frac{n\pi x}{2} \right) \Big|_0^2 = \frac{k}{n\pi} (1 - \cos n\pi)$$

$$= \begin{cases} \dfrac{2k}{n\pi}, & n = 1, 3, 5, \cdots, \\ 0, & n = 2,\ 4,\ 6,\ \cdots, \end{cases}$$

于是
$$f(x) = \frac{k}{2} + \frac{2k}{\pi} \left(\sin \frac{\pi x}{2} + \frac{1}{3} \sin \frac{3\pi x}{2} + \frac{1}{5} \sin \frac{5\pi x}{2} + \cdots \right)$$

$$\left(-\infty < x < +\infty, x \neq 0, \pm 2, \pm 4, \cdots ; 在 x = 0, \pm 2, \pm 4, \cdots 收敛于 \frac{k}{2} \right).$$

<h2 align="center">小结与思考</h2>

1. 小结

本节主要介绍了三角级数及三角函数系的正交性, 周期函数展开成傅里叶级数, 正弦级数与余弦级数, 周期为 $2l$ 的周期函数的傅里叶级数等内容.

2. 思考

傅里叶级数和傅里叶展开式有什么区别?

<h2 align="center">数学文化</h2>

傅里叶, 法国欧塞尔人, 著名数学家、物理学家, 在研究热的传导问题时提出傅里叶分析的原始理论. 傅里叶级数在电子学分析中有重要应用, 傅里叶级数是一种频域分析工具, 可以理解成一种复杂的周期波分解成直流项、基波 (角频率为 ω) 和各次谐波 (角频率为 $n\omega$) 的和, 也就是级数中的各项. 一般地, 随着 n 的增大, 各次谐波的能量逐渐衰减, 所以一般从级数中取前 n 项之和就可以很好接近原周期波形.

<h2 align="center">习 题 12-5</h2>

1. 将函数 $f(x) = \mathrm{e}^{2x}, x \in [-\pi, \pi]$ 展开成傅里叶级数.

2. 设 $f(x)$ 是以 2π 为周期的函数, 在 $(-\pi, \pi]$ 上的表达式为 $f(x) = x^2$, (1) 将 $f(x)$ 展开成傅里叶级数; (2) 利用 $f(x)$ 的傅里叶级数求 $\sum\limits_{n=1}^{\infty} \frac{1}{k^2}$ 的和.

3. 将函数 $f(x) = \sin \frac{x}{3} (-\pi \leqslant x < \pi)$ 展开成傅里叶级数.

4. 设 $f(x) = \begin{cases} x, & -\pi \leqslant x < 0, \\ kx, & 0 \leqslant x < \pi, \end{cases}$ 其中 $k \neq 0$ 为常数, 将 $f(x)$ 展开成傅里叶级数.

5. 设 $f(x) = \begin{cases} 0, & -2 \leqslant x < 0, \\ 2p, & 0 \leqslant x < 2 \end{cases}$ (常数 $p \neq 0$), 将 $f(x)$ 的展开成傅里叶级数.

6. 将函数 $f(x) = 1 - x^2 \left(-\frac{1}{2} \leqslant x < \frac{1}{2} \right)$ 展开成傅里叶级数.

7. 将函数 $f(x) = \dfrac{\pi - x}{2}(0 \leqslant x \leqslant \pi)$ 展开成正弦级数.

8. 将函数 $f(x) = x^2 (0 \leqslant x \leqslant 2)$ 分别展开成正弦级数和余弦级数.

9. 将函数 $f(x) = x(0 \leqslant x \leqslant \pi)$ 展开成余弦级数.

10. 将函数 $f(x) = \begin{cases} x, & 0 \leqslant x < 2 \\ 4 - x, & 2 \leqslant x \leqslant 4 \end{cases}$ 展开成正弦级数.

11. 设 $f(x)$ 是周期为 2 的周期函数, 且 $f(x) = \begin{cases} x, & -1 \leqslant x \leqslant 0, \\ 2 - x, & 0 < x < 1, \end{cases}$ 写出 $f(x)$ 的傅里叶级数的和函数 $s(x)$ 在 $[-1, 1]$ 上的表达式.

12.6 MATLAB 在级数的应用

慕课案例五

教学目标：用函数的幂级数展开式求函数的近似值, 通过 MATLAB 命令以单个点的逼近, 输出结果, 并作出其几何趋近曲线.

教学重点：MATLAB 求函数展开式语句.

教学难点：实操 MATLAB 求幂级数.

教学背景：MATLAB 软件是工科学习的有力工具.

思政元素：通过计算机软件的发展, 增强学生投身专业研究的使命感.

MATLAB 中主要用 symsum,taylor 求级数的和及进行泰勒展开, 具体如下:

symsum(s,t,a,b) 表达式 s 关于变量 t 从 a 到 b 求和;

taylor(f,a,n) 将函数 f 在 a 点展为 n-1 阶泰勒多项式;

taylor (f,x,n,a) 求函数 f 关于 x-a 的 n-1 阶泰勒多项式.

例 1 判断级数 $\displaystyle\sum_{n=1}^{\infty} \dfrac{1}{n}$ 的收敛性.

解 输入以下命令

```
>> syms n
>>S=symsum(1/n, n,1,inf)
S=
Inf
```

运算结果为 ∞, 从而级数 $\displaystyle\sum_{n=1}^{\infty} \dfrac{1}{n}$ 发散.

例 2 判断级数 $\displaystyle\sum_{n=0}^{\infty} \dfrac{(-1)^{n+1}}{2^n}$ 的收敛性.

解 输入程序

```
>> syms n
```

```
S= symsum((-1)^(n+1)/(2^n),0,Inf)
```

运行后屏幕显示

```
S=
-2/3
```

故级数 $\displaystyle\sum_{n=0}^{\infty} \frac{(-1)^{n+1}}{2^n}$ 收敛, 且其和为 $\displaystyle\sum_{n=0}^{\infty} \frac{(-1)^{n+1}}{2^n} = -\frac{2}{3}$.

例 3 讨论下列级数 $\displaystyle\sum_{n=0}^{\infty} \frac{3^{n+1}}{2^n}$ 的敛散性.

解 输入程序

```
>> syms n m
S1=symsum(3^(n+1)/(2^n),n,0, Inf)
S2=6*(3/2)^m-6;
S3= limit(S2,m,inf)
```

运行后屏幕显示

```
S1 =
inf
S3=
inf
```

级数 $\displaystyle\sum_{n=0}^{\infty} \frac{3^{n+1}}{2^n}$ 发散.

例 4 求级数 $\displaystyle\sum_{n=1}^{\infty} \frac{2(n-1)}{2^n}$ 和级数 $\displaystyle\sum_{n} \frac{1}{2n(n+1)}$ 的和.

解 输入程序如下

```
   >> syms  n;
  f1=(2*n-1)/2^n;
  f2=1/(n*(2*n+1));
  S1=symsum(f1,n,1,inf)
  S2=symsum(f2,n,1,inf)
```

运行结果为

```
  S1=3
  S2=2-2*log(2)
```

例 5 求函数 $f(x) = e^x$ 关于 $x-5$ 的 3 阶泰勒多项式.

解 输入程序

```
>> syms x
f=taylor (exp(x),x,5,'order',4)
```

运行后屏幕显示

```
f =
exp(5)+exp(5)*(x-5)+1/2*exp(5)*(x-5)^2+1/6*exp(5)*(x-5)^3
```

例 6 求函数 $f(x) = \sqrt{1+x}$ 的五阶麦克劳林多项式.

解 输入程序

```
>> syms x
f=taylor (sqrt(1+x))
```

运行后屏幕显示

```
f =
(7*x^5)/256-(5*x^4)/128+x^3/16-x^2/8+x/2+1
```

例 7 求函数 $f(x) = \sin x$ 的在 $x = \dfrac{\pi}{2}$ 处的四阶泰勒多项式.

解 输入程序

```
>> syms x
 taylor(sin(x),pi/2,6)
```

运行后屏幕显示

```
ans =
(x-pi/2)^4/24-(x-pi/2)^2/2+1
```

总 习 题 12

1. 填空题

(1) $\displaystyle\sum_{n=1}^{\infty} \dfrac{1}{1+2+\cdots+n}$ 的敛散性是_____.

(2) $\displaystyle\sum_{n=1}^{\infty} \left(\dfrac{1}{n^2+1}\right)^{\frac{1}{n}}$ 的敛散性是_____.

(3) 若 $\displaystyle\sum_{n=1}^{\infty} 2^{-k\ln n}$ 收敛, 则 k 的取值范围为_____.

(4) 若幂级数 $\displaystyle\sum_{n=0}^{\infty} a_n x^n$ 在 $x = -4$ 处为条件收敛, 则其收敛半径 $R =$ _____.

(5) 设幂级数 $\displaystyle\sum_{n=0}^{\infty} a_n x^n$ 的收敛半径为 3, 则幂级数 $\displaystyle\sum_{n=2}^{\infty} n a_n (x-1)^{n+1}$ 的收敛区间

为_____.

(6) 设函数 $f(x) = \pi x + x^2 (-\pi < x < \pi)$ 的傅里叶级数展开式为 $\dfrac{a_0}{2} + \sum\limits_{n=1}^{\infty}(a_n \cos nx + b_n \sin nx)$, 则其中系数 b_3 的值为_____.

(7) 设 $x^2 = \sum\limits_{n=0}^{\infty} a_n \cos nx \,(-\pi \leqslant x \leqslant \pi)$, 则 $a_2 = $_____.

2. 单项选择题

(1) 设级数 $\sum\limits_{n=1}^{\infty} u_n$ 收敛, 则必收敛的级数为 (　　).

(A) $\sum\limits_{n=1}^{\infty}(-1)^n \dfrac{u_n}{n}$ 　　(B) $\sum\limits_{n=1}^{\infty} u_n^2$ 　　(C) $\sum\limits_{n=1}^{\infty}(u_{2n-1}-u_{2n})$ (D) $\sum\limits_{n=1}^{\infty}(u_n + u_{n+1})$

(2) 设常数 $p > 0$, 则级数 $1 - \dfrac{1}{2^p} + \dfrac{1}{3} - \dfrac{1}{4^p} + \cdots + \dfrac{1}{2n-1} - \dfrac{1}{(2n)^p} + \cdots$ (　　).

(A) 发散 　　(B) 条件收敛 　　(C) 绝对收敛 　　D. 敛散性与 p 有关

(3) 若 $\sum\limits_{n=1}^{\infty} a_n$ 与 $\sum\limits_{n=1}^{\infty} b_n$ 都发散, 则正确的是 (　　).

(A) $\sum\limits_{n=1}^{\infty}(|a_n| + |b_n|)$ 必发散 　　　　(B) $\sum\limits_{n=1}^{\infty} a_n b_n$ 必发散

(C) $\sum\limits_{n=1}^{\infty}(a_n + b_n)$ 必发散 　　　　(D) $\sum\limits_{n=1}^{\infty}(a_n^2 + b_n^2)$ 必发散

(4) 幂级数 $\sum\limits_{n=1}^{\infty} \dfrac{\ln n}{n} x^n$ 的收敛域是 (　　).

(A) $(-1,1)$ 　　(B) $[-1,1)$ 　　(C) $(-1,1]$ 　　(D) $[-1,1]$

(5) 设函数 $f(x) = \begin{cases} 3x+1, & -2 \leqslant x \leqslant 0, \\ x, & 0 < x \leqslant 2 \end{cases}$ 的傅里叶级数的和函数为 $s(x)$, 则 $s(6) = $ (　　).

(A) $\dfrac{1}{2}$ 　　(B) $-\dfrac{1}{2}$ 　　(C) $-\dfrac{3}{2}$ 　　(D) $\dfrac{3}{2}$

(6) 设 $u_n = (-1)^n \ln\left(1 + \dfrac{1}{\sqrt{n}}\right)$, 则级数 (　　).

(A) $\sum\limits_{n=1}^{\infty} u_n$ 和 $\sum\limits_{n=1}^{\infty} u_n^2$ 都收敛 　　(B) $\sum\limits_{n=1}^{\infty} u_n$ 和 $\sum\limits_{n=1}^{\infty} u_n^2$ 都发散

(C) $\sum\limits_{n=1}^{\infty} u_n$ 收敛而 $\sum\limits_{n=1}^{\infty} u_n^2$ 发散 　　(D) $\sum\limits_{n=1}^{\infty} u_n$ 发散而 $\sum\limits_{n=1}^{\infty} u_n^2$ 收敛

3. 解答题.

(1) 判定级数 $\sum\limits_{n=1}^{\infty} \dfrac{n^2}{\left(2 + \dfrac{1}{n}\right)^n}$ 的敛散性;

(2) 求 $\sum\limits_{n=1}^{\infty} \dfrac{2n-1}{2^n}$ 的和;

(3) 将 $f(x) = \ln \dfrac{x}{1+x}$ 展成 $(x-1)$ 的幂级数;

(4) 设 $f(x) = x(-1 < x < 1)$, 试将 $f(x)$ 展成以 2 为周期的傅里叶级数.

4. 证明题.

(1) 设 $f(x)$ 在 $x = 0$ 的邻域内存在连续导数, 且 $\lim\limits_{x \to 0} \dfrac{f(x)}{x} = A > 0$, 证明级数 $\sum\limits_{n=1}^{\infty} (-1)^n f\left(\dfrac{1}{n}\right)$ 条件收敛.

(2) 设 $f(x)$ 在区间 $(0,1)$ 内可导且导函数有界, 证明级数 $\sum\limits_{n=1}^{\infty} \left[f\left(\sin\dfrac{1}{n+1}\right) - f\left(\sin\dfrac{1}{n}\right) \right]$ 绝对收敛.

第 12 章思维导图

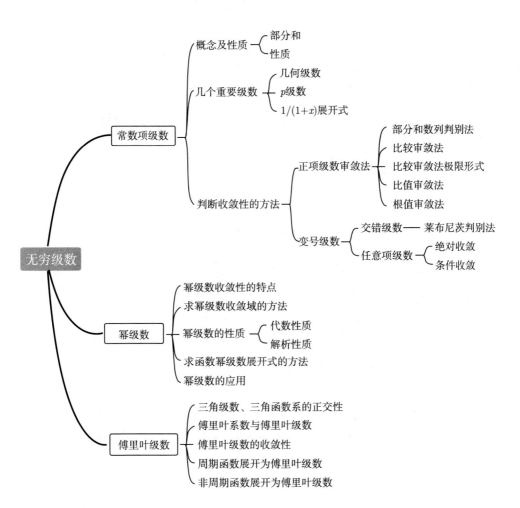

习题答案与提示

第 8 章

习 题 8.1

1. P 在 xOy 面上; Q 在 zOx 面上; R 在 x 轴上; S 在 y 轴上.

2. (1) (a, b, c) 关于 xOy 坐标面的对称点的坐标为 $(a, b, -c)$,

(a, b, c) 关于 yOz 坐标面的对称点的坐标为 $(-a, b, c)$,

(a, b, c) 关于 zOx 坐标面的对称点的坐标为 $(a, -b, c)$;

(2) (a, b, c) 关于 x 轴的对称点的坐标为 $(a, -b, -c)$,

(a, b, c) 关于 y 轴的对称点的坐标为 $(-a, b, -c)$,

(a, b, c) 关于 z 轴的对称点的坐标为 $(-a, -b, c)$;

(3) (a, b, c) 关于坐标原点 O 的对称点的坐标为 $(-a, -b, -c)$.

3. B 的坐标为 $(18, 17, -17)$.

4. 过点 $P_0(x_0, y_0, z_0)$ 且平行于 z 轴的直线上的点的坐标, 其特点是它们的横坐标均为 x_0, 纵坐标均为 y_0.

过点 $P_0(x_0, y_0, z_0)$ 且平行于 xOy 坐标面的平面上的点的坐标, 其特点是它们的竖坐标均为 z_0.

5. 提示: $\left| \overrightarrow{AB} \right| = \left| \overrightarrow{AC} \right|$ 及 $\left| \overrightarrow{BC} \right|^2 = \left| \overrightarrow{AB} \right|^2 + \left| \overrightarrow{AC} \right|^2$.

习 题 8.2

1. (1) -42;　(2) $-5\boldsymbol{i} - 3\boldsymbol{j} + \boldsymbol{k}$;　(3) $\text{Prj}_{\boldsymbol{b}} \boldsymbol{a} = \dfrac{\boldsymbol{a} \cdot \boldsymbol{b}}{|\boldsymbol{b}|} = \dfrac{7}{\sqrt{6}}$;

(4) $\cos(\widehat{\boldsymbol{a}, \boldsymbol{b}}) = \dfrac{\boldsymbol{a} \cdot \boldsymbol{b}}{|\boldsymbol{a}| \cdot |\boldsymbol{b}|} = \dfrac{\sqrt{21}}{6}$.

2. (1) $-\boldsymbol{i} - 23\boldsymbol{j} + 5\boldsymbol{k}$;　(2) $3\boldsymbol{i} - 6\boldsymbol{j}$;　(3) 15;　(4) $20\boldsymbol{i} + 10\boldsymbol{j} - 25\boldsymbol{k}$.

3. $\sqrt{14}$.

4. (1) $\pm\dfrac{1}{25}(15, 12, 16)$;　(2) $\dfrac{25}{2}$;　(3) 5.

5. 提示:

$$\cos\theta = \frac{(\boldsymbol{a}+\boldsymbol{b}) \cdot (\boldsymbol{a}-\boldsymbol{b})}{|\boldsymbol{a}+\boldsymbol{b}||\boldsymbol{a}-\boldsymbol{b}|} = \frac{|\boldsymbol{a}|^2 - |\boldsymbol{b}|^2}{\sqrt{(\boldsymbol{a}+\boldsymbol{b}) \cdot (\boldsymbol{a}+\boldsymbol{b})}\sqrt{(\boldsymbol{a}-\boldsymbol{b}) \cdot (\boldsymbol{a}-\boldsymbol{b})}}$$

$$= \frac{|\boldsymbol{a}|^2 - |\boldsymbol{b}|^2}{\sqrt{|\boldsymbol{a}|^2 + 2\boldsymbol{a} \cdot \boldsymbol{b} + |\boldsymbol{b}|^2}\sqrt{|\boldsymbol{a}|^2 - 2\boldsymbol{a} \cdot \boldsymbol{b} + |\boldsymbol{b}|^2}} = -\frac{3}{\sqrt{21}}.$$

习 题 8.3

1. $3x - 7y + 5z - 23 = 0$.
2. $x + y - 3z + 6 = 0$.
3. $6x - 5y - 3z + 2 = 0$.
4. $5x - 3y + 2z = 0$.
5. $4y + 3z = 0$.
6. $9x - z - 38 = 0$.

习 题 8.4

1. (1) 直线的对称式方程为 $\dfrac{x-1}{-2} = \dfrac{y-1}{1} = \dfrac{z-1}{3}$, 参数方程为 $\begin{cases} x = 1 - 2t, \\ y = 1 + t, \\ z = 1 + 3t; \end{cases}$

(2) 直线的对称式方程为 $\dfrac{x}{5} = \dfrac{y - \frac{7}{15}}{1} = \dfrac{z + \frac{3}{5}}{-2}$, 参数方程为 $\begin{cases} x = 5t, \\ y = \dfrac{7}{15} + t, \\ z = -\dfrac{3}{5} - 2t. \end{cases}$

2. $\dfrac{x-4}{-2} = \dfrac{y+1}{1} = \dfrac{z-3}{5}$.

3. $\dfrac{x-2}{2} = \dfrac{y+3}{3} = \dfrac{z-1}{-1}$.

4. $\dfrac{x}{-3} = \dfrac{y+1}{2} = \dfrac{z-5}{3}$.

5. $\dfrac{x+5}{-2} = \dfrac{y-2}{3} = \dfrac{z}{1}$.

习 题 8.5

1. (1) $x - 2y = 1$ 在平面解析几何中表示一条直线, 在空间解析几何中表示平行于 z 轴的平面;

(2) $x^2 - 3y^2 = 1$ 在平面解析几何中表示以 x 轴为实轴, 以 y 轴为虚轴的双曲线, 在空间解析几何中表示母线平行于 z 轴, 准线为 $\begin{cases} x^2 - 3y^2 = 1, \\ z = 0 \end{cases}$ 的双曲柱面;

(3) $3x^2 - y = 1$ 在平面解析几何中表示一条开口朝上的抛物线, 在空间解析几何中表示母线平行于 z 轴, 准线为 $\begin{cases} 3x^2 - y = 1, \\ z = 0 \end{cases}$ 的抛物柱面;

(4) $3x^2 + y^2 = 1$ 在平面解析几何中表示椭圆, 在空间解析几何中表示母线平行于 z 轴, 准线为 $\begin{cases} 3x^2 + y^2 = 1, \\ z = 0 \end{cases}$ 的椭圆柱面.

2. (1) $y^2 + z^2 = 2 - x$;   (2) $\left(\sqrt{x^2 + z^2} - 2\right)^2 + y^2 = 1$;   (3) $25\left(x^2 + y^2\right) = (3z + 1)^2$.

3. (1) 方程 $x + y^2 + z^2 = 1$ 表示 xOy 面上的抛物线 $x + y^2 = 1$ 绕 x 轴旋转一周生成的旋转曲面, 或表示 zOx 面上的抛物线 $x + z^2 = 1$ 绕 x 轴旋转一周生成的旋转曲面;

(2) 方程 $x^2 - y^2 + z^2 = 1$ 表示 xOy 面上的双曲线 $x^2 - y^2 = 1$ 绕 y 轴旋转一周生成的旋转曲面, 或表示 yOz 面上的双曲线 $-y^2 + z^2 = 1$ 绕 y 轴旋转一周生成的旋转曲面.

4. (1) 以 $\left(-\dfrac{1}{3}, -\dfrac{2}{3}, -1 \right)$ 为球心, $\dfrac{2\sqrt{14}}{3}$ 为半径的球面.

(2) $x^2 + y^2 = 10z + 25$, 它表示开口朝上的旋转抛物面.

(3) $x^2 - 2z + 1 = 0$, 它表示母线平行于 y 轴, 准线为 $\begin{cases} x^2 - 2z + 1 = 0, \\ y = 0 \end{cases}$ 的抛物柱面.

(4) $y^2 = x^2 + z^2$, 表示半顶角为 $\dfrac{\pi}{4}$ 的圆锥面.

5. $x^2 + y^2 - \dfrac{5}{9}z^2 - \dfrac{2}{3}z = 1$.

习　题　8.6

1. (1) $\begin{cases} x = t, \\ y = -t, \\ z = \pm\sqrt{4 - 2t^2}; \end{cases}$　　　(2) $\begin{cases} x = 1 + \cos\theta, \\ y = \sin\theta, \\ z = -2\cos\theta - 1. \end{cases}$

2. $\begin{cases} x = 2\cos^2\theta \\ y = 2\sin\theta\cos\theta, \quad -\dfrac{\pi}{2} \leqslant \theta \leqslant \dfrac{\pi}{2}. \\ z = 2\cos\theta, \end{cases}$

3. 在 yOz 坐标平面上的投影为 $\begin{cases} z^2 - 4y = 4z, \\ x = 0; \end{cases}$

在 zOx 坐标平面上的投影 $\begin{cases} x^2 + z^2 = 4z, \\ y = 0; \end{cases}$

在 xOy 坐标平面上的投影为 $\begin{cases} x^2 + 4y = 0, \\ z = 0. \end{cases}$

4. (1) $\begin{cases} x^2 + 2y^2 - 2y = 0, \\ z = 0; \end{cases}$

(2) $\begin{cases} x + y + x^2 + y^2 = 2, \\ z = 0. \end{cases}$

5. 在 xOy 坐标平面上的投影为 $\begin{cases} x^2 + 5y^2 + 4xy - x = 0, \\ z = 0; \end{cases}$

在 zOx 坐标平面上的投影 $\begin{cases} x^2 + 5z^2 - 2xz - 4x = 0, \\ y = 0; \end{cases}$

在 yOz 坐标平面上的投影为 $\begin{cases} y^2 + z^2 + 2y - z = 0, \\ x = 0. \end{cases}$

6. 在 yOz 坐标平面上的投影为 $\begin{cases} z^2 - 4y = 4z, \\ x = 0; \end{cases}$

在 zOx 坐标平面上的投影为 $\begin{cases} x^2 + z^2 = 4z, \\ y = 0; \end{cases}$

在 xOy 坐标平面上的投影为 $\begin{cases} x^2 + 4y = 0, \\ z = 0. \end{cases}$

总 习 题 8

1. 4.

2. $2x + 2y - 3z = 0$.

3. $\sqrt{2}$.

4. C.

5. C.

6. B.

7. A.

8. $4x^2 - 17y^2 + 4z^2 + 2y - 1 = 0$.

9. $\dfrac{x+1}{16} = \dfrac{y}{19} = \dfrac{z-4}{28}$.

10. (1) $\dfrac{x-2}{0} = \dfrac{y+3}{0} = \dfrac{z-4}{1}$, 或 $\begin{cases} x = 2, \\ y = -3; \end{cases}$

(2) $\dfrac{x}{4} = \dfrac{y-2}{3} = \dfrac{z-4}{1}$;

(3) $\dfrac{x+1}{16} = \dfrac{y}{19} = \dfrac{z-4}{28}$.

11. $\dfrac{x-2}{5} = \dfrac{y+1}{-3} = \dfrac{z-2}{5}$.

12. (1) $x + z - 2 = 0$;

(2) $2x + y + 2z + 2\sqrt[3]{3} = 0$ 或 $2x + y + 2z - 2\sqrt[3]{3} = 0$;

(3) $x - 2y + 2z = 0$.

13. $x + 2y + 1 = 0$.

14. 提示: 利用平面束方程, 设所求平面方程为

$$x - 2y - 2z + 1 + \lambda(3x - 4y + 5) = 0,$$

其法向量 $\boldsymbol{n} = (1+3\lambda, -2(1+2\lambda), -2)$, 由于平面 Π 平分平面 Π_1 与 Π_2, 所以有

$$\left| \cos\left(\widehat{\boldsymbol{n}, \boldsymbol{n}_1} \right) \right| = \left| \cos\left(\widehat{\boldsymbol{n}, \boldsymbol{n}_2} \right) \right|,$$

即

$$\left| \frac{\boldsymbol{n}_1 \cdot \boldsymbol{n}}{|\boldsymbol{n}_1| \, |\boldsymbol{n}|} \right| = \left| \frac{\boldsymbol{n}_2 \cdot \boldsymbol{n}}{|\boldsymbol{n}_2| \, |\boldsymbol{n}|} \right|.$$

解得 $\lambda = \pm \dfrac{3}{5}$, 故所求平面方程为

$$7x - 11y - 5z + 10 = 0, \quad 2x - y + 5z + 5 = 0.$$

15. 提示: 设公垂线 L 的方向向量 s, 直线 L_1 的方向向量为 $s_1 = (4, -3, 1)$, L_2 的方向向量为 $s_2 = (-2, 9, 2)$, 则 $s \| s_1 \times s_2$, 且

$$s_1 \times s_2 = \begin{vmatrix} i & j & k \\ 4 & -3 & 1 \\ -2 & 9 & 2 \end{vmatrix} = -5(3, 2, -6).$$

取 $s = (3, 2, -6)$.

设过 L 与 L_1 的平面 Π_1, Π_1 的法向量为

$$s_1 \times s = \begin{vmatrix} i & j & k \\ 4 & -3 & 1 \\ 3 & 2 & -6 \end{vmatrix} = (16, 27, 17).$$

又平面 Π_1 过 L_1 上的点 $P_1(9, -2, 0)$, 所以, 平面 Π_1 的方程为

$$16(x - 9) + 27(y + 2) + 17z = 0,$$

即 $16x + 27y + 17z - 90 = 0$.

将 L_2 的参数方程 $\begin{cases} x = -2t, \\ y = 9t - 7, \\ z = 2t + 2 \end{cases}$ 代入平面 Π_1 的方程, 求得 L_2 与 Π_1 的交点 $M_2(-2, 2, 4)$,

故公垂线 L 的方程为

$$\frac{x + 2}{3} = \frac{y - 2}{2} = \frac{z - 4}{-6}.$$

16. 在 xOy 坐标面上的投影为 $\begin{cases} x^2 + (y - 1)^2 \leqslant 1, \\ z = 0; \end{cases}$

在 zOx 坐标面上的投影为 $\begin{cases} \left(\dfrac{z^2}{2} - 1 \right)^2 + x^2 \leqslant 1, z \geqslant 0, \\ y = 0. \end{cases}$

在 yOz 坐标面上的投影为 $\begin{cases} y \leqslant z \leqslant \sqrt{2y}, \\ x = 0. \end{cases}$

17. 提示: 设所求旋转曲面上任意一点的坐标为 (x, y, z), 相应已知直线上的点为 (x_1, y_1, z), 由于 $\sqrt{x^2 + y^2} = \sqrt{x_1^2 + y_1^2}$, 则所求旋转曲面方程为 $x^2 + y^2 - \dfrac{5}{9}z^2 - \dfrac{2}{3}z = 1$.

18. $xy + yz + zx = 0$.

第 9 章

习 题 9.1

1. (1) $\dfrac{xy^2}{x^3+y}$;   (2) $\sqrt{\dfrac{x+y}{1+(x+y)^2}}$;

(3) $4x^2-3x-3y+3$;   (4) $\dfrac{xe^x}{ye^{2y}}$.

2. (1) $D=\{(x,y)\mid 2k\pi<x<(2k+1)\pi, k\in \mathbf{Z}\}$;

(2) $D=\{(x,y)\mid 2x^2+y^2-4>0\}$;

(3) $D=\{(x,y)\mid |x|+|y|<2\}$;

(4) $D=\{(x,y)\mid x^2+y^2+z^2\leqslant 9\}$.

3. (1) -3;   (2) 4;   (3) 1;   (4) 0.

4~6. 略.

习 题 9.2

1. (1) $z_x|_{(1,2)}=0$, $z_y|_{(1,2)}=3$;

(2) $z_x|_{\left(0,\frac{\pi}{2}\right)}=-1$, $z_y|_{\left(0,\frac{\pi}{2}\right)}=0$;

(3) $u_x|_{(1,2,1)}=\dfrac{1}{8}$, $u_y|_{(1,2,1)}=\dfrac{1}{4}$, $u_z|_{(1,2,1)}=\dfrac{3}{8}$.

2. (1) $z_x=\dfrac{y^2-x^2}{(x^2+y^2)^2}$, $z_y=\dfrac{-2xy}{(x^2+y^2)^2}$;

(2) $z_x=\dfrac{2}{y}\left(\sec\dfrac{x}{y}\right)^2\cdot\tan\dfrac{x}{y}$, $z_y=-\dfrac{2x}{y^2}\left(\sec\dfrac{x}{y}\right)^2\cdot\tan\dfrac{x}{y}$;

(3) $z_x=\dfrac{1}{y+\sqrt{x^2+y^2}}\cdot\dfrac{x}{\sqrt{x^2+y^2}}$, $z_y=\dfrac{1}{y+\sqrt{x^2+y^2}}\cdot\left(1+\dfrac{y}{\sqrt{x^2+y^2}}\right)=\dfrac{1}{\sqrt{x^2+y^2}}$;

(4) $z_x=yx^{y-1}\cdot y^x+x^y\left(y^x\ln y\right)=x^{y-1}\cdot y^x\left(y+x\ln y\right)$,

$$z_y=\left(x^y\ln x\right)\cdot y^x+x^y\cdot xy^{x-1}=x^yy^{x-1}\left(y\ln x+x\right).$$

3. 0.2.

4. (1) $\mathrm{d}z=\dfrac{2xy}{x^2+2y}\mathrm{d}x+\left[\ln\left(x^2+2y\right)+\dfrac{2y}{x^2+2y}\right]\mathrm{d}y$;

(2) $\mathrm{d}z=\sec^2(x-y)\mathrm{d}x-\sec^2(x-y)\mathrm{d}y$;

(3) $\mathrm{d}z=\left[2x+\dfrac{y\left(x^2+y^2\right)}{x^2}\right]\mathrm{e}^{-\frac{y}{x}}\mathrm{d}x+\left[2y-\dfrac{x^2+y^2}{x}\right]\mathrm{e}^{-\frac{y}{x}}\mathrm{d}y$;

(4) $\mathrm{d}u=\dfrac{-2y\mathrm{d}x+(z+2x)\,\mathrm{d}y-y\mathrm{d}z}{|z+2x|\sqrt{(z+2x)^2-y^2}}$.

5. $f_x(0,0)=0$, $f_y(0,0)=0$.

6. (1) $z_{xx}=y\mathrm{e}^{xy}+y(1+xy)\mathrm{e}^{xy}=(2y+xy^2)\mathrm{e}^{xy}$, $z_{xy}=(2+xy)x\mathrm{e}^{xy}$, $z_{yy}=x^3\mathrm{e}^{xy}$;

(2) $z_{xx} = \dfrac{2xy}{\left(1 + x^2\right)^2}$, $z_{xy} = -\dfrac{1}{1 + x^2}$, $z_{yy} = 0$;

(3)

$$z_{xx} = 2\sec^4(x - y) + 4\sec^2(x - y)\tan^2(x - y),$$

$$z_{xy} = -2\sec^4(x - y) - 4\sec^2(x - y)\tan^2(x - y),$$

$$z_{yy} = 2\sec^4(x - y) + 4\sec^2(x - y)\tan^2(x - y);$$

(4) $z_{xx} = \dfrac{2y}{x^3}$, $z_{xy} = -\dfrac{1}{x^2} - \dfrac{1}{y^2}$, $z_{yy} = \dfrac{2x}{y^3}$.

7. 提示: $f_{xy}(x, y) = -3 \neq f_{yx}(x, y) = 3$, 因此不存在

8. $f_1' \cdot yx^{y-1} + f_2' \cdot y^x \ln y$.

9. 提示: $f_x(0,0) = f_y(0,0) = 0$, $\Delta z\,|_{(0,0)} = 0 \cdot \Delta x + 0 \cdot \Delta y + o(\rho)$, 由定义可知 $f(x, y)$ 在点 $(0,0)$ 处可微且 $\mathrm{d}z\,|_{(0,0)} = 0$.

习　题　9.3

1. (1) $\dfrac{\mathrm{d}y}{\mathrm{d}x} = -\dfrac{6y + 2x}{\mathrm{e}^y + 6x}$;

(2) $\dfrac{\mathrm{d}y}{\mathrm{d}x} = -\dfrac{2x - \left(3x^2 y + \cos x\right)\left(x^2 + y\right)}{1 - x^3\left(x^2 + y\right)}$;

(3) $\dfrac{\mathrm{d}y}{\mathrm{d}x} = \dfrac{1 + \ln x}{1 + \ln y}$;

(4) $\dfrac{\mathrm{d}y}{\mathrm{d}x} = 1 - 2\dfrac{(x - y)\,\mathrm{e}^{2x+1}}{\sin(x - y)}$.

2. (1) $\dfrac{\partial z}{\partial x} = \dfrac{3x^2 y^2}{3z^2 + 5y}$, $\dfrac{\partial z}{\partial y} = \dfrac{2x^3 y - 5z}{3z^2 + 5y}$;

(2) $\dfrac{\partial z}{\partial x} = \dfrac{z\sin x - \cos y}{-y\sin z + \cos x}$, $\dfrac{\partial z}{\partial y} = \dfrac{x\sin y - \cos z}{-y\sin z + \cos x}$;

(3) $\dfrac{\partial z}{\partial x} = \dfrac{(x + 1)\,\mathrm{e}^x}{(z + 1)\,\mathrm{e}^z}$, $\dfrac{\partial z}{\partial y} = -\dfrac{(y + 1)\,\mathrm{e}^y}{(z + 1)\,\mathrm{e}^z}$;

(4) $\dfrac{\partial z}{\partial x} = -\dfrac{xz + (x + 2y)\left[z\ln(x + 2y) - yz\sin(xyz)\right]}{(x + 2y)\left[x\ln(x + 2y) - xy\sin(xyz)\right]}$,

$$\dfrac{\partial z}{\partial y} = \dfrac{xz(x + 2y)\sin(xyz) - 2xz}{(x + 2y)\left[x\ln(x + 2y) - xy\sin(xyz)\right]}.$$

3. (1) $\dfrac{\partial^2 z}{\partial x^2} = -y\dfrac{\left(3z^2 + xy\right)\cdot\dfrac{\partial z}{\partial x} - z\left(6z\dfrac{\partial z}{\partial x} + y\right)}{\left(3z^2 + xy\right)^2} = \dfrac{2xy^3 z}{\left(3z^2 + xy\right)^3}$;

(2) $\dfrac{\partial^2 z}{\partial x \partial y} = -\dfrac{\dfrac{\partial z}{\partial y} - 2}{(z + 1 - x - 2y)^2} = -2\dfrac{x + 2y - z}{(z + 1 - x - 2y)^3}$;

(3) $\dfrac{\partial^2 z}{\partial x \partial y} = -\dfrac{2\left(y-x\right)\arctan\left(y-x\right)+1}{\left[1+\left(y-x\right)^2\right]^2\left[\arctan\left(y-x\right)\right]^2}$;

(4) $\dfrac{\partial^2 z}{\partial x \partial y} = -\dfrac{2ze^{-4x^2-y^2}}{\left(3z+1\right)^3}$.

4. (1) $\left.\dfrac{\partial u}{\partial x}\right|_{(1,1,1)} = -2$; (2) $\left.\dfrac{\partial u}{\partial x}\right|_{(1,1,1)} = -1$.

5. (1) $\dfrac{\mathrm{d}y}{\mathrm{d}x} = \dfrac{-y\left(e^{yz}-x+z\right)}{\left(y-z\right)\left(e^{yz}-x\right)},\ \dfrac{\mathrm{d}z}{\mathrm{d}x} = \dfrac{z\left(y-x+e^{yz}\right)}{\left(y-z\right)\left(e^{yz}-x\right)}$;

(2) $\dfrac{\mathrm{d}y}{\mathrm{d}x} = -\dfrac{8x}{5y},\ \dfrac{\mathrm{d}z}{\mathrm{d}x} = \dfrac{6x}{5}$;

(3) $\dfrac{\partial u}{\partial x} = u\cos^2 v,\ \dfrac{\partial u}{\partial y} = \sin v,\ \dfrac{\partial v}{\partial x} = -\sin v\cos v,\ \dfrac{\partial v}{\partial y} = \dfrac{\cos v}{u}$.

6. $\dfrac{\mathrm{d}z}{\mathrm{d}x} = \dfrac{f\left(x+y\right)F_y + xf'\left(x+y\right)\left(F_y - F_z\right)}{F_y + xf'\left(x+y\right)F_z}$.

7. $\dfrac{\mathrm{d}u}{\mathrm{d}x} = \dfrac{\partial f}{\partial x} + \dfrac{\partial f}{\partial y}\cos x - \dfrac{\partial f}{\partial z}\dfrac{1}{\varphi_3'}\left(2x\varphi_1' + e^{\sin x}\cos x\cdot\varphi_2'\right)$.

8. (1) $\mathrm{d}z = \dfrac{\left(-\varphi'+2x\right)\mathrm{d}x + \left(-\varphi'+2y\right)\mathrm{d}y}{\varphi'+1}$; (2) $\dfrac{\partial u}{\partial x} = -\dfrac{2\varphi''\left(1+2x\right)}{\left(\varphi'+1\right)^3}$.

习 题 9.4

1. (1) 2; (2) $\dfrac{1}{27}$; (3) $-\dfrac{e}{2}$; (4) a^3.

2. (1) $-\sqrt{145},\ \sqrt{145}$;

(2) $600 - 24\sqrt{3},\ \dfrac{1928}{3}$.

3. (1) $-64,\ 4$; (2) $\dfrac{3\sqrt{2}}{2},\ 4$; (3) $0,\ 13$; (4) $0,\ 14+6\sqrt{5}$.

4. 24.

5. 距离原点最近的点 $\left(\pm\dfrac{1}{\sqrt{3}},\pm\dfrac{1}{\sqrt{3}}\right)$, 距离原点最远的点 $(\pm 1,0),\ (0,\pm 1)$.

6. 提示: $f\left(0,-1\right) = 1$ 是极大值, 故 $e^x y^2\left|z\right| \leqslant 1$.

7. 两种鱼放养的数量分别为 $\dfrac{3\alpha-2\beta}{2\alpha^2-\beta^2},\ \dfrac{4\alpha-3\beta}{4\alpha^2-2\beta^2}$ 万尾时, 收获的鱼量最大.

8. $\dfrac{\sqrt{6}}{36}a^3$.

9. $(1,1,1),\ (-1,-1,1),\ (-1,1,-1),\ (1,-1,-1)$.

10. (1) $C(x,y) = 20x + \dfrac{x^2}{4} + 6y + \dfrac{1}{2}y^2 + 10000$;

(2) $C(24,26) = 11118$;

(3) $C_x'(24,26) = 32$.

习　题　9.5

1. (1) -4;　(2) $-\dfrac{3}{26}\sqrt{13}$;　(3) 0;　(4) 2.

2. $\dfrac{\sqrt{3}}{3}$.

3. $\dfrac{\partial T}{\partial l}\Big|_{\left(\frac{1}{2},\frac{\sqrt{3}}{2}\right)}=\dfrac{\sqrt{3}}{2}\sin\sqrt{3}-\dfrac{1}{2}\cos\sqrt{3}$.

4. 提示: $\overrightarrow{MO}$ 与 $\mathbf{grad}T\,(x,y,z)$ 平行且同向, 故球体内任意一点 (球心除外) 处沿指向球心的方向温度上升得最快.

5. (1) 沿 $(-1,1)$ 方向电压升高得最快, 此时上升的速率为 $\sqrt{2}$;

(2) 沿 $(1,-1)$ 方向电压下降得最快, 此时下降的速率为 $-\sqrt{2}$;

(3) 沿 $(1,1)$ 或 $(-1,-1)$ 方向电压变化得最慢.

6. 提示: $\mathbf{T}\,//\,(f_x,f_y)$, 所以切线倾角 α 满足 $\tan\alpha=\dfrac{f_y}{f_x}$, 即 $\dfrac{\mathrm{d}y}{\mathrm{d}x}=\dfrac{f_y\,(x,y)}{f_x\,(x,y)}$.

7. $a^2=b^2=c^2$.

8. (1) 沿梯度 $(y_0-2x_0)\mathbf{i}+(x_0-2y_0)\mathbf{j}$ 方向, $g(x_0,y_0)=\sqrt{5x_0^2+5y_0^2-8x_0y_0}$;

(2) $(5,-5)$ 或 $(-5,5)$.

习　题　9.6

1. (1) $-\dfrac{\pi}{2}x+y+2z-\dfrac{5\pi}{2}=0$;

(2) 切线方程为 $\dfrac{x-1}{1}=\dfrac{y-2}{\frac{1}{4}}=\dfrac{z-3}{-\frac{1}{6}}$, 法平面方程为 $12x+3y-2z-12=0$;

(3) $x+\sqrt{3}y=0$;

(4) 切线方程 $\dfrac{x-1}{1}=\dfrac{y-1}{-1}=\dfrac{z-3}{0}$, 法平面方程 $x-y=0$.

2. (1) 切平面方程为 $x+2y+3z-14=0$, 法线方程为 $\dfrac{x-1}{1}=\dfrac{y-2}{2}=\dfrac{z-3}{3}$;

(2) 切平面方程为 $x-1-2z=0$, 法线方程为 $\dfrac{x-1}{1}=\dfrac{y-1}{0}=\dfrac{z}{-2}$;

(3) 切平面方程为 $z=1$, 法线方程为 $\dfrac{x}{0}=\dfrac{y}{0}=\dfrac{z-1}{1}$;

(4) 切平面方程为 $8x+2y-z-5=0$, 法线方程为 $\dfrac{x-1}{8}=\dfrac{y-1}{2}=\dfrac{z-5}{-1}$.

3. 略.

4. $2x+2y-z-3=0$.

5. $\mathbf{e}_n=\dfrac{1}{\sqrt{17}}(2,2,3)$.

6~7. 略.

8. 提示: $\mathbf{n}=\left(f_1',f_2',-af_1'-bf_2'\right)$, $\mathbf{s}=(a,b,1)$, $\mathbf{n}\cdot\mathbf{s}=af_1'+bf_2'-af_1'-bf_2'=0$.

9. 提示: $\mathbf{T}=(-2\sin t,2\cos t,4)$, $\cos\gamma=\dfrac{4}{\sqrt{(-2\sin t)^2+(2\cos t)^2+4^2}}$, $\gamma=\arccos\dfrac{2}{\sqrt{5}}$.

10. $\left(\pm \dfrac{a^2}{\sqrt{a^2+b^2+c^2}}, \pm \dfrac{b^2}{\sqrt{a^2+b^2+c^2}}, \pm \dfrac{c^2}{\sqrt{a^2+b^2+c^2}} \right).$

总 习 题 9

1. B.　2. B.　3. C.　4. C.　5. B.　6. A.

7. $\dfrac{\partial z}{\partial u} = u^2 \sin v \cos v(\cos v - \sin v), \dfrac{\partial z}{\partial v} = u^3(\sin v + \cos v)(1 - 3\sin v \cos v).$

8. $\dfrac{\partial z}{\partial t} = -\dfrac{y}{x^2}\mathrm{e}^t + \dfrac{1}{x}\left(-2\mathrm{e}^{2t}\right).$

9. $\dfrac{\partial^2 z}{\partial x \partial y} = -4x f''_{11} + 2(x^2 - y^2)\mathrm{e}^{xy}f''_{12} + xy\mathrm{e}^{2xy}f''_{22} + \mathrm{e}^{xy}(1 + xy)f'_2.$

10. $3, -2.$

11. 提示: $x_1 = 6\left(\dfrac{p_2\alpha}{p_1\beta}\right)^{\beta}, x_2 = 6\left(\dfrac{p_1\beta}{p_2\alpha}\right)^{\alpha}$ 时, 投入总费用最小.

12. $x^2 + y^2.$

第 10 章

习 题 10.1

1. (1) 8;　(2) $\dfrac{2\pi}{3}.$

2. 1.

3. (1) 若函数 $f(x,y)$ 在 D 上连续且满足 $f(-x,y) = -f(x,y)$, 则 $I = 0$; 若函数 $f(x,y)$ 在 D 上连续且满足 $f(-x,y) = f(x,y)$, 则 $I = 2\iint\limits_{D_1} f(x,y)\mathrm{d}\sigma$;

(2) $2\pi.$

4. (1) $I_1 \leqslant I_2$;　(2) $I_1 \geqslant I_2.$

5. (1) $10 \leqslant \iint\limits_{D} \left(x^2 + y^2\right)\mathrm{d}\sigma \leqslant 40$;

(2) $2\pi \ln 2 \leqslant \iint\limits_{D} \ln\left(x^2 + y^2\right)\mathrm{d}\sigma \leqslant 4\pi \ln 2$;

(3) $(13 - 8\sqrt{2})\pi \leqslant \iint\limits_{D} \left(4x^2 + 4y^2 + 1\right)\mathrm{d}\sigma \leqslant (13 + 8\sqrt{2})\pi.$

6. 1.

7. 略.

习 题 10.2

1. (1) $\dfrac{4}{3}$;　(2) $\dfrac{128 - 32\sqrt{2}}{15}$;　(3) $\dfrac{1}{10}$;　(4) $\dfrac{2}{9}$;　(5) $\dfrac{16}{45}$;　(6) $\dfrac{8\sqrt{2} - 2}{15}$;

(7) $\dfrac{3\cos 1 + \sin 1 - \sin 4}{2}$;　(8) $\mathrm{e} - 1.$

2~3. 略.

4. (1) $\displaystyle\iint\limits_{D} f(x,y)\ \mathrm{d}x\mathrm{d}y = \int_{-2}^{2} \mathrm{d}x \int_{-\frac{3}{2}\sqrt{4-x^2}}^{\frac{3}{2}\sqrt{4-x^2}} f(x,y)\mathrm{d}y = \int_{-3}^{3} \mathrm{d}y \int_{-\frac{2}{3}\sqrt{9-y^2}}^{\frac{2}{3}\sqrt{9-y^2}} f(x,y)\mathrm{d}x;$

(2)

$$\iint\limits_{D} f(x,y)\ \mathrm{d}x\mathrm{d}y = \int_{0}^{1} \mathrm{d}x \int_{-\sqrt{x}}^{\sqrt{x}} f(x,y)\mathrm{d}y + \int_{1}^{4} \mathrm{d}x \int_{x-2}^{\sqrt{x}} f(x,y)\mathrm{d}y = \int_{-1}^{2} \mathrm{d}y \int_{y^2}^{y+2} f(x,y)\mathrm{d}x;$$

(3)

$$\iint\limits_{D} f(x,y)\mathrm{d}x\mathrm{d}y = \int_{-1}^{1} \mathrm{d}x \int_{2x^2}^{x^2+1} f(x,y)\mathrm{d}y$$

$$= \int_{0}^{1} \mathrm{d}y \int_{-\sqrt{\frac{y}{2}}}^{\sqrt{\frac{y}{2}}} f(x,y)\mathrm{d}x + \int_{1}^{2} \mathrm{d}y \int_{-\sqrt{\frac{y}{2}}}^{-\sqrt{y-1}} f(x,y)\mathrm{d}x + \int_{1}^{2} \mathrm{d}y \int_{\sqrt{y-1}}^{\sqrt{\frac{y}{2}}} f(x,y)\mathrm{d}x;$$

(4)

$$\iint\limits_{D} f(x,y)\ \mathrm{d}x\mathrm{d}y = \int_{0}^{1} \mathrm{d}x \int_{\frac{1}{2}x}^{2x} f(x,y)\mathrm{d}y + \int_{1}^{2} \mathrm{d}x \int_{\frac{1}{2}x}^{3-x} f(x,y)\mathrm{d}y$$

$$= \int_{0}^{1} \mathrm{d}y \int_{\frac{1}{2}y}^{2y} f(x,y)\mathrm{d}x + \int_{1}^{2} \mathrm{d}y \int_{\frac{1}{2}y}^{3-y} f(x,y)\mathrm{d}x.$$

5. (1) $\dfrac{1}{2}\left(1-\dfrac{1}{\mathrm{e}}\right)$; 　(2) $\dfrac{1}{6}(\sin 1 - \cos 1)$; 　(3) $\dfrac{3}{8}\mathrm{e} - \dfrac{1}{2}\mathrm{e}^{\frac{1}{2}}$; 　(4) $\dfrac{4}{\pi^2} + \dfrac{8}{\pi^3}$.

6. 提示: $\displaystyle\int_{0}^{1} \mathrm{d}x \int_{x}^{1} f(x)f(y)\mathrm{d}y = \dfrac{1}{2}\left[\int_{0}^{1} \mathrm{d}x \int_{0}^{x} f(y)f(x)\mathrm{d}y + \int_{0}^{1} \mathrm{d}x \int_{x}^{1} f(x)f(y)\mathrm{d}y\right].$

7. 提示: $M = \displaystyle\iint\limits_{D} \rho \mathrm{d}x\mathrm{d}y = \dfrac{88k}{105}.$

8. (1) $\displaystyle\int_{-1}^{1} \mathrm{d}x \int_{-\sqrt{1-x^2}}^{\sqrt{1-x^2}} \sqrt{x^2+y^2}\mathrm{d}y = \int_{0}^{2\pi} \mathrm{d}\varphi \int_{0}^{1} \sqrt{\rho^2}\cdot\rho\mathrm{d}\rho = \dfrac{2}{3}\pi;$

(2) $\displaystyle\int_{0}^{2} \mathrm{d}y \int_{0}^{\sqrt{2y-y^2}} x\mathrm{d}x = \int_{0}^{\frac{\pi}{2}} \mathrm{d}\varphi \int_{0}^{2\sin\varphi} \rho^2 \cos\varphi\mathrm{d}\rho = \dfrac{2}{3};$

(3) $\displaystyle\int_{0}^{1} \mathrm{d}x \int_{1-x}^{\sqrt{1-x^2}} \sqrt{(x^2+y^2)^{-3}}\mathrm{d}y = \int_{0}^{\frac{\pi}{2}} \mathrm{d}\varphi \int_{\frac{1}{\sin\varphi+\cos\varphi}}^{1} \rho^{-2}\mathrm{d}\rho = 2 - \dfrac{\pi}{2};$

(4) $\displaystyle\int_{1}^{2} \mathrm{d}x \int_{0}^{x} \dfrac{y\sqrt{x^2+y^2}}{x}\mathrm{d}y = \int_{0}^{\frac{\pi}{4}} \mathrm{d}\varphi \int_{\frac{1}{\cos\varphi}}^{\frac{2}{\cos\varphi}} \dfrac{\sin\varphi}{\cos\varphi}\cdot\rho^2\mathrm{d}\rho = \dfrac{14\sqrt{2}-7}{9}.$

9. $\displaystyle\int_{0}^{\frac{\pi}{4}} \mathrm{d}\varphi \int_{0}^{1} f(\rho\cos\varphi, \rho\sin\varphi)\rho\mathrm{d}\rho = \int_{0}^{\frac{1}{\sqrt{2}}} \mathrm{d}y \int_{y}^{\sqrt{1-y^2}} f(x,y)\mathrm{d}x.$

10. (1) $\dfrac{\pi}{2}\ln 2$; (2) $\dfrac{\pi}{8}(\pi-2)$; (3) $\dfrac{16\pi}{3}+\dfrac{10\sqrt{5}\pi}{3}$.

11. (1) $2+\dfrac{\pi}{4}$; (2) $\dfrac{3\pi a^2}{4}$.

12. $\dfrac{\pi}{2}$.

13. $\dfrac{256}{9}k$.

14. (1) 80π; (2) π; (3) $\mathrm{e}-\mathrm{e}^{-1}$; (4) $\dfrac{\pi(\mathrm{e}^4-1)}{2}$.

15. (1) $2\ln 3$; (2) $\dfrac{1}{8}$.

16. a.

习　题　10.3

1. 略.

2. (1) $\displaystyle\iiint\limits_{\Omega} x\mathrm{d}x\mathrm{d}y\mathrm{d}z < \iiint\limits_{\Omega_1} x\mathrm{d}x\mathrm{d}y\mathrm{d}z$;

(2) $\displaystyle\iiint\limits_{\Omega} z\mathrm{d}x\mathrm{d}y\mathrm{d}z > \iiint\limits_{\Omega_1} z\mathrm{d}x\mathrm{d}y\mathrm{d}z$;

(3) $\displaystyle\iiint\limits_{\Omega} z\mathrm{d}x\mathrm{d}y\mathrm{d}z > \iiint\limits_{\Omega} x\mathrm{d}x\mathrm{d}y\mathrm{d}z$;

(4) $\displaystyle\iiint\limits_{\Omega_1} z\mathrm{d}x\mathrm{d}y\mathrm{d}z = \iiint\limits_{\Omega_1} x\mathrm{d}x\mathrm{d}y\mathrm{d}z$.

3. (1) $\displaystyle\int_0^{\frac{\pi}{2}}\mathrm{d}x\int_0^{\sqrt{x}}\mathrm{d}y\int_0^{\frac{\pi}{2}-x}f(x,y,z)\mathrm{d}z$;

(2) $\displaystyle\int_{-1}^1\mathrm{d}x\int_{-\sqrt{1-x^2}}^{\sqrt{1-x^2}}\mathrm{d}y\int_{x^2+y^2}^{2-\sqrt{x^2+y^2}}f(x,y,z)\mathrm{d}z$;

(3) $\displaystyle\int_0^1\mathrm{d}x\int_0^{\sqrt{1-x^2}}\mathrm{d}y\int_0^{xy}f(x,y,z)\mathrm{d}z$.

4. $\dfrac{2}{3}\pi$.

5. (1) $\dfrac{1}{15}$; (2) 36; (3) $\dfrac{28}{45}$; (4) $\dfrac{32}{5}\pi$.

6. $\dfrac{1024\pi}{3}$.

7. (1) $\dfrac{32}{3}\pi$; (2) $\dfrac{\pi}{6}$; (3) $\dfrac{5}{6}\pi$.

8. (1) $\dfrac{248}{15}\pi$; (2) $\dfrac{1024}{15}\pi$.

9. (1) 2π; (2) $\dfrac{4}{15}\pi$; (3) $(\sqrt{2}-1)\pi$.

10. (1) $\dfrac{4\pi abc}{3}$;   (2) 1.

11. $\Omega = \{(x,y,z)|\ x^2 + y^2 + z^2 \leqslant 4\}, -\dfrac{256}{15}\pi$.

12. $\dfrac{2-\sqrt{2}}{3}\pi$.

习 题 10.4

1. $2a^2(\pi - 2)$.

2. $\sqrt{2}\pi$.

3. $16R^2$.

4. (1) $\bar{x} = \dfrac{3}{5}x_0,\ \bar{y} = \dfrac{3}{8}y_0$;   (2) $\bar{x} = 0,\ \bar{y} = \dfrac{4b}{3\pi}$;   (3) $\bar{x} = \dfrac{b^2 + ab + a^2}{2(a+b)},\ \bar{y} = 0$.

5. $\bar{x} = \dfrac{35}{48},\quad \bar{y} = \dfrac{35}{54}$.

6. (1) $\left(0, 0, \dfrac{3}{4}\right)$;   (2) $\left(\dfrac{2}{5}a, \dfrac{2}{5}a, \dfrac{7}{30}a^2\right)$.

7. (1) $I_y = \dfrac{1}{4}\pi a^3 b$;   (2) $I_x = \dfrac{72}{5},\ I_y = \dfrac{96}{7}$;   (3) $I_x = \dfrac{1}{3}ab^3,\ I_y = \dfrac{1}{3}ba^3$.

8. $\left(-\dfrac{R}{4}, 0, 0\right)$.

总 习 题 10

1. $\dfrac{45}{8}$.

2. $\displaystyle\int_0^2 \mathrm{d}y \int_{y-1}^1 f(x,y)\mathrm{d}x$.

3. $f(0,0)$.

4. $I_1 > I_2 > I_3$.

5. A.

6. $\pi\sin 2$.

7. C.

8. $-\pi(1 + \mathrm{e}^{-1})$.

9. (1) $\displaystyle\int_0^1 \mathrm{d}y \int_{\mathrm{e}^y}^{\mathrm{e}} f(x,y)\mathrm{d}x$;   (2) $\displaystyle\int_0^a \mathrm{d}y \int_{-y}^{\sqrt{y}} f(x,y)\mathrm{d}x$.

10~11. 略.

12. $\dfrac{1}{12}Mh^2,\ \dfrac{1}{12}Mb^2$.

13. $\dfrac{1}{2}a^2 M$.

14.

$$\boldsymbol{F} = \left(2G\mu\left(\ln\frac{R_2 + \sqrt{R_2^2 + a^2}}{R_1 + \sqrt{R_1^2 + a^2}} - \frac{R_2}{\sqrt{R_2^2 + a^2}} + \frac{R_1}{\sqrt{R_1^2 + a^2}}\right), 0,\right.$$

$$\pi Ga\mu \left(\frac{1}{\sqrt{R_2^2 + a^2}} - \frac{1}{\sqrt{R_1^2 + a^2}} \right) \right).$$

15. $F_x = F_y = 0, F_z = -2\pi G\rho[\sqrt{(h-a)^2 + R^2} - \sqrt{(R^2+a)^2} + h].$

16. (1) 单调增加; (2) 证明略.

第 11 章

习 题 11.1

1. $\dfrac{3\sqrt{14}}{2}$.

2. 0.

3. 提示: 由圆的参数方程: $\begin{cases} x = R\cos\theta, \\ y = R\sin\theta, \end{cases}$ $0 \leqslant \theta \leqslant 2\pi$, 得 $\mathrm{d}s = R\mathrm{d}\theta$, 所以积分为 $2\pi R^2$.

4. $\dfrac{\sqrt{3}}{2}(1 - \mathrm{e}^{-2})$.

5. $\dfrac{245}{8}$.

6. $\dfrac{R^2}{2}$.

7. $\dfrac{19\sqrt{29}}{2}$.

8. 扇形的质心在其对称轴上且到圆心的距离是 $\dfrac{a\sin\varphi}{\varphi}$.

9. (1) 提示: 关于 z 轴的转动惯量为 $I_z = \displaystyle\int_L z^2\mu(x,y,z)\mathrm{d}s$, 计算得 $I_z = \dfrac{2}{3}\pi a^2\sqrt{a^2 + k^2} \cdot$
$(3a^2 + 4\pi^2 k^2);$

(2) $\bar{x} = \dfrac{6ak^2}{3a^2 + 4\pi^2 k^2}, \bar{y} = \dfrac{-6\pi ak^2}{3a^2 + 4\pi^2 k^2}, \bar{z} = \dfrac{3k(\pi a^2 + 2\pi^3 k^2)}{3a^2 + 4\pi^2 k^2}.$

习 题 11.2

1. $-\dfrac{14}{15}$.

2. $\dfrac{5}{3}$.

3. $\dfrac{4}{3}ab^2$.

4. -2π.

5. $\dfrac{1}{3}k^3\pi^3 - a^2\pi$.

6. -4π.

7. $\ln\sqrt{3} + \dfrac{\sqrt{3}-1}{2}a - \dfrac{\pi^2}{24}$.

8. 1.

9. (1) 6;　(2) 0;　(3) 4π.

习　题　11.3

1. $\dfrac{1}{2}$.

2. $-\dfrac{4}{3}$.

3. 0.

4. $-\dfrac{\pi a^4}{2}$.

5. 12.

6. 0.

7. (1) 0;

(2) 提示: 点 $(0,0)$ 为奇点利用 "挖洞法" 作一个位于闭区域是 D 内半径极小的圆: l : $x^2 + y^2 = \varepsilon^2$, 由复连通区域上的格林公式和积分与路径无关, 得积分为 2π;

(3) 提示: 与题目 (2) 思路相同, 得积分为 -2π.

8. $-\dfrac{7}{6} + \dfrac{1}{4}\sin 2$.

9. (1) 4;　(2) 0;　(3) $\dfrac{1}{2}$.

10. (1) 0;　(2) 5.

11. (1) $\dfrac{3}{2}x^2 - 2xy + \mathrm{e}^y + C$;　(2) $x^2 y + \dfrac{1}{3}x^3 + C$.

习　题　11.4

1. $-3\sqrt{14}$.

2. π.

3. $\dfrac{\pi}{3}$.

4. $-\dfrac{27}{4}$.

5. $\dfrac{14}{3}\pi$.

6. 9.

7. (1) $\dfrac{132}{5}$;　(2) $\dfrac{15\pi}{16}$;　(3) $\dfrac{\sqrt{2}+1}{2}\pi$.

8. 提示: 考虑所截部分在 xOz 面上的投影, 进而求曲面积分为 $9 + \dfrac{15}{4}\ln 5$.

习　题　11.5

1. $\dfrac{2}{105}\pi R^7$.

2. $\dfrac{3}{2}\pi$.

3. $3a^4$.

4. 提示: Σ 的单位法向量为 $\boldsymbol{n} = \left(\dfrac{1}{\sqrt{3}}, \dfrac{1}{\sqrt{3}}, \dfrac{1}{\sqrt{3}} \right)$, 由斯托克斯公式得 $-\sqrt{3}\pi a^2$.

5. $-2\pi a(a+b)$

6. (1) 0;   (2) $-\dfrac{\pi}{8}$.

7. $3a^3$.

8. $\operatorname{div} A = y\mathrm{e}^{xy} - x\sin(xy) - 2xz\sin(xz^2)$.

9. $\mathbf{rot} A = 2\boldsymbol{i} + 4\boldsymbol{j} + 6\boldsymbol{k}$.

10. 2π.

总 习 题 11

1. $\dfrac{3\pi}{2}$.

2. 0.

3. 4π.

4. (1) $\sqrt{5}$;   (2) $\dfrac{R^2}{2}$;   (3) $\dfrac{19\sqrt{29}}{2}$.

5. (1) 1;   (2) $\dfrac{3}{2}\pi$;   (3) $\dfrac{1}{2}$;   (4) $-\dfrac{\pi^2}{2}$;   (5) π.

6. (1) $\dfrac{132}{5}$;   (2) $\dfrac{15\pi}{16}$;   (3) $\dfrac{\sqrt{2}+1}{2}\pi$;   (4) $2\pi\arctan\dfrac{H}{R}$.

7. (1) $-\dfrac{\pi}{4}h^4$;   (2) $2\pi R^3$;   (3) 0.

8. (1) 0;   (2) 0.

9. (1) $\dfrac{3}{2}x^2 - 2xy + \mathrm{e}^y + C$;   (2) $x^2 y + \dfrac{1}{3}x^3 + C$.

10. $1 + \mathrm{e}$.

第 12 章

习 题 12.1

1. (1) 收敛, 注意: $\dfrac{n}{(n+1)!} = \dfrac{1}{n!} - \dfrac{1}{(n+1)!}$;

(2) 发散, $\ln\left(1 + \dfrac{1}{n}\right) = \ln\dfrac{n+1}{n} = \ln(n+1) - \ln n$;

(3) 收敛, $\displaystyle\sum_{n=1}^{\infty} \dfrac{(-1)^{n-1}}{5^n} = -\sum_{n=1}^{\infty} \left(\dfrac{1}{5}\right)^n$, 这是一个等比级数;

(4) 发散, $\dfrac{1}{\sqrt{n} + \sqrt{n-1}} = \sqrt{n} - \sqrt{n-1}$.

2. (1) 收敛;   (2) 发散;   (3) 发散;

(4) 收敛, $\dfrac{1}{1 + 2 + \cdots + n} = \dfrac{1}{\dfrac{n(n+1)}{2}} = \dfrac{2}{n} - \dfrac{2}{n+1}$.

3. 不成立. 例如, 级数 $\sum\limits_{n=1}^{\infty} \dfrac{1}{n}$ 发散, 而 $\lim\limits_{n\to\infty} u_n = \lim\limits_{n\to\infty} \dfrac{1}{n} = 0$.

4. 不一定. 例如

收敛的例子: $\sum\limits_{n=1}^{\infty} u_n = \sum\limits_{n=1}^{\infty} \dfrac{1}{n}$ 与 $\sum\limits_{n=1}^{\infty} v_n = -\sum\limits_{n=1}^{\infty} \dfrac{1}{n+1}$ 均发散, 而 $\sum\limits_{n=1}^{\infty}(u_n+v_n) =$ $\sum\limits_{n=1}^{\infty}\left(\dfrac{1}{n} - \dfrac{1}{n+1}\right)$ 收敛;

发散的例子: $\sum\limits_{n=1}^{\infty} u_n = \sum\limits_{n=1}^{\infty} \dfrac{1}{n}$ 与 $\sum\limits_{n=1}^{\infty} v_n = \sum\limits_{n=1}^{\infty} \dfrac{1}{n+1}$ 均发散, 而 $\sum\limits_{n=1}^{\infty}(u_n+v_n) =$ $\sum\limits_{n=1}^{\infty}\left(\dfrac{1}{n} + \dfrac{1}{n+1}\right)$ 也发散.

5. 用反证法证明.

习　题　12.2

1. (1) 收敛;　(2) 收敛;　(3) 收敛;
(4) 发散;　(5) 发散;　(6) 收敛.
2. (1) 收敛;　(2) 发散;　(3) 收敛;
(4) 收敛;　(5) 发散;　(6) 收敛.
3. (1) 收敛;　(2) 收敛;　(3) 收敛;　(4) 发散.
4. (1) 绝对收敛;
(2) 当 $p > 1$ 时绝对收敛, 当 $0 < p \leqslant 1$ 时条件收敛, 当 $p \leqslant 0$ 时发散;
(3) 发散;　(4) 绝对收敛;　(5) 条件收敛;　(6) 条件收敛.
5. 当 $\beta < 1$ 时收敛, 当 $\beta > 1$ 时发散; 当 $\beta = 1, \alpha < -1$ 时收敛; 当 $\beta = 1, \alpha \geqslant -1$ 时发散.

6. 提示: 由 $\lim\limits_{n\to\infty}(-1)^n a_n 3^n = 0$, 推出 $|(-1)^n a_n 3^n| \leqslant M$, 则有 $|a_n| \leqslant \dfrac{M}{3^n}$.

7. 提示: 由 $\dfrac{a_{n+1}}{a_n} \leqslant \dfrac{b_{n+1}}{b_n}$ 得 $\dfrac{a_{n+1}}{b_{n+1}} \leqslant \dfrac{a_n}{b_n} \leqslant \cdots \leqslant \dfrac{a_1}{b_1}$, 再应用比较法.

习　题　12.3

1. (1) $(-1,1)$;　(2) $\left(-\sqrt{2},\sqrt{2}\right)$;　(3) $\left(-\dfrac{1}{2},\dfrac{1}{2}\right)$;

(4) $(4,6)$;　(5) $\left(-\dfrac{1}{2},\dfrac{1}{2}\right)$;　(6) $(-2,2)$.

2. (1) $(-2,2)$;　(2) $(-1,1]$;　(3) $\left[-\sqrt{3},\sqrt{3}\right]$;

(4) 提示: 由 $a^{\ln b} = b^{\ln a}$ 得 $\dfrac{1}{3^{x\ln n}} = \dfrac{1}{n^{x\ln 3}}$, 收敛域为 $\left(\dfrac{1}{\ln 3}, +\infty\right)$.

3. (1) $\dfrac{2x-x^2}{(1-x)^2}$, $|x| < 1$;　(2) $\dfrac{1}{2}\ln\dfrac{1+x}{1-x}$, $|x| < 1$;

(3) $\dfrac{1}{(1-x)^3}$, $|x| < 1$;

(4) $s(x) = \begin{cases} -1 - \dfrac{\ln(1-x)}{x}, & |x| < 1 \text{ 且 } x \neq 0, \\ 0, & x = 0, \end{cases}$ $|x| < 1$;

(5) $s(x) = \dfrac{3x^2 - 2x + 1}{(1-x)^3}(-1 < x < 1)$, 且 $\displaystyle\sum_{n=0}^{\infty}(-1)^n \dfrac{n^2 - n + 1}{2^n} = s\left(-\dfrac{1}{2}\right) = \dfrac{11}{27}$.

4. 提示: 根据阿贝尔定理, 由 $\displaystyle\sum_{n=1}^{\infty} a_n x^n$ 在 $x = -3$ 处条件收敛, 知 $R \geqslant 3$, 再用反证法证明 $R > 3$ 与题设条件矛盾.

5. $\dfrac{\sqrt{2}}{2}$.

6. $x = 5$ 收敛.

习 题 12.4

1. (1) $x^2 \mathrm{e}^{x^2} = \displaystyle\sum_{n=0}^{\infty} \dfrac{1}{n!} x^{2n+2}$ $(-\infty < x < +\infty)$;

(2) $\sin\dfrac{x}{2} = \displaystyle\sum_{n=0}^{\infty}(-1)^n \dfrac{1}{(2n+1)!}\left(\dfrac{x}{2}\right)^{2n+1}$ $(-\infty < x < \infty)$;

(3) $\cos^2 x = 1 + \dfrac{1}{2}\displaystyle\sum_{n=1}^{\infty}(-1)^n \dfrac{(2x)^{2n}}{(2n)!}$ $(-\infty < x < +\infty)$;

(4) $\ln(2+x) = \ln 2 + \displaystyle\sum_{n=0}^{\infty} \dfrac{(-1)^n}{n+1}\left(\dfrac{x}{2}\right)^{n+1}$ $(-2 < x \leqslant 2)$.

2. $f(x) = x\arctan x = \displaystyle\sum_{n=0}^{\infty}(-1)^n \dfrac{x^{2n+2}}{2n+1}(-1 \leqslant x \leqslant 1)$

3. 提示: $f'(x) = \dfrac{1}{\sqrt{1+x^2}} = 1 + \displaystyle\sum_{n=1}^{\infty}(-1)^n \dfrac{(2n)!}{(n!)^2}\left(\dfrac{x}{2}\right)^{2n}$, 于是

$$f(x) = \ln(1+\sqrt{1+x^2}) = x + \sum_{n=1}^{\infty}(-1)^n \dfrac{2(2n)!}{(2n+1)(n!)^2}\left(\dfrac{x}{2}\right)^{2n+1} \quad (-1 \leqslant x \leqslant 1).$$

4. $\ln(1+x) = \ln(3+x-2) = \ln 3 + \ln\left(1 + \dfrac{x-2}{3}\right) = \ln 3 + \displaystyle\sum_{n=0}^{\infty} \dfrac{(-1)^n}{n+1}\left(\dfrac{x-2}{3}\right)^{n+1}(-1 < x \leqslant 5)$.

5. $f(x) = \dfrac{1}{x^2 + 3x + 2} = \displaystyle\sum_{n=0}^{\infty}(-1)^n\left(\dfrac{1}{2^{n+1}} - \dfrac{1}{3^{n+1}}\right)(x-1)^n$ $(-1 < x < 3)$.

6. $f(x) = \cos x = \dfrac{1}{2}\displaystyle\sum_{n=0}^{\infty}(-1)^n\left[\dfrac{\left(x+\dfrac{\pi}{3}\right)^{2n}}{(2n)!} + \sqrt{3}\dfrac{\left(x+\dfrac{\pi}{3}\right)^{2n+1}}{(2n+1)!}\right]$ $(-\infty < x < +\infty)$.

7. $f(x) = \int_0^x \dfrac{\sin t}{t} \mathrm{d}t = \sum\limits_{n=0}^{\infty} (-1)^n \dfrac{1}{(2n+1)!} \dfrac{x^{2n+1}}{2n+1}$ $(-\infty < x < +\infty)$.

8. 提示: 利用 $\mathrm{e}^x = \sum\limits_{n=0}^{\infty} \dfrac{x^n}{n!}$, 则 $s(x) = \sum\limits_{n=1}^{\infty} \dfrac{n+1}{n!} x^n = \sum\limits_{n=1}^{\infty} \left(\dfrac{x^{n+1}}{n!} \right)' = x\mathrm{e}^x + \mathrm{e}^x - 1$

$(-\infty < x < +\infty)$, 且 $\sum\limits_{n=1}^{\infty} \dfrac{n+1}{n!} = s(1) = 2\mathrm{e} - 1$.

9. $\sqrt{\mathrm{e}} \approx 1.648$.

10. (1) $\sin 1^\circ \approx 0.0175$;   (2) $\sqrt[3]{1.015} \approx 1.005$;   (3) $\ln 3 \approx 1.0986$.

11. $\int_0^1 \mathrm{e}^{-x^2} \mathrm{d}x \approx 0.748$.

12. 提示: 将 $\dfrac{\ln(1+x)}{x}$ 展开成 x 的幂级数, 再逐项积分, $\int_0^1 \dfrac{\ln(1+x)}{x} \mathrm{d}x = \dfrac{\pi^2}{12}$.

习 题 12.5

1. $f(x) = \dfrac{\mathrm{e}^{2\pi} - \mathrm{e}^{-2\pi}}{\pi} \left[\dfrac{1}{4} + \sum\limits_{n=1}^{\infty} \dfrac{(-1)^n}{n^2 + 4} (2\cos nx - n\sin nx) \right]$, 其中 $x \in (-\infty, +\infty)$, 且 $x \neq (2n+1)\pi (n = 0, \pm 1, \pm 2, \cdots)$.

2. $f(x) = \dfrac{1}{3}\pi^2 + \sum\limits_{n=1}^{\infty} (-1)^n \dfrac{4}{n^2} \cos nx$, 其中 $x \in (-\infty, +\infty)$; 且 $\sum\limits_{k=1}^{\infty} \dfrac{1}{k^2} = \dfrac{\pi^2}{6}$.

3. $f(x) = \dfrac{9\sqrt{3}}{\pi} \sum\limits_{n=1}^{\infty} (-1)^{n-1} \dfrac{n\sin nx}{9n^2 - 1}$, 其中 $x \in (-\pi, \pi)$.

4. $f(x) = \dfrac{(k-1)\pi}{4} + \sum\limits_{n=1}^{\infty} \left\{ \dfrac{[(-1)^n - 1](k-1)}{n^2\pi} \cos nx + \dfrac{(-1)^{n-1}(k+1)}{n} \sin nx \right\}$, 其中 $x \in (-\infty, +\infty)$, 且 $x \neq (2n+1)\pi (n = 0, \pm 1, \pm 2, \cdots)$.

5. $f(x) = p + \dfrac{4p}{\pi} \sum\limits_{n=1}^{\infty} \dfrac{1}{2n-1} \sin \dfrac{(2n-1)\pi x}{2}$, $x \in (-2, 0) \cup (0, 2)$.

6. $f(x) = \dfrac{11}{12} + \dfrac{1}{\pi^2} \sum\limits_{n=1}^{\infty} \dfrac{(-1)^{n+1}}{n^2} \cos 2n\pi x$, $x \in \left[-\dfrac{1}{2}, \dfrac{1}{2} \right)$.

7. $f(x) = \sum\limits_{n=1}^{\infty} \dfrac{1}{n} \sin nx$, $x \in (0, \pi]$.

8. 正弦级数为

$$f(x) = \dfrac{8}{\pi} \sum\limits_{n=1}^{\infty} \left\{ \dfrac{(-1)^{n+1}}{n} + \dfrac{2}{n^3\pi^2} [(-1)^n - 1] \right\} \sin \dfrac{n\pi x}{2}, \quad x \in [0, 2).$$

余弦级数为

$$f(x) = \dfrac{4}{3} + \dfrac{16}{\pi^2} \sum\limits_{n=1}^{\infty} \dfrac{(-1)^n}{n^2} \cos \dfrac{n\pi x}{2}, \quad x \in [0, 2].$$

9. $f(x) = \dfrac{\pi}{2} - \dfrac{4}{\pi} \sum\limits_{n=1}^{\infty} \dfrac{1}{(2n-1)^2} \cos(2n-1)x, \, x \in [0, \pi]$.

10. $f(x) = \dfrac{16}{\pi^2} \sum\limits_{n=1}^{\infty} \dfrac{(-1)^{n-1}}{(2n-1)^2} \sin \dfrac{(2n-1)\pi x}{4}, \, x \in [0, 4]$.

11. $s(x) = \begin{cases} 0, & x = -1, \\ x, & -1 < x < 0, \\ 1, & x = 0, \\ 2-x, & 0 < x < 1, \\ 0, & x = 1. \end{cases}$

总 习 题 12

1. (1) 收敛;　(2) 发散;　(3) $k > \ln 2$;　(4) $R = 4$;

(5) $(-2, 4)$;　(6) $\dfrac{2\pi}{3}$;　(7) 1.

2. (1)D;　(2)D;　(3)A;　(4)B;　(5)C;　(6)C.

3. (1) 收敛, 提示: 用根值法.

(2) $\sum\limits_{n=1}^{\infty} \dfrac{2n-1}{2^n} = 3$.

(3) $f(x) = \ln x - \ln(x+1) = \ln 2 + \sum\limits_{n=1}^{\infty} \dfrac{(-1)^{n-1}}{n} \left(1 + \dfrac{1}{2^n}\right)(x-1)^n, \, 0 < x \leqslant 2$.

(4) $f(x) = \dfrac{\pi}{2} \sum\limits_{n=1}^{\infty} (-1)^{n+1} \dfrac{\sin n\pi x}{n}, -\infty < x < +\infty, \text{且 } x \neq (2n+1) \quad (n=0, \pm1, \pm2, \cdots)$.

4. (1) 提示: $f(0) = 0, f'(0) = A > 0, f(x)$ 在 $x = 0$ 的邻域内单调增加. 则 $f\left(\dfrac{1}{n}\right) > f(0) = 0$ 且 $f\left(\dfrac{1}{n}\right)$ 单调减少.

(2) 提示: $f\left(\sin\dfrac{1}{n+1}\right) - f\left(\sin\dfrac{1}{n}\right) = f'(\xi)\left(\sin\dfrac{1}{n+1} - \sin\dfrac{1}{n}\right) = f'(\xi)\cos\eta\left(\dfrac{1}{n+1} - \dfrac{1}{n}\right)$.